高等学校测绘工程专业核心教材

地图学
Cartography

祝国瑞　主编

武汉大学出版社

内 容 提 要

　　本书系统地介绍了地图学领域的理论、技术和方法。包括地图的基本知识、地图投影、地图数据、地图符号设计、图形设计、制图综合、制图数学模型、地图编辑设计、地图制图工艺、地图出版印刷以及地图分析应用等，是为测绘工程专业编写的核心教材。也可供与地图相关的专业技术人员、学生和教师参考。

前　言

　　20世纪最后的几十年，地图学实现了跨越式的发展，延续几千年的手工制图被全电子化的数字制图工艺替代，与之相随的是地图学新理论——地图认知论、地图模式论、地图符号论、地图信息论等的发展，使地图学进入了一个新时代。地图学同遥感、全球定位系统有着越来越密切的联系，在地图数据库基础上发展产生的地理信息系统，更是同地图学相互促进，并对其发展起到了巨大的推动作用。

　　在要求本科生专业面拓宽的背景下，全国测绘专业教学指导委员会将地图学确定为测绘工程专业的基本课程之一。本教材作为高等学校测绘工程专业核心教材，是根据测绘工程专业的教学大纲并结合地图学自身的科学体系的需要编写的。武汉大学资源与环境科学学院对该教材的编写十分重视，由该专业各领域中知名的学者组成了编写组，在各方面给予了大力支持。全书由祝国瑞任主编，执笔编写第一章，第二章，第六章的第一、二、三节，第十一章，第十二章，第十四章的第一、二节，第十七章，并负责拟定全书的编写大纲和统稿；俞连笙教授编写第七章、第九章、第十章；何宗宜教授编写第十三章、第十六章；黄仁涛教授编写第八章的第二节和第十五章；艾自兴教授编写第六章的第四节和第十四章的第三节；尹贡白教授编写第八章的第一节；刘沛兰副教授编写第三章、第四章、第五章；庞小平副教授编写第十四章的第四节。本书插图由刘沛兰、高峰、郭礼珍编辑，张百灵、邬金计算机绘图。

　　本书力图将传统的地图学理论同现代地图学理论与技术相结合，既要能满足数字条件下地图生产和应用的研究、教学和生产实践的需要，又不能陷入对地图学中太专业化问题的讨论。它适合测绘专业及相关专业的读者使用。书中如有不足之处，敬请批评指正。

编者

2003.8.26

目 录

第一编 地图与地图学 ... 1
第一章 地图的基本知识 ... 1
§1.1 地图的定义和基本特性 ... 1
§1.2 地图的分类 ... 3
§1.3 地图用途 ... 5
§1.4 地图简史 ... 5
§1.5 地图的基本内容 ... 10
§1.6 地图的分幅与编号 ... 11
§1.7 地图的成图过程 ... 15
第二章 地图学 ... 20
§2.1 地图学的定义和基本内容 ... 20
§2.2 地图学同其他学科的联系 ... 31
§2.3 地图学的发展趋势 ... 33

第二编 地图投影 ... 36
第三章 地图投影的基本理论 ... 36
§3.1 地图投影的基本概念 ... 36
§3.2 变形椭圆 ... 38
§3.3 投影变形的基本公式 ... 41
§3.4 地图投影的分类 ... 43
第四章 几类常见的地图投影 ... 47
§4.1 圆锥投影 ... 47
§4.2 方位投影 ... 56
§4.3 圆柱投影 ... 66
§4.4 伪圆锥投影、伪圆柱投影、伪方位投影和多圆锥投影 ... 73
第五章 地图投影的应用和变换 ... 83
§5.1 地图投影的选择 ... 83
§5.2 我国编制地图常用的地图投影 ... 84
§5.3 地图投影变换 ... 87
§5.4 GIS软件中的地图投影功能 ... 93

第三编 地图数据和地图符号 ... 95
第六章 地图数据 ... 95

§6.1 地理变量与制图数据 ··· 95
§6.2 数据源 ··· 96
§6.3 地图数据的加工 ·· 98
§6.4 图形数据和属性数据 ·· 100

第七章 地图符号 ·· 108
§7.1 地图符号的实质和分类 ··· 108
§7.2 地图符号的视觉变量及其对事物特征的描述 ··························· 110
§7.3 地图符号对制图对象特征的描述 ·· 116
§7.4 地图符号的设计 ·· 121

第八章 地图内容的表示方法 ·· 127
§8.1 普通地图内容的表示方法 ·· 127
§8.2 专题地图内容的表示方法 ·· 145

第四编 地图的图形、色彩和注记的设计 ··· 161
第九章 图形设计 ·· 161
§9.1 视觉感受性与视敏度 ·· 161
§9.2 图形视觉感受性的影响因素 ··· 165
§9.3 图形视觉的特点和组织规律 ··· 171
§9.4 地图的图形设计 ·· 176

第十章 地图色彩设计 ·· 179
§10.1 色彩的基本特征与色彩心理 ·· 179
§10.2 色彩的混合 ·· 182
§10.3 色彩的应用 ·· 188
§10.4 地图色彩设计 ··· 194

第十一章 地图注记 ··· 200
§11.1 地名与地图 ·· 200
§11.2 地图注记 ·· 205
§11.3 地名译写 ·· 209
§11.4 地名书写的标准化 ·· 210

第五编 地图设计与编绘 ··· 216
第十二章 制图综合 ··· 216
§12.1 制图综合的基本概念 ··· 216
§12.2 制图综合的方法 ·· 217
§12.3 影响制图综合的基本因素 ··· 223
§12.4 制图综合的基本规律 ··· 225
§12.5 普通地图上各要素的制图综合 ··· 230
§12.6 专题制图数据的制图实践 ··· 261

第十三章 地图制图数学模型 ·· 272
§13.1 概述 ··· 272

§13.2 地图制图回归模型 273
§13.3 地图制图中的方根模型 285
§13.4 地图制图分级模型 295
§13.5 地图制图分类模型 301

第十四章 地图的编辑与编绘 317
§14.1 地图编辑与设计 317
§14.2 地图设计 318
§14.3 数字地图的原图编绘 332
§14.4 计算机地图制图生产工艺 364

第十五章 地图集的编制 380
§15.1 概述 376
§15.2 地图集的类型 376
§15.3 地图集的设计 376
§15.4 地图集编制中的统一协调工作 377

第六编 地图出版印刷及分析应用 383

第十六章 电子地图及地图的电子出版 383
§16.1 电子地图 383
§16.2 彩色地图电子出版技术 388
§16.3 地图印刷 398

第十七章 地图分析与应用 407
§17.1 地图分析的含义 407
§17.2 地图分析的基本途径和方法 410
§17.3 数字地图分析 420
§17.4 电子地图的应用 436

第一编 地图与地图学

第一章 地图的基本知识

§1.1 地图的定义和基本特性

地图是先于文字形成的用图解语言表达事物的工具。过去，人们把地图看成是"地球表面（或局部）在平面上的缩写"。这种说法从"地图是以符号缩小地表示客观世界"这个角度来说是正确的，但它又是不充分的，因为它没有说出同样是表达地球表面状态的产品如地面摄影像片、航空像片、风景图画等同地图的区别。

为了给地图下一个科学的定义，我们首先研究地图的基本特性。

1. 由特殊的数学法则产生的可量测性

特殊的数学法则包含地图投影、地图比例尺和地图定向三个方面。

地图投影是用解析方法找出地面点经纬度（φ，λ）同平面直角坐标（x，y）之间的关系。测量的结果是将自然表面上的点位沿铅垂方向投影到大地水准面上，由于大地水准面是一个不规则的、无法用数学语言描述的表面，学者们用一个十分接近它的旋转椭球面代替它，地图投影的任务就是将椭球面上的经纬度坐标（φ，λ）变成平面上的直角坐标（x，y）。由于旋转椭球体仍然是一个不可展的曲面，投影的结果存在误差是难免的，地图投影方法可以精确地确定每个点上产生的误差的性质和大小。

地图比例尺是地面上微小线段在地图上缩小的倍数。它是地图上某线段 l 与实地上的相应线段 L 的水平长度之比，表示为

$$l:L = 1:M \tag{1-1}$$

式中，M 为地图比例尺分母。

由于地球表面是曲面，所以必须限定在一个较小的范围内才会有"水平长度"。

地图定向是确定地图图形的地理方向。没有确定的地理方向，就无法确定地理事物的方位。地图的数学法则中一定要包含地图的定向法则。

使用了特殊的数学法则，地图就具有了可量测性，人们可以在地图上量测两点间的距离、区域面积，并可根据地图图形量测高差，计算出体积、地面坡度、河流曲率等。

2. 由使用地图语言表示事物所产生的直观性

地图上表示各种复杂的自然和人文事物都是通过地图语言来实现的。地图语言包括地图符号和地图注记两部分。由于使用了地图语言，实地上复杂的地物轮廓无论怎样缩小都可具有清晰的图形，实地上形体小而重要的目标可以设置单独的符号来表示，可以不受限制地表达出地面上被遮盖了的物体，可以表示出事物的数量、质量特征（如河流深度、流速、湖水性质）以及它们的名称，还可以表示出实地上无形的自然和社会现象（如磁力线、境界线、降雨量、产量、产值等）。所以，读地图只要读图例，就可直观读出事物的名称、性质等，

而无需像读航空像片那样去判读。

3. 由实施制图综合产生的一览性

随着地图比例尺的缩小，地图面积迅速缩小，可能表达在地图上的地理物体的数量也必须随之减少，这就要从地图上删除一些次要的物体。对于表达在地图上的物体，也要减少它们按数量标志或质量标志区分的等级，简化它们的图形，通过有目的地选取和化简，表示出制图对象主要的、实质性的特征和分布规律，这就是制图综合。由于实施了制图综合，不论多大的制图区域，都可以按照制图目的，将读者感兴趣的内容，一览无遗地呈现在读者面前，这就是地图的一览性。

在研究了地图的特性之后，可以给地图下一个比较完整的定义：地图是根据一定的数学法则，将地球（或其他星体）上的自然和人文现象，使用地图语言，通过制图综合，缩小反映在平面上，反映各种现象的空间分布、组合、联系、数量和质量特征及其在时间中的发展变化。

上述定义是地图的经典概念，它较为准确地描述了地图的特性及其同其他表述地球表层事物的手段之间的差别。但是随着科学技术的发展，在同地图相关的领域中发生了许多引人注目的变化。

1. 以计算机为主体的电子设备在制图中的广泛应用，地图不再限于用符号和图形表达在纸（或类似的介质）上，它可以数字的形式存储于磁介质上，或经可视化加工表达在屏幕上；

2. 由于航天技术的发展，出现了卫星遥感影像，这不但给地图制作提供了新的数据源，还可以把影像直接作为地理事物的表现形式，同时把人们的视野从地球拓展到月球和其他星球；

3. 多媒体技术的发展，使得视频、声音等都可以成为地图的表达手段。

这些变化引起了全世界地图学家们对地图定义的讨论。在众多的中外文献中，我们可以看到如下的一些关于地图的新的定义：

在《多种语言制图技术词典》中对地图的定义是"地球或天体表面上，经选择的资料或抽象的特征和它们的关系，有规则按比例在平面介质上的描写"。国际地图学协会（ICA）地图学定义和地图学概念工作组的负责人博德（Board）和韦斯（Weiss）博士给出的定义是："地图是地理现实世界的表现或抽象，以视觉的、数字的或触觉的方式表现地理信息的工具。"也有的学者简单地将地图定义为"地图是空间信息的图形表达"，"地图是信息传输的通道"等。显然，这些定义关注了地图作为地理信息表达工具的功能，突出了数字制图环境下地图表现形式的多样化，也考虑了地图向其他天体的拓展，但却忽视了地图的基本特性。从现代地图学的观点出发，可以这样来定义地图："地图是根据一定的数学法则，将地球（或其他星球）上的自然和社会现象，通过制图综合所形成的信息，运用符号系统缩绘到平面上的图形，以传递它们的数量和质量，在时间上和空间上的分布和发展变化"（根据田德森《现代地图学理论》）。

以上的定义主要研究的是模拟地图，是以地图符号的形式表达在纸上的地图。由于地图制作工艺已从传统的光化学-机械方法转变为全电子的数字制图工艺，在此还必须介绍另外两个新的术语：

数字地图——存储于计算机可识别的介质上，具有确定坐标和属性特征，按特殊数学法则构成的地理现象离散数据的有序组合。

电子地图——数字地图经可视化处理在屏幕上显示出来的地图。

不管是数字地图或电子地图,它们都是地图的不同表现形式,其基本特性是不会改变的。

§1.2 地图的分类

为了使用和管理方便,需要对地图进行分类。

一、地图按所表示的内容分类

地图按内容分为普通地图和专题地图两大类。

1. 普通地图

普通地图是以相对平衡的程度表示地表最基本的自然和人文现象的地图。它们以水系、居民地、交通网、地貌、土质植被、境界和各种独立目标为制图对象,随着地图比例尺的变化,其内容的详细程度有很大的差别。

普通地图又可以按不同的标志进行划分。

(1) 按比例尺划分

大比例尺地图:1:10万及更大比例尺的地图;

中比例尺地图:介于1:10万和1:100万之间的地图;

小比例尺地图:1:100万及更小比例尺的地图。

由于小比例尺普通地图上反映的是一个较大的区域中地理事物的基本轮廓及其分布规律,又称其为地理图或一览图。中比例尺的普通地图介于详细表示各种地理要素的大比例尺地图和概略表示地理特征的地理图之间,称为地形地理图或地形一览图。按照这样的逻辑,大比例尺普通地图自然应当是地形图。这是一般的说法。然而,在我国对地形图赋予了特殊的含义:它们是按照国家制定的统一规格、用指定的方法测制或根据可靠的资料编制的详细表达普通地理要素的地图。

最后还必须说明,按照地图比例尺的划分只是一种相对的习惯用法,对于不同的使用对象有不同的分法。例如,在城市规划中,把1:1 000及更大比例尺的地图称为大比例尺地图,1:1万的比例尺被认为是小比例尺;在房地产行业和房地籍管理中,使用地图的比例尺更大。

(2) 国家基本比例尺地图

在我国,1:5千、1:1万、1:2.5万、1:5万、1:10万、1:25万(原来是1:20万)、1:50万和1:100万共8种比例尺的普通地图,都是由指定的国家机构和其他公共事业部门按照统一规格测制或编制的,其中1:5万及更小比例尺的地图布满整个国土,1:2.5万地图覆盖发达地区,1:1万及更大比例尺地图则分布在重点地区。它们称为国家基本比例尺地图。有人把国家基本比例尺地图统称为地形图,这和国际上通用的概念是有差别的。

2. 专题地图

专题地图是根据专业的需要,突出反映一种或几种主题要素的地图,其中作为主题的要素表示得很详细,其他的要素则围绕表达主题的需要,作为地理基础概略表示。主题要素可以是普通地图上固有的,但更多是普通地图上没有而属于专业部门特殊需要的内容,如工业产值、劳动力构成等。

专题地图按内容分为三大类：

（1）自然地图

自然地图是以自然要素为主题的地图。根据其表达的具体内容分为地质图、地貌图、地势图、地球物理图、气象图、水文图、土壤图、植被图、动物地理图、景观地图等。

（2）人文地图

人文地图是以人文要素为主题的地图。根据其表达的具体内容分为政区图、人口图、经济图、文化图、历史图、商业地图等。

（3）其他专题地图

不能归属于上述类型而为特定需要编制的地图，如航空图、航海图、城市地图等，它们是既包含自然要素，也包含人文要素，用途很专一的地图。

二、地图按包含的区域范围分类

地图按包含的区域范围分类时，可以按自然区划分为世界地图、大陆地图、自然区域地图等；按政治行政区划分为国家地图、省（市、区）地图、市图、县图等；还可以按经济区划或其他标志来区分。

三、地图按用途分类

地图按用途可分为通用地图和专用地图。

通用地图：为广大读者提供科学或一般参考的地图，例如地形图、中华人民共和国地图等。

专用地图：为各种专门用途制作的地图，它们是各种各样的专题地图。

四、地图按使用方式分类

地图按使用方式可分为以下几类。

桌面用图：放在桌面上在明视距离使用的地图；

挂图：挂在墙上使用的地图，又可分为近距离使用的挂图（如参考用挂图）和中远距离使用的挂图（如教学挂图）；

野外用图：在野外行进过程中，视力不稳定的状态下使用的地图。

五、地图按存储介质分类

地图按存储介质可分为纸质地图、胶片地图、丝绸地图、磁介质地图（光盘地图、电子地图）等。

六、地图按其他标志分类

地图分类还可以有其他多种标志，例如：

按颜色分为单色地图、彩色地图；

按外形特征分为平面地图、三维立体地图、地球仪等；

按感受方式分为视觉地图、触觉（盲人）地图；

按结构分为单幅地图、系列地图、地图集。

§1.3 地图用途

人们必须借助工具来研究复杂的地理现象,这种工具就是被称为地理学的第二语言的地图。

地图可以使人们拓展正常的视野范围,用于记录、计算、显示、分析地理事物的空间关系,将读者感兴趣的广大区域收入视野。

专家们早就发现,在研究地球圈层内物质、能量、信息的状态和流动规律,研究地域间的差异和一致性时,地图是不可替代的工具。

使用地图是一门专门的学问,这将在我们深刻地理解和学会如何制作地图之后再进行讨论。这里仅就地图的基本用途给出最简要的说明。

一、在国民经济建设方面

1．用于资源的勘测、规划、设计和开发;
2．各级政府机构和工农业管理部门将地图作为规划和管理的工具;
3．各种工程建设的勘察、设计和施工;
4．资源利用和环境改良;
5．航空、航海等其他领域。

二、在国防建设方面

1．各种国防工程的规划、设计和施工;
2．军事训练和演习;
3．战争中用地图来研究敌我态势、地形条件、自然资源、交通条件、居民情况等,作为战略部署的参考资料,各兵种协同作战的战场指挥,在交战区域研究地形、选择阵地、构筑工事、部署兵器、判定方位、计算射击诸元、确定进攻方向、移动路线,空军飞行、投弹,海军航行、作战等,无一不依靠地图;
4．卫星侦察、导弹飞行都需要用到地图。

三、在科学、文化方面

1．在地学研究中探索地理规律,开拓新的区域,记录科学成果;
2．在文化领域作为宣传、鼓动的工具。

四、在其他方面

1．在人民生活中作为查询有关资料的工具;
2．各种文件、报告的附图;
3．划定边界时具有法律意义的附件。

§1.4 地图简史

在史前时代,古人就知道用符号来记载或说明自己生活的环境、走过的路线等。现在人

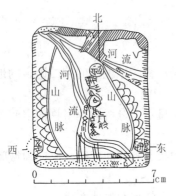

图 1-1 古巴比伦地图

们能找到的最早的地图实物是刻在陶片上的古巴比伦地图（如图 1-1），据考这是 4500 多年前的古巴比伦城及其周围环境的地图，底格里斯河和幼发拉底河发源于北方山地，流向南方的沼泽，古巴比伦城位于两条山脉之间。

留存至今的古地图还有公元前 1500 年绘制的《尼普尔城邑图》，它存于由美国宾州大学于 19 世纪末在尼普尔遗址（今伊拉克的尼法尔）发掘出土的泥片中（如图 1-2）。图的中心是用苏美尔文标注的尼普尔城的名称，西南部有幼发拉底河，西北为嫩比尔杜尔渠，城中渠将尼普尔分成东西两半，三面都有城墙，东面由于泥板缺损不可知。城墙上都绘有城门并有名称注记，城墙外北面和南面均有护城壕沟并有名称标注，西面有幼发拉底河作为屏障。城中绘有神庙、公园，但对居住区没有表示。该图比例尺大约为 1∶12 万。

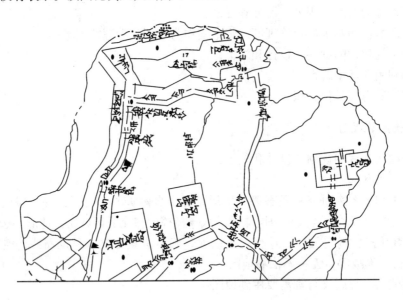

图 1-2 尼普尔城邑图

留存有实物的还有古埃及人于公元前 1330～前 1317 年在芦苇上绘制的金矿山图。

我国关于地图的记载和传说可以追溯到 4 000 年前，《左传》上就记载有夏代的《九鼎图》。古经《周易》有"河图"的记载，还有"洛书图"，表明我国图书之起源。传世文献《周礼》中有 17 处关于图的记载，图又与周官中 14 种官职相关联，如"天官冢宰·司书""掌邦中之版，土地之图"；"地官司徒·大司徒""掌建邦之土地之图，与其人民之数以佐王安抚邦国。以天下土地之图，周知九州之地域，广轮之数，辨其山林川泽丘陵坟衍原隰之名物，而辨其邦国都鄙之数，制其畿疆而沟封之，设其社稷之墙而树之田主"；"地官司徒·小司徒""凡民讼，以地比正之，地讼，以图正之"；"地官司徒·土训""掌通地图，以诏地事"；"春官宗伯·冢人""掌公墓之地，辨其兆域而为之图"；"夏官司马·司险""掌九州之图，以周知其山林川泽之阻，而达其道路"；"夏官司马·职方氏""掌天下之图，以掌天下之地，辨其邦国都鄙，四夷八蛮、七闽八貉、五戎六狄之人民，与其财用，九谷六畜之数要"。

1954年6月，我国考古工作者在江苏丹徒县烟墩山出土的西周初青铜器"宜侯夨簋"底内刻铸的120字铭文有两处谈到地图，即"武王、成王伐商图"和"东国图"。该文记载周康王根据这两幅地图到了宜地，举行纳土封侯的册命仪式。曰："唯四月辰在丁未，王者武王遂省、成王伐商图，遂省东或（国）图。王立（位）于宜，内（纳）土，南乡（向）。王令虞侯曰：'繇，侯于宜。'"据考证，该图成于公元前1027年或稍晚。这些记载足以说明，我国西周时期已有土地图、军事图、政区图等多种地图，并在战争、行管、交通、税赋、工程等多方面得到应用。这些地图显然已经脱离了原始地图的阶段，具有了确切的科学概念。只可惜我国至今还没有见到过这些地图实物，有待地下考古的发现。

一、中国古代和近代的地图

我国存留的地图中，年代最早的当属20世纪80年代在天水放马滩墓中发现的战国秦（公元前239年）绘制于木板上的《邽县地图》。该图上绘有河流、山脉、沟谷、森林及树种名称，有80多处注记，有方位，比例尺约为1:30万，应当是代表了当时地图的最高水平。

1973年在湖南长沙马王堆汉墓出土的三幅地图，为我们提供了研究汉代地图的珍贵实物史料。三幅图均绘于帛上，为公元前168年以前的作品。图1-3是其中的地形图。该图为

图1-3 长沙马王堆汉墓出土的地形图

7

98cm边长的正方形，描述的是西汉初年的长沙国南部，今湘江上游第一大支流潇水流域、南岭、九嶷山及其附近地区，内容包括山脉、河流、聚落、道路等，用闭合曲线表示山体轮廓，以高低不等的9根柱状符号表示九嶷山的9座不同高度的山峰。有80多个居民点，20多条道路，30多条河流。另外两幅是表示在地理基础上的9支驻军的布防位置及其名称的《驻军图》和表示城垣、城门、城楼、城区街道、宫殿建筑等内容的《城邑图》。马王堆汉墓出土的这三幅地图制图时间之早、内容之丰富、精确度之高、制图水平和使用价值之高令人惊叹，堪称极品。

魏晋时期的裴秀（公元223～271年），任过司空、地官，管理国家的户籍、土地、税收，后任宰相，曾绘制过《禹贡地域图》，并将当时流传的《天下大图》缩制为《方丈图》。他总结了制图经验，创立了世界最早的完整制图理论——"制图六体"，即分率、准望、道里、高下、方邪、迂直。分率即比例尺，准望即方位，道里即距离，高下即相对高度，方邪即地面坡度起伏，迂直即实地起伏距离同平面上相应距离的换算。裴秀的制图理论对以后的几个朝代有明显的影响。

唐代贾耽（公元730～805年）通过对流传地图的对比分析和访问、勘察，编制了《关中陇右及山南九州图》、《海内华夷图》，后者是在学习裴秀制图理论的基础上，以"一寸折百里"制成的，对后世有深远影响。

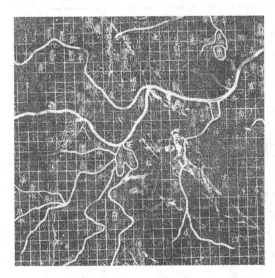

图1-4 禹迹图（局部）

宋朝是我国地图历史上辉煌的年代。北宋统一不久就根据全国各地所贡的400余幅地图编制成全国总图《淳化天下图》。在当今的西安碑林中，有一块南宋绍兴七年的刻石，两面分刻《华夷图》和《禹迹图》。图1-4是《禹迹图》的一部分，计里画方，从长江、黄河的图形可看出，该图具有相当高的精确度。宋朝的沈括（公元1031～1095年），做过大规模水准测量，发现了磁偏角的存在，使用24方位改装了指南针。他编绘的《守令图》是一部包括20幅地图的天下州县地图集。他还著有地理学著作《梦溪笔谈》。

元代的朱思本（公元1273～1333年），在地理考察和研究历史沿革的基础上编制成《舆地图》两卷。

明代罗洪先（公元1504～1564年）在朱思本地图的基础上，分析历代地图的优劣，以计里画方网格分幅编制成《广舆图》数十幅。他创立了24种地图符号，对地图内容表达起到重要作用。明末的陈祖绶曾编制《皇明职方图》三卷。郑和（公元1371～1435年）七下西洋，他的同行者留下四部重要的地理著作，制成了《郑和航海地图集》。意大利传教士利玛窦将《山海舆地全图》介绍到中国，在1584～1608年间，他曾先后12次编制世界地图，把经纬度、南北极、赤道、太平洋以及航海所发现的南非、南北美洲等区域概念介绍到中国。

清代康熙年间，清政府聘请了大量的外籍人士，采用天文和大地测量方法在全国测算630个点的经纬度并测绘大面积的地图，制成《皇舆全览图》，实为按省分幅的32幅地图。

李约瑟著《中国科学技术史》一书中介绍该图"不仅是亚洲当时所有地图中最好的，而且比当时的所有欧洲地图都好、更精确"。乾隆年间，在此基础上，增加了新疆、西藏新的测绘资料，编制成《乾隆内府地图》。清代完成了我国地图从计里画方到经纬度制图方法的转变，是地图制作历史上一次大的进步。清末魏源（公元1794～1859年）采用经纬度制图方法编制了一本地图集《海国图志》。该图集有74幅地图，选用了多种地图投影，是制图方法转变的标志。杨守敬（公元1839～1915年）编制的《历年舆地沿革险要图》共70幅，是我国历史沿革地图史上的旷世之作，后来成为中华人民共和国大地图集中历史地图集的基本资料。

辛亥革命后，南京政府于1912年设陆地测量总局，实施地形图测图和制图业务。到1928年，全国新测1:2.5万比例尺地形图400多幅，1:5万比例尺地形图3595幅，在清代全国舆地图的基础上调查补充，完成1:10万和1:20万比例尺地形图3883幅，并于1923～1924年编绘完成全国1:100万比例尺地形图96幅。除了军事部门以外，水利、铁道、地政等部门的测绘业务也有所发展，测制了一些地图。到1948年止，全国共测制1:5万比例尺地形图8000幅，又于1930～1938年、1943～1948年先后两次重编了1:100万比例尺地图。在地图集编制方面，1934年由上海申报馆出版的《中华民国地图集》，采用等高线加分层设色表示地貌、铜凹版印刷，在我国地图集的历史上有划时代的意义。解放战争过程中，革命军队也十分重视地图保障。在第二次国内革命战争时期，红军总部就设有地图科，随军搜集地图资料并作一些简易测图和标图。长征前夕，地图科为主力红军制作了江西南部1:10万比例尺地形图；过雪山、草地时绘制了"1:1万宿营路线图"。解放战争时期，地图使用已十分广泛，各野战军都设有制图科，随军做了大量的地图保障工作。如1948年平津战役前夕，编制了北平西部航摄像片图和天津、保定驻军城防工事图，为解放战争胜利作出了贡献。

新中国成立后，地图制图得到了迅速的发展。1950年组建军委测绘局（后改为总参测绘局），1956年组建国家测绘局，领导全国的地图测绘和编绘工作。

在完成覆盖全国的1:5万和1:10万地形图的基础上，1:5万地形图已更新三次，1:10万地形图也已更新两次。完成了全国1:20万、1:25万、1:50万和1:100万地形图的编绘工作，并已建成了1:25万、1:50万和1:100万数字地图数据库。

1953年总参测绘局组织编制了1:150万的全国挂图《中华人民共和国全图》，由32个对开拼成。1956年出版了1:400万《东南亚形势图》。20世纪50年代后期，先后三次编制出版了1:250万《中华人民共和国全图》，以后又多次修改、重编出版，成为我国全国挂图中稳定的品种。该图内容丰富，色彩协调，层次清晰，较好地反映了中国的三级地势和中国大陆架的面貌。20世纪70年代，各省（市、自治区）测绘部门分别完成了省（市、自治区）挂图和大量的县市地图的编制工作。

在地图集的编制方面，首推国家大地图集的编制。1958年7月，由国家测绘局和中国科学院发起，吸收30多个单位的专家，组成国家大地图集编委会，确定国家大地图集由普通地图集、自然地图集、经济地图集、历史地图集四卷组成，后来又将农业地图集和能源地图集列入选题。现在已经先后出版了《自然地图集》、《经济地图集》、《农业地图集》、《普通地图集》、《历史地图集》。这些地图集在规模、制图水平及印刷和装帧等多方面都达到了国际先进水平。在国家大地图集的带动下，各省、市相关部门都编制出版了各种类型的地图集，其中不乏高质量的地图。由原武汉测绘科技大学土地科学学院编制的《深圳市地图集》于1999年第一次为我国的制图作品拿到了国际地图学协会评出的地图集类"杰出作品奖"。自动晕渲的大型挂图《深圳市地图》于2001年在国际地图展览会上再次获得最高奖。

二、国外的地图历史

公元前2世纪,埃拉托斯芬（公元前276～前195年）算出了地球的子午线弧长为39 700km,以此推算出了地球大小,并第一个编制了把地球作为球体的地图。托勒密（公元90～168年）所写的《地理学指南》对当时已知的地球作了详细的描述,并附有27幅地图,其中有一幅是世界地图。他提出许多编制地图的方法,创立了球面投影和圆锥投影。他用圆锥投影编制的世界地图具有划时代的意义,一直使用到16世纪。

15世纪以后,欧洲社会资本主义开始萌芽,历史进入文艺复兴、工业革命和地理大发现的时期,航海探险使人们对地球上的大陆和海洋有了新的认识,为地图的发展提供了机遇。地图学家墨卡托（公元1512～1594年）创立了等角圆柱投影,并用它于1568年编制了世界地图。由于该图上等角航线成直线,为航海提供了极大的帮助。18世纪实测地形图的出现,使地图内容更加丰富和精确。地图符号系统不断完善,透视写景符号逐步被平面符号代替,地貌表示也由晕滃法发展到等高线法,同时出现了地图的平版印刷,将地图推进到现代的阶段。

19世纪资本主义各国出于对外寻找市场和掠夺的需要,产生了编制全球统一规格的详细地图的要求。1891年在瑞士伯尔尼举行的第五次国际地理学大会上,讨论并通过了编制国际百万分一地图的决议,随后于1909年在伦敦召开的国际地图会议上,制定了编制百万分一地图的基本章程,1913年又在巴黎召开了第二次讨论百万分一地图编制方法和基本规格的专门会议,这对国际百万分一地图的编制起到了积极的作用。与此同时,出现了大量的专题地图,比较有代表性的有德国的《自然地图集》、《气候地图集》等。

20世纪由于摄影测量的产生和发展,对地图制作产生了极大的影响,出现了大批具有世界影响的地图作品。其中较有影响的有由前苏联为首的7个东欧社会主义国家编制的《1：250万世界地图》,英国的《泰晤士地图集》,意大利的《旅行家俱乐部地图集》,前德意志民主共和国的《哈克世界大地图集》,美国的《国际世界地图集》,《加拿大地图集》。特别值得提出的是前苏联的《世界大地图集》和《海图集》,这些图集都是旷世之作。

§1.5 地图的基本内容

地图内容可分成三个部分：数学基础、地理要素、整饰要素。

一、数学基础

任何科学的地图都应包含数学基础,它们在地图上表现为控制点、坐标网、比例尺和地图定向。

控制点分为平面控制点和高程控制点。前者又分为天文点和三角点,其中三角点是最重要的,在测图时,它们是图根控制的基础；编图时,它们成为地图内容转绘和投影变换的控制点。高程控制点指有埋石的水准点。

坐标网分为地理坐标网（经纬线网）和直角坐标网（方里网）,它们都同地图投影有密切联系,是地图投影的具体表现形式。

比例尺确定地图内容的缩小程度。它虽然只在整饰要素中标出,但在地图制作过程和结果中其作用无处不在。

地图定向通过坐标网的方向来体现。

二、地理要素

地理要素是地图的主体，普通地图和专题地图上表达地理要素的种类有所区别。

普通地图：普通地图上的地理要素是地球表面上最基本的自然和人文要素，分为独立地物、居民地、交通网（主要是陆地上的道路网）、水系、地貌、土质和植被、境界线等。

专题地图：专题地图上的地理要素分为地理基础要素和主题要素。

1. 地理基础要素是为了承载作为主题的专题要素而选绘的同专题要素相关的普通地理要素，它们通常要比同比例尺的普通地图简略，要素种类根据专题要素的需要进行选择，不一定都要包含普通地图上的七种要素。

2. 主题要素指作为专题地图主题的专题内容，它们通常要使用特殊的表示方法详细描述其数量和质量指标。

三、整饰要素

整饰要素是一组为方便使用而附加的文字和工具性资料，常包括外图廓（地形图则附有分度带）、图名、接图表、图例、坡度尺、三北方向、图解和文字比例尺、编图单位、编图时间和依据等。

§1.6 地图的分幅与编号

为了编图、印刷、保管和使用的方便，必须对地图进行分幅和编号。

一、地图分幅

分幅指用图廓线分割制图区域，其图廓线圈定的范围成为单独图幅。图幅之间沿图廓线相互拼接。通常有矩形分幅和经纬线分幅两种分幅形式。

1. 矩形分幅

用矩形的图廓线分割图幅，相邻图幅间的图廓线都是直线，矩形的大小根据图纸规格、用户使用方便以及编图的需要确定。挂图、地图集中的地图多用矩形分幅。

2. 经纬线分幅

图廓线由经线和纬线组成，大多数情况下表现为上下图廓为曲线的梯形。地形图、大区域的分幅地图多用经纬线分幅。

不同的分幅方式都有相应的优点和缺点（见表1-1）。

表1-1

分幅方式	优点	缺点
矩形分幅	图幅间拼接方便；各图幅面积相对平衡，方便使用图纸和印刷；图廓线可避开分割重要地物。	制图区域只能一次投影，变形较大。
经纬线分幅	图幅有明确的地理范围；可分开多次投影，变形较小。	图廓为曲线时拼接不便；高纬度地区图幅面积缩小，不利于纸张的使用和印刷。

二、地图编号

编号是每个图幅的数码标记，它们应具有系统性、逻辑性和不重复性。

常见的编号方式有自然序数编号和行列式编号。

1. 自然序数编号：将图幅由左上角从左向右、自上而下用自然序数进行编号，挂图、小区域的分幅地图常用这种方法编号。

2. 行列式编号：将区域分为行和列，可以纵向为行、横向为列，也可以相反。分别用字母或数字表示行号和列号，一个行号和一个列号标定一个惟一的图幅。

三、我国地形图的分幅编号

我国的 8 种比例尺地形图都是在 1∶100 万比例尺地图编号的基础上进行的，前后有很大的变化。20 世纪 90 年代以前，1∶100 万比例尺地图用列行式编号（列号在前、行号在后），其他比例尺地形图都是在 1∶100 万比例尺地图的基础上加自然序数；20 世纪 90 年代及以后，1∶100 万比例尺地图用行列式编号法，其他比例尺地形图均在其后再叠加行列号。

（一）旧的分幅和编号方法

表 1-2 是我国各种比例尺地形图的图幅范围大小及相互间的数量关系。

表 1-2

比例尺		1∶100 万	1∶50 万	1∶25 万	1∶10 万	1∶5 万	1∶2.5 万	1∶1 万	1∶5 千
图幅范围	经差	6°	3°	1°30′	30′	15′	7′30″	3′45″	1′52.5″
	纬差	4°	2°	1°	20′	10′	5′	2′30″	1′15″
图幅间数量关系		1	4	16	144	576	2 304	9 216	36 864
			1	4	36	144	576	2 304	9 216
				1	9	36	144	576	2 304
					1	4	16	64	256
						1	4	16	64
							1	4	16
								1	4

其编号系统如图 1-5 所示。

图中实线连接表示其编号系统，虚线表示图幅只有包含关系，编号上不发生直接联系。

1. 1∶100 万比例尺地图的编号

1∶100 万地图的编号是"列-行"编号。

列：从赤道算起，纬度每 4° 为一列，至南北纬 88° 各有 22 列，用大写英文字母 A，B，C，…，V 表示，南半球加 S，北半球加 N，由于我国领土全在北半球，N 字省略。

行：从 180° 经线算起，自西向东每 6° 为一行，全球分为 60 行，用阿拉伯数字 1，2，3，…，60 表示。

一个列号和一个行号就组成一幅 1∶100 万地图的编号。如北京市所在的 1∶100 万图幅位

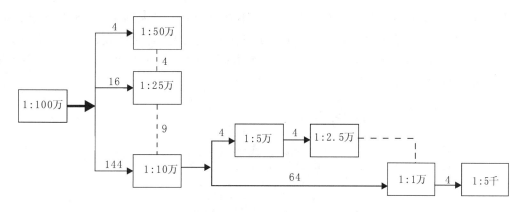

图 1-5　我国基本比例尺地形图的分幅和编号系统

于东经 114°～120°，北纬 36°～40°，其编号为 J-50。

2．1:50 万、1:25 万、1:10 万比例尺地图的编号

图 1-5 表明，这三种比例尺地图都是在 1:100 万地图图号的后面加上自己的代号形成自己的编号。这三种比例尺地图的代号都是自然序数编号，它们的编号方法属行列式加自然序数编号，由"列-行-代号"构成（见图 1-6）。

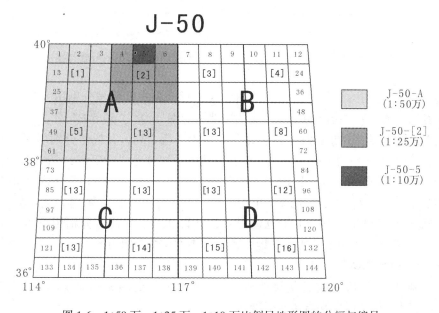

图 1-6　1:50 万、1:25 万、1:10 万比例尺地形图的分幅与编号

1:50 万比例尺地图的编号：1:100 万地图分为 2 行 2 列，其代号分别用大写英文字母 A，B，C，D 表示，图 1-6 中指出的 1:50 万地图的编号是"J-50-A"。

1:25 万比例尺地图的编号：1:100 万地图分为 4 行 4 列，其代号分别用 [1]，[2]，…，[16] 表示，图 1-6 中指出的 1:25 万地图的编号是"J-50-[2]"。

1:10 万比例尺地图的编号：1:100 万地图分为 12 行 12 列，其代号分别用阿拉伯数字 1，2，3，…，144 表示，图 1-6 中指出的 1:10 万地图的编号是"J-50-5"。

3．1:5 万、1:2.5 万、1:1 万、1:5 千比例尺地图的编号

13

图 1-5 表明这四种比例尺地图都是在 1:10 万地图图号的基础上形成的，分为两个分支，上面一支表明 1:2.5 万的图号应由 1:5 万比例尺地图衍生出来，下面一支显示 1:5 千地图的图号从 1:1 万比例尺地图衍生出来，而 1:1 万地图的图号并不和 1:5 万、1:2.5 万比例尺地图发生联系（见图 1-7）。

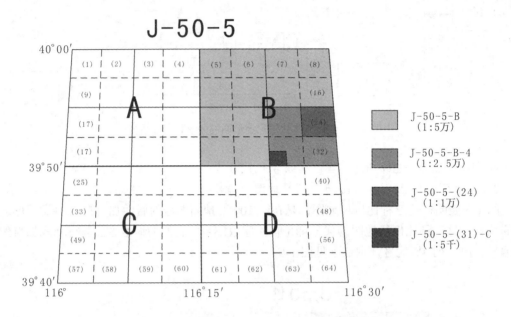

图 1-7　1:5 万、1:2.5 万、1:1 万、1:5 千比例尺地形图的分幅与编号

1:5 万比例尺地图的编号：1:10 万地图分为 2 行 2 列，其代号分别用大写英文字母 A，B，C，D 表示，图 1-7 中指出的 1:5 万比例尺地图的编号为"J-50-5-B"。

1:2.5 万比例尺地图的编号：1:5 万地图又分为 2 行 2 列，其代号分别用阿拉伯数字 1，2，3，4 表示，图 1-7 中指出的 1:2.5 万比例尺地图的编号为"J-50-5-B-4"。

1:1 万比例尺地图的编号：1:10 万地图分为 8 行 8 列共 64 幅 1:1 万地图，其代号分别用 (1)，(2)，…，(64) 表示，图 1-7 中指出的 1:1 万地图的编号为"J-50-5-(24)"。

1:5 千比例尺地图的编号：1:1 万地图分为 2 行 2 列，其代号分别用小写英文字母 a，b，c，d 表示，图 1-7 中指出的 1:5 千地图的编号为"J-50-5-(31)-c"。

（二）新的分幅与编号方法

1991 年制订的《国家基本比例尺地形图分幅和编号》的国家标准规定，新系统的分幅没有作任何变动，但编号方法有了较大变化。

1. 1:100 万比例尺地图的编号

1:100 万地图的编号没有实质性的变化，只是由"列-行"式变为"行列"式，把行号放在前面，列号放在后面，中间不用连接号。但同旧系统相比，列和行对换了，新系统中横向为行、纵向为列，因此，其结果并没有大的变化，例如，北京所在的 1:100 万地图的图号为"J50"。

2. 1:5 千~1:50 万比例尺地图的编号

这 7 种比例尺地图的编号都是在 1:100 万地图的基础上进行的，它们的编号都由 10 个代码组成，其中前三位是所在的 1:100 万地图的行号（1 位）和列号（2 位），第 4 位是比例尺代码，如表 1-3 所示，每种比例尺有一个特殊的代码。

表 1-3

比例尺	1:50万	1:25万	1:10万	1:5万	1:2.5万	1:1万	1:5千
代码	B	C	D	E	F	G	H

后面 6 位分为两段，前三位是图幅的行号数字码，后三位是图幅的列号数字码。行号和列号的数字码编码方法是一致的，行号从上而下，列号从左到右顺序编排，不足三位时前面加"0"（如图 1-8）。

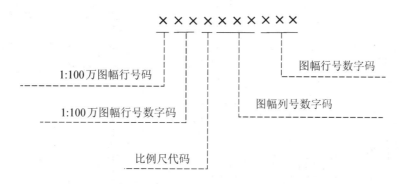

图 1-8　1:5 千～1:50 万地形图图号的构成

这样，任何一个特定的图幅都可以有一个惟一的编号。请你找出下列的图号在图 1-9 中的位置，判断一下你是否掌握了这些规律：

×××D006011
×××C002003
×××E018016

§1.7　地图的成图过程

地图是测绘学最后的成果形式，是测绘学服务于社会的最普遍的媒介。在初步了解地图之后，来讨论地图是怎样制作出来的。

一、制作地图的基本途径

制作地图有两条途径：实测地图，编绘地图。
1. 实测地图
实测地图又分为野外实测地图和航测法成图。
野外实测地图是利用测量仪器对地球表面的局部区域地物、地貌的空间位置和几何形状进行测定，按一定的比例尺缩小绘制成地形图。传统的测图方法是利用测角、测高仪器测定目标的角度、距离、高差，由测图员利用分度规、比例尺等工具确定目标点在图纸上的点位，按图式符号标准绘出图形。随着科学技术的进步，数字测图系统得到广泛应用，这是一

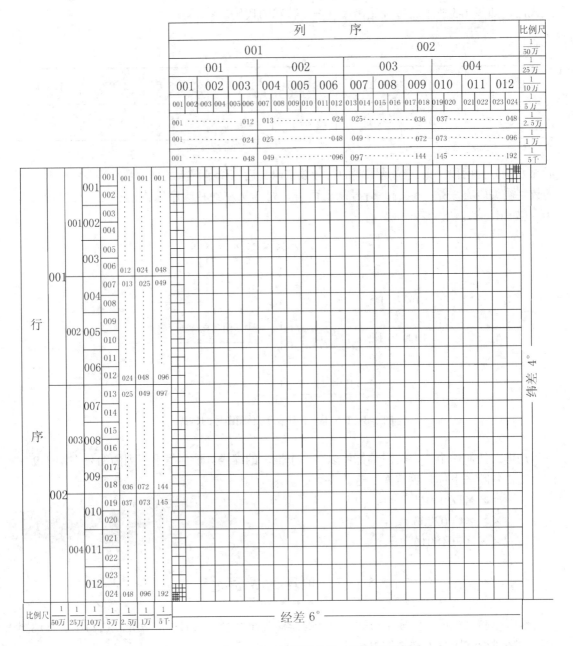

图 1-9　1:5千~1:50万地形图的行、列划分和编号

种全解析的机助测图方法。数字测图系统以计算机为核心，在输入、输出设备的硬、软件支持下，利用全站型电子速测仪对地形空间数据进行采集，记录在电子手簿、磁卡或便携机内，将数据输入计算机进行图形编辑、处理，在输出设备上就可以输出标准的地形图。

　　航测法成图是利用航空影像来测制地图。传统的方法是对航空像片进行几何纠正、镶嵌，地物的属性和控制都要经过外业的调绘和测量，在立体测图仪上完成地貌测绘，从而获得地形图。20世纪50年代提出了数字摄影的新概念并产生了解析测图仪，这是一种由数据库管理系统控制的数字测图系统。到了20世纪60年代，更发展了全数字摄影测量系统。它首先将影像数字化，然后运用计算机对数字影像信息进行处理和加工，获得所需要的图形和数字信息，在绘图仪上输出地图。航测方法不仅能生产地形图，还可以直接生产诸如土地利用图、植被图、水系图等专题地图。

2．编绘地图

编绘地图是根据各种各样的制图资料——实测地形图、统计资料、航（卫）片、政府公告、地理考察资料、草图等编制成为用户需要的各种类型的地图。编绘地图的技术也完成了由传统的手工制图到全数字化的地图制图的转变。

二、用传统的方法编绘地图

传统的方法是用光学转绘技术将地图内容转绘到由地图投影构成的经纬线（或直角坐标）网格中，再用手工对图形进行处理和描绘。

传统的地图编绘方法分成四个基本阶段：

1．地图设计

编制地图的工作从地图设计开始。地图编辑在接受制图任务以后，首先要进行地图设计。它的基本内容是：确定地图的使用对象及对地图的要求；收集、分析、评价制图资料，确定对资料的使用方法和程度，并对制图资料进行相应的加工；研究制图区域的地理情况，以确定区域的地理特征和特点；对地图投影、地图内容、表示方法、制图综合原则、制图工艺过程进行选择或设计。最后成果是编写出的地图设计文件。

2．原图编绘

根据设计文件的要求，编绘员要计算经纬度交点的平面直角坐标，并用直角坐标展点仪在裱糊于硬底板的图纸上将其展绘出来；将地图内容（通常用照像晒蓝图的方法）转绘（拼贴）到网格中以确保制图目标的位置准确；对地图内容进行综合并用手工将处理结果描绘出来。这个阶段的最后成果是编绘原图。

3．出版准备

编绘原图通常用多色描绘，由于边处理制图综合问题边进行描绘其图形质量达不到获得高质量印刷品的要求，为此要设置一个出版准备阶段。它的任务是根据编绘原图制作出高质量的供出版用的原图（出版原图）以及同其配套使用的分色参考图。

4．地图印刷

地图印刷的目的是复制出大量高质量的印刷图供广大读者使用。传统的印刷是通过对出版原图照相（用刻图法制作的出版原图或直接绘在半透明薄膜上的出版原图可省去照相这道工序）、翻版、分涂、制版、打样、审校、修改和印刷等工序，最后获得复制的印刷图。

在编制地图的四个阶段中，地图设计和原图编绘阶段，制图者进行了大量创造性劳动，由此得到了有特性的地图产品，他们应成为地图的作者，享有地图的著作权；出版准备和地图印刷阶段，不允许改变地图预定的内容和表现形式，是纯技术工作，只能获得署名权，不应当获得著作权。

三、计算机地图制图

以计算机及由计算机控制的输入、输出设备为主要工具，通过数据库技术和数字处理方法实现的地图制图称为计算机地图制图。由于在制图过程中，系统内部都是以数字形式传递地理信息并通过对数据的处理来完成图形变换，所以又称为全数字制图。

计算机地图制图是制图技术的变革，自然会引起制图工艺过程的变化，但其制图理论，例如制图资料的选择，地图投影和地图比例尺的确定，地图内容和地图表示法，地图内容制图综合的原则等，同传统制图并没有实质性的区别。

用计算机制作地图的过程，随着软、硬件的进步会不断变化，目前分为四个阶段（如图1-10）。

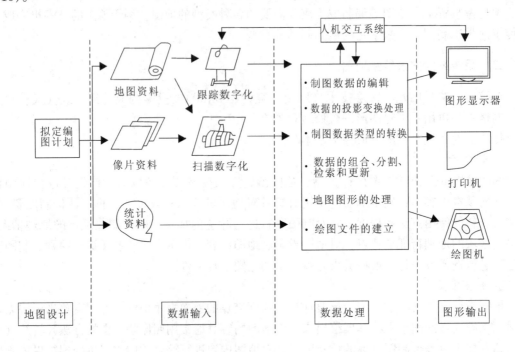

图 1-10　计算机地图制图的一般过程

1．地图设计

根据对地图的要求收集资料，确定地图投影和比例尺，选择地图内容和表示方法，图面整饰和色彩设计，确定使用的软件和数字化方法，最后成果是地图设计书。地图设计阶段也称为编辑准备。

2．数据输入

又称为数字化或数据获取，其目的是将作为制图资料的图形、图像、统计数据转换成计算机可以接受的数字形式，以数据库的形式记录在计算机的可存储介质上供调用。

3．数据处理

通过对数据的加工处理，建立起新编地图的以数字形式表达的图形。制图者通过使用软件对数据进行选取、变换、选色、配置符号和注记等处理。

4．图形输出

图形输出阶段是将数字地图变成可视的模拟地图的形式，可以用屏幕的形式输出（如电子地图），也可以用打印机、照排机、绘图机等输出纸质地图及供制作印刷版用的分色胶片等。

参 考 文 献

1. 祝国瑞等．地图设计与编绘．武汉：武汉大学出版社，2001
2. 李曦沐等．当代中国测绘事业．北京：中国社会科学出版社，1987
3. 胡友元等．计算机地图制图．北京：测绘出版社，1991
4. 张正禄等．测绘科学与技术．北京：高等教育出版社，1999
5. 董为奋．世界现存的古地图之一——《尼普尔城邑图》．地图，1987（4）

思 考 题

1. 地图有哪些基本特征？
2. 如何科学地对地图进行定义？
3. 试述数字地图、电子地图的含义、联系与区别。
4. 地图按内容如何分类？
5. 什么是国家基本比例尺地图？
6. 我国留存的年代最早的地图是什么地图？试述我国地图的发展历程。
7. 地图包含哪些内容？
8. 地图分幅有哪些方式？各自的优缺点是什么？
9. 简要说明我国的国家基本比例尺地形图的分幅系统及各自的图幅范围。
10. 我国地形图在1991年以前是如何编号的？
11. 试述我国地形图现行的分幅编号方法。
12. 地图的成图方法有哪几种？
13. 试述计算机制作地图的基本过程及其基本内容。

第二章 地 图 学

§2.1 地图学的定义和基本内容

伴随着地图的完善，出现了不断改进的制图方法和关于制作地图的理论，这就是地图学的基础。

在古代，地图记载的是地理考察的结果，地图的制作者都是地理学家，地图总是和地理学紧密连在一起的，还不能成为独立的学科。18世纪实测地形图的出现，为地图制图提供了丰富精确的资料，尤其是1796年德国人发明了石印术，1900年发明了胶印机，使地图的高质量复制成为可能，促成了地图学同测量学的紧密联系并成为一门独立的学科。

一、地图学的定义

地图学的发展可以明显地区分为两个阶段，前一阶段是研究制作地图的，又称为"地图制图学"。20世纪70年代以后，明确提出了地图应用是地图学的组成部分，形成了完整的地图学概念。

关于地图学的定义，有各种各样的说法：英国皇家学会的制图技术术语词汇表中，将地图学定义为"制作地图的艺术、科学和工艺学"；前苏联从20世纪初就开始了正规的制图高等教学，当时把制图学理解为技术学科，"它研究地图编绘与制印的科学技术方法和过程"；瑞士地图学家英霍夫（E. Imhof）强调"地图制图学是一门带有强烈艺术倾向的技术科学"，他的这个认识在德语系国家中有着重要影响，他们强调地图制图学的艺术成分，把图形表示法的共同规律当作地图制图学的核心，把地图制图学看成探求图形特征的显示科学。作为地理学者的萨里谢夫，特别强调"地图制图学是建立在正确的地理认识基础上的地图图形显示的技术科学"，这种显示在于"描写、研究自然和社会现象的空间分布、联系以及随时间的变化"。

20世纪70年代以后，地图应用被纳入地图学的范畴，普遍认为地图学是"研究地图及其制作理论、工艺技术和应用的科学"。随着地图制作技术的发展，制图理论也在不断创新和完善。传输的观点逐渐被接受，"地图学的任务是通过地图的利用来传输地理信息"。从传输的观点看，地图的制作和应用被同等看待。人们通过测量、调查、统计、遥感等多种方式将客观环境的一部分转换成被认识的地理信息，再通过制图的方法制成地图（客观世界的模型），读者通过阅读、分析、解译获得对客观世界的认识，这显然是一个地理信息的传递过程，其中又涉及符号理论、感受和认知理论等。在这个背景下，人们对地图学下了各种定义："地图学是研究空间信息图形表达、存储和传递的科学"；"地图学是以地理信息传递为中心的，探讨地图的理论实质、制作技术和使用方法的综合性科学"；"地图学是用特殊的形象符号模型来表示和研究自然及社会现象空间分布、组合、相互联系及其在时间中变化的科学"。

我们认为，要给地图学下一个准确的定义，就必须研究地图学的本质、概念、理论和方法，特别是地图学在现代技术条件下发生的新的变化。在数字地图的条件下，可视化（视觉化）是现代地图学的核心（泰勒，1991），空间认知和传输是可视化的重要内容，形式化则是可视化的工具和技术支持。为此，我们给出地图学的定义为"地图学研究地理信息的表达、处理和传输的理论和方法，以地理信息可视化为核心，探讨地图的制作技术和使用方法"。

二、以制图为中心的传统的地图（制图）学

传统的地图（制图）学以手工描绘地图图形为基础。这时，地图（制图）学研究制作地图的理论、技术和工艺。制作地图采用各种手持工具，从毛笔（西方采用羽管笔）、雕刻刀到小钢笔、针管笔、各种刻图工具等。在印刷术发明以前，提供给用户的地图都是手工绘制的，其用户面极其有限。19世纪照相术的发明以及照相术同印刷术的结合，使地图得以用比较廉价的方法大规模地复制，地图用户数量急剧增加。到20世纪，世界上已出现了许多地图的营业机构，地图成为一个引人注目的行业，这就大大地促进了地图学的发展。

传统的地图学有以下三个基本特征：

1．个人技术对地图质量有显著的影响；
2．实践经验积累是获取知识的主要渠道；
3．传统的师徒传授技艺起主导作用。

所以，严格来讲，直到20世纪初，地图（制图）学仍然停留在传统的手工艺阶段，不能称为现代意义上的科学。

三、现代地图学的产生

以电子计算机为主体的电子设备的应用，彻底改变了手工制图的状态，使制图进入高科技时代。它不仅改进了制图技术，而且从根本上改变了制图工艺，与之相适应产生了制图的新理论。同时，电子技术把用图者（通常是各行各业的专家）纳入到制图过程中，使制图和用图成为一个整体，逐渐形成了现代地图学。

在形成现代地图学的过程中，以下事实有着重大的影响：

以前苏联地图学家萨里谢夫和苏霍夫为首的一批学者在第二次世界大战中及以后，创造了一整套的制图综合理论，并在地图和地图集的设计方面取得了很大进展；

法国人贝尔廷1961年提出的一整套视觉变量理论，美国人莫里斯在哲学理论的基础上提出的形式语言学，共同形成了地图符号学的核心；

波兰地图学家拉多依斯基运用信息论的观点研究地图信息的传递特点后，提出了地图学的结构模式；

英国学者博德提出了地图模型论；

捷克人克拉斯尼根据信息论中信息传输的概念提出了信息传输模型；

德国学者在图形心理学方面的理论研究（格式塔理论），在地图阅读规律的研究方面有指导意义。

从20世纪50年代开始的计算机制图技术发展到可以投入大规模生产的阶段，技术变革和理论上的拓展构成了现代地图学的基础。在众多的地图学工作者不断实践、创新、充实、完善的基础上，在20世纪的80～90年代逐渐形成了现代地图学。

四、地图学的学科体系

1. 学科名称的变化

20世纪，地图学的学科名称几经变更，标志着该学科内容的不断变化，我们可以从学科名称的变化中去体验学科重点转移的轨迹。

地图学一直是在两个一级学科——测绘科学与技术、地理学中并行发展的。

在地理学领域，地图学一直是其中的一个二级学科。由于地图是地理学研究的出发点和成果的表达形式，对地图使用的研究始终是比较重视的，该学科在20世纪70年代以前一直都被称为"地图学"。20世纪80年代，地理信息系统（GIS）技术逐渐成熟，在地理学研究中作为模拟地理机理、研究过程和预测的工具，起到了越来越大的作用，又由于它同地图学的天然联系，随即将"地图学"改称为"地图学与地理信息系统"。从使用的角度看，完善的地理信息系统可以替代地图且更加方便和实用，所以又于20世纪90年代将该学科的本科专业名称改为"地理信息系统"，硕士和博士专业需要在地理信息可视化、地理信息系统构建方面作更深入的研究，仍保留"地图学与地理信息系统"的名称。

在测绘学（20世纪90年代改称测绘科学与技术）中，该学科起初名为"制图学"，为避免同机械行业的制图相混淆，20世纪60年代将该学科改称"地图制图学"，在20世纪70年代国际地图学协会倡导将地图使用纳入学科领域以后，我国于20世纪80年代将该学科改称"地图学"（其实国际上一直使用Cartography这个词），20世纪90年代，测绘科学与技术中的二级学科的本科专业全部归并为"测绘工程"，培养地图制图人才的本科专业称为"测绘工程（地图制图学与地理信息工程）"，而硕士和博士专业仍然单独保留"地图制图学与地理信息工程"的名称。显然，其学科对象仍然偏重于在电子技术条件下的地图制作和地理信息系统软件开发、系统构建及应用工程等诸方面。

2. 地图学的学科体系

传统的地图（制图）学的结构较为简单，它包含地图绘制、地图概论、地图投影、普通地图编制、专题地图编制、地图整饰、地图设计、地图制印等课目。

现代地图学由于众多新概念和新理论的出现，在国内外都有学者对学科体系的研究发表不同的见解。

英霍夫在20世纪50年代末最早提出把地图学分为理论地图学和实用地图学的主张，前苏联的地图学家也曾有类似的看法。英国和法国的地图学家则主张将地图学分为地图理论和制图技术两部分。

20世纪70年代以后，对地图学体系的认识发生了重要的变化。波兰学者拉多依斯基提出一个较为详细的地图学结构模式，他把地图学分为理论地图学和应用地图学两个部分，前者有三个主要方向，第一个是关于理论方面的，以地图信息传递理论为基础，研究地图信息传递功能、地图信息变换、地图图形理论（符号学）和地图内容的制图综合理论等；第二个是关于地图评价方面的，以地图知识为理论基础，包括地图学历史，地图的分类和评价标准，地图功能、表示方法等问题；第三个是关于应用方面的，以制图方法论为基础，包括制图方法（含地图制图自动化方法），地图复制方法和地图分析解译方法。第三个方向被认为是理论和实际的结合。应用地图学则包括地图生产（地图编制、绘制、复制和编辑加工），机助制图的应用（数据采集和变换），地图和地图集（在教学、科研、生产活动中）的应用，地图作品收集及地图教育等五个方面。

德国地图学家费赖塔格用地图信息传递论和符号理论相结合的观点，于 1980 年在拉多依斯基模式的基础上研究了地图学结构问题，他提出地图学应当分为三个分支：地图学理论、地图学方法论和地图学实践。地图学理论（地图术语和表述系统）包括格式塔理论（图形心理学），图形语义（表示、空间拓扑关系、语义综合及地图模型）理论，图形效果理论和地图信息传递理论；地图学方法论（制图规则系统）包括符号识别规则、地图系统分析方法、地图设计与标准化方法、地图分类和使用方法、地图制作及信息传递的评价、优化方法等；地图学实践（国际活动系统）包含地图生产组织及流通方面的内容，如地图组织机构、地图编辑、地图生产、地图发行、地图使用及地图学训练等。以上体系他称之为"普通地图学"。除此之外，他还分出两个辅助系统，即"比较地图学"（研究地图学的理论、方法和实践等各方面的比较）和"历史地图学"（研究地图学的理论、方法和实践的发展历史）。

荷兰地图学家博斯用一个类似于物质的分子和原子结构的功能模型来解释地图学各个领域及其同其他边缘学科的关系（如图 2-1）。其核心是地图设计，围绕这个核心的是五个分支学科：地图内容，地图生产计划，地图配置，符号设计和制图综合。在其周围是与其有联系的其他边缘学科，如空间数据、地图感受、图形艺术、制图条件和制图技术等，它们又各自为次级核心再联系其他分支。该模型形象地描述了地图学的核心问题及其与各分支学科的联系。

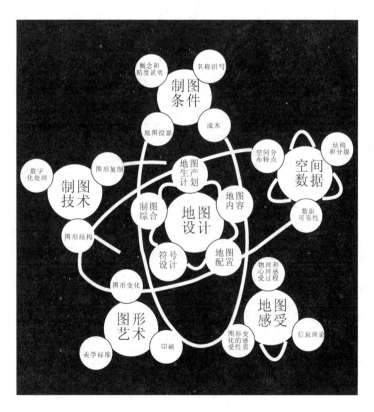

图 2-1　地图学功能模型（S. 博斯）

我国的学者廖克根据现代地图学发展的特点和趋势，特别是我国的学科现状，提出现代地图学应当分成理论地图学、地图制图学、应用地图学三大分支，每个分支都有自己的研究内容（如图 2-2）。

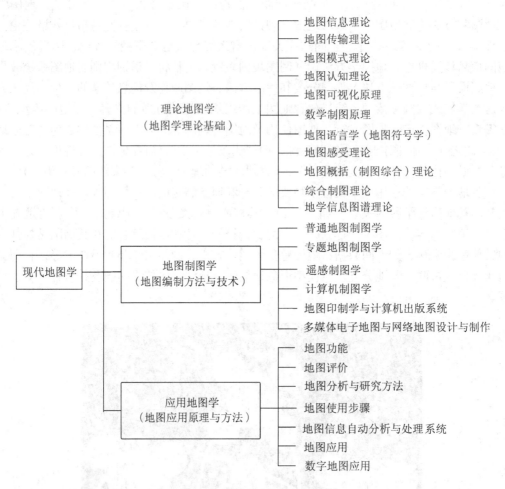

图 2-2　现代地图学体系（廖克，2003）

现代地图学体系的研究适应了当代地图科学技术的发展，也展示了地图学的广阔领域和发展前景，更重要的是使我们拓展视野，在边缘、交叉学科领域寻找地图学新的生长点。

五、地图学中各主要学科的研究内容

关于地图学中包括多少分支学科众说纷纭，我们只对认识比较统一的主要分支加以介绍。

（一）理论地图学

理论地图学主要研究现代地图学中的一些理论问题。

1．地图信息论

地图信息论研究环境地理信息的表达、变换、传递、存储和利用的理论问题。

地图信息包括地图符号和地图图形所具有的地理含义，它们不仅仅是符号所代表的内容，还包含这些符号所构成的空间实体在时空中的演化规律。地图信息是制图对象和时间、空间的组合信息，它具有定量、定位和可测度的特性。

地图信息是指地球和其他天体的空间信息，运用特定的符号、载体和技术方法，在按特殊的数学法则确定的平面上表示的可感知的时空化了的地域信息及其所蕴含的地理规律。

地图信息可以是模拟图的图解形式，也可以是离散的数字形式。地图信息具有双重性，它既表示与客观实体对应的含义，更重要的是由于它们获得了地图的表现形式，可以让读者看到该要素的空间分布和变化规律，以及与其他要素的联系，给人以定量、定位的时空概念。

在数字地图条件下，地图信息的利用效率取决于与计算机自动识别和处理相联系的表示方法。要设计一种既能为机器可靠识别、又能方便转换为目视阅读的地图符号系统的标准化的地图语言。目前提出的符合标准化地图的地理信息表示方法主要有晕线离散法和光学图形编码法。晕线离散法是用不同参数的同方向的晕线系统进行离散的解译，这些参数是地图内容在数量或质量方面的图形标志，用于表达一个封闭区域的多种物体的数量或质量特征，用它制作分析性的专题地图有很大优势。光学编码法是应用发光物质来制作符合视觉阅读条件的地图图形，它必须使用专门研制的具有发光物质的油墨和专门的纸张，将发光物质转换成编码的光信号，再用专门的设备在地图上自动读取地理信息。

从信息阅读的特性出发，地图信息分为直接信息和间接信息。直接信息是通过图形和符号，可以直接在地图上读取的信息，分为语义信息、注记信息、位置信息和色彩信息四个部分。间接信息是通过地图上的要素分布、相互联系以及所处的地理环境，通过分析获得的新的知识。

从信息的语言学特性出发，地图信息分为语义信息、语法信息和语用信息。语义信息指地图符号的含义所包含的信息，即符号同实际物体间的关系；语法信息是由符号与符号的配合使用及其分布、联系所派生的地理规律所产生的信息；语用信息指读者所领悟的信息，它不仅同地图的质量有关，与读者本身的知识素养也有极大的关系。

地图各要素所包含的信息量是可以测度的。通过对地图信息量的测度，可以评价地图的质量。同时，对不同设计方案的信息测度比较，又是改进地图设计的有效途径。

2. 地图信息传递论

地图信息传递论是研究地图信息传递过程和方法的理论。地图信息传递模型是从地图制图到用图过程的概括。

地图信息传递的过程是：客观事物（制图对象）通过制图者的认识，形成概念，使用地图符号（地图语言）变成地图，地图的使用者通过对地图符号和图形的解译和分析，形成对客观事物认识的概念。这同通讯中的编码和译码的模式是相同的。根据这个模式，捷克地图学家柯拉斯尼（A.Kolacny）提出了一个被广泛接受的地图信息传递结构模型（如图2-3）。

从图中可看出，当编码信息得到辨认和解译时，地图信息的传递就完成了。地图作为传递通道，将地图作者和读者连接起来。制图者采用图形和文字相结合的方法将环境信息转换为地图信息，用图者又将地图信息转变为环境信息。正是这种转换，将地理环境、制图者、地图和用图者组成一个相互联系的完整系统。

认识是地图信息传递的基本条件，专业知识素养会对地图信息传递产生较大的影响。

地图信息传递论导致人们对传统的地图学的认识产生了很大的变化，从而引起了对地图学的内容和地图作用的新探讨。这个问题的社会意义在于：引导人们用地图信息传递论来研究地图的本质、制图和用图的规律。对此，地图学家们用信息论的方法对地图信息的特性和度量方法进行研究；传递模型强调地图使用者的作用，传递效果是制图者应当十分关心的问

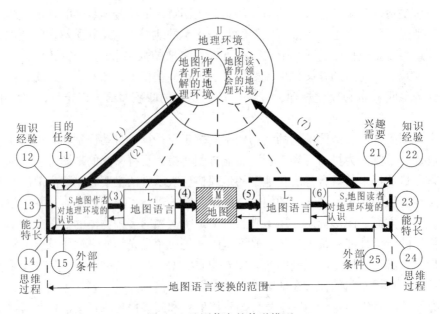

图 2-3 地图信息的传递模型

题，地图设计和编制应把注意力放在接受者的部分，使用者的要求决定地图的内容和形式，这促进了地图品种的增加、表示方法的创新；为了提高地图信息的传递效率，人们不再仅仅从技术的范畴研究地图，因此引出了一些新的课题，如地图感受论、地图符号论、图形自动识别等，大大丰富了地图学理论的内容。

3．地图感受论

地图感受是应用生理学和心理学的理论来探讨读图过程。视觉感受的研究对于设计最佳的地图图形和色彩提供了科学依据。

到目前为止，大部分地图信息是通过视觉传送的。读者通过视觉系统将图形信息传送到大脑，在一些心理因素的作用下对其作出判别。

对图形、符号的感受中，研究符号的图形特征上的各种变化，形成视觉变量。运用视觉变量引起的视觉感受上的变化，可以形成图形的整体感、数量感、质量感、动态感和立体感的效果，达到更有效地传递地图信息的目的。

地图感受论研究视觉阅读地图的感受过程、视觉变量及视觉感受等方面的问题。

4．地图模型论

用模型方法去研究系统，可大大减少认识系统所花费的代价。地图模型论就是将地图作为客观世界的空间模型，用模型方法研究地图，对深刻认识地图的功能及其在地理学科中的作用有重要意义。

地图既是客观世界的物质模型，又是概念模型。作为物质模型，人们可以在模型上进行地面的模拟实验工作，例如量测长度和面积、进行区域规划设计等。作为概念模型，它不仅仅是客观物体的描写，还包括对客观世界认识的结果。在概念（思想）模型中又可分为形象模型和符号模型，前者是运用思维能力对客观世界进行简化和概括，后者借助专门的符号和图形，按一定的形式组合起来去描述客观世界。地图具有这两方面的特点，所以是形象-符号模型。

地图模型论的实践意义在于：根据地图进行研究，人们可以认识地理环境的组成和结构，代替实地的量测和观察，图上的预测作业可以代替实地的模拟实验。地图反映作者对客观世界的认识，反映制图物体和现象的分布、联系和演化规律，并以形象化的手段将这些抽象思维的结果提供给读者，让更多的人去分析研究。根据模型理论，建立描述各要素分布特征、联系规律及发展演化进程的数学模型，是对地图信息进行计算机处理的基本依据，以数字方式存储的地面数字模型，正是计算机制图和地理信息系统的基础。在地学研究中，地图是确定实地考察地点和路线的必不可少的工具，地理学家的工作往往是从研究地图开始，又以用地图反映其研究结果而结束。

5. 地图空间认知理论

认知科学是由计算机科学、哲学、心理学、语言学、人类学、神经科学交叉于20世纪70年代末才形成的关于心智、智能、思维、知识的描述和应用的学科，研究智能和认知行为的原理和对认知的理解，探索心智的表达和计算能力及其在人脑中的结构、功能和表示。

人类的空间认知模型分为四个方面（章士嵘，1992）：

感知系统：人类的感知系统包括视觉、听觉、触觉、嗅觉、味觉等，依靠这些感知器官将感知对象接收并传入大脑，经过识别、分析、组合后进入记忆系统。

记忆系统：人类的记忆分为长时记忆和工作记忆。长时记忆是一个巨大的信息库，存储着诸如概念、知识、技能、语义信息、经验、加工程序等各种信息，当有物理刺激（感知信号）输入时，长时记忆中的相关信息被激活，并参与当前的识别、分析、推理的工作活动（粗加工），然后进入工作记忆中接受更精细的加工。工作记忆是当前认知活动的工作场所。

控制系统：是整个认知过程的中枢处理器，它决定系统怎样发挥作用，并处理认知目标和达到目标的计划，这要靠一个加工系统控制运行。加工系统从考查目标是否达到开始，如果系统回答"是"，表明目标已经完成，如果系统回答"否"，则需要重新进行加工，直到达到目标。

反应系统：控制认知过程的结果输出，包括形成概念，得出结论及其描述和表达。

认知科学应用于地图学，有助于研究地图工作者在设计和制作地图过程中所运用的知识和思维加工过程，从而促进地图学理论，尤其是地图信息表达和地图信息感知的深入研究。认知科学同地图学的结合，产生了心象地图或认知地图，并由此引出了认知地图学的新概念（高俊，1991）。认知地图学研究的主要任务是探索地图设计制作的思维过程并用信息加工机制描述、认识地图信息加工处理的本质。

认知地图也称心象地图，它是人们通过感知途径获取空间环境信息后，在头脑中经过抽象思维和加工处理所形成的关于认知环境的抽象替代物，是表征空间环境的一种心智形式。这种将空间环境现象的空间位置、相互关系和性质特征等方面的信息进行感知、记忆、抽象思维、符号化加工的一系列变换过程，被称为心象制图。

在地图设计和编制过程中，地图编辑首先根据各种资料来认识地理环境，再根据地图的用途和要求，构思表示方法、地图内容、制图工艺等，形成新编地图在作者头脑中的构图，即心象地图。经过比较、试验、修改的过程，形成地图的设计方案。

由于现有的人工智能理论还不足以精确描述大脑的思维过程，关于制图专家系统的研究很难获得突破。地图认知理论的研究必将为计算机制图系统，特别是制图专家系统的智能化提供帮助。

为使用地图而进行的地图空间认知比较容易理解。地图用户通过阅读地图，在大脑中形成由形象思维产生的心象环境，这就是对地图认知的结果，从这里出发才能实现需要根据地图实现的目标。

6. 地图信息可视化理论

可视化在西方多称为视觉化（Visualization），解释为"不可直接察觉的某种事物的直观表示"。这本是一个计算机科学中的概念（Visualization in Scientific Computing），它是将数据转化为图形，以便于研究人员观察计算过程。在数字地图条件下，地图信息的可视化已经成为当代地图学研究中的一个重要领域。

在地图和地理信息系统中，利用可视化技术可以直观显示物体的空间位置，可将地理环境现象空间分析（统计、关联、对比、运输、迁移、经济发展）的过程和结果直观、形象地描述出来并传递给用户。利用三维、动态可视化技术，既可以制作二维平面上的视觉三维图像，也可以制作随时间变化的三维动态地图。在制图过程中，则利用可视化技术对地图数据的存储、传递、处理过程进行监控。

总之，计算机制图离不开可视化。这就引起了对可视化的研究，产生了空间信息可视化这样一个全新的概念。

空间信息可视化是基于科学计算可视化、地图学和认知科学的新学科，研究为识别、解释、表达和传递目的而直观表示空间地理环境信息的工具、技术和方法。

空间信息可视化的主要产品包括纸质地图、电子（屏幕）地图、多媒体地图、三维仿真地图、四维时空地图等。

地图可视化理论是研究地图信息的符号化、图形化、形象化及直观性的处理、表达、传递及解译的理论。

丰富多彩的现实世界，经过人类的感知、认识和抽象分类后成为系统、规则性的客体信息，再经过模-数转换变成计算机可处理的数字形式进行存储、处理，并通过数-模转换用多种媒体的地图形式表现出来，用户通过交互式可视化操作，重现客观实体的形象——符号模型，再通过解释来了解、认识和归纳出空间事物的分布、结构、特征、规律等，从而为实际利用目的提供依据。

地图可视化理论分为地图信息模型化、地图信息量化、地图信息集成、地图信息表达四个部分。

地图信息模型化是运用地图模型理论，对客观现实抽象、概括，转换成可供计算机读写的数字信息，并用各种媒体的地图来表达和传输这些信息。

地图信息量化有两个方面的含义。其一是实现地图空间信息的离散化和数字化，这是通过模数转换，将图形和符号变成计算机可识别的平面直角坐标（X，Y）和特征值（Z）；其二是实现其他形式的空间信息（图像信息、统计信息等）转换成数字地图信息，这通过数字地形模型来实现。它们可以为各种空间分析和地图表达提供依据。

地图信息集成研究将复杂多变的空间信息抽象、归纳成规范化、标准化、具有内部结构规律和外部关联的系统化地图信息，并将其通过文本、图形、图像、声音、动画、视频等多种地图语言及其组合形式直观综合地表现出来。

地图信息表达不是传统意义上的地图表示，它是借助可视化方法和多媒体技术为视觉思维和解译传输而进行的，具有操作交互性、信息动态性、媒体集成性的地图可视化。它研究空间信息的多媒体表示及其可视化处理的原理、技术和方法。

7. 地图符号论

地图符号论又称地图语言学，是20世纪末才提出的地图学新理论。它是在20世纪60年代提出的地图符号系统（前苏联）和视觉变量（法国）理论的基础上，结合形式语言学逐步形成的。

地图符号论研究作为地图语言的地图符号系统及其视觉特征的理论，探讨地图符号和图形的构图规律、地图符号及其系统结构。地图符号论研究的基本内容包括：

（1）地图符号语法（关系）学：主要研究地图符号的类型、构成及其形成系统的规律和特性。

（2）地图符号语义学：研究地图符号与制图对象之间的关系，即实地要素及其特征用相应的地图符号表示。

（3）地图符号语用学：研究地图符号与用图者之间的相互关系，即什么样的符号才能便于读者识别和记忆。

在多媒体技术条件下：地图符号论应得到相应的扩充。除了研究地图符号的相关问题以外，将转向对动画、视频、声音等媒体的制作、转换、组合、演播、编辑以及多种媒体的协调和可操作性的研究，所以把地图符号论改称为地图语言学将更加确切。

现代的地图语言学分为两种类型，即地图符号（包含注记）和语言媒体符号。

地图符号的研究内容仍然是视觉变量及其应用。地图符号又可分为静态符号和动态符号两种。对于传统的纸质地图，地图语言主要是静态的地图符号和地图注记，研究视觉变量在设计点、线、面符号时的作用及实际效果。在多媒体地图中，还有动画、视频等动态地图符号及文本、声音（如内容介绍和背景音乐）等语言类符号。

对于动态符号，除传统的静态视觉变量外，还具有动态视觉变量。动态视觉变量是同时间相联系的变量概念，它是用一系列前后相关的图形和图像符号来表示某种空间现象的动态变化过程、方式、路径、持续时间、变化速率等，从而再现客观现实中事物的演化过程和现实状态。在动画、视频和动态符号中，我们最关心的是持续时间、变化速率和显示次序。这三个变量通常称为动态视觉变量。

语言媒体符号也有两种基本形式：文本符号和语言符号。在文本符号中又分为静态说明文本和动态功能文本。静态说明文本指介绍、说明之类的普通文本；动态功能文本指文本媒体中的热字，通过预定义的热字，可以查阅与之相关的多媒体信息。语言符号包括声音解说和背景音乐，其基本变量是持续时间和语言频率，由于语言属听觉类，我们称之为多媒体地图中的听觉变量。

综上所述，地图符号论（地图语言学）的结构可以用图2-4来表达。

8. 制图综合理论

制图综合理论对传统地图学和现代地图学来说都是基本理论，它研究编制地图的过程中对地图内容进行概括和取舍处理的原理和方法，是对制图数据处理的根据，其最终目的是合理反映制图区域的地理特征。

在新技术条件下，GIS环境下的数字信息资料成为日趋重要的资料源，而且多媒体地图成为GIS最重要的输出形式。而GIS环境下的数字制图综合，除了综合的基本原理之外，从形式到技术方法，都同传统制图综合有很大的区别。

传统制图综合的主要内容包括以下两方面：

地图内容的取舍：根据地图用途和比例尺、地理环境条件，将重要的物体保留在新编地

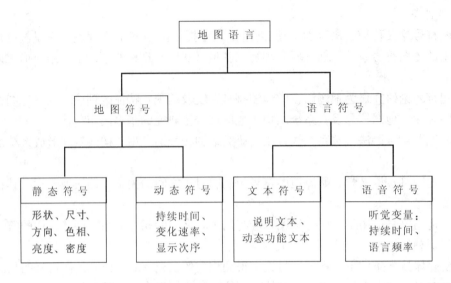

图 2-4　地图语言结构

图上,称为"取",将次要的物体去掉,称为"舍"。

地图内容的概括:又区分为形状概括——通过删除、夸大、合并、分割的方法简化图形,以便突出主要的地理特征;数量特征概括——针对制图对象的数量特征,如长度、面积、高度、宽度等特征的概括,主要是减少标志和降低精度;质量特征概括——以概括的分类代替详细的分类,以综合的质量概念代替精确的质量概念。

制图综合是一个对客观现实再抽象的过程,因此也是创造过程,是取得地图著作权的最重要的依据。

现代地图学的制图综合有了很大的发展,这包括制图数学模型的广泛应用,运用数据库技术利用特殊的存储结构实现综合,到现在的基于地理特征分析的自动制图综合。

制图综合仍然是数字制图中最重要的瓶颈问题,解决自动制图综合实用化的问题将对地图制图和 GIS 发展、数据库建设起到极大的作用,正在引起越来越多的制图专家们的关注。

地图自动制图综合需进一步研究的主要问题有:①地图综合的智能化:这涉及制图综合原则同地理信息融合、专家知识库的建立、模糊信息处理等一系列的问题,还需要有智能型大型数据库的支持。②地理特征和空间关系的自动识别和获取:过去研究制图综合多把注意力集中在算法的改进方面,很难取得实质性的进展,现在转向研究要素的空间关系、规则形式化和数据模型,其中空间关系是关键,它研究全局、局部到单要素的地理特征及拓扑关系。③地图制图综合算法的进一步完善。④地图自动综合策略研究:地图自动综合有很多方法和途径,对它们进行分类、归纳、比较,选出最优的途径。⑤地图制图综合质量评价:地图作为产品,必须有评价标准。在数字制图条件下,评价标准也必须定量化。

(二) 地图制图学

地图制图学包含实际制作地图的工艺方法和应用理论的学科。

1. 普通地图制图学

以普通地图制图为对象的学科,研究普通地图的内容和表示方法、地图符号设计、编图技术方法、各要素的制图综合(数据处理)、地图编辑和设计等。

2. 专题地图制图学

以专题地图制图为对象的学科,研究专题地图的内容和表示方法,专题地图上主题要素的资料收集和处理,各种类型专题地图的编制,专题地图的制图工艺和编辑、设计等问题。

3. 遥感制图学

研究以遥感数据为数据源制作地图或修正地图的学科。主要内容包括遥感图像的成像原理、图像性质、图像判读、图像增强,数字图像特征及数字图像处理、增强、变换,遥感图像的制图应用、编图技术方法和遥感制图精度分析等。

4. 计算机制图学

以计算机为主导的电子仪器为制图工具,研究地图制图方法的学科。它仅仅是制图方法的变化,地图本身并没有变化,严格说来并不是一个完整的学科。由于以计算机为工具是制图技术革命的重要标志,人们在一定阶段会特别强调它的地位,产生了这门以研究制图电子设备的性能、使用方法,地图数据获取、存储、传递,地图制图软件、地图数据库、地图数据处理方法为主要内容的特殊的学科。

5. 地图制印学

研究大量复制地图的学科。传统的地图制印学包括对复照、翻版、分涂、制版、打样、印刷等工序的研究。数字制图技术的发展使地图制印产生了根本的变化,编印一体化技术可在数据处理过程中区分不同颜色,并经打样检查后按预定比例输出四张(红、黄、蓝、黑)胶片,直接去印刷厂制版印刷。进一步的发展是省掉分色胶片,直接将数据输入印刷机进行印刷。

(三) 应用地图学

应用地图学研究地图应用的原理和方法。在应用地图学体系中,实际建立的学科有地图分析、地图解释和应用。

1. 地图分析

以分析地图的方法为主体,包括分析目的、分析方法、分析结果和分析精度四个部分。分析目的是确定在地图上分析研究的方向和可能的用途,这包括根据地图获得数量特征,研究结构和差异,揭示联系和从属性,分析动态,预测预报和质量评价。分析方法包括描述法、图解法、图解解析法(地图量测和形态量测)和解析法(各种数学模型方法)。通过这些分析方法将获得不同形式的结果供实际应用。作为应用的依据,还要分析这些结果可能达到的精度。

2. 地图解释和应用

地图解释和应用的主体是各行业的专家,他们根据使用地图的目的选择合适的方法,对分析结果加以应用,如城市规划、地籍管理、道路设计和施工、地质调查等。

§2.2 地图学同其他学科的联系

地图学的任务是用图解语言表现客观世界,这就注定它与有关描述对象、描述方法等众多学科有着密切的联系。在科学技术不断进步的过程中,这种联系不断加强。在解决共同的复杂问题时,促进了学科之间的交叉渗透,产生了许多新的边缘学科。

一、现代地图学的基本特征*

现代地图学的基础理论得到扩充，制图技术得到了发展，制图工艺、地图形式都发生了很大变化。同传统地图学相比，现代地图学具有以下基本特征：

1．地图学已跨越几个科学部门

钱学森教授认为，现代科学有六大部门：自然科学、社会科学、数学科学、系统科学、思维科学和人体科学。地图学同它们都有密切的联系。地图的描述对象、生产工艺和方法涉及自然科学、社会科学和数学；研究地图的视觉效果、认知规律与思维科学、人体科学有密切联系；当将地图的制作和使用当做一个信息传递系统时，无疑要使用系统科学的许多原则和方法。

2．横断科学为地图学现代理论提供了支持

信息论、系统论、传输论作为科学研究的工具在许多学科中都得到了广泛应用，我们将其称为横断科学。从方法论的角度，可使我们在研究地图学时摆脱把复杂系统分解为简单系统，又企图用简单系统去描述原本复杂的系统这样一种"原论"的思想方法，把地图学作为一个复杂的整体，只有将整体看清楚了才能发现规律，找到地图学的生长点。地图学正是从这些学科中吸取营养，拓宽基础理论，实现了一个新的跨越。

3．地图生产、研究、应用上的计量化

数学方法在制图中的应用，逐渐改变了地图学中以定性描述为主的特点。在制图数据整理、研究制图综合问题、寻找自然和社会规律、检测地图质量和感受效果、提高地图设计水平等各方面都广泛使用了数学计量方法。计量化不但提高了地图学的科学水平，还为数字制图提供了数据处理的基础和指导，没有计量化也就不会有自动制图综合。数学方法已不仅是探求数量规律的技术手段，而且已成为一种总结和创造理论的方法，作为理论思维的一种重要形式越来越受到重视。

4．以计算机为主体的电子设备的应用

以计算机为主体的电子设备的应用彻底改变了制图工艺，完成了从手工制图到电子制图的跨越。这种革命性的跨越不但大大缩短了成图周期，减轻了制图人员的劳动强度，丰富了地图内容，提高了地图的标准化程度，更重要的是数字地图的出现，开辟了地图应用的新领域。可视化方法的研究，多媒体技术的应用，同GIS、GPS（全球定位系统）、RS（遥感）的结合，使地图的使用范围空前扩大，在社会经济和人民生活中的作用越来越大。

二、地图学与其他学科的联系

1．马克思主义哲学

为了正确地研究和反映客观实际，用辩证唯物主义的思想方法去认识和揭示自然界、人类社会和思维的一般规律是十分重要的。离开马克思主义哲学，就不可能正确解释地理事物的发展规律，不能理解制图综合中的诸多概念，不能对制图经验和地图学中的许多理论问题作出正确分析。

2．地理学

地图学作为地理学的一个二级学科，同地理学的联系是不言而喻的。地理环境是地图表

---

* 根据高俊院士的论述

示的对象，地理学以自然和人文地理规律的知识武装制图人员，另一方面，地理学又利用地图作为研究的工具。地图学与地理学交叉形成许多新的边缘学科，如地貌制图学、土壤制图学等。

3. 地理信息系统

地理信息系统脱胎于地图（陈述彭，1999），是地图（制图）学中一个重要部分在信息时代的新发展（王之卓，1999），地图和地理信息系统都是信息载体，都具有存储、分析、显示功能，地图是GIS最重要的数据源和输出形式，地图数据库是GIS数据库的核心。但地图注重数据分布、符号化和显示，GIS则应着重于地理分析。

4. 测量学

地图（制图）学和测量学同是测绘科学与技术的组成学科。测量学研究地面点定位及测制大比例尺地形图的方法，为制作地图提供点位坐标及精确的制图资料，摄影测量和遥感像片是地图的数据源，特别是地图更新的重要依据，制图中的许多数据处理模型和方法都来自测量学；反过来，大比例尺测图过程中又要使用制图的符号系统、综合原则和地图数据库技术等。GPS同电子地图相结合，才能充分发挥其导航（汽车、飞机、舰艇）、移动定位、制导作用。

5. 艺术

欧洲长时间把地图制图看做"制图的艺术、科学和工艺"。著名地图学家英霍夫认为"地图制图学是带有强烈艺术倾向的技术科学"，他认为制作一幅艺术品肯定不是地图学家的任务，但要制作一幅优秀的地图，没有艺术才能是不能成功的。艺术是用艺术形象反映客观世界，制图则是在科学分类和概括的基础上借助被抽象的艺术手段反映客观世界，不能简单地认为地图就是艺术作品，但艺术装饰对于提高地图的可视化效果肯定是非常有效的。

地图学与其他学科的联系的增强，是科学技术进步的必然结果。在数学方面，地图投影是以数学为基础的，制图数学模型涉及数学的许多分支学科，特别是应用数学，现在任何一门新兴的应用数学（灰色系统模型、分形分维理论、小波理论、神经网络理论）都会很快被引用来研究地图要素的规律、制图综合、地图分析应用等领域。物理学、化学、电子学的新成就对于改善地图制作技术及地图复制都是非常重要的。信息论、系统论、控制论不但为地图制作提供认识事物的观点和思想方法，它们的许多原理和方法也在计算机制图中得到了直接应用。

§2.3 地图学的发展趋势

在国民经济、科学研究和文化活动中对地图需求的不断增加，促进了地图行业的繁荣。地图制图工作者必须不断扩大地图的选题范围，增加品种，提高地图的精度、详细性、现势性和可视性，改进制图方法，提高生产效率，改善地图使用方法并拓宽使用领域。这些探索和研究无疑会促进地图学的发展。

在完成了从手工向电子制图技术的工艺转化、地图学理论逐步确立的基础上，地图学的学科重点在转移，这些转移可以归纳为以下几个方面：

1. 模拟地图向数字地图转移

过去地图产品都是纸（或其他类似介质）上的模拟地图，伴随着生产技术、工艺的变化，地图产品逐渐转向数字地图。这些产品有的还是需要由制图者将其转换为纸上的模拟地图提供给读者，有的可直接以数字形式（例如光盘）由读者自己去转换成电子地图（屏幕上的）或拷贝出模拟地图。

2．制图向制图、用图并重转移

过去地图（制图）学研究的重点是如何制作地图，但是由于地图使用的水平很低，往往只限于在地图上查找对照、简单量算，地图信息能被读者接受并使用的量很少。地图使用的滞后制约了地图市场的扩大和学科的发展，再完善的地图没有人使用也就毫无意义。制图者对地图的制图过程、地理信息向制图信息的概念转换最了解。也就是说，制图者最了解地图的特性和潜能，理所当然地应担负起研究地图分析应用的理论和方法的任务。制图学家们创造了许多分析地图的方法，可以获得地图上各要素分布、联系的规律，为根据地图进行区划、规划、设计、土地利用、环境改良、预测预报提供依据，大大拓宽了地图使用的领域，从而充实了地图学理论，使地图学包含完整的地理环境信息传输体系相关的理论和实践问题。

3．品种单一向产品多样化转移

过去我们的教学、生产、科研的对象都以地形图为主，产品的品种单一，现在发生了很大的变化。产品多样化一是体现在选题多样化，出现了各种各样的专题地图，已经很难找出哪一个科学部门同地图没有联系；二是体现在产品的类型、形式的多样化，除了纸质地图之外，还出现了大量的多媒体电子地图、模型地图、灯箱地图、路标地图等，这些地图品种同国民经济及人民生活联系得越来越紧密。

4．信息传输向地理信息深加工转移

过去向用户提供的是初始的地图，现在，可以通过信息系统提供经加工、分析后的数据和派生产品，如最佳路线选线，数据库拓扑检索，动态变化规律，相关分析的结果和相关地图等，直接为用户的决策提供依据。

5．二维静态地图向三维动态地图转移

纸质的模拟地图是二维的静态地图。在数字环境条件下可视化的研究已经成为一个非常引人注目的领域。现在已经逐步可以实现屏幕上的视觉三维（2.5维）、真三维和三维动态（4维）的图形图像，并且在旅游和汽车导航领域得到实际应用。虚拟环境技术不断成熟，用户将不但可以通过视觉，还可以通过触觉等其他感受方式来认知地理环境。

6．地图产业化

过去地图的生产基本上是国家投资，市场化的份额很少，制图机构基本上是国家事业单位。现在，制图机构市场意识增强，已初步形成包括12家专营地图的出版社的产业体系，并有30多家出版社有权兼营地图。地图是测绘行业同人民群众联系的最重要的媒介，制图机构正逐步由事业型转向企业型。科研成果将加快向生产力的转化，地图产业化进程将随着科技进步和国家机构改革的推进不断加快。

参 考 文 献

1．[美]ＡＨ罗宾逊等著，李道义等译．地图学原理．第5版．北京：测绘出版社，1989

2．陆权等．地图制图参考手册．北京：测绘出版社，1988

3．廖克．迈进21世纪的中国地图学．3S世界，2001（8）

4．王家耀．信息化时代的地图学．测绘工程，2000（2）
5．刘天胜．当代地图学理论的回顾与分析．地图，1998（2）
6．张正禄等．测绘科学与技术．北京：高等教育出版社，1999
7．王建华．基于多媒体技术的空间信息可视化研究：［博士学位论文］．武汉：武汉测绘科技大学，1997
8．王家耀等．发展我国数字制图生产若干问题的思考．数字制图技术与数字地图生产．西安：西安地图出版社，1998
9．陈毓芬．电子地图的空间认知研究．地理科学进展，2001年（增刊）
10．田德森．现代地图学理论．北京：测绘出版社，1991
11．D.R.F.Taylor.Cartography for Knowledge, Action and Development：Retrospective and Prospective.The Cartographic Journal，1994，31
12．王家耀．地图学与地理信息系统的现状与发展趋势．测绘通报，1997（6）

思 考 题

1．如何对地图学进行定义？
2．现代地图学形成过程中有哪些有重大影响的理论和技术创新？
3．地图学的学科体系是如何演化的？你认为怎样的体系才较为科学和完整？
4．现代地图学理论包括哪些方面？它们的核心内容是什么？
5．试述现代地图学的基本特征。
6．地图学同测绘学、地理学有什么联系？
7．地图学的学科重点转移有哪些方向？

第二编 地图投影

第三章 地图投影的基本理论

§3.1 地图投影的基本概念

地图一般为平面,而它所描述的对象——地球椭球面是一个不可展的曲面。将地球椭球面上的点转换为平面上点的方法称为地图投影。

一、地图投影的实质

地图投影概念来源于西方。在中世纪,古地中海地区航海业比较发达,使这一地区的地图学家较早地接受地球为一球体的概念,因而产生了早期的地图投影。投影(Projection)一词源于几何学,因为早期的地图投影多采用几何透视的方法来实现球面上的曲线(如经纬网)向平面转换(如图3-1),这种转换在几何学中叫做投影。现在的地图投影绝大多数是非透视的数学转换。然而,投影一词源远流长,沿用下来并不妨碍对其进行研究。

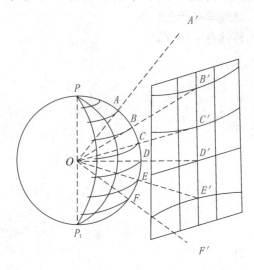

图 3-1 球心投影示意图

这样一来,我们可以把地图投影理解为是建立平面上的点(用平面直角坐标或极坐标表示)和地球表面上的点(用纬度 φ 和经度 λ 表示)之间的函数关系。用数学公式表达这种关系,就是:

$$\left. \begin{array}{l} x = f_1(\varphi, \lambda) \\ y = f_2(\varphi, \lambda) \end{array} \right\} \quad (3\text{-}1)$$

以上为传统意义上的地图投影的含义,它针对的地球是静态的,地图是二维的、矢量的。现代科学技术的发展,使地理数据的获取形式多样;三维地图的日趋发展,也使地图不再局限于平面。这些已成为地图投影学所面临的重要课题。因此,地图投影的理论、方法、研究内容都有了新的发展,有待用新的概念来描述其实质,这也是学科发展的必然趋势。在本书中地图投影的概念是基于传统意义上的地图投影。

二、投影变形

将地球椭球面(或球面)上的点投影到平面上,必然会产生变形,这是由于椭球面是一个不可展的曲面所决定的。在地球面上一定间隔的经差和纬差构成经纬网格,相邻两条纬线间的许多网格具有相同的形状和大小。但投影到平面上后,往往产生明显的差异(如图3-2所示),这就是投影变形所致。这种变形表现在形状和大小上发生了变形。实质上,就是由投影产生了长度变形、面积变形以及角度变形。

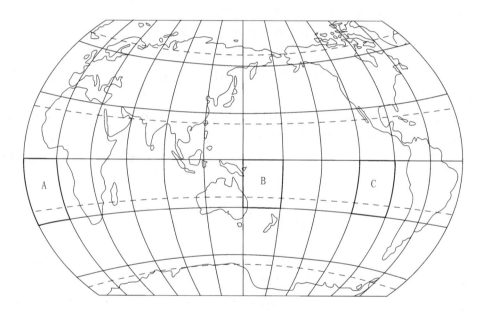

图 3-2 投影变形差异示意图

为描述投影变形,我们给出以下一些基本定义:

长度比(μ)——地面上微分线段投影后长度 ds' 与它固有长度 ds 之比值。用公式表示为:

$$\mu = \frac{ds'}{ds} \tag{3-2}$$

面积比(P)——地面上微分面积投影后的大小 dF' 与它固有的面积 dF 之比值。用公式表示为:

$$P = \frac{dF'}{dF} \tag{3-3}$$

在同一个投影中,不同点上的长度比和面积比的数值一般是不固定的,长度比和面积比的变化显示了投影中长度和面积的变化。还可引入长度变形与面积变形的概念来描述这种变化的数量上的大小。

长度变形（ν_μ）——长度比与 1 之差值。用公式表示为：
$$\nu_\mu = \mu - 1 \tag{3-4}$$
面积变形（ν_P）——面积比与 1 之差值。用公式表示为：
$$\nu_P = P - 1 \tag{3-5}$$

长度变形与面积变形都是一种相对变形，而且，以上两个表达式从数学意义上看，它们表示的仅为数量的相对变化。然而，量变可导致质变，从而引起形状的变异，正如在图 3-2 中看到的那样，故 ν_μ 和 ν_P 被赋予"变形"的名称。

角度变形——某一角度投影后角值 β' 与它在地面上固有角值 β 之差的绝对值，即
$$|\beta - \beta'| \tag{3-6}$$

三、主比例尺和局部比例尺

主比例尺——在计算地图投影或制作地图时，将地球椭球按一定比率缩小而表示在平面上，这个比率称为地图的主比例尺，或称普通比例尺。

局部比例尺——地图上除保持主比例尺的点或线以外其他部分的比例尺。局部比例尺的变化比较复杂，它们依投影种类、投影性质的不同，常常是随着线段的方向和位置而变化的。对于某些需要在图上进行量测的地图，便要采用一定的方式设法表示出该图的局部比例尺。这就是我们在大区域小比例尺地图上看到的那种较复杂的图解比例尺。

应当指出，主比例尺只有在计算地图投影时才用到。如果在理论上研究投影及其变形性质，那么由上面的变形定义可见，变形的大小是用相对的比值（对于长度及面积）与角值（对于角度）来表示的，因此，变形的大小与比例尺无关。为方便起见，在研究投影和推导公式时，常令主比例尺数值为 1。

§3.2 变 形 椭 圆

从图 3-2 中可以看出，实地上同样大小的经纬线网格在投影平面上变成形状和大小都不相同的图形。这是因为每种投影有它的特殊性，所以它们的变形是各不相同的。为了阐明作为投影变形结果各点上产生的角度和面积变形的概念，法国数学家底索（Tissort）采用了一种图解方法，即通过变形椭圆来论述和显示投影在各方向上的变形。变形椭圆的意思是，地面上一点处的一个无穷小圆——微分圆（也称单位圆），在投影后一般地成为一个微分椭圆，利用这个微分椭圆能较恰当地、直观地显示变形的特征。

我们先证明微分圆投影后一般地成为微分椭圆，然后再利用变形椭圆去解释各种变形的特征（如图 3-3）。

设有半径为 r 的微分圆 O，OX，OY 为通过圆心的一对正交半径（为便于研究，令此两半径为通过 O 点的经纬线的微分线段），A 为圆上的一点。

微分圆各元素投影到平面上相应地为 O'，$O'X'$ 与 $O'Y'$，其中 $O'X'$，$O'Y'$ 为斜坐标轴。按长度比的概念可以写出：
$$x' = mx, \qquad y' = ny$$
式中，m 为经线长度比，n 为纬线长度比。

对于微分圆有方程：
$$x^2 + y^2 = r^2$$

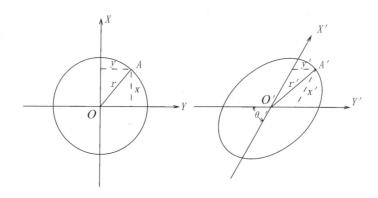

图 3-3 微分圆及其表象

以 $x = \dfrac{x'}{m}$，$y = \dfrac{y'}{n}$ 代入上式：

$$\left(\frac{x'}{m}\right)^2 + \left(\frac{y'}{n}\right)^2 = r^2$$

即
$$\left(\frac{x'}{mr}\right)^2 + \left(\frac{y'}{nr}\right)^2 = 1 \tag{3-7}$$

可见，(3-7) 式即为椭圆的方程式，而 mr，nr 则为椭圆的两个半径，这就证明了微分圆投影到平面上一般地成为一个微分椭圆。

由于斜坐标系应用上不太方便，为此我们引入主方向的概念，也称为底索定律（Tissot's Theorem）："无论采用何种转换方法，球面上每一点至少有一对正交方向线，在投影平面上仍能保持其正交关系。"在投影后仍保持正交的一对线的方向称为主方向。我们取主方向作为微分椭圆的坐标轴，由于主方向投影后保持正交且长度比具有极值的特点，则在对应平面上它们便成为变形椭圆的长、短半轴，并以 μ_1 和 μ_2 表示沿主方向的长度比（如图3-4）。

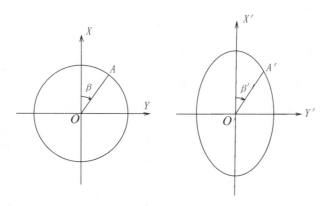

图 3-4 微分圆及其投影中的主方向

于是，椭圆方程式可写为：

$$\left(\frac{x'}{\mu_1 r}\right)^2 + \left(\frac{y'}{\mu_2 r}\right)^2 = 1 \tag{3-8}$$

如果用 a,b 分别表示椭圆的长半轴和短半轴,则上式中 $a=\mu_1 r$,$b=\mu_2 r$。为方便起见,令微分圆半径为单位1,即 $r=1$,在椭圆中即有 $a=\mu_1$ 及 $b=\mu_2$。因此,可以得出以下结论:微分椭圆长、短半轴的大小,等于该点主方向的长度比。这也就是说,如果一点上主方向的长度比(极值长度比)已经确定,则微分椭圆的大小及形状即可确定。通过变形椭圆的形状及大小可以显示该点的变形特征(如图3-5)。

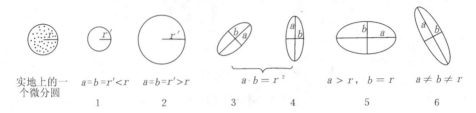

图 3-5　通过变形椭圆形状显示变形特征

在图3-5中,设实地上半径为单位值($r=1$)的微分圆,在投影中具有不同的形状和大小。其中1,2两个图形为 $a=b<1$ 和 $a=b>1$ 的情况,就是说,形状没有变化而大小发生了变化,具有这种性质的投影,叫做正形投影(或等角投影)。3,4两个图形的形状发生了变化,但 $a\cdot b=1$,就是说面积大小没有变化,具有这种性质的投影,叫做等面积投影。在第5个图形中,椭圆的长半径和短半径中有一个长度等于1(例如 $a=1$ 或 $b=1$),在第6个图形中 $a\neq b\neq 1$,这5,6两种投影既不等角又不等面积,可称为任意投影(其中第5个也可称为等距离投影)。

图3-6和图3-7是两个投影的示例。在投影中不同位置上的变形椭圆具有不同的形状或大小。我们把它们的形状同经纬线形状联系起来观察:在图3-6中,不同位置的变形椭圆形

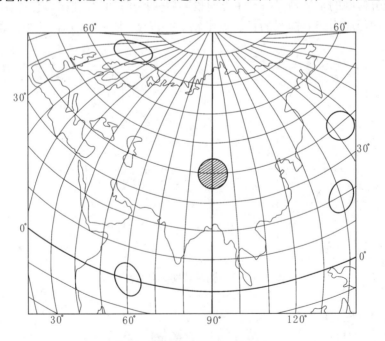

图 3-6　变形椭圆保持面积不变

状差异很大,但面积大小一样。实际上这是一个等面积投影。在图 3-7 中,变形椭圆形状保持圆形,但面积大小在不同位置(不同的纬度上)差异很大。实际上,这是一个等角投影(也称正形投影)。等角投影中变形椭圆的长短半径相等,仍然是圆形,也就是形状没有变化。

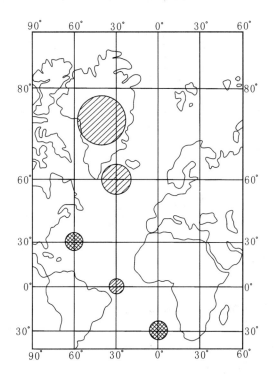

图 3-7 变形椭圆保持形状不变

从上面两个例子可以看出,变形椭圆确实能直观地表达变形特征。

§3.3 投影变形的基本公式

在前两节我们介绍了地图投影的基本概念以及投影变形的定义,还介绍了如何用变形椭圆来描述变形的性质和大小。这里我们对投影变形作进一步的介绍。

一、长度比公式

由于地图投影上各点变形是不相同的,我们先从普遍的意义上来研究某一点上变形变化的特点,再深入研究不同点上变形变化的规律,便不难掌握整个投影的变形变化规律。各种变形(面积、角度等)均可用长度变形来表达,因此长度变形是各种变形的基础。为此,我们首先研究一点上长度比的特征。

按长度比定义,以式子表示为:

$$\mu = \frac{\mathrm{d}s'}{\mathrm{d}s}$$

考虑到球面上的微分线段与平面上微分线段的比值,经推导可得任意一点与经线成 α

角方向上的长度比 μ_α 为：

$$\mu_\alpha^2 = \frac{E}{M^2}\cos^2\alpha + \frac{G}{r^2}\sin^2\alpha + \frac{F}{Mr}\sin 2\alpha \tag{3-9}$$

式中，M 为子午线曲率半径，r 为纬线圈半径，E，F，G 称为一阶基本量，或称高斯系数。

$$\left.\begin{array}{l} M = \dfrac{a(1-e^2)}{(1-e^2\sin^2\varphi)^{3/2}} \\[6pt] r = \dfrac{a\cos\varphi}{(1-e^2\sin^2\varphi)^{1/2}} \\[6pt] E = \left(\dfrac{\partial x}{\partial \varphi}\right)^2 + \left(\dfrac{\partial y}{\partial \varphi}\right)^2 \\[6pt] F = \dfrac{\partial x}{\partial \varphi}\cdot\dfrac{\partial x}{\partial \lambda} + \dfrac{\partial y}{\partial \varphi}\cdot\dfrac{\partial y}{\partial \lambda} \\[6pt] G = \left(\dfrac{\partial x}{\partial \lambda}\right)^2 + \left(\dfrac{\partial y}{\partial \lambda}\right)^2 \end{array}\right\} \tag{3-10}$$

在（3-10）式中，a 为地球的长半径，b 为地球的短半径，e^2 称为第一偏心率，$e^2 = \dfrac{a^2-b^2}{a^2}$；$\varphi$ 为该点的纬度；E，F，G 是投影公式 $\begin{cases} x = f_1(\varphi, \lambda) \\ y = f_2(\varphi, \lambda) \end{cases}$ 中 x，y 关于 φ，λ 的一阶偏导数。

在（3-9）式中，若 $\alpha = 0°$，得经线长度比 m 为：

$$m = \frac{\sqrt{E}}{M} \tag{3-11}$$

$\alpha = 90°$，则得纬线长度比 n 为：

$$n = \frac{\sqrt{G}}{r} \tag{3-12}$$

一般地说，一点上的长度比随方向不同而不同，有两个互相垂直的极值长度比 a，b 存在于主方向上，称为长度比在一点上的极大值和极小值。

二、面积比公式

根据长度比可推导出面积比公式为：

$$P = a \cdot b = m \cdot n \sin\theta' \tag{3-13}$$

式中，a，b 为极值长度比，θ' 为经纬线投影后所成的夹角。

三、角度变形公式

1. 经纬线夹角变形

经纬线在椭球面上是一组互相垂直的线，在投影面上经纬线夹角变形 ε 为：

$$\varepsilon = \theta' - 90° \tag{3-14}$$

经纬线夹角变形 ε 的表达式可以经推导得到：

$$\tan\varepsilon = -\frac{F}{H} \tag{3-15}$$

$$H = \frac{\partial x}{\partial \varphi}\cdot\frac{\partial y}{\partial \lambda} - \frac{\partial x}{\partial \lambda}\cdot\frac{\partial y}{\partial \varphi} \tag{3-16}$$

H 同 E, F, G 一样称为一阶基本量, 按 $H = \sqrt{EG - F^2}$ 求得。

2. 最大角度变形公式

一点上可有无数的方向角, 投影后这无数的方向角一般地都不能保持原来的大小。一点上最大角度变形 ω 可用极值长度比 a, b 表示:

$$\sin \frac{\omega}{2} = \frac{a - b}{a + b} \tag{3-17}$$

按三角函数的概念, 还可得到

$$\left.\begin{aligned} \cos \frac{\omega}{2} &= \frac{2\sqrt{ab}}{a + b} \\ \tan \frac{\omega}{2} &= \frac{a - b}{2\sqrt{ab}} \end{aligned}\right\} \tag{3-18}$$

此外, 在实用上常通过以下公式求得:

$$\tan\left(45° + \frac{\omega}{4}\right) = \sqrt{\frac{a}{b}} \tag{3-19}$$

§3.4　地图投影的分类

地图投影的种类很多, 从理论上讲, 由椭球面上的坐标 (φ, λ) 向平面坐标 (x, y) 转换可以有无穷多种方式, 也就是说可能有无穷多种地图投影。以何种方式将它们进行分类, 寻求其投影规律, 是很有必要的。人们对于地图投影的分类已经进行了许多研究, 并提出了一些分类方案, 但是没有任何一种方案是被普遍接受的。目前主要是依外在的特征和内在的性质来进行分类。前者体现在投影平面上经纬线投影的形状, 具有明显的直观性; 后者则是投影内蕴含的变形的实质。在决定投影的分类时, 应把两者结合起来, 才能较完整地表达投影。

一、按投影的变形性质分类

按投影的变形性质, 可将地图投影分为等角投影、等面积投影、任意投影。

1. 等角投影

等角投影是指角度没有变形的投影。椭球面上一点处任意两个方向的夹角投影到平面上保持大小不变。等角投影应满足

$$a = b$$

在等角投影中, 变形椭圆的长、短半轴相等, 微分圆投影后仍为圆, 其面积大小可能发生变化。

由于投影后保持区域形状相似, 又将等角投影称为相似投影、正形投影。等角投影的面积变形较大。

2. 等面积投影

等面积投影是指面积没有变形的投影。投影面上的面积与椭球面上相应的面积保持一致。等面积投影应保持

$$P = 1, \quad \nu_P = 0 \text{ 或 } a \cdot b = 1$$

这种投影会破坏图形的相似性, 角度变形比较大。

3．任意投影

任意投影是指既不能满足等角条件，又不能满足等面积条件，长度变形、面积变形以及角度变形同时存在的投影。

在任意投影中，有一种成为特例的投影，它使得 $a=1$ 或者 $b=1$，即沿主方向之一长度没有变形，称为等距离投影。

任意投影中三种变形都有，但其角度变形没有等面积投影中的角度变形大，面积变形没有等角投影中的面积变形大。

二、按投影方式分类

地图投影前期是建立在透视几何原理基础上，借助于辅助面将地球（椭球）面展开成平面，称为几何投影。后期则跳出这个框架，产生了一系列按数学条件形成的投影，称为条件投影。

（一）几何投影

几何投影的特点是将椭球面上的经纬线投影到辅助面上，然后再展开成平面。在地图投影分类时是根据辅助投影面的类型及其与地球椭球的关系划分的（如图3-8）。

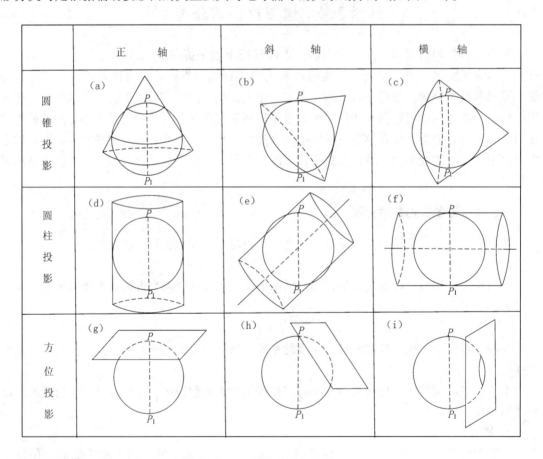

图 3-8　几何投影的类型

1．按辅助投影面的类型划分

方位投影：以平面作为投影面的投影；
圆柱投影：以圆柱面作为投影面的投影；
圆锥投影：以圆锥面作为投影面的投影。

2．按辅助投影面和地球（椭球）体的位置关系划分

正轴投影：辅助投影平面与地轴垂直（如图 3-8（g）），或者圆锥、圆柱面的轴与地轴重合（如图 3-8（a）、(d)）的投影；

横轴投影：辅助投影平面与地轴平行（图 3-8（i）），或者圆锥、圆柱面的轴与地轴垂直（如图 3-8（c）、(f)）的投影；

斜轴投影：辅助投影平面的中心法线或圆锥、圆柱面的轴与地轴斜交（如图 3-8（b）、(e)、(h)）的投影。

3．按辅助投影面与地球（椭球）面的相切或相割关系划分

切投影：辅助投影面与地球（椭球）面相切（如图 3-8(b)、(c)、(d)、(f)、(g)、(h)）；

割投影：辅助投影面与地球（椭球）面相割（如图 3-8（a）、(e)、(i)）。

（二）条件投影

条件投影是在几何投影的基础上，根据某些条件按数学法则加以改造形成的。对条件投影进行分类实质上是按投影后经纬线的形状进行分类。由于随着投影面的变化，经纬线的形状会变得十分复杂，在此我们只讨论正轴条件下的经纬线形状，其基础又是三种几何投影（如图 3-9）。

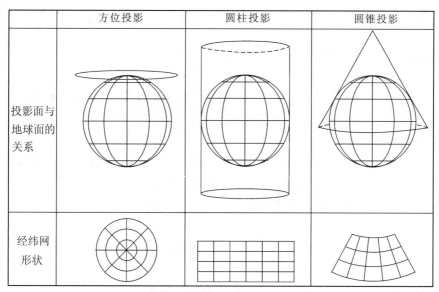

图 3-9 正轴几何投影的经纬线形状

1．方位投影

纬线投影成同心圆，经线投影为同心圆的半径，即放射的直线束，且两条经线间的夹角与经差相等。

2．圆柱投影

纬线投影成平行直线，经线投影为与纬线垂直的另一组平行直线，两条经线间的间隔与经差成比例。

3．圆锥投影

纬线投影成同心圆弧，经线投影为同心圆弧的半径，两经线间的夹角小于经差且与经差成比例。

4．多圆锥投影

纬线投影成同轴圆弧，中央经线投影成直线，其他经线投影为对称于中央经线的曲线。

5．伪方位投影

纬线投影成同心圆，中央经线投影成直线，其他经线投影为相交于同心圆圆心且对称于中央经线的曲线。

6．伪圆柱投影

纬线投影成一组平行直线，中央经线投影为垂直于各纬线的直线，其余经线投影为对称于中央经线的曲线。

7．伪圆锥投影

纬线投影成同心圆弧，中央经线投影成过同心圆弧圆心的直线，其余经线投影为对称于中央经线的曲线。

三、地图投影的命名

对于一个地图投影，完整的命名参照以下四个方面进行：

1．地球（椭球）与辅助投影面的相对位置（正轴、横轴或斜轴）；

2．地图投影的变形性质（等角、等面积、任意性质三种，等距离投影属任意性质投影）；

3．辅助投影面与地球相割、相切（割或切）；

4．作为辅助投影面的可展面的种类（方位、圆柱、圆锥）。

例如正轴等角割圆锥投影（也称双标准纬线等角圆锥投影）、斜轴等面积方位投影、正轴等距离圆柱投影、横轴等角切椭圆柱投影（也称高斯-克吕格投影）等。也可以用该投影的发明者的名字命名。

在地图作品上，有时还注明标准纬线纬度或投影中心的经纬度，则更便于地图的科学使用。历史上也有些投影以设计者的名字命名，缺乏投影特征的说明，只有在学习中了解和研究其特征，才能在生产实践中正确地使用。

思 考 题

1．地图投影变形表现在哪几个方面？为什么说长度变形是主要变形？

2．什么是长度比、长度变形？什么是面积比和面积变形？什么是角度变形？

3．什么是主比例尺？什么是局部比例尺？一般地图上所标的比例尺属于哪一种？如何正确理解和使用它们？

4．地图投影是如何进行分类的？

5．什么是变形椭圆？为什么说变形椭圆能够显示投影变形的性质与大小？

6．将地球仪和世界地图进行比较，观察它们的经纬线网和陆地轮廓（如格陵兰、澳大利亚）有什么不同，为什么会出现这种不同？

第四章 几类常见的地图投影

§4.1 圆锥投影

一、圆锥投影的一般公式及其分类

圆锥投影的概念可用图 4-1 来说明:设想将一个圆锥套在地球椭球上而把地球椭球上的经纬线网投影到圆锥面上,然后沿着某一条母线(经线)将圆锥面切开而展成平面,就得到圆锥投影。圆锥面和地球椭球相切时称为切圆锥投影,圆锥面和地球椭球相割时称为割圆锥投影。

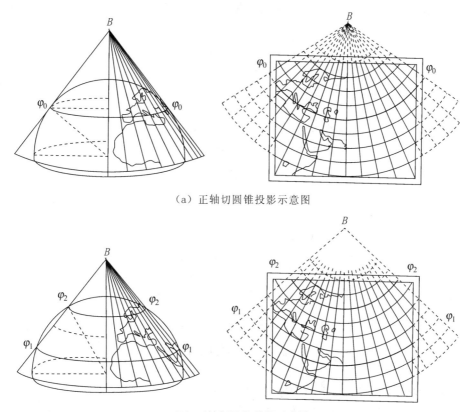

(a) 正轴切圆锥投影示意图

(b) 正轴割圆锥投影示意图

图 4-1 切圆锥投影和割圆锥投影

按圆锥面与地球椭球体所处的相对位置，又可将圆锥投影划分为三种形式（如图 4-2）。

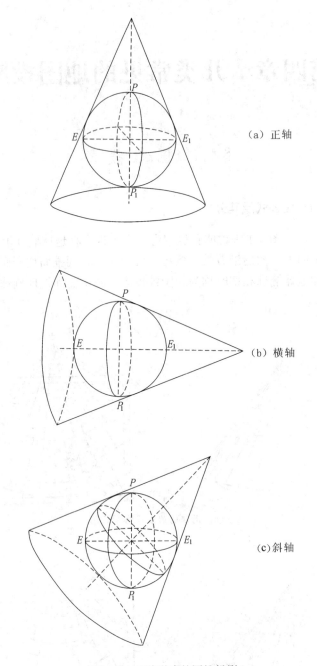

图 4-2 三种形式的圆锥投影

正轴圆锥投影：圆锥轴与地球椭球的旋转轴相一致。
横轴圆锥投影：圆锥轴与地球椭球的长轴相一致。
斜轴圆锥投影：圆锥轴通过椭球的中心，但不与椭球的长轴或短轴相重合。
圆锥投影按变形性质可分为等角投影、等面积投影和任意投影（其中主要是等距离投影）。

在制图实践中，广泛采用正轴圆锥投影。对于斜轴、横轴圆锥投影，由于计算时需经过坐标换算，且投影后的经纬线形状均为复杂曲线，所以较少应用。

下面讨论正轴圆锥投影的一般公式。圆锥投影中纬线投影后为同心圆圆弧，经线投影后为相交于一点的直线束，且夹角与经差成正比（如图4-3）。

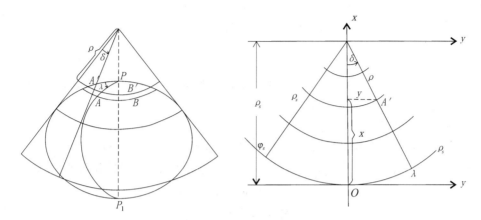

图 4-3 圆锥投影示意图

圆锥投影（正轴）一般公式为：

$$\left.\begin{array}{ll} \rho = f(\varphi) & \delta = \alpha \cdot \lambda \\ x = \rho_s - \rho\cos\delta & y = \rho\sin\delta \\ m = -\dfrac{\mathrm{d}\rho}{M\mathrm{d}\varphi} & n = \dfrac{\alpha\rho}{r} \\ \sin\dfrac{\omega}{2} = \dfrac{a-b}{a+b} \text{ 或 } \tan\left(45° + \dfrac{\omega}{4}\right) = \sqrt{\dfrac{a}{b}} \end{array}\right\} \qquad (4\text{-}1)$$

式中：ρ 为纬线投影半径，函数 f 取决于投影的性质（等角、等积或等距离投影），它仅随纬度的变化而变化；λ 是地球椭球面上两条经线的夹角；δ 是两条经线夹角在平面上的投影；α 是小于1的常数。在正轴圆锥投影中，经纬线投影后正交，故经纬线方向就是主方向。因此经纬线长度比（m，n）也就是极值长度比（a，b），m，n 中数值大的为 a，数值小的为 b。考虑到 ρ 的数值由圆心起算，而地球椭球纬度由赤道起算，两者方向相反，故在 m 式子前加上负号。

二、等角圆锥投影

在等角圆锥投影中，微分圆的表象保持为圆形，也就是同一点上各个方向上的长度比均相等，或者说保持角度没有变形。本投影也称为兰勃脱（Lambert）正形圆锥投影。

根据等角条件 $m = n$（或 $a = b$），或 $\omega = 0$，可推导出（4-2）式中 $\rho = \dfrac{K}{U^\alpha}$（推导从略）。式中：$\rho$ 为等角圆锥投影的纬圈半径；α，K 均为投影常数，且 K 的几何意义是赤道的投影半径；$U = \dfrac{\tan\left(45° + \dfrac{\varphi}{2}\right)}{\tan^e\left(45° + \dfrac{\psi}{2}\right)}$，$\sin\psi = e\sin\varphi$。

因此，等角圆锥投影的一般公式如下：

$$\left.\begin{aligned}&\rho=\frac{K}{U^{\alpha}},\quad \delta=\alpha\cdot\lambda\\&x=\rho_s-\rho\cos\delta,\quad y=\rho\sin\delta\\&m=n=\frac{\alpha\rho}{r}=\frac{\alpha K}{rU^{\alpha}}\\&P=m^2=n^2=\left(\frac{\alpha K}{rU^{\alpha}}\right)^2\\&\omega=0\end{aligned}\right\} \quad (4\text{-}2)$$

在（4-2）式中的两个常数，即 α，K 尚需进一步确定，现在我们来讨论几种决定常数 α，K 的方法。

1．单标准纬线等角圆锥投影

这种情况下通常指定制图区域内某一条指定纬线或沿着制图区域内中间的一条纬线上无长度变形。这条无变形的纬线称为标准纬线，用 φ_0 表示标准纬线的纬度，则可确定

$$\left.\begin{aligned}\alpha&=\sin\varphi_0\\K&=N_0\cot\varphi_0 U_0^{\alpha}\end{aligned}\right\} \quad (4\text{-}3)$$

式中，N_0 为标准纬线的卯酉圈曲率半径。

2．双标准纬线等角圆锥投影

这种情况下通常指定制图区域内某两条纬线 φ_1，φ_2，要求在这两条纬线上没有长度变形，即长度比为1，φ_1，φ_2 称为标准纬线。由条件 $n_1=n_2=1$ 可确定投影常数：

$$\left.\begin{aligned}\alpha&=\frac{\lg r_1-\lg r_2}{\lg U_2-\lg U_1}\\K&=\frac{r_1 U_1^{\alpha}}{\alpha}=\frac{r_2 U_2^{\alpha}}{\alpha}\end{aligned}\right\} \quad (4\text{-}4)$$

3．应用举例：百万分一地图等角圆锥投影

1962年联合国于德国波恩举行的世界百万分一国际地图技术会议通过的制图规范，建议用等角圆锥投影替代改良多圆锥投影作为百万分一地图的数学基础，以使世界百万分一地形图与世界百万分一航空图在数学基础上能更好地协调一致。目前，许多国家出版的百万分一地图已改用等角圆锥投影。

对全球而言，百万分一地图采用两种投影，即由赤道至北纬84°及赤道至南纬80°之间采用等角圆锥投影，极区附近，即由南纬80°至南极、北纬84°至北极采用等角方位投影。

地图的分幅规定略有变动，即不论南、北半球，

纬度60°以下按纬差4°和经差6°分幅；

纬度60°~76°按纬差4°和经差12°分幅；

纬度76°~84°按纬差4°和经差24°分幅；

纬度84°~88°按纬差4°和经差36°分幅；

纬度88°~90°为一幅图。

1:100万地图采用的等角圆锥投影是对每幅图单独进行投影，规定每幅图内有两条标准纬线，并指定标准纬线的纬度为：

$$\left.\begin{aligned}\varphi_1&=\varphi_S+40'\\\varphi_2&=\varphi_N-40'\end{aligned}\right\} \quad (4\text{-}5)$$

(4-5) 式中 φ_S，φ_N 为图幅南、北边纬线的纬度。

投影常数按下式计算：

$$\left.\begin{array}{r}\alpha = \dfrac{\lg r_1 - \lg r_2}{\lg U_2 - \lg U_1} \\ K = \dfrac{r_1 U_1^\alpha}{\alpha} = \dfrac{r_2 U_2^\alpha}{\alpha}\end{array}\right\} \tag{4-6}$$

由于纬差仅为 4°，所以投影的变形极微小，而且不同位置的图幅其变形值也几乎相同。长度变形在一幅图的中纬度处为 -0.027%，边纬度处为 $+0.037\%$（北面）及 $+0.034\%$（南面）。面积变形约二倍于长度变形。

百万分一地图圆锥投影中，经线是辐射直线，每一图幅与东西相邻图幅可以完全拼接。但沿纬线方向拼接时，因拼接线在不同的投影带中投影后的曲率不同，致使其不能完全吻合，拼接时会产生裂隙。其裂隙角（α）和裂隙距（Δ）可由（4-7）式计算。

$$\left.\begin{array}{r}\alpha = \lambda \sin 2° \cos\varphi \\ \Delta = L \sin\alpha\end{array}\right\} \tag{4-7}$$

式中 λ 和 L 分别为经差和图廓边长。

当分别位于 K 区和 J 区的上下两幅图拼接时（如图 4-4），拼接点在中间，$\varphi = 40°$，$\lambda = 3°$，$L = 256$mm，按（4-7）式计算，$\alpha = 4.82'$，$\Delta = 0.36$mm。这个值会随着纬度的降低而增加，最大可达 0.6mm 左右。

当四幅图拼接时，λ 和 L 的值都增大一倍（如图 4-5）。同样是 $\varphi = 40°$，按（4-7）式算出 $\alpha = 9.625'$，$\Delta = 1.43$mm。

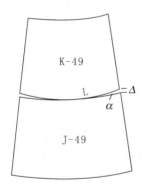

图 4-4　上下两幅图拼接

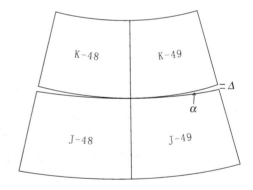

图 4-5　四幅图拼接

我国自 1978 年以后采用等角圆锥投影作为百万分一地形图的数学基础。其分幅与国际上 1962 年后所采用的分幅一致，但投影的标准纬线的位置与国际上指定的纬度稍有差异。

本投影的投影常数由边纬与中纬长度变形绝对值相等的条件求得，即：

$$\left.\begin{array}{r}\alpha = \dfrac{\lg r_S - \lg r_N}{\lg U_N - \lg U_S} \\ K = \dfrac{1}{\alpha}\sqrt{r_N r_m U_N^\alpha U_m^\alpha} = \dfrac{1}{\alpha}\sqrt{r_S r_m U_S^\alpha U_m^\alpha}\end{array}\right\} \tag{4-8}$$

式中：r_S，r_N，r_m 为图幅南、北、中间纬线的纬圈半径。

$$\varphi_m = \frac{1}{2}(\varphi_N + \varphi_S) \tag{4-9}$$

本投影的变形值极微小,长度变形在边纬与中纬上为±0.030%,面积变形约为长度变形的两倍。

本投影属割圆锥投影,两条标准纬线的纬度实际上在靠近边纬上、下约35′的位置,近似地表示为:

$$\left.\begin{array}{l}\varphi_1 = \varphi_S + 35' \\ \varphi_2 = \varphi_N - 35'\end{array}\right\} \tag{4-10}$$

不同纬度带图幅在接合时产生的裂隙的大小同前面所述相同。

三、等面积圆锥投影

等面积圆锥投影保持制图区域的面积大小不变,也就是面积比等于1($P = a \cdot b = 1$)。因为在正轴圆锥投影中沿经纬线长度比就是极值长度比,故 $P = a \cdot b = m \cdot n = 1$。据此条件,可推导出(4-1)式中 ρ 的表达式为:$\rho^2 = \frac{2}{\alpha}(c - S)$,式中 c 为积分常数。$S = \int_0^\varphi Mr\,d\varphi = \int MN\cos\varphi\,d\varphi$,为经差1弧度,纬差从0°到纬度 φ 的椭球面上的梯形面积。

现将正轴等面积圆锥投影一般公式汇集如下:

$$\left.\begin{array}{ll}\rho^2 = \frac{2}{\alpha}(c - S) & \delta = \alpha \cdot \lambda \\ x = \rho_s - \rho\cos\delta & y = \rho\sin\delta \\ n = \frac{\alpha\rho}{r} & m = \frac{1}{n} \\ P = 1 & \tan\left(45° + \frac{\omega}{4}\right) = a\end{array}\right\} \tag{4-11}$$

在本投影中也有两个常数 α,c 需要确定。

1. 单标准纬线等面积圆锥投影

在本投影中,指定一条纬线 φ_0 上没有长度变形,即为单标准纬线投影,又可称为正轴等面积切圆锥投影。根据投影条件,在纬线 φ_0 上 $n_0 = 1$ 可得:

$$\left.\begin{array}{l}\alpha = \sin\varphi_0 \\ c = \frac{\alpha\rho_0^2}{2} + S_0\end{array}\right\} \tag{4-12}$$

式中,

$$\rho_0 = N_0\cot\varphi_0 \tag{4-13}$$

2. 双标准纬线等面积圆锥投影

本投影指定两条纬线 φ_1,φ_2 上长度比 $n_1 = n_2 = 1$,则按条件可得:

$$\left.\begin{array}{l}\alpha = \dfrac{r_1^2 - r_2^2}{2(S_2 - S_1)} \\ c = \dfrac{\alpha\rho_1^2}{2} + S_1 = \dfrac{\alpha\rho_2^2}{2} + S_2\end{array}\right\} \tag{4-14}$$

式中,

$$\rho_1^2 = \frac{2}{\alpha}(c - S_1), \quad \rho_2^2 = \frac{2}{\alpha}(c - S_2)$$

本投影在两条纬线上无长度变形，即为双标准纬线，也称正轴等面积割圆锥投影，有的地图上称之为亚尔勃斯等积圆锥投影（Albers Equivalent Conical Projection）。该投影在制图实践中应用较广，故将相关公式汇集如下：

$$\left.\begin{aligned}
&\alpha = \frac{r_1^2 - r_2^2}{2(S_2 - S_1)} \\
&c = \frac{\alpha\rho_1^2}{2} + S_1 = \frac{\alpha\rho_2^2}{2} + S_2 \\
&\delta = \alpha \cdot \lambda \\
&\rho^2 = \rho_1^2 + \frac{2}{\alpha}(S_1 - S) = \rho_2^2 + \frac{2}{\alpha}(S_2 - S) \\
&x = \rho_s - \rho\cos\delta \\
&y = \rho\sin\delta \\
&m = \frac{1}{n}, n = \frac{\alpha\rho}{r} \\
&P = 1 \\
&\tan(45° + \frac{\omega}{4}) = a \quad (m, n \text{ 中大的为} a)
\end{aligned}\right\} \quad (4\text{-}15)$$

四、等距离圆锥投影

正轴等距离圆锥投影沿经线保持等距离，即 $m = 1$，据此条件可得（4-1）式中的 $\rho = c - s$。其中 c 为积分常数，s 为赤道到某纬度 φ 的经线弧长，当 $\varphi = 0$ 时，$s = 0$，故知 c 即为赤道的投影半径。

本投影的公式为：

$$\left.\begin{aligned}
&\delta = \alpha \cdot \lambda, \quad \rho = c - s \\
&x = \rho_s - \rho\cos\delta, \quad y = \rho\sin\delta \\
&m = 1, \quad P = n = \frac{\alpha\rho}{r} = \frac{\alpha(c-s)}{r} \\
&\sin\frac{\omega}{2} = \frac{a-b}{a+b}
\end{aligned}\right\} \quad (4\text{-}16)$$

由上式可知，等距离圆锥投影也有两个常数 α，c 需要确定。下面来求定常数 α，c。

1. 单标准纬线等距离圆锥投影

本投影指定制图区域中某纬线 φ_0 上长度比为 1 且为最小。根据条件 $n_0 = 1$ 可得：

$$\left.\begin{aligned}
&\alpha = \sin\varphi_0 \\
&c = s_0 + N_0\cot\varphi_0
\end{aligned}\right\} \quad (4\text{-}17)$$

s_0 是自赤道到纬度 φ_0 的子午线弧长。

2. 双标准纬线等距离圆锥投影

在制图区域中，设 φ_1，φ_2 两条纬线上无长度变形。在 φ_1，φ_2 两标准纬线上 $n_1 = n_2 = 1$，据此条件可得：

$$\left.\begin{aligned} c &= \frac{s_2 r_1 - s_1 r_2}{r_1 - r_2} \\ \alpha &= \frac{r_1}{c - s_1} = \frac{r_2}{c - s_2} \end{aligned}\right\} \quad (4\text{-}18)$$

本投影中两条标准纬线是指定的,通常称为等距离割圆锥投影,它是等距离圆锥投影中运用最广泛的一种投影,其公式汇集如下:

$$\left.\begin{aligned} &\alpha = \frac{r_1}{c - s_1} = \frac{r_2}{c - s_2} \\ &c = \frac{s_2 r_1 - s_1 r_2}{r_1 - r_2} \\ &\delta = \alpha \cdot \lambda, \quad \rho = c - s \\ &x = \rho_s - \rho\cos\delta, y = \rho\sin\delta \\ &m = 1, \quad n = P = \frac{\alpha(c - s)}{r} \\ &\sin\frac{\omega}{2} = \frac{a - b}{a + b} \quad (m, n \text{ 中大的为 } a, \text{小的为 } b) \end{aligned}\right\} \quad (4\text{-}19)$$

五、圆锥投影变形分析及应用

从圆锥投影长度比一般公式(4-1)可以看出,正轴圆锥投影的变形只与纬度发生关系,而与经差无关,因此同一条纬线上的变形是相等的,也说是说,圆锥投影的等变形线与纬线一致。图 4-6 中 φ_0,φ_1,φ_2 代表切、割圆锥投影的标准纬线,虚线为等变形线,箭头所指为变形增加方向。

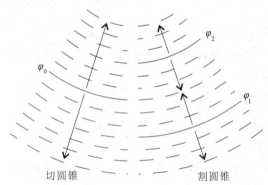

图 4-6 圆锥投影的等变形线

在圆锥投影中,变形的分布与变化随着标准纬线选择的不同而不同(见表 4-1)。

在切圆锥投影中,由表 4-1 可以看出,标准纬线 φ_0 处的长度比 $n_0=1$,其余纬线处的长度比均大于 1,并向南、北方向增大。

在割圆锥投影中,由表 4-1 也可看出,在标准纬线 φ_1,φ_2 处长度比 $n_1=n_2=1$,变形自标准纬线 φ_1,φ_2 向内和向外增大,在 φ_1 与 φ_2 之间 $n<1$,在 φ_1,φ_2 之外 $n>1$。

表 4-1

	等角圆锥投影		等面积圆锥投影		等距离圆锥投影	
	n	m	n	m	n	m
切于 φ_0	$n>1$ $n_0=1$ $n>1$	$m>1$ $m_0=1$ $m>1$	$n>1$ $n_0=1$ $n>1$	$m<1$ $m_0=1$ $m<1$	$n>1$ $n_0=1$ $n>1$	$m=1$ $m_0=1$ $m=1$

续表

	等角圆锥投影		等面积圆锥投影		等距离圆锥投影	
	n	m	n	m	n	m
割于 φ_1, φ_2	$n>1$ $n_2=1$ $n<1$ $n_1=1$ $n>1$	$m>1$ $m_2=1$ $m<1$ $m_1=1$ $m>1$	$n>1$ $n_2=1$ $n<1$ $n_1=1$ $n>1$	$m<1$ $m_2=1$ $m>1$ $m_1=1$ $m<1$	$n>1$ $n_2=1$ $n<1$ $n_1=1$ $n>1$	$m=1$ $m_2=1$ $m=1$ $m_1=1$ $m=1$

在标准纬线相同的情况下，采用不同性质（等角、等面积和等距离）的投影，其变形是不同的，沿纬线长度比（n）的相差程度较小，而沿经线长度比（m）的相差程度较大。

圆锥投影在标准纬线上没有变形，离开标准纬线越远则变形越大，一般还有自标准纬线向北增长快，向南增长慢的规律。

等角圆锥投影变形的特点是：角度没有变形，沿经、纬线长度变形是一致的（即 $m=n$），面积比为长度比的平方。

等面积圆锥投影变形的特点是：投影保持了制图区域面积投影后不变，即面积变形为零，但角度变形较大，沿经线长度比与沿纬线长度比互为倒数（$n=\frac{1}{m}$）。

等距离圆锥投影的变形特点是：变形大小介于等角投影与等面积投影之间，除沿经线长度比保持为 1 以外，沿纬线长度比与面积比一致（$n=P$）。

不难设想，在等角投影与等面积圆锥投影之间，根据变形的特点，我们可以设计很多新的投影，称为任意圆锥投影。等距离圆锥投影是属于任意圆锥投影的一种，实际工作中应用较广。

根据圆锥投影的变形特征可以得出结论：圆锥投影最适宜于作为中纬度处沿纬线伸展的制图区域之投影。

圆锥投影在编制各种比例尺地图中均得到了广泛应用，这是有一系列原因的。首先是地球上广大陆地位于中纬地区，其次是这种投影经纬线形状简单，经线为辐射直线，纬线为同心圆圆弧，在编图过程中比较方便，特别在使用地图和进行图上量算时比较方便，通过一定的方法，容易改正变形。

在制图实践中，等角圆锥投影得到广泛采用，如前面介绍的双标准纬线等角圆锥投影用于百万分一地图。一些中小型分省（区）地图集的普通地图也有采用等角圆锥投影编制的。中国地图出版社 1957 年出版的《中华人民共和国地图集》，其中的分省图采用统一编稿、套框分幅，所采用的也是等角圆锥投影，两条标准纬线为 $\varphi_1=25°$，$\varphi_2=45°$。

正轴等面积圆锥投影应用在编制一些行政区划图、人口地图及社会经济图等地图中。中国科学院地理研究所编制的 1:400 万《中国地势图》采用该投影编制时所采用的两条标准纬线为 $\varphi_1=25°$，$\varphi_2=45°$。

正轴等距离圆锥投影在我国应用较少，在一些图集中可见少量采用。

§4.2 方位投影

一、方位投影的一般公式及其应用

方位投影可视为将一个平面切于或割于地球某一点或一部分,再将地球球面上的经纬线网投影到此平面上。可以想像,在正轴方位投影中,纬线投影后成为同心圆,经线投影后成为交于一点的直线束(同心圆的半径),两经线间的夹角与实地经度差相等。对于横轴或斜轴方位投影,则等高圈投影后为同心圆,垂直圈投影后为同心圆的半径,两垂直圈之间的交角与实地方位角相等。根据这个关系,我们来确定方位投影的一般公式。

如图 4-7,设 E 为投影平面,C 为地球球心,Q 为投影中心,即球面坐标原点。QP、QA 为垂直圈,其投影后成为直线 $Q'P'$、$Q'A'$。今设球面上有一点 A,其投影为 A',在投影平面上,令 $Q'P'$ 为 X 轴,在 Q' 点垂直于 $Q'P'$ 的直线为 Y 轴,又令 QA 的投影 $Q'A'$ 长度为 ρ,QA 与 QP 的夹角为 α,其投影为 δ,于是有:

$$\left.\begin{array}{l} \delta = \alpha \\ \rho = f(z) \end{array}\right\} \tag{4-20}$$

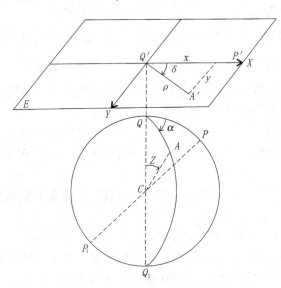

图 4-7 方位投影示意图

式中 z,α 是以 Q 为原点的球面极坐标。

若用平面直角坐标表示,则有:

$$\left.\begin{array}{l} x = \rho\cos\delta \\ y = \rho\sin\delta \end{array}\right\} \tag{4-21}$$

由此看来,方位投影主要是决定 ρ 的函数形式。由于决定 ρ 的函数形式的方法不同,方位投影可以有很多类型。

关于 z 和 α,可由地理坐标变换为球面极坐标的方法来求定。

现在来研究方位投影的长度比、面积比和角度变形的公式。如图 4-8 所示,设 A',B',

C'，D' 为球面上 A，B，C，D 的投影，垂直圈 QA 与 QD 的夹角为 $d\alpha$，弧 $QB = z$。在投影面上，$\angle A'Q'D' = d\delta$，$Q'B' = \rho$，以 μ_1 表示垂直圈长度比，μ_2 表示等高圈的长度比，则：

$$\mu_1 = \frac{A'B'}{AB}$$

$$\mu_2 = \frac{B'C'}{BC}$$

因 $A'B' = d\rho$，$B'C' = \rho d\delta$，$AB = Rdz$，$BC = R\sin z d\alpha$，代入上式，则有：

$$\left. \begin{aligned} \mu_1 &= \frac{A'B'}{AB} = \frac{d\rho}{Rdz} \\ \mu_2 &= \frac{B'C'}{BC} = \frac{\rho}{R\sin z} \end{aligned} \right\} \quad (4\text{-}22)$$

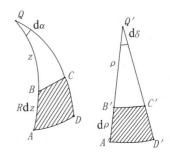

图 4-8 球面和平面表象

因为垂直圈与等高圈相当于正轴时的经纬线，在投影中相互正交，所以 μ_1，μ_2 就是极值长度比，故面积比为：

$$P = ab = \mu_1 \cdot \mu_2 = \frac{\rho d\rho}{R^2 \sin z dz} \quad (4\text{-}23)$$

最大角度变形为：

$$\sin\frac{\omega}{2} = \frac{a-b}{a+b} \quad \text{或} \quad \tan\left(45° + \frac{\omega}{4}\right) = \sqrt{\frac{a}{b}}$$

式中 a，b 即为 μ_1，μ_2（μ_1，μ_2 中大者为 a，小者为 b）。

下面是方位投影的一般公式：

$$\left. \begin{aligned} \delta &= \alpha \\ \rho &= f(z) \\ x &= \rho\cos\delta \\ y &= \rho\sin\delta \\ \mu_1 &= \frac{d\rho}{Rdz} \\ \mu_2 &= \frac{\rho}{R\sin z} \\ P &= \mu_1 \cdot \mu_2 \\ \sin\frac{\omega}{2} &= \frac{a-b}{a+b} \quad \text{或} \quad \tan\left(45° + \frac{\omega}{4}\right) = \sqrt{\frac{a}{b}} \end{aligned} \right\} \quad (4\text{-}24)$$

由此可见，所有方位投影具有共同的特征，就是由投影中心到任何一点的方位角保持与实地相等（无变形）。

方位投影的计算步骤如下：

1．确定球面极坐标原点 Q 的经纬度 φ_0，λ_0；
2．由地理坐标 φ 和 λ 推算球面极坐标 z 和 α；
3．计算投影极坐标 ρ，δ 和平面直角坐标 x，y；
4．计算长度比、面积比和角度变形。

方位投影可以划分为非透视投影和透视投影两种。前者按投影性质又可分为等角、等面积和任意（包括等距离）投影；后者有一定视点，随视点位置不同又可分为正射、外心、球面和球心投影。

按投影面与地球相对位置的不同，可分为：

正轴方位投影，此时 Q 与 P 重合，又称为极方位投影（$\varphi_0 = 90°$）；

横轴方位投影，此时 Q 点在赤道上，又称为赤道方位投影（$\varphi_0 = 0°$）；

斜轴方位投影，此时 Q 点位于上述两种情况以外的任何位置，又称水平方位投影（$0° < \varphi_0 < 90°$）。

根据投影面与地球相切或相割的关系又可分为切方位投影与割方位投影。

二、等角方位投影

各种方位投影具有一个共同的特点，就是它们的差别仅在于 ρ 的函数形式，而且 ρ 仅是极距 z 的函数（在正轴时为纬度 φ 的函数），所以基本问题是决定 ρ 的函数形式。

在等角方位投影中，保持微分面积形状相似，即微分圆投影后仍为一个圆，也就是一点上的长度比与方位无关，没有角度变形。主方向上长度比相等（$\mu_1 = \mu_2$），可据此得等角方位投影中 ρ 的函数形式：

$$\rho = 2R\cos^2\frac{z_k}{2}\tan\frac{z}{2} \tag{4-25}$$

式中 R 为地球半径，指定的某等高圈 z_k 上 $\mu_{2(k)} = 1$。

这样，等角方位投影的公式可汇集如下：

$$\left.\begin{aligned}
\delta &= \alpha \\
\rho &= 2R\cos\frac{z_k}{2}\tan\frac{z}{2} \\
x &= \rho\cos\delta \\
y &= \rho\sin\delta \\
\mu_1 &= \mu_2 = \mu = \cos^2\frac{z_k}{2}\sec^2\frac{z}{2} \\
P &= \mu^2 \\
\omega &= 0
\end{aligned}\right\} \tag{4-26}$$

特例：当 $z_k = 0°$，即投影面切在投影中心，则此时 $\rho = 2R\tan\frac{z}{2}$，$\mu = \sec^2\frac{z}{2}$。

对于正轴投影，只要在（4-26）式中以 λ 代 α，$(90° - \varphi)$ 代 z 即得：

$$\left.\begin{aligned}
\delta &= \lambda \\
\rho &= 2R\cos^2\left(45° - \frac{\varphi_k}{2}\right)\tan\left(45° - \frac{\varphi}{2}\right) \\
\mu &= \cos^2\left(45° - \frac{\varphi_k}{2}\right)\sec^2\left(45° - \frac{\varphi}{2}\right)
\end{aligned}\right\} \tag{4-27}$$

对于投影面切在极点，则 $\varphi_k = 90°$，此时：

$$\left.\begin{aligned}
\rho &= 2R\tan\left(45° - \frac{\varphi}{2}\right) \\
\mu &= \sec^2\left(45° - \frac{\varphi}{2}\right)
\end{aligned}\right\} \tag{4-28}$$

等角方位投影相当于后面讲的透视方位投影中的球面投影。

图 4-9，4-10，4-11 分别为正、横、斜三种等角方位投影的半球经纬线网形状。

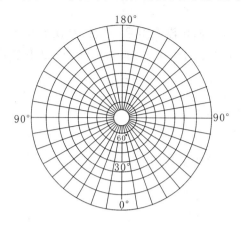

图 4-9　正轴等角方位投影

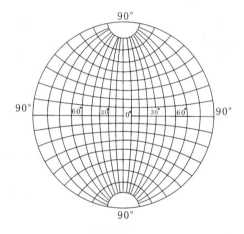

图 4-10　横轴等角方位投影

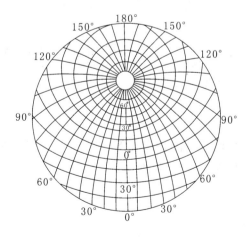

图 4-11　斜轴等角方位投影

三、等面积方位投影

在等面积方位投影中,保持面积没有变形,所以在决定 $\rho = f(z)$ 的函数形式时,必须使其适合等面积条件,即面积比 $P=1$,据此可得等面积方位投影中 ρ 的函数形式:

$$\rho = 2R\sin\frac{z}{2} \tag{4-29}$$

将等面积方位投影公式汇集如下:

$$\left. \begin{aligned} &\delta = \alpha \\ &\rho = 2R\sin\frac{z}{2} \\ &x = \rho\cos\delta \\ &y = \rho\sin\delta \\ &\mu_1 = \cos\frac{z}{2}, \mu_2 = \sec\frac{z}{2} \\ &P = \mu_1 \cdot \mu_2 = 1 \\ &\tan\left(45° + \frac{\omega}{4}\right) = \sqrt{\frac{a}{b}} = \sqrt{\frac{\mu_2}{\mu_1}} = \sec\frac{z}{2} \end{aligned} \right\} \tag{4-30}$$

对于正轴等面积方位投影,可把 $(90° - \varphi) = z$,$\lambda = \alpha$ 代入以上公式而得:

$$\left. \begin{aligned} &\delta = \lambda \\ &\rho = 2R\sin\frac{z}{2} = 2R\sin\left(45° - \frac{\varphi}{2}\right) \\ &x = 2R\sin\frac{z}{2}\cos\delta = 2R\sin\left(45° - \frac{\varphi}{2}\right)\cos\lambda \\ &y = 2R\sin\frac{z}{2}\sin\delta = 2R\sin\left(45° - \frac{\varphi}{2}\right)\sin\lambda \\ &m = \mu_1 = \cos\frac{z}{2} = \cos\left(45° - \frac{\varphi}{2}\right) \\ &n = \mu_2 = \sec\frac{z}{2} = \sec\left(45° - \frac{\varphi}{2}\right) \\ &P = 1 \\ &\tan\left(45° + \frac{\omega}{4}\right) = \sec\frac{z}{2} = \sec\left(45° - \frac{\varphi}{2}\right) \end{aligned} \right\} \tag{4-31}$$

本投影也称为兰勃脱等面积方位投影。

四、等距离方位投影

等距离方位投影通常是指沿垂直圈长度比等于 1 的一种方位投影。因此需使函数 $\rho = f(z)$ 满足等距离条件,也就是 $\mu_1 = 1$,根据此条件可得 $\rho = Rz$。因此,等距离方位投影公式可汇集为:

$$\left.\begin{aligned}&\delta = \alpha \\ &\rho = Rz \\ &x = Rz\cos\delta \\ &y = Rz\sin\delta \\ &\mu_1 = 1 \\ &\mu_2 = \frac{z}{\sin z} \\ &P = \mu_1 \cdot \mu_2 \\ &\sin\frac{\omega}{2} = \frac{a-b}{a+b} = \frac{z-\sin z}{z+\sin z}\end{aligned}\right\} \quad (4\text{-}32)$$

由于 $z > \sin z$，即 μ_2 恒大于 μ_1，此时 $a = \mu_2$，$b = \mu_1$。

对于正轴等距离方位投影，把 $(90° - \varphi) = z$，$\lambda = \delta$ 代入以上公式即得：

$$\left.\begin{aligned}&\delta = \lambda \\ &\rho = Rz = R(90° - \varphi) \\ &x = Rz\cos\delta = Rz\cos\lambda \\ &y = Rz\sin\delta = Rz\sin\lambda \\ &\mu_1 = 1 \\ &\mu_2 = \frac{z}{\sin z} = \frac{90° - \varphi}{\cos\varphi} \\ &P = \frac{90° - \varphi}{\cos\varphi} \\ &\sin\frac{\omega}{2} = \frac{(90° - \varphi) - \sin(90° - \varphi)}{(90° - \varphi) + \sin(90° - \varphi)}\end{aligned}\right\} \quad (4\text{-}33)$$

本投影又称为波斯托投影。

五、透视方位投影

透视方位投影属于方位投影的一种，它是用透视的原理来确定 $\rho = f(z)$ 的函数形式。它除了具有方位投影的一般特征外，还有透视关系，即地面点和相应投影点之间有一定的透视关系。所以在这种投影中有固定的视点，通常视点的位置处于垂直于投影面的地球直径或延长线上，如图 4-12 所示。

设想视点在指定的直径（或其延长线）上取不同的位置，就可看到地面上某点 A 的投影 A' 也有不同的位置（例如视点位置取 1，2，3，4，则 A 点的投影分别为 A_1'，A_2'，A_3'，A_4'）。

另外可以看出，由于透视关系，投影面在某一固定轴上作移动（与地球相切或者相割）并不影响投影的表象形状，而仅是比例尺发生变化。

透视投影根据视点离球心的距离 D 的大小不同可分为：

1. 正射投影，此投影的视点位于离球心无穷远

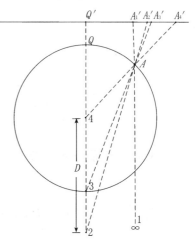

图 4-12 透视方位投影示意图

处,即 $D=\infty$;

2. 外心投影,此投影的视点位于球面外有限的距离处,即 $R<D<\infty$;

3. 球面投影,此投影的视点位于球面上,即 $D=R$;

4. 球心投影,此投影的视点位于球心,即 $D=0$。

根据投影面与地球相对位置的不同(即投影中心 Q 的纬度 φ_0 的不同),又可分为:

1. 正轴投影($\varphi_0=90°$);

2. 横轴投影($\varphi_0=0°$);

3. 斜轴投影($0°<\varphi_0<90°$)。

下面我们来介绍透视方位投影的一般公式。

在图4-13中,视点 O 离球心距离为 D,Q 为投影中心,A 点投影为 A' 点,通过 Q 点的经线 PQ 投影得到的 $P'Q'$ 作为 X 轴,过 Q' 点垂直于 X 轴的直线作为 Y 轴(注意:这里投影面 E 到球面的距离 QQ' 为零,即切于 Q 点)。大圆弧 $\overset{\frown}{QA}$ 投影为 $\overset{\frown}{Q'A'}$(即 ρ),QA 的方位角 α 投影为 δ,显然可知 $\delta=\alpha$。

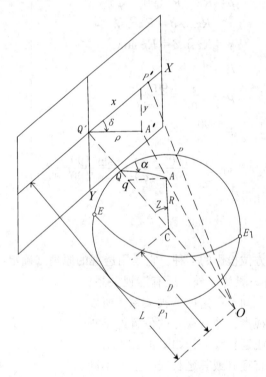

图 4-13 透视关系

由相似三角形 $Q'A'O$ 及 qAO 有:

$$\frac{Q'A'}{qA}=\frac{Q'O}{qO}$$

因为 $Q'A'=\rho$,$qA=R\sin z$,$QO=R+D=L$,$qO=R\cos z+D$,代入上式得极坐标向径 ρ,即:

$$\rho=\frac{LR\sin z}{D+R\cos z} \tag{4-34}$$

由此可得投影直角坐标公式：

$$\left.\begin{aligned} x &= \rho\cos\delta = \frac{LR\sin z\cos\alpha}{D + R\cos z} \\ y &= \rho\sin\delta = \frac{LR\sin z\sin\alpha}{D + R\cos z} \end{aligned}\right\} \quad (4\text{-}35)$$

将球面三角公式代入，并令 Q 点的经度 $\lambda_0 = 0$，则：

$$\left.\begin{aligned} x &= \frac{LR(\sin\varphi\cos\varphi_0 - \cos\varphi\sin\varphi_0\cos\lambda)}{D + R(\sin\varphi\sin\varphi_0 + \cos\varphi\cos\varphi_0\cos\lambda)} \\ y &= \frac{LR\cos\varphi\sin\lambda}{D + R(\sin\varphi\sin\varphi_0 + \cos\varphi\cos\varphi_0\cos\lambda)} \end{aligned}\right\} \quad (4\text{-}36)$$

以 μ_1，μ_2 表示垂直圈与等高圈长度比，根据透视关系及长度比定义，可得：

$$\left.\begin{aligned} \mu_1 &= \frac{d\rho}{Rdz} = \frac{L(D\cos z + R)}{(D + R\cos z)^2} \\ \mu_2 &= \frac{\rho d\delta}{R\sin z d\alpha} = \frac{L}{D + R\cos z} \\ P &= \mu_1 \cdot \mu_2 = \frac{L^2(D\cos z + R)}{(D + R\cos z)^3} \\ \sin\frac{\omega}{2} &= \frac{a - b}{a + b} \end{aligned}\right\} \quad (4\text{-}37)$$

式中 a，b 即为 μ_1，μ_2，其 μ_1，μ_2 中大者为 a，小者为 b。

六、方位投影变形分析与应用

根据方位投影的长度比公式可以看出，在正轴投影中，m，n 仅是纬度 φ 的函数，在斜轴或横轴投影中，沿垂直圈或等高圈的长度比 μ_1，μ_2 仅是天顶距 z 的函数，因此等变形线成为圆形，即在正轴中与纬圈一致，在斜轴或横轴中与等高圈一致（如图 4-14）。由于这个特点，就制图区域形状而言，方位投影适宜于具有圆形轮廓的地区。就制图区域地理位置而言，在两极地区，适宜用正轴投影（如图 4-15），赤道附近地区，适宜用横轴投影，其他地区用斜轴投影。

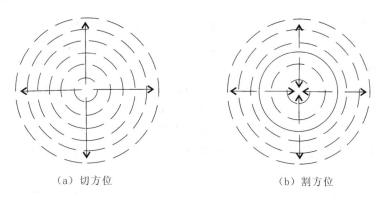

(a) 切方位　　　　　　　　(b) 割方位

图 4-14　方位投影等变形线

由图 4-14 可以看出，两种方位投影中变形的增长方向不同。在切方位投影中，切点 Q

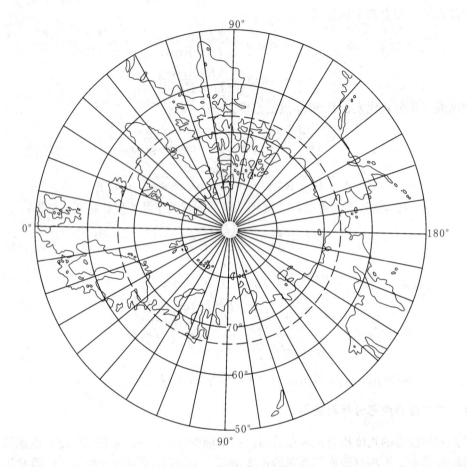

图 4-15 正轴方位投影

上没有变形,其变形随着远离 Q 点而增大;在割方位投影中,在所割小圆上 $\mu_2=1^*$,角度变形与"切"的情况一样,其他变形(垂直圈长度变形与面积变形)则自所割小圆向内与向外增大。

因为各种方位投影具有不同的特点,故有不同的用途,我们可举一些实例如下:

等角方位投影:由于它的等角性质以及圆投影后仍保持为圆形的特征,所以在实用上有一定价值。在欧洲有些国家曾用它作为大比例尺地图的数学基础。美国采用的所谓通用极球面投影(Universal Polar Stereographic Projection,UPS)实质上就是正轴等角割方位投影。它指定极点长度比为 0.994,用来编制两极地区的地图。我国设计的全球百万分一分幅地图的数学基础中,在纬度 $\varphi=+84°$ 和 $\varphi=-80°$ 以上采用等角方位投影,并在 $\varphi=+84°$ 及 $\varphi=-80°$ 处与等角圆锥投影相衔接。此外,等角方位投影格网在工程和科研方面可用以解算球面三角问题。

等面积方位投影:该投影在广大地区的小比例尺制图中,特别是东西半球图中应用得很多。许多世界地图集中,为表示东、西半球采用横轴等面积方位投影,通常在东半球的投影

---

* 除了在等角方位投影中以外,在其他方位投影中这个"标准"小圆并没有像圆锥或圆柱投影中标准纬线那样没有任何变形的特征,其上只是 $\mu_2=1$,而 μ_1 并不等于 1。

中心取 $\varphi_0 = 0°$，$\lambda_0 = 70°E$，西半球取 $\varphi_0 = 0°$，$\lambda_0 = 110°W$。对水陆半球图采用斜轴等面积方位投影，投影中心取在 $\varphi_0 = \pm 45°$，$\lambda_0 = 0°$ 及 $180°$ 处。

各大洲图常采用斜轴等面积方位投影。其投影中心常取以下位置：

亚洲图	$\varphi_0 = +40°$，	$\lambda_0 = 90°E$
欧洲图	$\varphi_0 = +52°30'$，	$\lambda_0 = 20°E$
非洲图	$\varphi_0 = 0°$，	$\lambda_0 = 20°E$
北美洲图	$\varphi_0 = +45°$，	$\lambda_0 = 100°W$
南美洲图	$\varphi_0 = -20°$，	$\lambda_0 = 60°W$

对于中国全图，也有用斜轴等面积方位投影方案，其投影中心取 $\varphi_0 = +30°$，$\lambda_0 = 105°E$，配置略图如图 4-16 所示。图中用虚线表示的同心圆代表最大角度等变形线。

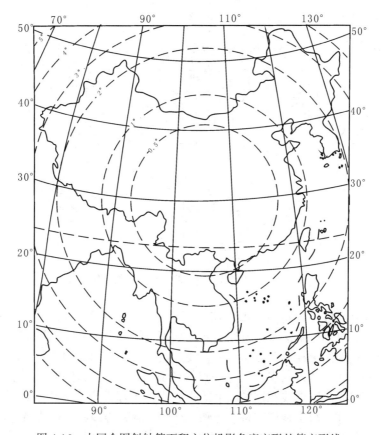

图 4-16 中国全图斜轴等面积方位投影角度变形的等变形线

等距离方位投影也是应用得比较广泛的一种投影，大多数世界地图集中的南北极图采用正轴等距离方位投影。横轴投影用来编制东西半球图，斜轴投影在制图实践中也应用得很多，如东南亚地区（$\varphi_0 = +27°30'$，$\lambda_0 = 105°E$）及中华人民共和国挂图也采用过这种投影。

对于特殊需要，可以编制以特定点为中心的斜轴等距离方位投影。该类型的地图中，从此点向任何地点的方位角与距离都正确，例如对于航空中心站、地震观测中心、气象站等都需要这类地图。图 4-17 是以北京为中心的斜轴等距离方位投影经纬网略图。

在透视投影的应用中，正射投影一般很少用于编制地图（当然任何小块地区的平面图都可视为正射投影）。在这种投影中视点位于无穷远处，而人类自地球观察天体的情况恰与此相似，故正射投影常用以编制星球图，如月球图及其他行星图。斜轴正射投影富有球状感，常用于作品的装饰。

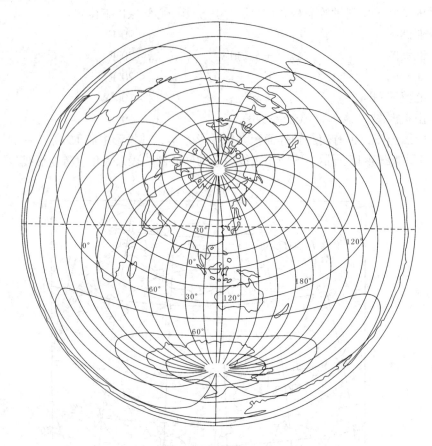

图 4-17　以北京为中心的斜轴等距离方位投影

球心投影因具有惟一的特点，即任何大圆投影后成为直线，可用于编制航空图或航海图。在这种图上，可用图解法求定航线上起、终两点间的大圆航线（最短距离，也称大环航线）位置，就是在地图上找到两点后，用直线连接，即为大圆弧的投影，该直线与诸经纬线的交点即为大圆航线应通过的点。把这些点转绘到其他投影的地图上（例如墨卡托投影），连以光滑曲线，就是大圆航线在这种图上的投影。由于球心投影离中心越远变形增大越快，且不可能表示出半球，故实践中常备有正轴、横轴、斜轴等多套经纬线格网以供使用。

外心投影在制作要求富有立体感的宣传、鼓动图中应用得较多。近代因航天技术的发展，卫星像片的获取及其在制图中的应用日益广泛，使外心投影基本公式成为空间透视投影的基础，在研究空间像片的数学模型中得到了新的应用。

§4.3　圆柱投影

一、圆柱投影的一般公式及分类

在正常位置的圆柱投影中，纬线表象为平行直线，经线表象也是平行直线，且与纬线正交。从几何意义上看,圆柱投影是圆锥投影的一个特殊情况,设想圆锥顶点延伸到无穷远时,即成为一个圆柱面。显然,在圆柱面展开成平面以后,纬圈成了平行直线,经线交角等于0,经线也是平行直线并且与纬线正交(如图4-18)。

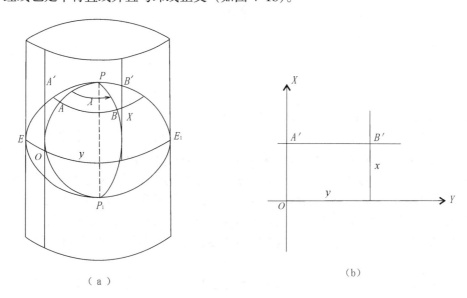

图 4-18 圆柱投影示意图

根据经纬线表象特征,我们不难得到圆柱投影的一般公式:

$$\left.\begin{aligned} & x = f(\varphi),\ y = \alpha \cdot \lambda \\ & m = \frac{\mathrm{d}x}{M\mathrm{d}\varphi},\ n = \frac{\alpha}{r} \\ & P = a \cdot b = m \cdot n \\ & \sin\frac{\omega}{2} = \frac{a-b}{a+b} \\ & \text{或}\quad \tan\left(45° + \frac{\omega}{4}\right) = \sqrt{\frac{a}{b}} \end{aligned}\right\} \quad (4\text{-}38)$$

式中函数 f 取决于投影的变形性质。α 为一常数,当圆柱面与地球相切(于赤道上)时,等于赤道半径 a,相割时小于赤道半径,为割纬圈的纬圈半径 r_k。

圆柱投影可以按变形性质分为等角、等面积和任意投影(其中主要是等距离投影)。

按圆柱面与地球不同的相对位置可分为正轴、斜轴和横轴投影。又因圆柱面与地球相切(于一个大圆)或相割(于两个小圆)而分为切圆柱或割圆柱投影。

在应用上,以等角圆柱投影为最广(不论是正轴,还是横轴),而等面积圆柱投影极少应用,等距离圆柱投影有时采用。

二、等角圆柱投影

正轴等角圆柱投影又称为墨卡托(Mercator)投影,它是16世纪荷兰地图学家墨卡托所创造的,迄今还是广泛应用于航海、航空方面的重要投影之一。该投影公式汇集如下:

$$\left.\begin{aligned} x &= \frac{\alpha}{\text{mod}}\lg U \\ y &= \alpha \cdot \lambda \\ \alpha &= r_k \ (\text{在切圆柱中} \ \alpha = a_\text{赤}) \\ m &= n = \frac{\alpha}{r} \\ P &= m^2 \\ \omega &= 0 \end{aligned}\right\} \quad (4\text{-}39)$$

式中 mod 为对数的模，mod＝1/ln10＝0.434 294 48。

在谈及墨卡托投影时，不能不提到等角航线。等角航线是地面上两点之间的一条特殊的定位线，它是两点间同所有经线构成相同方位角的一条曲线。由于这样的特性，它在航海中具有特殊意义，当船只按等角航线航行时，则理论上可不改变某一固定方位角而到达终点。等角航线又名恒向线、斜航线。它在墨卡托投影中的表象成为两点之间的直线，这点不难理解。墨卡托投影是等角投影，而经线又是平行直线，那么两点间的一条等方位曲线在该投影中当然只能是连接两点的一条直线。这个特点也就是墨卡托投影之所以被广泛应用于航海、航空方面的原因。

横轴等角圆柱投影应用很广，应用中为限制变形采用分带的方法。下面我们就来介绍等角横切椭圆柱投影，即高斯-克吕格（Gauss-Krüger）投影。

三、高斯-克吕格投影

1. 高斯-克吕格投影的条件和公式

高斯-克吕格投影是等角横切椭圆柱投影。从几何意义上来看，就是假想用一个椭圆柱套在地球椭球外面，并与某一子午线相切（此子午线称中央子午线或中央经线），椭圆柱的中心轴位于椭球的赤道面上，如图 4-19 所示，再按高斯-克吕格投影所规定的条件，将中央经线东、西各一定的经差范围内的经纬线交点投影到椭圆柱面上，并将此圆柱面展为平面，即得本投影。

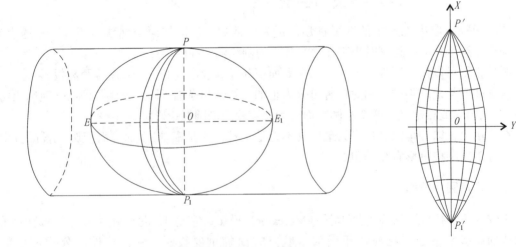

图 4-19　高斯-克吕格投影示意图

这个投影可由下述三个条件确定：

1．中央经线和赤道投影后为互相垂直的直线，且为投影的对称轴；

2．投影具有等角性质；

3．中央经线投影后保持长度不变。

根据以上三个投影条件可得高斯-克吕格投影的直角坐标公式：

$$\left.\begin{array}{l}x = s + \dfrac{\lambda^2 N}{2}\sin\varphi\cos\varphi + \dfrac{\lambda^4 N}{24}\sin\varphi\cos^3\varphi\ (5-\tan^2\varphi+9\eta^2+4\eta^4)\ +\cdots\\ y = \lambda N\cos\varphi + \dfrac{\lambda^3 N}{6}\cos^3\varphi\ (1-\tan^2\varphi+\eta^2)\ +\dfrac{\lambda^5 N}{120}\cos\varphi\ (5-18\tan^2\varphi+\tan^4\varphi)\ +\cdots\end{array}\right\} \quad (4\text{-}40)$$

在这些公式中略去 λ 六次方以上各项的原因，是因为这些值不超过 0.005m，这样在制图上是能满足精度要求的。实用上将 λ 化为弧度，并以秒为单位，得：

$$\left.\begin{array}{l}x = s + \dfrac{\lambda''^2 N}{2\rho''^2}\sin\varphi\cos\varphi + \dfrac{\lambda''^4 N}{24\rho''^4}\sin\varphi\cos^3\varphi\ (5-\tan^2\varphi+9\eta^2+4\eta^4)\\ y = \dfrac{\lambda''}{\rho''}N\cos\varphi + \dfrac{\lambda''^3}{6\rho''^3}N\cos^3\varphi\ (1-\tan^2\varphi+\eta^2)\ +\dfrac{\lambda''^5 N\cos^5\varphi}{120\rho''^5}\ (5-18\tan^2\varphi+\tan^4\varphi)\end{array}\right\} \quad (4\text{-}41)$$

高斯-克吕格投影长度比公式为：

$$\mu = 1 + \dfrac{1}{2\rho''^2}\cos^2\varphi\ (1+\eta^2)\ \lambda^2 + \dfrac{1}{24\rho''^4}\cos^4\varphi\ (5-4\tan^2\varphi)\ \lambda^4 \quad (4\text{-}42)$$

高斯-克吕格投影子午线收敛角公式为：

$$\gamma = \lambda\sin\varphi + \dfrac{\lambda^3}{3}\sin\varphi\cos^2\varphi\ (1+3\eta^2)\ +\cdots \quad (4\text{-}43)$$

λ 以弧度表示，得：

$$\gamma = \dfrac{\lambda''}{\rho''}\sin\varphi + \dfrac{\lambda''^3}{3\rho''^3}\sin\varphi\cos^2\varphi\ (1+3\eta^2)\ +\cdots \quad (4\text{-}44)$$

分析高斯-克吕格投影长度比公式（4-42）可得其变形规律如下：

1．当 $\lambda=0$ 时，$\mu=1$，即中央经线上没有任何变形，满足中央经线投影后保持长度不变的条件。

2．λ 均以偶次方出现，且各项均为正号，所以在本投影中，除中央经线上长度比为 1 以外，其他任何点上长度比均大于 1。

3．在同一条纬线上，离中央经线越远，则变形越大，最大值位于投影带的边缘。

4．在同一条经线上，纬度越低，变形越大，最大值位于赤道上。

5．本投影属于等角性质，故没有角度变形，面积比为长度比的平方。

6．长度比的等变形线平行于中央子午线。

表 4-2 是该投影不同情况下的长度变形值。

表 4-2

长度变形 \ 经差 \ 纬度	0°	1°	2°	3°
90°	0.000 00	0.000 00	0.000 00	0.000 00

续表

长度变形 经差 纬度	0°	1°	2°	3°
80°	0.000 00	0.000 00	0.000 02	0.000 04
70°	0.000 00	0.000 02	0.000 07	0.000 16
60°	0.000 00	0.000 04	0.000 15	0.000 34
50°	0.000 00	0.000 06	0.000 25	0.000 57
40°	0.000 00	0.000 09	0.000 36	0.000 81
30°	0.000 00	0.000 12	0.000 46	0.001 03
20°	0.000 00	0.000 13	0.000 54	0.001 21
10°	0.000 00	0.000 14	0.000 59	0.001 34
0°	0.000 00	0.000 15	0.000 61	0.001 38

1949年中华人民共和国成立后，就确定该投影为我国地形图系列中 1:500 000，1:200 000，1:100 000，1:50 000，1:25 000，1:10 000 及更大比例尺地形图的数学基础，一些其他的国家（如朝鲜、蒙古、前苏联等国）也采用它作为地形图的数学基础。美国、英国、加拿大、法国等国家也有局部地区采用该投影作为大比例尺地图的数学基础。

四、通用横轴墨卡托投影

通用横轴墨卡托投影（Universal Transverse Mercator Projection）简称为 UTM 投影。与高斯-克吕格投影相比，这两种投影之间仅存在着很少的差别。从几何意义看，UTM 投影属于横轴等角割圆柱投影，圆柱割地球于两条等高圈（对地球而言）上，投影后两条割线上没有变形，中央经线上长度比小于 1（$\mu = 0.999\,6$）（见图 4-20）。

UTM 投影的直角坐标（x，y）公式、长度比计算公式及子午线收敛角计算公式，也可依照高斯-克吕格投影得到。

直角坐标公式：

$$\left.\begin{aligned}x &= 0.999\,6\Big[s + \frac{\lambda^2 N}{2}\sin\varphi\cos\varphi \\ &\quad + \frac{\lambda^4}{24}N\sin\varphi\cos^3\varphi(5 - \tan^2\varphi + 9\eta^2 + 4\eta^4) + \cdots\Big] \\ y &= 0.999\,6\Big[\lambda N\cos\varphi + \frac{\lambda^3 N}{6}\cos^3\varphi(1 - \tan^2\varphi + \eta^2) \\ &\quad + \frac{\lambda^5 N}{120}\cos^5\varphi(5 - 18\tan^2\varphi + \tan^4\varphi + \cdots\Big]\end{aligned}\right\} \quad (4\text{-}45)$$

长度比公式：

$$\begin{aligned}\mu &= 0.999\,6\Big[1 + \frac{1}{2}\cos^2\varphi(1 + \eta^2)\lambda^2 \\ &\quad + \frac{1}{6}\cos^4\varphi(2 - \tan^2\varphi)\lambda^4 - \frac{1}{8}\cos^4\varphi\lambda^4 + \cdots\Big]\end{aligned} \quad (4\text{-}46)$$

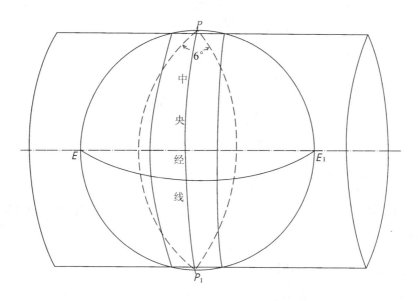

图 4-20 UTM 投影示意图

子午线收敛角公式:

$$\gamma = \lambda \sin\varphi + \frac{\lambda^3}{3}\sin\varphi\cos^2\varphi\ (1+3\eta^2)\ + \cdots \tag{4-47}$$

上式中所用的符号含义均同高斯-克吕格投影。

该投影在一些国家和地区的地形图上得到了广泛使用,但各国和地区采用的椭球体很不一致。

五、其他圆柱投影

除等角圆柱投影外,其他圆柱投影应用很少,所以我们仅作简单介绍。

1. 等距离圆柱投影公式

$$\left. \begin{array}{l} x = s \\ y = \alpha \cdot \lambda (切投影\ \alpha = a_{赤}, 割投影\ \alpha = r_k) \\ m = 1 \\ n = \dfrac{\alpha}{r} \\ P = n = \dfrac{\alpha}{r} \\ \sin\dfrac{\omega}{2} = \dfrac{|1-n|}{1+n} \end{array} \right\} \tag{4-48}$$

式中 s 为由赤道到 φ 的子午线弧长。在切投影中,若把地球当做球体,则

$$\left. \begin{array}{l} x = R\varphi \\ y = R\lambda \end{array} \right\} \tag{4-49}$$

由上式可见,这时经纬网的表象成为正方形格子,故该投影又称为方格投影。

2. 等面积圆柱投影公式

$$\left.\begin{aligned} x &= \frac{1}{\alpha}S \\ y &= \alpha \cdot \lambda \\ m &= \frac{1}{n} \\ n &= \frac{\alpha}{\lambda} \\ P &= 1 \\ \sin\frac{\omega}{2} &= \frac{|1-n|}{1+n} \end{aligned}\right\} \quad (4\text{-}50)$$

式中，α 含义同等距离圆柱投影，$S = \int_0^\varphi Mr\,\mathrm{d}\varphi$，是经差 1 弧度，纬差由赤道到 φ 的椭球面上的梯形面积。

六、圆柱投影的变形分析与应用

通过研究圆柱投影长度比的公式（指正轴投影）可知，圆柱投影的变形像圆锥投影一样，也是仅随纬度而变化的。在同纬线上各点的变形相同而与经度无关。因此，在圆柱投影中等变形线与纬线相合，成为平行直线（如图 4-21）。

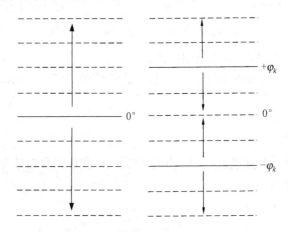

图 4-21　圆柱投影等变形线

圆柱投影中变形变化的特征是以赤道为对称轴，南北同名纬线上的变形大小相同。

因标准纬线不同可分成切（切于赤道）圆柱及割（割于南北同名纬线）圆柱投影。

在切圆柱投影中，赤道上没有变形，变形自赤道向两侧随着纬度的增加而增大。

在割圆柱投影中，在两条标准纬线（$\pm\varphi_k$）上没有变形，变形自标准纬线向内（向赤道）及向外（向两极）增大。

圆柱投影中经线表象为平行直线，这种情况与低纬度处经线的近似平行相一致。因此，圆柱投影一般较适宜于低纬度沿纬线伸展的地区。

在斜轴或横轴圆柱投影中，变形沿着等高圈的增加而增大，在所切的大圆上（横轴为中央经线上）没有变形。所以对于沿某大圆方向伸展的地区，为使变形分布均匀而较小，可以选择一斜圆柱切于该大圆上，对于沿经线伸展的地区，则可采用横轴圆柱投影。

例如，为编制两点间长距离不着陆飞行用图，可以设计切在通过起、终两点大圆上的斜轴专用墨卡托投影。

墨卡托投影除了编制海图外，在赤道附近，例如印度尼西亚、赤道非洲、南美洲等地区，也可用来编制各种比例尺地图。我国出版的《世界地图集》的爪哇岛图幅采用过该投影。我国1973年出版的《世界形势图》（比例尺为1:10 000 000），就是采用墨卡托投影，标准纬线为35°。

墨卡托投影因其经线为平行直线，便于显示时区的划分，故较多用来编制世界时区图。

反应人造地球卫星运行轨道的宇航图也是在墨卡托投影图上反映出来的，在这种地图上可以表示大于经度360°的范围。

国外地图和地图集中也经常看到用这种投影编制的地图，例如：法国的《国际政治与经济地图集》中的新旧大陆自然图、新旧大陆航空路线图、新旧大陆交通图；英国《泰晤士地图集》中的太平洋、大西洋；德国《斯底莱大地图集》中的世界图等。前苏联《海图集》第一卷主要用的也是墨卡托投影。

§4.4 伪圆锥投影、伪圆柱投影、伪方位投影和多圆锥投影

一、伪圆锥投影

伪圆锥投影的纬线投影为一组同心圆圆弧，经线为对称于中央直经线的曲线（如图4-22）。

伪圆锥投影的一般坐标公式为：

$$\left.\begin{array}{l}\rho = f_1(\varphi) \\ \delta = f_2(\varphi, \lambda) \\ x = q - \rho\cos\delta \\ y = \rho\sin\delta\end{array}\right\} \quad (4\text{-}51)$$

其一般变形公式为：

$$\left.\begin{array}{l}m = -\dfrac{\mathrm{d}\rho}{\mathrm{d}\varphi}\cdot\dfrac{\sec\varepsilon}{M} \\ n = \dfrac{\rho}{r}\cdot\dfrac{\partial\delta}{\partial\lambda} \\ P = -\rho\dfrac{\partial\delta}{\partial\lambda}\cdot\dfrac{\rho'}{Mr} \\ \tan\varepsilon = \dfrac{\rho}{\rho'}\cdot\dfrac{\partial\delta}{\partial\varphi}\end{array}\right\} \quad (4\text{-}52)$$

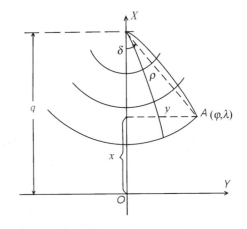

图 4-22 伪圆锥投影示意图

其中，q 为圆心纵坐标，是一个常数。

在伪圆锥投影中，除中央经线外，其余经线均为曲线。如果经线成为交于纬线共同圆心的直线束，则该投影就成为圆锥投影。另一方面，若纬线半径无穷大，则纬线变成一组平行直线，这时所得到的是伪圆柱投影。可见，不论圆锥投影或伪圆柱投影都可说是伪圆锥投影的特例。

根据变形性质来分析伪圆锥投影，因为伪圆锥投影的经纬线不正交，故不可能有等角投

影，而只能有等面积和任意投影。在伪圆锥投影的实际应用中，最常见的是彭纳等面积伪圆锥投影。下面我们仅介绍这种投影。

彭纳投影是保持纬线长度不变的等面积伪圆锥投影，即 $n=1$，$P=1$。该投影的中央经线 λ_0 及指定的纬线 φ_0 上没有变形，所以它的等变形线在中心点 (λ_0，φ_0) 附近是"双曲线"。彭纳投影的经纬线网如图 4-23 所示。图中另一组曲线是角度等变形线，对称于中央经线。

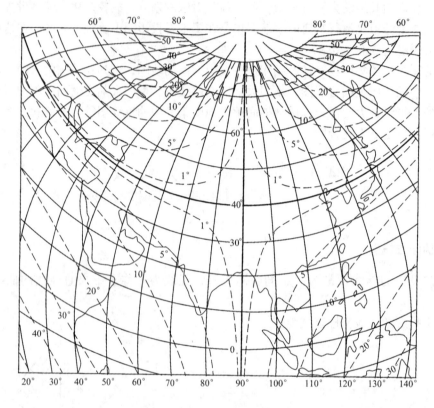

图 4-23 彭纳投影

彭纳投影曾因用于法国地形图而著名。其后因发现它不是等角投影，不适于军事方面使用，故现在很少用于地形图。现在一般用于小比例尺地图，例如中国地图出版社出版的《世界地图集》中的亚洲政区图，单幅的亚洲地图，英国《泰晤士世界地图集》中澳洲与西南太平洋地图，均采用此投影。在其他国家出版的地图和地图集中，也常可看到用该投影编制的欧洲、亚洲、北美洲和南美洲以及个别地区的地图。

二、伪圆柱投影

伪圆柱投影中纬线投影为平行直线，经线投影为对称于中央直经线的曲线。伪圆柱投影可视为伪圆锥投影的特例，当后者的纬圈半径为无穷大时，即成为伪圆柱投影。根据经纬线形状可知，伪圆柱投影中不可能有等角投影，而只能有等面积投影和任意投影。

伪圆柱投影中以等面积投影较多，下面我们介绍几种等面积伪圆柱投影。

1. 正弦曲线等面积伪圆柱投影

本投影又称桑逊（Sanson）投影或称 Sanson-Flamsteed 投影。

本投影中纬线投影为间隔相等且互相平行的直线，中央经线为垂直于各纬线的直线，其他经线投影为正弦曲线，并对称于中央经线。

该投影有以下特性：

等面积，即 $P=1$；所有纬线无长度变形，即 $n=1$；中央经线保持等长，即 $m_0=1$。投影公式如下：

$$\left.\begin{aligned} x &= R\varphi \\ y &= R\cos\varphi \cdot \lambda \\ n &= 1 \\ m &= \sec\varepsilon \\ P &= 1 \\ \tan\varepsilon &= \lambda\sin\varphi \\ \tan\frac{\omega}{2} &= \frac{1}{2}\tan\varepsilon = \frac{1}{2}\lambda\sin\varphi \end{aligned}\right\} \quad (4\text{-}53)$$

图 4-24 是正弦曲线等面积伪圆柱投影。由图可见，在该投影中离中央经线和纬线越高之处变形越大。故该投影最适宜于沿赤道或沿中央经线伸展的地区。

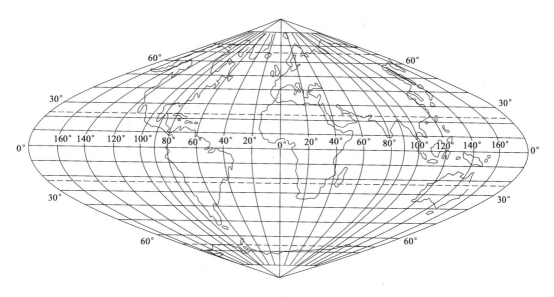

图 4-24　正弦曲线等面积伪圆柱投影

2. 极点投影成线的等面积伪圆柱投影*

由上述桑逊投影可见，高纬度处角度变形较大。为使角度变形有所改善，有一种设想使各经线不是交于一点而是终止于两条线上，称为极线。这就是本投影的特点，显然它不能保持 $n=1$ 的条件。

投影条件：$P=1$，极线投影长度等于赤道投影长度的一半。一般公式为：

---

* 也称为"爱凯特投影"（Eckert Projection）。

$$\left.\begin{array}{l} \sin\alpha + \alpha = \dfrac{\pi+2}{2}\sin\varphi \\[6pt] x = \dfrac{2R}{\sqrt{\pi+2}}\alpha \\[6pt] y = \dfrac{2R\lambda}{\sqrt{\pi+2}}\cos^2\dfrac{\alpha}{2} \\[6pt] n = \dfrac{2}{\sqrt{\pi+2}}\sec\varphi\cos^2\dfrac{\alpha}{2} \\[6pt] m = \dfrac{\sqrt{\pi+2}}{2}\cos\varphi\sec^2\dfrac{\alpha}{2}\sec\varepsilon \\[6pt] P = 1 \\[6pt] \tan\dfrac{\omega}{2} = \dfrac{1}{2}\sqrt{n^2+m^2-2} \end{array}\right\} \qquad (4\text{-}54)$$

式中 α 值是用逐步趋近法求解的。

本投影在高纬度处变形较桑逊投影小,但其极点投影不成点而成线。图 4-25 是该投影的经纬网略图。

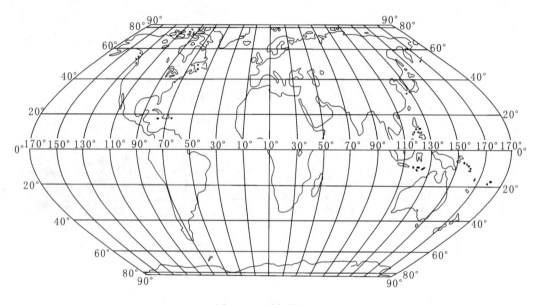

图 4-25 爱凯特投影

3. 椭圆经线等面积伪圆柱投影*

本投影中经线投影为对称于中央直经线的椭圆,离中央经线经差为 ±90° 的经线投影后合成一个圆,其面积等于地球的半球面积。纬线是平行于赤道的一组平行直线。

本投影公式为:

---

* 也称"摩尔威德投影"(Mollweide Projection)。

$$\left.\begin{aligned}
x &= R\sqrt{2}\sin\alpha \\
y &= 2\sqrt{2} \cdot R\frac{\lambda}{\pi}\cos\alpha \\
2\alpha &+ \sin 2\alpha = \pi\sin\varphi \\
\tan\varepsilon &= \frac{2\lambda}{\pi}\tan\alpha \\
P &= 1 \\
n &= \frac{2\sqrt{2}\cos\alpha}{\pi\cos\varphi} \\
m &= \frac{\pi\cos\varphi}{2\sqrt{2}\cos\alpha}\sec\varepsilon \\
\tan\frac{\omega}{2} &= \frac{1}{2}\sqrt{m^2 + n^2 - 2}
\end{aligned}\right\} \quad (4\text{-}55)$$

式中 α 值是用逐步趋近法求解的。

图 4-26 是该投影的经纬线网略图。该投影常用于编制小比例尺世界地图。

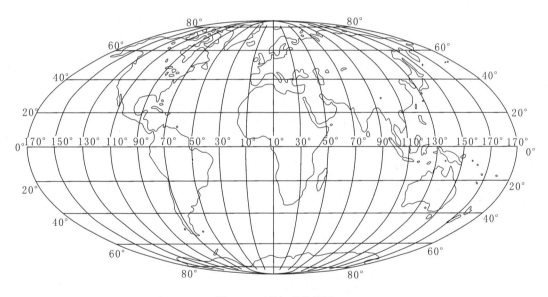

图 4-26　摩尔威德投影

三、伪方位投影

在伪方位投影中，正常位置下纬线投影为同心圆，经线为对称于中央直经线的曲线，并交于纬线圆心。在横轴或斜轴投影中，等高圈投影为同心圆，垂直圈表现为交于等高圈圆心的对称曲线，而经纬线均为较复杂的曲线。

伪方位投影的最大特点是其等变形线可设计为椭圆形或卵形、三角形、三叶玫瑰形、方形等规则的几何图形，使它符合对投影变形分布的特殊要求，即等变形与制图区域轮廓近似一致。伪方位投影的应用以非正常位置（斜轴投影）为多。其一般公式为：

$$\left.\begin{array}{l}x=\rho\cos\delta\\y=\rho\sin\delta\\\rho=f_1(z)\\\delta=f_2(z,\alpha)\end{array}\right\} \quad (4\text{-}56)$$

式中 z 为天顶距，α 为方位角。以选定制图区域中某点作为原点，投影中的极角

$$\delta=\alpha-c\left(\frac{z}{z_n}\right)^q\sin k\alpha \quad (4\text{-}57)$$

式中 c，q，k，z_n 为参数，视具体情况而取一定的数值。c，q 可在使等变形线与区域轮廓近似一致的条件下计算确定，k 是决定投影网对称的参数，z_n 是制图区域中心到最远边界的天顶距。

图 4-27 是用伪方位投影表示的中国疆域全图的经纬网略图及角度等变形线。由图可见，等变形线能与中国疆域形状较好地吻合，而且最大角度变形较小，全域能达到小比例尺地图中对精度的要求。

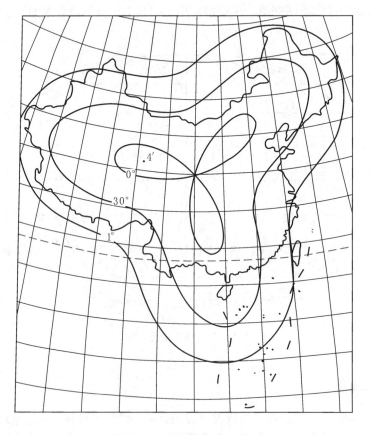

图 4-27　伪方位投影举例

四、多圆锥投影

多圆锥投影中纬线表象为同轴圆圆弧，圆心位于中央直经线上，经线为对称于中央直经线的曲线。

从多圆锥投影原来的几何构成来理解，可视为对地球上每一定纬度间隔的纬线作一个切圆锥，这样一系列圆锥的圆心必位于地球旋转轴线上，然后将这些圆锥系列沿一母线展开。各纬线成为以切线为半径的圆弧，使各圆心位于同一直线上（作为中央经线），圆心的定位以相邻圆弧间的中央经线距离保持与实地等长为准，这就使得各纬线成为同轴圆圆弧。经线则是以光滑曲线的形式连接各纬线（即圆锥对球面的切线）与一定间隔的经线交点而构成的对称曲线，如图4-28所示。

随着地图投影理论的发展，多圆锥投影已具有一种广义的概念，与原来的几何构成大不相同了。

多圆锥投影的一般公式如下：

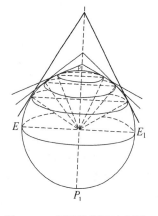

图4-28 多圆锥投影示意图

$$\left.\begin{aligned} & x = q - \rho\cos\delta, \quad q = x_c = f(\varphi) \\ & y = \rho\sin\delta \\ & \tan\varepsilon = -\frac{F}{H} = \frac{\rho\frac{\partial\delta}{\partial\varphi} + q'\sin\delta}{\rho' - q'\cos\delta} \\ & P = \frac{H}{Mr} = \rho\frac{\partial\delta}{\partial\lambda} \cdot \frac{q'\cos\delta - \rho'}{Mr} \\ & n = \frac{\sqrt{G}}{r} = \frac{\rho}{r}\frac{\partial\delta}{\partial\lambda} \\ & m = \frac{\rho}{n\cos\varepsilon} = \frac{q'\cos\delta - \rho'}{M}\sec\varepsilon \\ & \tan\frac{\omega}{2} = \frac{1}{2}\sqrt{\frac{m^2 + n^2}{P} - 2} \end{aligned}\right\} \quad (4\text{-}58)$$

按变形性质可将多圆锥投影分为等角的和任意的两种。在任意多圆锥投影中，最常见的是普通多圆锥投影。

图4-29是普通多圆锥投影的经纬网略图。该投影最适宜于表示沿中央经线延伸的制图区域。

本投影在美国被广泛应用，所以也称为美国多圆锥投影。该投影中央经线是直线，其长度比为1，即$m_0 = 1$，纬线是与中央经线正交的同轴圆圆弧，圆心位于中央经线上，其半径为$\rho = N\cot\varphi$。各条纬线上的长度比保持不变，即$n = 1$。

在多圆锥投影中，我国还设计出等差分纬线多圆锥投影和正切差分纬线多圆锥投影，用于编制世界地图。图4-30是等差分纬线多圆锥投影的经纬网形状略图。该投影已在我国编制各种比例尺世界政区图以及其他类型世界地图中得到较广泛的使用，获得了较好的效果。

等差分纬线多圆锥投影的特点：

1. 纬线投影后成为对称于赤道的同轴圆圆弧，圆心位于中央经线上，经线对称于中央直经线，且离中央经线越远，其经线间隔也成比例地递减；极点表示为圆弧，其长度为赤道投影长度的二分之一，经纬网的图形有球形感。

2. 我国被配置在地图中接近于中央的位置，而且图形形状比较正确，并使我国面积相对于同一条纬带上其他国家的面积不因面积变形而有所缩小。

3. 图面图形完整，没有裂隙，也不出现重复，保持太平洋完整，可显示我国与邻近国

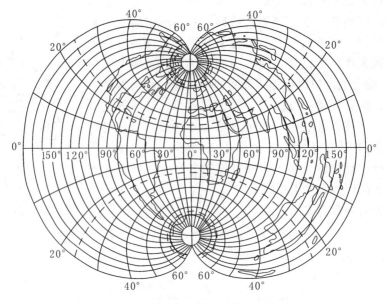

图 4-29 普通多圆锥投影

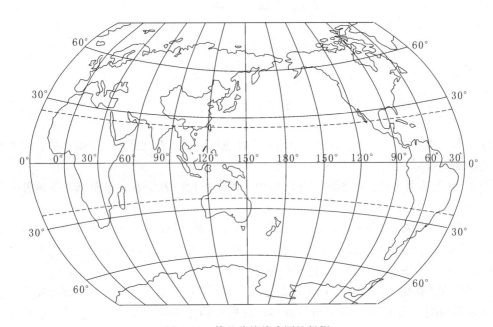

图 4-30 等差分纬线多圆锥投影

家的水陆联系。

4. 该投影的性质是接近等面积的任意投影，中国地区绝大部分面积变形在 10% 以内，少数地区面积变形约为 20%，面积比为 1.0 的等变形线自东向西横贯我国中部；位于中央经线和南北纬度约 44°交点处没有角度变形，我国绝大部分地区的最大角度变形在 10°以内，小部分地区不超过 13°。

正切差分纬线多圆锥投影是继等差分纬线多圆锥投影之后，我国于 1976 年设计的投影之一,它应用于1:1 400万世界地图。图4-31是该投影经纬网略图。

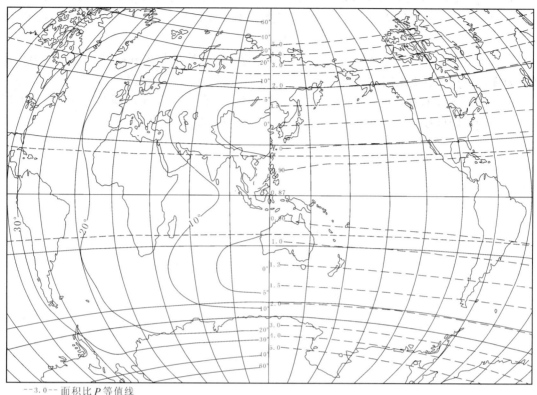

--3.0--面积比 P 等值线
—10°—最大角度变形 ω 等值线

图4-31 正切差分纬线多圆锥投影

正切差分纬线多圆锥投影的特点:

1. 纬线投影后成为对称于赤道的同轴圆的圆弧,圆心位于中央经线上;经线是对称于中央经线(直线)的曲线,且远离中央经线其经线间隔成比例递减,极点表示为圆弧。经纬网的图形有球形感。

2. 将我国配置于图幅中部,经纬网便会出现重复部分,赤道上经线的经度差为420°,中央经线则为东经120°,完整的南北美洲大陆则位于图幅东部。

3. 保持太平洋和大西洋完整。

4. 该投影为任意投影,世界主要大陆上的轮廓形状没有显著的目视变形,中国的形状比较正确;我国绝大部分地区的面积变形在10%~20%,部分地区达±60%。位于中央经线和南北纬度为44°交点处没有角度变形,我国大陆部分最大角度变形在6°以内。

5. 1:1 400万的本投影图廓尺寸为180cm×264cm。

思 考 题

1. 试说明方位投影的投影表象及变形规律。
2. 墨卡托投影具有什么特性和用途?

3．为什么说伪圆柱投影没有等角投影？

4．试述正轴圆锥投影的投影表象、变形分布，并用变形椭圆来显示在切和割投影中不同性质圆锥投影的变形规律。为什么说圆锥投影适合用于编制中纬度沿东西方向延伸地区的地图？

5．试述高斯投影的投影条件、变形情况及用途。通用横轴墨卡托投影与高斯投影相比较，有哪些优点？它们之间的关系如何？

6．试述正轴圆柱投影的投影表象并绘出经纬网（切投影），显示不同性质圆柱投影的区别。在等角切圆柱投影中选择某一条经线，在上面画出不同纬度的变形椭圆。

第五章 地图投影的应用和变换

§5.1 地图投影的选择

地图投影的性质、经纬线形状对地图的使用有重大影响,所以,地图投影的选择就成了制图中一项重要的工作。

选择地图投影是一项创造性的工作,没有现成的公式、方案或规范,而要在熟悉各类地图投影的性质、变形分布、经纬线形状及所编地图的具体要求的前提下,经过对比来选择。

选择地图投影应考虑以下条件:

1. 制图区域

位置:极地附近宜选方位投影;中纬度地区宜选圆锥投影;赤道附近宜选圆柱投影。

大小:范围大小影响投影误差。一个小的范围常常不管用什么投影都不会有太大差别,都能保证很高的精度;对于一个面积很大的地区(例如区域的纬差超过 22.5°,或直径超过 2 200km),不同的投影其误差就可能有较大的差别。

区域形状:接近于圆形的区域可选择方位投影(例如中华人民共和国全图就选用斜方位投影);东西延伸的区域,在赤道附近用圆柱投影,在中纬度地区用圆锥投影;南北延伸的地区多选用横圆柱投影。

2. 地图用途

地图用途决定着需选用何种性质的投影。要求各制图单元面积对比正确的地图(例如政区地图)常使用等面积投影;要求方位正确的地图(例如地形图)使用等角投影;要求距离较精确的地图(例如交通图)常使用任意投影中的等距离投影。有些地图已形成固定的模式,例如海洋地图都用墨卡托(等角圆柱投影),航空基地图都用等距离方位投影,各国的地形图都用等角横切(割)圆柱投影,极少数用兰勃特(等角圆锥)投影。

地图用途制约着选择的投影应达到的精度。用于精密量测的地图,其长度和面积变形应小于±0.5%,角度变形小于 0.5°;只进行近似量测的地图,长度和面积变形可达到±2%~±3%,角度变形 1°~2°;仅用于目估测定地图数据时,长度和面积变形可放宽到±6%~±8%,角度变形在 5°~6°以内;不用于量测的地图,强调地理概念的正确。

地图用途还同地图的使用方式有关。桌面用图要求较高的精度而不追求区域总的轮廓形状的视觉效果,为了节约图面常可使用斜方位定向;挂图则着重强调区域形状视觉上的整体效果,一般不允许斜方位定向。单幅地图只考虑区域本身的要求,拼幅地图还要考虑图幅拼接的需要等。这些又都反过来影响到制图区域范围并影响投影选择。

3. 地图投影本身的特点

变形性质:不同性质的地图投影适合于不同的用途。

变形大小和分布：变形分布的有利方向应配合制图区域的延伸方向，变形大小要能满足地图精度要求。

地球极点的表象：极点被投影成点（或接近于点），视觉上比较好，但整个制图区域的局部地区会有很大变形；极点投影成线，虽然极地的投影变形较大，却可以换来区域内较均匀的变形分布。

特殊线段的形状：墨卡托投影中等角航线成直线，这就是航海图采用该投影的理由。在球心投影上，地球表面两点间距离最近的大圆航线成直线，在世界图上看起来较直观。

具体选择投影时，要综合考虑上述因素，对于同一个要求可能有几种投影都可以适应，从中选出适应面最宽的投影。

§5.2 我国编制地图常用的地图投影

我国编制的各类地图，经过认真的分析研究，习惯上常使用的地图投影分述如下。

一、中国分省（区）地图常用投影

我国分省（区）的地图宜采用下列两种类型投影：

正轴等角割圆锥投影（必要时也可采用等面积和等距离圆锥投影）；

宽带高斯-克吕格投影（经差可达9°）。

我国的南海海域单独成图时，可使用正轴圆柱投影。

关于投影的具体选择，各省（区）在编制单幅地图或分省（区）地图集时，可以根据制图区域情况，单独选择和计算一种投影，这样各个省（区）可获得一组完整的地图投影数据（例如割圆锥投影在制图区域中具有两条标准纬线），变形也比分带投影的变形值小一些。我国目前各省（区）按制图区域单幅地图选择圆锥投影时，所采用的两条标准纬线如表5-1所示。

表5-1

省（区）名称	区域范围				标准纬线	
	φ_S	φ_N	λ_W	λ_E	φ_1	φ_2
河北省	36°00′	42°40′	113°30′	120°00′	37°30′	41°00′
内蒙古自治区	37°30′	53°30′	97°00′	127°00′	40°00′	51°00′
山西省	34°33′	40°45′	110°00′	114°40′	36°00′	39°30′
辽宁省	38°40′	43°30′	118°00′	126°00′	40°00′	42°00′
吉林省	40°50′	46°15′	121°55′	131°30′	42°00′	45°00′
黑龙江省	43°00′	54°00′	120°00′	136°00′	46°00′	51°00′
江苏省	30°40′	35°20′	116°00′	122°30′	31°30′	34°00′
浙江省	27°00′	31°30′	118°00′	123°30′	28°00′	30°30′
安徽省	29°20′	34°40′	114°40′	119°50′	30°30′	33°30′

续表

省（区）名称	区域范围				标准纬线	
	φ_S	φ_N	λ_W	λ_E	φ_1	φ_2
江西省	24°30′	30°30′	113°30′	118°30′	26°00′	29°00′
福建省	23°20′	28°40′	115°40′	120°50′	24°00′	27°30′
山东省	34°10′	38°40′	114°20′	123°40′	35°00′	37°00′
广东省	20°10′	25°30′	108°40′	117°30′	21°30′	24°30′
广西壮族自治区	20°50′	26°30′	104°30′	112°00′	22°30′	25°30′
湖北省	29°00′	33°20′	108°30′	116°20′	30°30′	32°30′
湖南省	24°30′	30°10′	108°40′	114°20′	26°00′	29°00′
河南省	31°20′	36°20′	110°20′	116°40′	32°30′	35°00′
四川省	26°00′	34°00′	97°20′	110°10′	27°30′	33°00′
云南省	21°30′	29°30′	97°20′	106°30′	22°30′	28°30′
贵州省	24°30′	29°30′	103°30′	109°30′	25°20′	28°30′
西藏自治区	26°30′	36°30′	78°00′	99°00′	28°00′	35°00′
陕西省	31°40′	39°40′	105°40′	111°00′	33°00′	38°00′
甘肃省	32°30′	42°50′	92°10′	108°50′	34°00′	41°00′
青海省	31°30′	39°30′	89°30′	103°10′	33°30′	38°00′
新疆维吾尔自治区	34°00′	49°10′	70°00′	96°00′	36°30′	48°00′
宁夏回族自治区	35°10′	39°30′	104°10′	107°40′	36°00′	39°00′
海南省（不含南海诸岛）	18°00′	20°10′	108°30′	111°10′	18°20′	19°50′
台湾省	21°50′	25°30′	119°30′	122°30′	22°30′	25°00′

注：①北京市、上海市、天津市、重庆市、香港特别行政区、澳门特别行政区由于面积较小，任意选择两条标准纬线，其最大长度变形都不会超过0.1%。

②各省区范围均为概略值。

上述投影的长度变形最大的可达0.5%（新疆），一般都在0.2%以内。

二、中国地图常用投影

1．中国分幅地（形）图的投影

多面体投影（北洋军阀时期）。

等角割圆锥投影（兰勃特投影）（中华人民共和国成立以前）。

高斯-克吕格投影（中华人民共和国成立以后）。

2．中国全图

（1）斜轴等面积方位投影

$\varphi_0 = 27°30′$ $\lambda_0 = +105°$

或 $\varphi_0 = 30°00′$ $\lambda_0 = +105°$

或 　　$\varphi_0 = 35°00'$ 　　　　$\lambda_0 = +105°$

(2) 斜轴等角方位投影（中心点位置同上）

(3) 彭纳投影（投影中心同上）

(4) 伪方位投影（投影中心同上）

3. 中国全图（南海诸岛作插图）

(1) 正轴等面积割圆锥投影

　　两条标准纬线曾采用

　　　　$\varphi_1 = 24°00'$, 　　$\varphi_2 = 48°00'$

　　或 　$\varphi_1 = 25°00'$, 　　$\varphi_2 = 45°00'$

　　或 　$\varphi_1 = 23°30'$, 　　$\varphi_2 = 48°30'$

　　目前两条标准纬线采用

　　　　$\varphi_1 = 25°00'$, 　　$\varphi_2 = 47°00'$

(2) 正轴等角割圆锥投影

　　标准纬线同上。

三、各大洲地图常用投影

1. 亚洲地图的投影

(1) 斜轴等面积方位投影

　　　　$\varphi_0 = +40°$, 　　$\lambda_0 = +90°$

　　或 　$\varphi_0 = +40°$, 　　$\lambda_0 = +85°$

(2) 彭纳投影

　　标准纬线 $\varphi_0 = +40°$，中央经线 $\lambda_0 = +80°$

　　或标准纬线 $\varphi_0 = +30°$，中央经线 $\lambda_0 = +80°$

2. 欧洲地图的投影

(1) 斜轴等面积方位投影

　　　　$\varphi_0 = 52°30'$, 　　$\lambda_0 = +20°$

(2) 正轴等角圆锥投影

　　两条标准纬线

　　　　$\varphi_1 = 40°30'$, 　　$\varphi_2 = 65°30'$

3. 北美洲地图的投影

(1) 斜轴等面积方位投影

　　　　$\varphi_0 = +45°$, 　　$\lambda_0 = -100°$

(2) 彭纳投影

　　标准纬线　$\varphi_0 = +45°$

　　中央经线　$\lambda_0 = -100°$

4. 南美洲地图的投影

(1) 斜轴等面积方位投影

　　　　$\varphi_0 = 0°$, 　　$\lambda_0 = -60°$

(2) 桑逊投影

中央经线　$\lambda_0 = -60°$

5．澳洲地图的投影

（1）斜轴等面积方位投影

$\varphi_0 = -25°$,　　$\lambda_0 = +135°$

（2）正轴等角圆锥投影

标准纬线　$\varphi_1 = -34°30'$,　$\varphi_2 = -15°20'$

6．拉丁美洲地图的投影

斜轴等面积方位投影

$\varphi_0 = -10°$,　　$\lambda_0 = -60°$

四、世界地图的投影

1．等差分纬线多圆锥投影
2．正切差分纬线多圆锥投影（1976 年方案）
3．任意伪圆柱投影

$\alpha = 0.87740$　当 $\varphi = 65°$ 时　$P = 1.20$

4．正轴等角割圆柱投影

五、半球地图的投影

1．东半球图

（1）横轴等面积方位投影

$\varphi_0 = 0°$,　　$\lambda_0 = +70°$

（2）横轴等角方位投影

$\varphi_0 = 0°$,　　$\lambda_0 = +70°$

2．西半球图

（1）横轴等面积方位投影

$\varphi_0 = 0°$,　　$\lambda_0 = -110°$

（2）横轴等角方位投影

$\varphi_0 = 0°$,　　$\lambda_0 = -110°$

3．南、北半球地图

（1）正轴等距离方位投影
（2）正轴等角方位投影
（3）正轴等面积方位投影

六、南极、北极地图常用投影

南极、北极地图多采用正轴等角方位投影。

§5.3　地图投影变换

地图投影变换（Map Projection Transformation）是地图投影和地图编制的一个重要组成

部分,它主要研究从一种地图投影变换为另一种地图投影的理论和方法。其实质是建立两平面场之间点的一一对应关系。

在编制地图时,原始资料地图与新编地图之间在数学上存在着投影变换问题。这种变换随着两种投影之间是否相同、接近或差异甚大而有易、难之别。

例如,在地形图之间,从一种比例尺地图编制成另一种比例尺地图,它们的投影是相同的,只存在比例尺的缩放,是容易处理的,这种变换可称为相似变换。

又如,利用1:25万或1:50万地形图(高斯-克吕格投影)来编制1:100万地形图(等角割圆锥投影),由于这两种投影本身的变形很小,也就是它们之间的变形差别甚小,所以尽管理论上两者之间的变换可能是复杂的,但在编图的实际操作上容易实现它们之间的变换。

再如利用墨卡托投影的海图资料补充到等角圆锥投影的新编图上,虽然两者投影变形性质相同,但网格形状有着很大的不同,前者是矩形网格,后者是扇形网格。这两者之间的变换就是较复杂的变换。

人类一切经济活动都离不开地理空间,各类专业信息都必须以地形基础信息为空间载体,所以必须研究地图数据库中数字化地图数据处理、空间信息定位和变换,以满足各类专业信息系统建设的需要。

为了适应遥感技术发展的需要,必须研究在投影面上解算位置线和目标点的坐标变换方法,研究空间动态投影坐标的理论和方法。

拓扑地图是现代地图和地图集中经常出现的一种引人注目的表示方法,研究保持拓扑性质的平面图形变换方法也成为地图投影变换的研究内容。

综上所述,为了适应计算机地图制图、各类地理信息系统建设,满足空间遥感技术坐标变换的需要,地图投影变换已逐步发展成为研究空间数据处理,以及空间点位和平面点位间变换的理论、方法及应用的地图投影学的一个分支学壳。

地图投影变换可广义地理解为研究空间数据处理、变换及应用的理论和方法,它可表述为:

$$\{x_i',y_i'\} \rightleftharpoons \{\varphi_i,\lambda_i\} \rightleftharpoons \{x_i,y_i\} \rightleftharpoons \{X_i,Y_i\}$$

地图投影变换可狭义地理解为建立两平面场之间点的一一对应的函数关系式。设一平面场点位坐标为(x,y),另一平面场点位坐标为(X,Y),则地图投影变换方程式为:

$$X = F_1(x,y), \quad Y = F_2(x,y) \tag{5-1}$$

实现由一种地图投影点的坐标变换为另一种地图投影点的坐标,目前通常有解析变换法、数值变换法、数值-解析变换法三种。

一、解析变换法

(一)变换方法

这类方法是找出两投影间坐标变换的解析计算公式。按采用的计算方法不同又可分为以下三种:

1. 反解变换法(或称间接变换法)

这种方法是通过中间过渡的方法,反解出原地图投影点的地理坐标(φ,λ),代入新投影中求得其坐标,即:

$$\{x,y\} \longrightarrow \{\varphi,\lambda\} \longrightarrow \{X,Y\}$$

对于投影方程为极坐标形式的投影，例如圆锥投影、伪圆锥投影、多圆锥投影、方位投影和伪方位投影等，需将原投影点的平面直角坐标 (x, y) 转换为平面极坐标 (ρ, δ)，求出其地理坐标 (φ, λ)，再代入新的投影方程式中，即：

$$\{x, y\} \longrightarrow (\rho, \delta) \longrightarrow (\varphi, \lambda) \longrightarrow (X, Y)$$

对于斜轴投影来说，还需将极坐标 (ρ, δ) 转换为球面极坐标 (Z, a)，再转换为球面地理坐标 (φ', λ')，然后过渡到椭球面地理坐标 (φ, λ)，最后再代入新投影方程式中，即：

$$\{x, y\} \longrightarrow \{\rho, \delta\} \longrightarrow \{Z, a\} \longrightarrow \{\varphi', \lambda'\} \longrightarrow \{\varphi, \lambda\} \longrightarrow \{X, Y\}$$

2．正解变换法（或称直接变换法）

这种方法不要求反解出原地图投影点的地理坐标 (φ, λ)，而直接引出两种投影点的直角坐标关系式。例如，由复变函数理论知道，两等角投影间的坐标变换关系式为：

$$X + iY = f(x + iy) \tag{5-2}$$

即：

$$\{x, y\} \longrightarrow \{X, Y\}$$

3．综合变换法

这是将反解变换方法与正解变换方法结合在一起的一种变换方法。

通常是根据原投影点的坐标 x 反解出纬度 φ，然后根据 φ, y 而求得新投影点的坐标 (X, Y)，即：

$$\{x \to \varphi, y\} \longrightarrow \{X, Y\}$$

（二）变换法示例

1．由墨卡托投影变换成等角圆锥投影

由资料图中知墨卡托投影方程为：

$$\left. \begin{array}{l} x = r_K \ln U \\ y = r_K \lambda \end{array} \right\} \tag{5-3}$$

可得

$$\left. \begin{array}{l} \ln U = \dfrac{x}{r_K} \quad \text{或} \quad U = \dfrac{K}{\mathrm{e}^{\frac{ax}{r_K}}} \\ \lambda = \dfrac{y}{r_K} \end{array} \right\} \tag{5-4}$$

式中 r_K 是墨卡托投影中标准纬线 φ_K 的半径。

将（5-4）式代入新编图等角圆锥投影公式得：

$$\left. \begin{array}{l} X = \rho_s - \rho\cos\delta = \rho_s - \dfrac{K}{U^a}\cos(\alpha\dfrac{y}{r_K}) \\ \quad = \rho_s - \dfrac{K}{\dfrac{K}{\mathrm{e}^{\frac{ax}{r_K}}}}\cos(\alpha\dfrac{y}{r_K}) \\ Y = \rho\sin\delta = \dfrac{K}{U^a}\sin(\alpha\dfrac{y}{r_K}) \\ \quad = \dfrac{K}{\dfrac{K}{\mathrm{e}^{\frac{ax}{r_K}}}}\sin(\alpha\dfrac{y}{r_K}) \end{array} \right\} \tag{5-5}$$

此处式中角度是以弧度计的。

2. 由墨卡托投影变换成等角方位投影

将（5-4）式代入等角方位投影得：

$$\left.\begin{aligned} X &= \rho\cos\delta = \frac{K}{U}\cos\lambda \\ &= \frac{K}{K^{\frac{ax}{r_K}}}\cos(\frac{y}{r_K}) \\ Y &= \rho\sin\delta = \frac{K}{U}\sin\lambda \\ &= \frac{K}{K^{\frac{ax}{r_K}}}\sin(\frac{y}{r_K}) \end{aligned}\right\} \quad (5\text{-}6)$$

3. 由等角圆锥投影变换成墨卡托投影

等角圆锥投影的坐标公式

$$\left.\begin{aligned} x &= \rho_s - \rho\cos\delta \\ y &= \rho\sin\delta \end{aligned}\right\} \quad (5\text{-}7)$$

式中：$\rho = f(\varphi), \delta = \alpha \cdot \lambda$

而

$$\delta = \arctan\frac{y}{\rho_s - x}, \quad \rho = \sqrt{(\rho_s - x)^2 + y^2} \quad (5\text{-}8)$$

在等角圆锥投影中

$$\rho = \frac{K}{U^\alpha}, \delta = \alpha \cdot \lambda$$

于是有：

$$\ln U = \frac{1}{\alpha}(\ln K - \ln\rho), \lambda = \frac{\delta}{\alpha} \quad (5\text{-}9)$$

将（5-8）式、（5-9）式代入（5-3）式即可得：

$$\left.\begin{aligned} x &= \frac{r_0}{\alpha}(\ln K - \ln\rho) \\ y &= \frac{r_0}{\alpha}\arctan[y/(\rho_s - x)] \end{aligned}\right\} \quad (5\text{-}10)$$

4. 由等距离圆柱投影变换成等距离圆锥投影

由等距离圆柱投影方程

$$\left.\begin{aligned} x &= s \\ y &= r_K \cdot \lambda \end{aligned}\right\} \quad (5\text{-}11)$$

可得：

$$\lambda = \frac{y}{r_K}$$

代入以下等距离圆锥投影公式中

$$\rho = C - s$$
$$\delta = \alpha \cdot \lambda$$
$$X = \rho_s - \rho\cos\delta$$
$$Y = \rho\sin\delta$$

可得：

$$\left.\begin{array}{l} X = \rho_s - (C-s)\cos(\alpha \cdot \lambda) = \rho_s - (C-x)\cos(\alpha \dfrac{y}{r_K}) \\ Y = \rho\sin\delta = (C-s)\sin(\alpha \cdot \lambda) = (C-x)\sin(\alpha \dfrac{y}{r_K}) \end{array}\right\} \quad (5\text{-}12)$$

上式中的角度同样以弧度计。

以上列举了几个比较简单的变换的例子，仅作为方法来了解。解析变换法是一种发展较早的变换方法，一些著名的投影，如高斯-克吕格投影、兰勃特投影以及球面投影等在设计正解公式时，同样也推导出反算的公式。因此，从理论上讲，这些投影可以通过解析变换法进行投影变换。但是，实际中并不容易获得资料图具体投影方程，而且地图资料图纸存在着变形，有些资料图投影虽已知，但投影常数难以判别，这样使得解析变换法在实用上受到了一定的限制。当用解析变换法实施变换有困难时，可采用数值变换法或数值解析变换法。

二、数值变换法

在资料图投影方程式未知时（包括投影常数难以判别时），或不易求得资料图和新编图两投影间解析关系式的情况下，可以采用多项式来建立它们间的联系，即利用两投影间的若干离散点（纬线、经线的交点等），用数值逼近的理论和方法来建立两投影间的关系。它是地图投影变换在理论上和实践中的一种较通用的方法。

数值变换时，由于任何地图投影函数（三角函数、初等函数和反三角函数）都可以用收敛的幂级数来表达，用数值方法建立的逼近多项式对上述级数的逼近过程也是收敛的。由数值方法构成的逼近多项式组成的近似变换与原来变换一样，是一个拓扑变换。

数值变换一般的数学模型为：

$$F = \sum_{i,j=0}^{n} a_{ij} x^i y^j \quad (5\text{-}13)$$

式中：F 为 X，Y（或 φ，λ）；

n 为 1，2，3，…，K 等正整数；

a_{ij} 为待定系数。

例如，二元三次幂多项式为

$$\left.\begin{array}{l} X = a_{00} + a_{10}x + a_{01}y + a_{20}x^2 + a_{11}xy + a_{02}y^2 \\ \quad + a_{30}x^3 + a_{21}x^2y + a_{12}xy^2 + a_{03}y^3 \\ Y = b_{00} + b_{10}x + b_{01}y + b_{20}x^2 + b_{11}xy + b_{02}y^2 \\ \quad + b_{30}x^3 + b_{21}x^2y + b_{12}xy^2 + b_{03}y^3 \end{array}\right\} \quad (5\text{-}14)$$

在两投影之间选定 10 个共同点的平面直角坐标 (x_i，y_i) 和 (X_i，Y_i)，分别组成线性方程组，即可求得系数 a_{ij}，b_{ij} 值。这种方法属直接求解多项式的正解变换法。

为了使两投影间在变换区域的点上有最佳平方逼近，应选择 10 个以上的点，根据最小二乘法原理，新投影的实际变换值与真坐标值之差的平方和，即

$$\varepsilon = \sum_{i=1}^{n}(X_i - X'_i)^2, \; \varepsilon' = \sum_{i=1}^{n}(Y_i - Y'_i)^2 \quad (5\text{-}15)$$

应为最小。

根据求极值原理，应分别令 ε 对 a_{ij}，ε′对 b_{ij} 的一阶偏导数为 0，由此便分别得到两个线性方程组，即可求得 a_{ij}，b_{ij} 值。这种方法属按最小二乘法逼近确定多项式的正解变换法。

地图投影数值变换法虽然取得了一定进展，但在逼近函数构成、多项式逼近的稳定性和精度等一系列问题上仍需进一步研究和探讨。

三、数值-解析变换法

当新编图投影已知，而资料图投影方程式（或常数等）不知道时，则不宜采用解析变换法。这时利用数字化仪（或直角坐标展点仪）量取资料图上各经纬线交点的直角坐标值，代入（5-13）式的多项式，这时 F 为 φ，λ，按照数值变换方法求得资料图投影点的地理坐标（φ，λ），即反解数值变换，然后代入已知的新编图投影方程式中进行计算，便可实现两投影间的变换。

引用（5-13）式得逼近多项式：

$$\left.\begin{array}{l} \varphi = \sum_{i=0}^{s}\sum_{j=0}^{t} a_{ij}x^iy^j \\ \lambda = \sum_{i=0}^{s}\sum_{j=0}^{t} b_{ij}x^iy^j \end{array}\right\} \quad (5\text{-}16)$$

式中：$i=0, 1, 2, \cdots, s$；$j=0, 1, 2, \cdots, t$；$i+j=n$；a_{ij}，b_{ij} 都是待定系数。

这里将（5-16）式改写成二元三次多项式（5-14）的形式来研究。

$$\left.\begin{array}{l} \varphi = a_{00} + a_{10}x + a_{01}y + a_{20}x^2 + a_{11}xy + a_{02}y^2 + a_{30}x^3 \\ \qquad + a_{21}x^2y + a_{12}xy^2 + a_{03}y^3 \\ \lambda = b_{00} + b_{10}x + b_{01}y + b_{20}x^2 + b_{11}xy + b_{02}y^2 + b_{30}x^3 \\ \qquad + b_{21}x^2y + b_{12}xy^2 + b_{03}y^3 \end{array}\right\} \quad (5\text{-}17)$$

按所选定资料图上的交点，由已知地理坐标和直角坐标应用最小二乘法原理解算，求定（5-17）式中系数 a_{ij}，b_{ij}，再代回（5-17）式，由已知交点的直角坐标值求出第一次近似相应点的地理坐标 φ'，λ' 值。由下式：

$$v_\varphi = \varphi - \varphi' \qquad v_\lambda = \lambda - \lambda' \quad (5\text{-}18)$$

求定均方误差，表示第一次近似值的精度。

若均方误差大于规定的逼近精度，则计算 φ，λ 的第二次近似值，此时把 φ'，λ' 作为起始值代入（5-17）式得：

$$\left.\begin{array}{l} \varphi = a''_{00} + a''_{10}\varphi' + a''_{01}\lambda' + a''_{20}\varphi'^2 + a''_{11}\varphi'\lambda' + a''_{02}\lambda'^2 \\ \qquad + a''_{30}\varphi'^3 + a''_{21}\varphi'^2\lambda' + a''_{12}\varphi'\lambda'^2 + a''_{03}\lambda'^3 \\ \lambda = b''_{00} + b''_{10}\varphi' + b''_{01}\lambda' + b''_{20}\varphi'^2 + b''_{11}\varphi'\lambda' + b''_{02}\lambda'^2 \\ \qquad + b''_{30}\varphi'^3 + b''_{21}\varphi'^2\lambda' + b''_{12}\varphi'\lambda'^2 + b''_{03}\lambda'^3 \end{array}\right\} \quad (5\text{-}19)$$

求定（5-19）式中系数 a''_{ij}，b''_{ij}，再代回（5-19）式，按 a''_{ij}，b''_{ij} 及 φ'，λ' 再求得各交点第二次近似值，记为 φ''，λ''。有下式：

$$v_{\varphi''} = \varphi - \varphi'' \qquad v_{\lambda''} = \lambda - \lambda'' \quad (5\text{-}20)$$

由（5-19）式求均方差 $m''_{逼}$，使 $m''_{逼}$ 与规定的逼近精度 $m_{逼}$ 再作比较，检验是否满足

$$m''_{逼} \leqslant m_{逼} \quad (5\text{-}21)$$

若（5-21）式不能满足，重复操作，一直到满足（5-21）式为止。迭代次数是由要求的

逼近精度决定的。

最后按公式（5-19）、（5-20）进行计算，直到满足（5-21）式为止。求定迭代系数 a_{ij}，b_{ij}后再代回（5-17）式，计算出资料图上每个点的地理坐标（φ，λ），再按新编图所选定的投影方程计算各点直角坐标，以实现两投影的变换。

§5.4 GIS 软件中的地图投影功能

目前，绝大多数 GIS 软件都具有地图投影选择及变换功能。下面以国际著名的桌面 GIS 软件 MapInfo 为例，简略介绍一下 GIS 软件中的地图投影功能。

MapInfo 通过"Choose Projection"对话框为用户提供两级目录菜单进行投影选择。它提供了 20 多种投影系统，如墨卡托投影、等角圆锥投影、高斯-克吕格投影、方位投影等，以及 300 多种预定义坐标系。坐标系决定了一系列投影参数，包括椭球体及其定位参数、标准纬线、直角坐标单位及其原点相对投影中心的偏移量等。当用户要使用其他坐标系或创建新的坐标系时，可通过修改投影参数文件 MAPINFOW.PRJ 来实现。

MAPINFOW.PRJ 是一个 ASCⅡ码的文件，其数据格式如下：

"- - - Longitude/Latitude - - -"，0，0，0，0.，0.，0.，0.，0.，0.，0.，0.
"Longitude/Latitude"，1，0
…
"- - - Longitude/Latitude（v 6.0 projections）- - -"
"Longitude/Latitude（Hungarian HD72）"，1，1004
…
"- - - Non-Earth- - -"
"Non-Earth（inches）"，0，2
…

这个文件以空行分段，每一段第一行的文字部分为投影菜单的第一级目录（Category）的描述；第二行开始即为第二级目录（Category，Members）的内容，每一行为一个预定义坐标系参数表，参数的意义顺序表达为：坐标系名称、投影代码、坐标单位、原点经度、原点纬度、标准纬线 1、标准纬线 2……

一般情况下通过投影选择对话框，就可以很方便地进行地图投影选择。如果需要改变某些参数，如标准纬线、原点经纬度、坐标单位以及坐标偏移量等，则需修改 MAPINFOW.PRJ 文件。

例如，要采用标准纬线为北纬 60°，中央经线 120°的等角圆锥投影，可修改 MAPINFOW.PRJ 文件如下：

"- - - Regional Conformal Projections - - -"
…
"Conformal Projection（China）"，3，0，0，<u>120</u>，10，25，<u>60</u>，0，0
…

GIS 的地图投影功能已提供了地图投影变换的便捷工具，而正确使用这一工具的关键在于使用者必须对地图投影本身有足够的认识。

参 考 文 献

1. 胡毓钜等．地图投影．北京：测绘出版社，1981（第1版），1992（第2版）
2. 胡毓钜．数学制图学原理．北京：中国工业出版社，1964
3. 胡毓钜等．地图投影集．北京：测绘出版社，1992
4. 胡毓钜等．地图投影习题集．北京：测绘出版社，1992
5. 杨启和．地图投影变换原理与方法．北京：解放军出版社，1990
6. ＨＡ乌尔马耶夫．数学制图学原理．北京：测绘出版社，1979
7. 李国藻等．地图投影．北京：解放军出版社，1993
8. 李长明．试论地图投影的分类．北京：地理学报，1979，34（2）
9. P.Richardus, R. K. Adler. Map Projections, 1974
10. D. H. Maling. Coordnate Systems and Map Projections, 1973
11. John P. Snyder. Map Projections Used by the U. S. Geological Survey, 1984

思 考 题

1. 地形图、区域地图、世界地图常采用什么地图投影？
2. 举例说明选择地图投影的一般原则。
3. 地图投影变换有哪些方法？

第三编　地图数据和地图符号

第六章　地图数据

§6.1　地理变量与制图数据

复杂的地理事物都具有空间位置和地理属性。对它们的定量或定性描述构成地理变量。这些变量都可以表示在地图上，把它们用于制图时，这些地理变量就成了制图数据。

一、地理变量的基本类型

地理变量按性质分为空间数据和属性数据。

空间数据又称几何数据，它构成地理事物的空间形状，是确立地理事物空间位置的。

属性数据又称非几何数据，它们可能是定性的，也可能是定量的。定性数据说明地理事物的性质，如分类、质量、等级；定量数据则说明地理事物的特征，如长度、高度、宽度、温度、流速等。

作为制图数据进行研究时将地理变量分为四种类型。

1. 点位数据

以单独的位置存在的事物，在地图上以点来描述，称为点位数据。它是存在于一个单独位置上的概念，点位数据的空间位置是一个点（坐标），它的种类、大小等用属性描述。

2. 线性数据

以线状存在的事物，在地图上不计其宽度，用坐标串来描述，它只具有一维特征，称为线性数据。现实中线状客观实体都会有一定的宽度，我们将它们作为线性数据研究时，空间数据只表示其长度和形态，用属性数据表示其种类、等级、宽度等。

3. 面积数据

描述区域范围的数据称为面积数据。用封闭的线性数据表达其位置和形状，属性数据描述其类型。它是二维的，其长度和宽度被同等看待。

4. 体积数据

体积是三维的概念。在面积数据的基础上再加上第三维的值就成为体积数据。

二、地理变量的量表系统

按数据的不同精确程度将它们分成有序排列的四种量表，称为量表系统。

量表系统表达的是制图中的属性数据。

1. 定名量表

在研究事物时只使用定性关系，如城市、杉树、黄绵土等，这种类型的数据称为定名量表数据。

地图上表示物体的种类、性质、分布状态等都使用定名量表数据。

2. 顺序量表

按某种标志将制图物体或现象排序，表现为一种相对的等级，称为顺序量表。它只区分事物的相对等级，不能产生数量概念，如大、中、小，好、中、差等。用于排序的标志可以是定性的，也可以是定量的；可以是单因素的，也可以是多因素的。一旦将定量数据变成顺序量表的形式，它就失去了数量含义。顺序量表所表示的变量无起始点、无单位。

3. 间隔量表

如果给顺序量表赋予量的概念，即利用某种单位对顺序增加距离信息，就成了间隔量表，如表示人口的间隔量表可为：<1万，1万~10万，10万~50万，50万~100万，≥100万（人）。无单位的比例关系（%）也可以构成间隔量表。间隔量表数据是有起点的，可以是有单位的。读者可以根据间隔量表数据获得关于差别大小的概念。它是比定名量表、顺序量表更精确的描述，但不能确定系统中某一特定物体的具体的值。

4. 比率量表

这是一种完整的定量化方法，可以描述客体的绝对量，可以是有单位的，也可以是百分比的值。

这四种量表的排列是有序的。在制图过程中，我们可以把比率量表数据处理成间隔量表，也可以处理成顺序量表和定名量表。但它们是不可逆的，即定名量表数据只可能用定名量表来表达，不可能改变成其他的任何形式。它们之间的关系可表示为：比率量表→间隔量表→顺序量表→定名量表。

§6.2 数据源

用于制图的数据来源于地图资料、影像资料、统计资料和各种文字资料。

一、地图资料

地图资料是编图所用资料的主要来源，它包括以下几种类型的地图：

1. 地形图

大比例尺实测地形图是研究制图区域地理情况，鉴别其他地图质量的主要依据，同时也是编图时作为基础底图的主要依据。

2. 各种专题地图

专题地图的主题内容都表达得详细、真实，不但可以将它们用于研究地理环境，也可以作为编绘同类型较小比例尺专题地图的基础底图，如地质图、土壤图等。

3. 全国性的指标图

为了统一全国的制图工作，配合编绘规范，编制出一套全国性的指标图，如山系图、河系类型图、河网密度图、居民地密度图、典型地貌分布图等，是确定各要素选取指标的重要依据。

4. 国界（系列）样图

为确保我国国界的正确描绘，国家颁发了整套系列国界标准样图，规定了各种比例尺地图上国界的画法。凡公开出版的地图，国界描绘必须与其一致，重点地段甚至其符号配置都必须同国界标准样图严格一致。

二、影像资料

影像资料包括卫星像片、航空像片和地面摄影像片。它们是测制大比例尺地图和更新地图的基本依据。

1. 卫星像片

借助于发送到外层空间的地球卫星拍摄的像片。由于卫星技术的不断发展,影像分辨率已由原来的80m、50m、30m、20m、10m达到1m,甚至可以达到厘米级。还由于其覆盖面积大,速度快,而且可以获得不断重复拍摄的影像,它们不但可以直接用于测制地形图,也是研究地面动态变化的优良依据。

2. 航空像片

航片和卫片对制图有着大体一致的用途。由于航片的比例尺更大,可以分辨地面细微的变化,甚至可以用于更新单体建筑物,判认建筑物的高度等,在城市制图及土地利用监测中有着不可替代的作用。

3. 地面摄影像片

地面摄影像片对专题地图制图有着更重要的价值,它不但可以直接成为图面上的要素,而且也是研究事物特征、美化图面不可缺少的资料。

三、统计资料

统计资料是制作专题地图中一个重要类别地图——统计地图的基本依据。我国各级政府都有相应的统计部门,各专业部门也都有相应的统计机构,这些部门和机构不断地收集、整理和发布各种统计数据。

四、文字资料

用于编图的文字资料有以下几类:

1. 地理考察资料

地理考察是实地研究地理事物的方法,往往有对制图目标详细、具体的描述。尤其在缺少实测地图的区域,地理考察报告及其附图甚至可能成为制图物体在地图上定位的主要依据。

2. 各种区划资料

许多专业部门都有自己的专业区划,如农业区划、林业区划、交通区划、地貌区划等。这些区划资料都是相应部门的科研成果,且往往附有许多地图,是编制相应类型地图的基本依据。

3. 政府文告、报刊消息

每年发布的我国行政区划简册,表明制图物体位置、等级、特征变化的如报刊发布的有关新建铁路、水利工程、行政区划变动的消息,我国同邻国签订的边界条约,中国政府对世界其他地区发生的重大事件的立场等都可能成为编图时的依据。

4. 各种地理学文献

它们是地理学家对自然和人文环境进行各种研究后获得的成果,是编图时了解制图区域地理情况的良好依据。

§6.3 地图数据的加工

客观世界中可以用地图表示的现象是无穷尽的，各种现象的存在和被量测都可构成地理变量。把它们用于制图时，制图工作者需要熟悉各种数据的特性和与之对应的表示方法，并根据地图的用途确定必须表示的制图对象的性质，选定适当的量表形式和表示方法。

设计地图时不允许使用制图技巧把不精确的数据表现为精确的，以免误导读者。在数据加工的过程中也不要盲目地损害数据的精度。

在使用制图数据进行制图之前，通常要对这些数据进行某种加工处理（通常称为预处理），使之成为适合需要的形式。

一、数据加工的类型

1. 把来源不同的数据换算成可比的数值

制图数据的来源不同，可能存在统计单位和统计时间的差异。

对于统计单位不一致的数据，需要换算为相同的单位，使之处于完全可比状态。有时，使用的多项数据无法变成统一的单位，则要设法将其全部变为无量纲的形式。

对于统计时间不一致的数据，由时间长短的差异造成其精度的差别一般是无法弥补的。由时间不同造成的价格差别则可化为以某年为准的可比价。

2. 将统计数据加工成为派生的制图数据

根据地图上所表示数据的性质，我们可以把数据分为实测的和派生的两大类。

实测的数据指土地利用、道路、河流、运输量、人口数等实际测量或统计的数据。

对原始数据进行加工后表示在地图上，称为派生数据。派生数据多表示两组或多组数据之间的关系，它们常常表现为平均值、比率、密度和位能这四种关系。

(1) 平均值

平均值有多种形式，常用的是算术平均值和加权平均值。在编制与研究区域的自然和人文特征有关的大多数地图时，所表达的是大量数据派生的平均值。算术平均值用下式表示：

$$\bar{X} = \frac{\sum x_i}{n} \tag{6-1}$$

若需要计算全县的平均亩产，这一类的数据不能简单地将各乡的平均亩产加起来除以乡的数目（即算术平均值），而要用加权平均值，即将各乡的耕地面积作为权去求平均值，得到加权平均值。

$$\bar{X} = \frac{\sum a_i x_i}{\sum a_i} \tag{6-2}$$

其他的平均值还有中位数、众数等不同形式。

(2) 比率

比率为两个数之比，是一类重要的派生定量数据，分为比率、比例和百分比，它们都是无量纲的数据。

比率是两类物体或现象的数值之比，它们应该是同量纲的值。

比例是某现象的数值与其总量之比，例如全年降雨天数同全年天数之比。

将上述比例换算成百分率的形式即为百分比，如降雨天数为全年的30.6%。

（3）密度

密度是一种特殊的比率形式，通常指单位面积内的平均值，例如人口密度通常指每平方千米面积上的人口数，河网密度指每平方千米（或图上每平方厘米）面积内的河流长度（千米或厘米），它们的分母通常都是一个固定常数。

将这个概念加以推广，可以用于诸如每千人拥有的医生数、病床数，城市居民每人拥有的住房面积、绿地面积等。

（4）位能

位能的概念广泛用于经济或人文制图。任何点的位能值都与相邻各点的数量成正比，与其位置间的距离成反比，表示为：

$$P_i = x_i + \sum \frac{x_j}{D_{ij}} \tag{6-3}$$

即任何一点的位能值是它本身的数值加上相邻其他各点对该点影响之和。例如，一个城市的购买力除受本市居民拥有的货币量的影响之外，也受到与其邻近的其他城市居民拥有的货币量的影响。

（6-3）式的局限性在于，许多经济现象是十分复杂的，它们之间并非简单的线性关系。

二、制图数据的分级

制图数据分级是将地理变量加工成为制图数据的一个非常重要的方面。

地图上可以表示出连续的比率量表数据，它们可以是绝对的，也可以是条件的，这时并不需要对数据进行分级。

在许多情况下，为了表现出现象的发展水平或群集性特点，需要采取分级的形式，这就需要把比率量表数据加工成间隔量表的形式。例如分级统计图法表示的就是分级（间隔量表）数据。在统计图表，甚至是普通地图上，数据分级也是常常会遇到的。

我们不能简单地把数据分级理解为信息损失，在分级的同时地图给读者提供了更加直观的信息。例如，我们可以通过人均收入水平的某个特殊数值表达出贫困县的范围，用人均占有粮食的某个界线值表达出可以向国家提供商品粮的区域等。通过分级还可以把同质的区域作为一个等级表达出来，给读者提供集群的概念。因此，在对制图数据进行分级加工时最重要的任务是找出关键的临界值，以增强同级区域间的一致性和不同级别之间的差异性。

1. 分级数量的确定

分级后的数据用符号表示在地图上应使读者能够顺利辨认它们之间（大小或颜色）的区别。显然，分级数量的多少同所采用的表达手段有密切关系。

分级统计图上用颜色区分不同的等级，使用同一个颜色来表达时，通常最多分为五级，如果用两个颜色表达，则可以明确区分出7～8级。更多的分级会使读者的记忆产生困难。

用于统计图表的分级，较粗略时可只分为三级，最多分为5～7级，否则，就会失去分级的意义。

用符号表示分级时，若采用的是艺术符号，也只能分为三级，用几何符号可分为5～7级。用线状符号时同艺术符号相似。

2. 标定分级界限的方法

在国内外地图和地图集上,我们常可以看到标定分级界限时有许多不规范的做法,例如表示人均收入时出现的以下几种做法:

<100　　　100～300　　　300～500　　　500～700　　　700～1 000　　　>1 000（元/人）
<100　　　101～300　　　301～500　　　501～700　　　701～1 000　　　>1 001
0～99　　　100～299　　　300～499　　　500～699　　　700～999　　　>1 000

第一种方法使读者无法判别当数据值为100,300,500,700,1 000等整数时究竟应属于上一级还是下一级。第二种、第三种都必须有制约条件,即数据精度为元,否则就会产生分级的空白区。

正确的做法是设定左闭右开或右闭左开的形式,例如≤100…>1 000,或<100…≥1 000。

具体的分级方法将在第十三章进行详细研究。

§6.4　图形数据和属性数据

地图数据包括三个主要信息范畴:图形数据、属性数据和时间因素。其中图形数据和属性数据也叫做空间数据和非空间数据,它们构成了地图数据的主体。

一、图形数据

1. 含义

地图数据中的图形数据用来表示地理物体的位置、形状、大小和分布特征诸方面的信息。

地图图形实际上是空间点集在一个二维平面上的投影。它们都可以按几何特点分为点、线、面几种图形元素。其中点是最基本的图形元素。这是因为一组有序的点可连成线,而线可围成面,进而也可构成体。若在曲线上按一定规则顺序取点,使相邻两点连接的直线逼近弧线,则地图上的光滑曲线便能用折线逼近(如图6-1)。

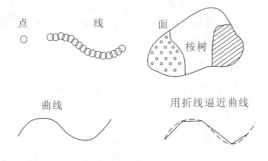

图6-1　地图图形的基本元素

图形数据对于整个人类社会来说是一种非常重要的信息,有关人们的活动信息或与人们生计有关的资源信息都在不同程度上具有定位性质。其重要性体现在如下四个方面:

空间定位:能确定在什么地方有什么事物或发生什么事情。

空间量度:能计算诸如物体的长度、面积,物体之间的距离和相对方位等。

空间结构:能获得物体之间的相互关系。对于空间数据处理来说,物体本身的信息固然重要,而物体之间的关系信息(如分布关系、拓扑关系)却是空间数据处理中所特别关心的事情，因为它涉及全局问题的解决。

空间聚合：空间数据与专题信息相结合，实现多介质的图、数和文字信息的集成处理，为应用部门、区域规划和决策部门提供综合性的依据。

2．基本形式

图形数据顾名思义就是将图形以数字的形式表示出来，其目的是使计算机便于识别和处理。

目前，用来表示地图图形的数据形式最重要的有矢量形式与栅格形式，简称矢量数据和栅格数据（如图 6-2）。

（1）矢量数据

矢量是具有一定方向和长度的量。一个矢量在二维空间里可表示为（D_x，D_y），其中 D_x 表示沿 x 方向移动的距离，D_y 表示沿 y 方向移动的距离。

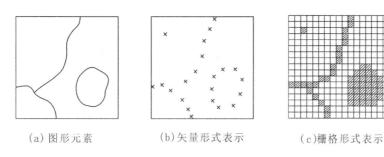

(a) 图形元素　　(b) 矢量形式表示　　(c) 栅格形式表示

图 6-2　地图图形的数据表示

各种地图图形元素在二维平面上的矢量数据表示为：

点——用一对 x，y 坐标表示；

线——用一串有序的 x，y 坐标对表示；

面——用一串有序的但首尾坐标相同的 x，y 坐标对表示其轮廓范围。

矢量数据就是代表地图图形的各离散点平面坐标（x_i，y_i）的有序集合，一幅地形图的矢量数据可达 100 万～300 万个坐标对。

（2）栅格数据

将地图的制图区域的平面表象按一定的分辨率作行和列的规则划分，就形成了一个栅格陈列，其中每个栅格也称像元或像素，各个像元可用不同的灰度值来表示。由平面表象对应位置上像元灰度值所组成的矩阵形式的数据就是栅格数据。

用栅格数据表示各种地图基本图形元素的标准格式如下（如图 6-3）：

点状要素——用其中心点所处的单个像元来表示；

线状要素——用其中轴线上的像元集合来表示，中轴线的宽度仅为一个像元，即仅有一条途径可以从轴上的一个像元到达相邻的另一个像元；

面状要素——用其所覆盖的像元集合来表示。

一幅地图栅格数据的多少，取决于图幅及栅格的大小，如果栅格边长小于 0.05mm，则一幅地形图的栅格数可达 1 亿个以上。

在栅格数据中，常用的相邻概念有四方向相邻和八方向相邻两种（如图 6-4）。

设所讨论的中心像元为第 i 行、第 j 列的那个像元（i，j），若只定义与其有公共边的

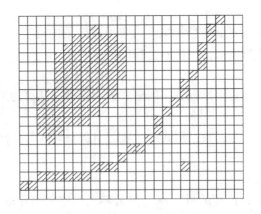

图 6-3 用栅格数据表示基本图形元素

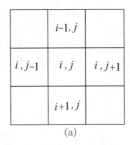

图 6-4 四方向相邻与八方向相邻

四个像元 $(i-1,j)$，$(i,j+1)$，$(i+1,j)$，$(i,j-1)$ 与中心像元 (i,j) 相邻，则这种相邻称为四方向相邻（如图 6-4 (a)）；若除了上述的四个像元以外，还定义像元 $(i-1,j-1)$，$(i-1,j+1)$，$(i+1,j+1)$，$(i+1,j-1)$ 也与中心像元 (i,j) 相邻，则这种相邻称为八方向相邻（如图 6-4 (b)）。

3. 栅矢转换

地图图形是用矢量数据还是用栅格数据表示，与使用的设备、制图的目的、精度要求、处理方法等有关，必要时可互相转换。矢量数据与栅格数据互相转换的算法有很多，这里仅就一些常用的基本方法作初步介绍。

(1) 矢量数据转换成栅格数据

在矢量数据中，点的坐标通常用 (X, Y) 来表示，而在栅格数据中，像元的行列号则用 I, J 来表示。在图 6-5 中，设 O 为矢量数据的坐标原点，$O'(X_0, Y_0)$ 为栅格数据的坐标原点。网格行平行于 X 轴，列平行于 Y 轴。对于制图要素的任一点，该点在矢量和栅格数据中可分别表示为 (X, Y) 和 (I, J)。

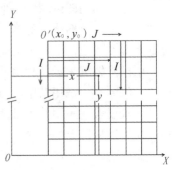

图 6-5 点的栅格化

①点的栅格化：由图 6-5 可直接推出将点的矢量坐标 X, Y 换算为栅格行、列号的公式为：

$$\left.\begin{aligned} I &= 1 + \left[\frac{Y_0 - Y}{D_y}\right] \\ J &= 1 + \left[\frac{X - X_0}{D_x}\right] \end{aligned}\right\} \quad (6\text{-}4)$$

式中，D_x，D_y 表示一个栅格的宽和高（通常 $D_x = D_y$），"[ ]"表示取整。

②线段的栅格化：在矢量数据中，曲线是由折线来逼近的。因此只要说明了一条直线段如何被栅格化，对任何线划的栅格化过程也就清楚了。线段栅格化有八方向栅格化和四方向栅格化等方法。下面主要介绍八方向栅格化。

在图 6-6 中，假定 1 和 2 为一条直线段的两个端点，其坐标分别为（X_1，Y_1），（X_2，Y_2）。首先按上述点的栅格化方法，确定端点 1 和 2 所在的行、列号（I_1，J_1）及（I_2，J_2），并给它们赋予不同于背景的灰度值。然后求出这两个端点位置的行数差和列数差。若行数差大于列数差，则逐行求出本行中心线与过这两个端点的直线的交点：

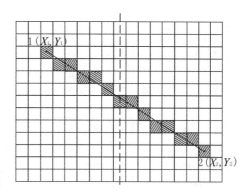

图 6-6　线段的栅格化

$$\left.\begin{aligned} Y &= Y_{中心线} \\ X &= (Y - Y_1) \cdot b + X_1 \end{aligned}\right\} \quad (6\text{-}5)$$

式中，$b = \dfrac{X_2 - X_1}{Y_2 - Y_1}$，并按点的栅格化公式求出相应的行列号，确定其所在的像元，给该像元赋予相应的灰度值；若行数差小于或等于列数差，则逐列求出本列中心线与过这两个端点的直线的交点：

$$\left.\begin{aligned} X &= X_{中心线} \\ Y &= (X - X_1) \cdot b' + Y_1 \end{aligned}\right\} \quad (6\text{-}6)$$

其中 $b' = \dfrac{Y_2 - Y_1}{X_2 - X_1}$，仍按点的栅格化公式确定其行列号，并给其所在像元赋予相应灰度值。

之所以要分两种情况处理，是为了使所产生的栅格像元均相互连通，避免线划间断现象，其特点是在保持八方向连通的前提下，栅格影像看起来最细，不同线划间最不易"粘连"。

③面域的栅格化。面域的栅格化有配对法、填充法及晕线法等多种方法。下面以配对法为例进行介绍。

如图 6-7，首先将面域的边界矢量数据栅格化（用线段栅格化方法）。为了反映面域的拓扑关系，可约定面域的外廓按顺时针方向组织数据，内廓按逆时针方向组织数据，然后分别沿多边形的外廓和内廓，对各个栅格像元自动作上标

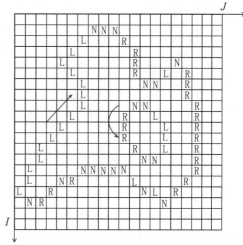

图 6-7　面域的栅格化

记，基本原则是处于上升处的像元被标上"L"，处于下降处的像元被标上"R"，处于平坦处或升降变换处的像元被标上"N"。此后，通过逐行扫描，从左到右，将每行中的L和R配对，并在每对L-R之间（包括带"L"或"R"灰值的像元）填上代表该多边形面域的特定灰度值。在配对时，可不顾"N"的存在，但在配对全部结束之后，应将剩余的"N"均置换成该面域特定的灰度值。

（2）栅格数据转换成矢量数据

①栅格点的矢量化：对于任意一个栅格点 A 来说（如图6-8），将其行、列号 I，J 转换成其中心点的 X，Y 的公式如下：

$$\left.\begin{array}{l} X = X_0 + (J - 0.5) \cdot D_x \\ Y = Y_0 - (I - 0.5) \cdot D_y \end{array}\right\} \quad (6-7)$$

式中各符号的含义与点的栅格化公式中相同。

②线状栅格数据的矢量化：线状栅格数据一般由扫描数字化获取，而其线状栅格影像通常具有一定粗度且线划本身往往呈粗细不匀的状态。因此线状栅格数据的矢量化需分两步进行：首先将线状的栅格影像细化，以提取其中轴线；然后再将轴线栅格数据矢量化。

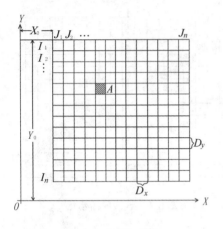

图6-8 点的矢量化

ⅰ 线状栅格影像的细化

线状栅格影像的细化算法有多种，这里以边缘跟踪剥皮法为例介绍如下：

边缘跟踪剥皮法的基本思想是先寻找到一个位于线划影像边缘上的像元，接着以此像元为中心，按一定顺序（例如顺时针方向）检测其八个邻域的灰度值。通过这次检测可以同时达到两个目的：一是决定本中心像元是否应该被置为"0"；二是找到与本中心像元相邻的边缘像元，以便继续"剥皮"和跟踪。

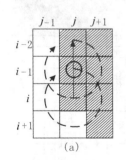 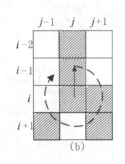

图6-9 边缘跟踪剥皮法原理

如图6-9，假定当前被考察的边缘点是 $(i-1, j)$，以原边缘点 $(i-2, j)$ 作为顺时针八邻域检测起点，围绕当前考察点 $(i-1, j)$ 进行检测，凡是最后检测到的、非起始检测点上的、要素上的像元，就是被跟踪到的新的边缘点。因此，此时所找到的新边缘点为 (i, j)。同样，以 (i, j) 为当前被考察的中心点，为寻找新的边缘点，从 $(i-1, j)$ 开始作顺时针的邻域测试，按图6-9（a）的情况，被跟踪的下一个边缘点将是 $(i+1, j+1)$；而按图6-9（b）的情况，被寻找到的下一个边缘点则是 $(i+1, j-1)$。

在检测过程中，可同时判别当前点 (i, j) 是否应该在细化中去掉。这主要依靠在测试中通过有条件的计数，得到除中心像元外八个邻域中自相连通的像元块数 N_B。如图6-9（a）所示，$N_B = 1$。这是因为自身连通的像元集合只有一个，即 $S_1 = \{(i-1, j), (i-1, j+1), (i, j+1), (i+1, j+1)\}$；而图6-9（b）中，仍以 (i, j) 为中心点作同样的检测，可得 $N_B = 2$，因为自身相连通的像元集合有两个，即 $S_1 = \{(i-1, j), (i, j+1),$

$(i+1, j+1)\}$，$S_2 = \{(i+1, j-1)\}$。因此只要在检测前将 N_B 赋初值"0"，检测后判别 N_B 的值：若 $N_B < 2$，则当前被考察的点 (i, j) 可以被"剥"掉；若 $N_B \geqslant 2$，则不可"剥"去，否则将破坏曲线的连通性。

跟踪线划栅格影像一侧边缘的终止条件是跟踪到了起始像元。在整幅栅格影像中未被跟踪过的线划边缘的条件下，凡是在跟踪分析过程中被判别为应该删掉的"1"像元，作上标记"3"，被判为应该保留的像元，作上标记"2"。线的两侧同时进行。在整幅影像中所有的边缘都被跟踪过一遍后，将全图栅格灰度值作统一处理：凡是灰度值为"3"的像元均置为"0"，凡是灰度值为"2"的像元均恢复为"1"。此时，可谓一次细化已完成。至于究竟是否还需进一步的细化，可根据在本次细化过程中有否"剥"掉过任何像元而定：若有，则需继续进行下一次细化，否则说明细化已完成。

ⅱ 轴线栅格数据的矢量化

对于已细化了的栅格线划影像，通常采用追踪的方法进行矢量化，其步骤如下：

第一步：从第1列起由上至下逐列寻找起始中心栅格；

第二步：以所找到的栅格为中心，从上一"邻居"开始顺时针方向判别其八方向"邻居"的内容，把首先搜索到有"1"值的"邻居"作为前进方向上的下一个中心栅格；

第三步：把判别中心移至新找到的中心栅格，然后计算上一中心栅格的中心坐标，记入数组，接着将该栅格值冲零；

第四步：重复执行第二、三步，当八"邻居"都无值或已到边界时，则整条曲线或部分曲线（有交叉）追踪完毕。

重复执行以上四个步骤，直到所有栅格值都变成零，则栅格数据都变成了矢量数据。其处理过程可参见图6-10（图中像元的数字表示矢量化的顺序）。

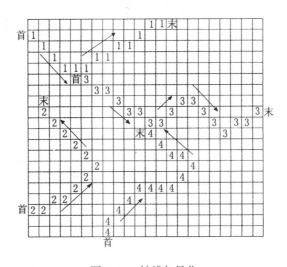

图6-10 轴线矢量化

③面状栅格数据的矢量化。利用上述边缘跟踪的方法，沿面状要素的边缘跟踪，直到整个面域的边界跟踪结束（即封闭）为止。在跟踪的过程中，随时将被跟踪到的栅格位置 (I, J) 按点的矢量化公式转换为矢量坐标 (X, Y)，并加以记录即可。

二、属性数据

属性数据又称非空间数据，主要包括专题属性和质量描述等数据。它表示地理物体的本质特性，是地理实体相互区别的质量准绳，如土地类型等专题数据和地图要素分类信息等。

地图数据中的图形数据表示了地图要素的定位特性。而地图数据中的属性数据则对地图要素进行定义，表明该要素是什么，如河流、道路的名称及其他有关的质量和数量特性。

属性数据通常以特征码的形式出现。所谓特征码即为根据地图要素类别、级别等分类特征和其他质量特征进行定义的数字编码。

三、地图数据的存储方法

地图数据中图形数据与属性数据可以分离存储，也可一起存储。属性数据通常以特征码形式存储。对于图形数据中的矢量数据，一般直接用坐标串的形式存储；而对于栅格数据，由于其数据量远远大于相同图幅的矢量数据，因此除直接存储外，常常还采用某种压缩格式进行存储，举例如下：

1. 全栅格矩阵式

这是一种非压缩格式，它顺序存放每个像元的灰度值，以构成一个栅格矩阵。若为每个像元规定 N 个比特（位），则其灰度值的范围可在 0 到 $2^N - 1$ 之间。若 $N=1$，则灰度值仅为 0 和 1，这就是所谓的二元栅格地图。

2. 行程格式

这是栅格数据的一种压缩格式，它只对在每一行中灰度值转变的像元的列号、灰度值以及这种灰度值像元所延续的个数予以存储。

3. 矢量格式

如果把栅格数据转换成矢量数据予以存储，往往可产生大量的、有效的数据压缩，甚至比行程格式紧凑几倍。

其他还有诸如四叉树格式、骨架图格式等数据压缩格式。

参 考 文 献

1．ＡＨ罗宾逊等著，李道义等译．地图学原理．北京：测绘出版社，1989
2．祝国瑞等．地图设计．广州：广东地图出版社，1993
3．徐庆荣等．计算机地图制图原理．武汉：武汉测绘科技大学出版社，1992

思 考 题

1．什么是地理变量？它有哪些基本类型？
2．地理变量按数据的不同精确程度如何划分量表系统？各种量表数据之间如何转换？
3．地图制图数据的主要数据源有哪些类？它们在制图中各起什么作用？
4．地图数据加工有哪些类型？
5．为什么要进行数据分级？如何确定适宜的分级数？如何正确标定分级界限？
6．什么是图形数据？它的重要性如何体现？

7. 什么是矢量数据？
8. 什么是栅格数据？
9. 矢量数据如何转换成栅格数据？
10. 线状栅格数据如何矢量化？
11. 什么是属性数据？属性数据在地图制图中起什么作用？

第七章　地图符号

使用专门的图形符号表现地理事物是地图的基本特征之一。地图是由符号构建的"大厦",没有符号就没有地图,正像没有单词就无所谓语言一样。地图的性质从本质上说是由符号的性质和特点所决定的,因而对符号的研究和设计是地图学的基本问题之一。

§7.1　地图符号的实质和分类

一、地图符号的实质

地图符号属于表象性符号。它以其视觉形象指代抽象的概念。它们明确直观、形象生动,很容易被人们理解。客观世界的事物错综复杂,人们根据需要对它们进行归纳(分类、分级)和抽象,用比较简单的符号形象表现它们,不仅解决了描绘真实世界的困难,而且能反映出事物的本质和规律。因此,地图符号的形成实质上是一种科学抽象的过程,是对制图对象的第一次综合。

人们用符号表现客观世界,又把地图符号作为直接认识对象而从中获取信息、认识世界,表现出具有"写"和"读"的两重功能。现在,很多地图学文献中常常把地图符号称为"地图语言",这表明对地图符号本质认识的深化。人们已不仅仅看重地图符号个体的直接语义信息价值,而且也十分重视地图符号相互联系的语法价值。这对于探索地图符号的性质、规律和深化地图信息功能具有重要的意义。当我们说"地图语言"的时候,就是强调这样一种观点:地图不是各个孤立符号的简单罗列,而是各种符号按照某种规律组织起来的有机的信息综合体,是一个可以深刻表现客观世界的符号——形象模型。

当然,我们最终还是应该把地图语言还原为符号,因为符号的概念比语言更本质化。地图符号与语言符号虽有本质上的共性,但地图符号有自己的特点,无论在符号形式上,还是在语法规律上以及表现信息的特点上都与语言符号不同。

二、地图符号发展状况

地图符号与地图一样有着久远的历史,最初的地图符号与象形文字没有什么区别。经过漫长的演变过程,地图符号放弃了比较含糊和繁琐的绘画手法,逐渐形成了极其简洁而规则化的图案符号形态。现代的地图符号不仅使地图表现出严谨的数学基础,其符号形式也更适于准确表现各种对象的定位概念和质量、数量特征,成为一种功能相当完备的符号系统。

基本的地图符号主要是指普通地图符号,尤其是地形图符号。由于地形图要全面反映区域自然和社会情况,要素复杂、内容详尽,是通用性基础地图,需要采用广为人们认可的、使用方便的"共同语言",因而地形图符号体系较早成为标准化的科学符号体系。国家以法定的规范和图式统一了地形图的符号及用法。不仅在国内,世界各国的地形图符号也大都比较接近。

专题地图在内容和形式上与地形图有较大的区别，发展较晚。由于专题地图涉及的内容极其广泛，制图对象的性质和形式特点极其多样，差别很大，因而符号也更是多种多样。除地理底图基本要素的符号一般与普通地图近似外，专题要素的符号往往自成系统，各有特点，加上地图的服务面还在不断拓宽，涉及的制图对象日益广泛，专题符号形式还在不断变更和创新，所以专题地图符号的规范化和标准化比较困难，进展也较缓慢。已经得到解决的是地质图符号系统的标准化问题，各国规定了基本统一的地质符号体系。近些年来我国和世界各国一样，正在着手对一些基础性专题地图如土地利用现状图、土壤图、地貌图、土地资源图等进行研究，以解决其符号标准化和规范化问题，有的已经取得了进展，如《全国1:100万土地利用现状图》的规范和符号系统。

三、地图符号的分类

总的来说，地图符号是一个开放的大系统，随着地图内容的扩展、地图形式的多样化，地图符号还在不断变革、补充和完善，地图符号的类别也更多。现代地图符号可以从不同的角度进行分类。

1. 按符号表现的制图对象的几何特征分类

按地图符号的几何性质可将符号分为点状符号、线状符号和面状符号。

在这里，点、线、面的概念是符号自身性质的几何意义。点状符号是指符号具有点的性质，不论符号大小，实际上以点的概念定位，而符号的面积不具有实地的面积意义。线状符号是指它们在一个延伸方向上有定位意义，而不管其宽度。点和线的定位可以是精确的，也可以是概括的。面状符号具有实际的二维特征，它们以面定位，其面积形状与其所代表对象的实际面积形状一致。

符号的点、线、面特征与制图对象的分布状态并没有必然的联系。虽然在一般情况下人们总是寻求用相应几何性质的符号表示对象的点、线、面特征，但是不一定都能做到这一点，因为对象用什么符号表示既取决于地图的比例尺，也取决于组织图面要素的技术方案。河流在大比例尺地图上可以表现为面，而在较小比例尺地图上只能是线；城市在大比例尺地图上表现为面，而在小比例尺地图上是点。由于地图上要素组织的需要，面状要素也可以用点状或线状符号表示。如用点状符号表示全区域的性质特征（分区统计图表、点值符号、定位图表）；用等值线来表现面状对象等。

2. 按符号与地图比例尺的关系分类

按符号与地图比例尺的关系可将符号分为依比例符号、不依比例符号（非比例符号）和半依比例符号。

制图对象是否能按地图比例尺用与实地相似的面积形状表示，取决于对象本身的面积大小和地图比例尺大小。只有在一定比例尺的条件下，制图对象的宽度或面积仍可保持在图解清晰度允许的范围内时，才可能使用依比例符号。依比例符号主要是面状符号；不依比例的则主要是点状符号；而半依比例符号是指线状符号。随着地图比例尺的缩小，有些依比例符号将逐渐转变为半依比例符号或不依比例符号，因此不依比例符号将相对增加，而依比例符号则相对减少。

3. 按符号表示的地理尺度分类

按符号表示的地理尺度可将符号分为定性符号、等级符号和定量符号。

从原则上讲，传统地图符号只能表现制图对象的四种特征：形状、性质、数量、位置。形状由符号的形象区分，位置由符号的定位性确定。如果符号主要反映对象的名义（定名量表）尺度，即性质上的区别，这就是"定性符号"。虽然依比例符号可以反映出对象的实际大小，但这种大小是由对象在图面上的形状自然确定的，所以普通地图符号除数字注记外绝大多数属于定性符号。以表现对象数量特征（包括间隔尺度和比率尺度）为主的符号称为"定量符号"。凡定量符号都必须在图上给定一个比率关系（并非地图比例尺），借助这一比率关系可以目估或量测其数值。表现顺序尺度的符号仅表现大、中、小等概略顺序，因此属于"等级符号"。地图上有些等级符号通过图例说明与相应的数量建立了联系，实际已具有了定量的性质。

4. 按符号的形状特征分类

按符号的形状特征可将符号分为几何符号、艺术符号、线状符号、面状符号、图表符号、文字符号、色域符号。这是依据不同图像形式对符号的分类，强调符号的形象特点。

"几何符号"指基本几何图形构成的较为简单的记号性符号；"艺术符号"是指与被表示对象相似，艺术性较强的符号，它可分为"象形符号"和"透视符号"两类；"面状符号"既可由各类结构图案组成，也可由颜色形成，但它们在视觉形式上不同，所以面积颜色可称为"色域符号"；"图表符号"主要是指反映对象数量概念的定量符号，它们大多由较简单的几何图形构成；文字本身是一种符号，地图上的文字虽仍然保留着其原有的性质，但它们毕竟又具备了地图的空间特性，因而无疑是地图符号的一种特殊形式。

§7.2 地图符号的视觉变量及其对事物特征的描述

表象性符号之所以能形成众多类型和形式，是各种基本图形元素变化与组合的结果，这种能引起视觉差别的图形和色彩变化因素称为"视觉变量"或"图形变量"。有了这些变量系统，地图符号就具有了描述各种事物性质、特征的功能。

一、符号的视觉变量

最早研究视觉变量的是法国人贝尔廷（J.Bertin）。他所领导的巴黎大学图形实验室经多年的研究，总结出一套图形符号的变化规律，提出了包括形状、方向、尺寸、明度、密度和颜色的视觉变量。各国地图学家在此基础上也进行了多方面的研究，提出了地图符号的种种视觉变量。

（一）基本的视觉变量

从制图实用的角度看，视觉变量包括形状、尺寸、方向、明度、密度、结构、颜色和位置（如图7-1所示）。

1. 形状

对于点状符号来说，形状就是符号的外形，可以是规则图形（如几何图形），也可以是不规则图形（如艺术符号）；对于线状符号，形状是指构成线的那些点（即像元）的形状，而不是线的外部轮廓。一个面积相同的图形元素可以取无数种形状，所以形状变量范围极大，是产生符号视觉差别的最主要特征之一。面状符号没有形状变化。

2. 尺寸

点状符号的尺寸是指符号整体的大小，即符号的直径、宽、高和面积大小。对于线状符

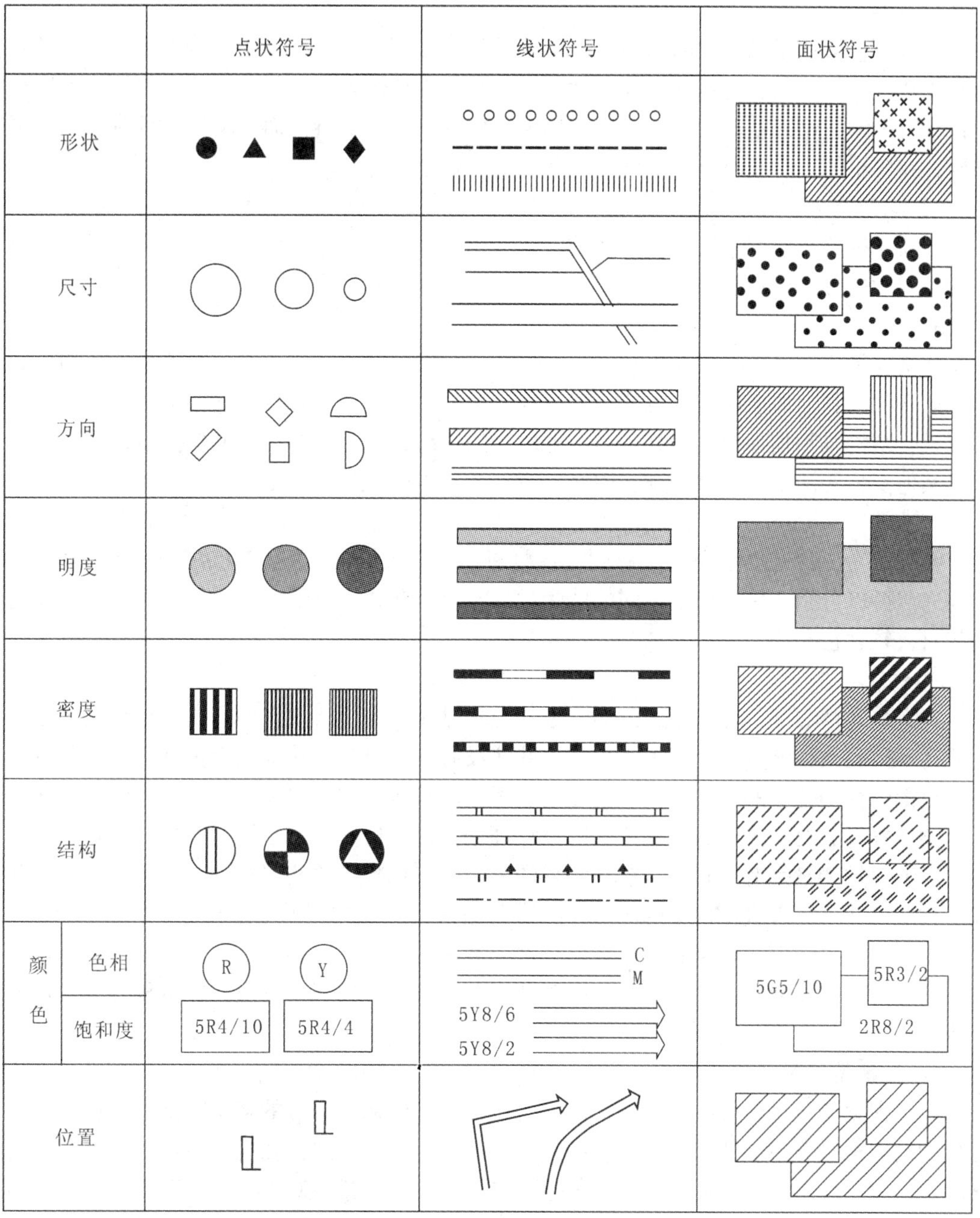

	点状符号	线状符号	面状符号
形状			
尺寸			
方向			
明度			
密度			
结构			
颜色 色相	R Y	C M	5G5/10 5R3/2
颜色 饱和度	5R4/10 5R4/4	5Y8/6 5Y8/2	2R8/2
位置			

图 7-1 地图符号的视觉变量

号，构成它的点的尺寸变了，线宽的尺寸自然也改变了。尺寸与面积符号范围轮廓无关。

3. 方向

符号的方向指点状符号或线状符号的构成元素的方向，面状符号本身没有方向变化，但它的内部填充符号可能是点或线，也有方向。方向变量受图形特点的限制较大，如三角形、方形有方向区别，而圆形就无方向之分（除非借助其他结构因素）。

111

4. 明度

指符号色彩调子的相对明暗程度。明度差别不仅限于消失色（白、灰、黑），也是彩色的基本特征之一。需要注意的是，明度不改变符号内部像素的形状、尺寸、组织，不论视觉能否分辨像素，都以整个表面的明度平均值为标志。明度变量在面积符号中具有很好的可感知性，在较小的点、线符号中明度变化范围就比较小。

5. 密度

指在保持符号表面平均明度不变的条件下改变像素的尺寸和数量。它可以通过放大或缩小符号图形的方式体现。当然，对于全白或全黑的图形是无法使用密度变量的。

6. 结构

结构变量指符号内部像素组织方式的变化。与密度的不同在于它反映符号内部的形式结构，即一种形状的像素的排列方式（如整列、散列）或多种形状、尺寸像素的交替组合和排列方式。结构虽然是指符号内部基本图解成分的组织方式，需要借助其他变量来完成，但仅依靠其他变量无法给出这种差别，因而也应列入基本的视觉变量之中。

7. 颜色

颜色作为一种变量除同时具有明度属性外，还包括两种视觉变化，即色相和饱和度变化，它们可以分别变化以产生不同的感受效果。色相变化可以形成鲜明的差异，饱和度变化则相对比较含蓄平和。

8. 位置

在大多数情况下，位置是由制图对象的地理排序和坐标所规定的，是一种被动因素，因而往往不被列入视觉变量。但实际上位置并非没有制图意义，在地图上仍然存在一些可以在一定范围内移动位置的成分。如某些定位于区域的符号、图表或注记的位置效果；某些制图成分的位置远近对整体感的影响等。所以从理论上讲，位置仍然是视觉变量之一。

以上视觉变量是对所有符号视觉差异的抽象，它依附于这些符号的基本图形属性，其中大多数变量并不具有直接构图的能力，因为它们只相当于构词的基本成分（词素），但每一种视觉变量都可以产生一定的感受效果。构成地图符号间的差别不仅可以根据需要选择某一种变量，为了加强阅读的效果，往往同时使用两个或更多的视觉变量，即多种视觉变量的联合应用。

（二）视觉变量的扩展

上述视觉变量是传统的纸介质地图上构成图形（图像）符号的基本参量。现在电子地图已成为地图大家族中的新品种，与传统地图相比，屏显电子地图在视觉表达形式上有了新的发展，这主要反映在对过程（动态）信息的描述方面。为描述对象的动态特征，电子地图上的动态符号还可采用发生时长、变化速率、变化次序和节奏等变量。这些变量需要借助符号的上述静态变量来描述，属于复合变量（如图7-2所示）。

1. 发生时长

指符号形象在屏幕上从出现到消失所经历的时间。发生时长以划分为很小的时间单位计算，通常与多媒体技术中"帧"的概念相对应。在地图设计中，发生时长主要用于表现动态现象的延续过程。

2. 变化速率

变化速率也要借助于符号的其他参量来表现，描述符号状态改变的速度，可以反映同一图像在方向、明度、颜色等方面的变化速度，也可以反映图像在尺寸、形状或空间位置上的

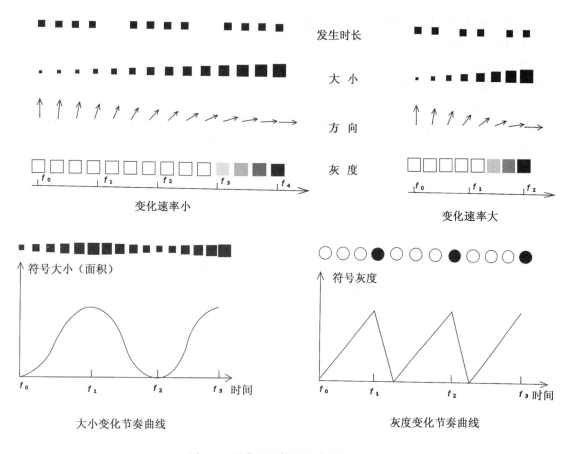

图 7-2 屏幕地图符号的动态视觉变量

变化速度。由于变化着的现象对人的视觉有强烈的吸引力，因而成为电子地图的一种重要的图形变化手段。

3．变化次序

时间是有序的，以类似于二维空间中的前后、邻接关系的方式建立时间段之间的先后、相邻拓扑关系。把符号状态变化过程中各帧状态按出现的时间顺序，离散化处理成各帧状态值，使之渐次出现。它可用于任何有序量的可视化表达。

4．节奏

节奏是对符号周期性变化规律的描述，它是由发生时长、变化速率等变量融合到一起而形成的复合变量，但它又表现出独立的视觉意义。符号的节奏变化可以用周期性函数表示。节奏变量主要用于描述周期性变化现象的重复性特征。

二、视觉变量能形成的图形知觉效果

视觉变量提供了符号辨别的基础，同时由于各种视觉变量引起的心理反映不同，又产生了不同的感受效果，这正是表现制图对象各种特征所需要的知觉差异。

感受效果可归纳为整体感、差异感、等级感、数量感、质量感、动态感、立体感。

1．整体感和差异感

"整体感"也称为"联合感受"，"差异感"也称为"选择性感受"，这是矛盾的两个方面。所谓"整体感"是指当我们观察由一些像素或符号组成的图形时，它们在感觉中是一个独立于另外一些图形的整体。整体感可以是一种图形环境、一种要素，也可以是一个物体。每一个符号的构图也需要整体感。整体感是通过控制视觉变量之间的差异和构图完整性来实现的。换句话说，就是各符号使用的视觉变量差别较小，其感受强度、图形特征都较接近，那么在知觉中就具有归属同一类或同一个对象的倾向。形状、方向、颜色、密度、结构、明度、尺寸和位置等变量都可用于形成整体感（如图 7-3），效果如何主要取决于差别的大小和环境的影响。如形状变量（圆、方、三角形等简单几何图形）组合，整体感较强，而其他复杂图形组合则整体感较弱。

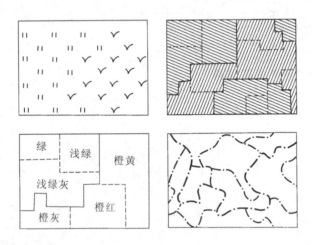

图 7-3 整体感的形成

位置变量对整体感也有影响。图形越集中、排列越有秩序，越容易看成是相互联系的整体。

当各部分差异很大，某些图形似乎从整体中突出出来，各有不同的感受特征时，就表现出所谓"差异感"。当某些要素需要突出表现时，就要加大它们与其他符号的视觉差别。

整体感和差异感这一对矛盾的同时性关系对制图设计具有重大的意义。地图设计者必须根据地图主题、用途，处理好整体感和差异感的关系，在两者之间寻求适当的平衡，使地图取得最佳视觉效果。只注意统一而忽视差异，就难以表现分类和分级的层次感，缺乏对比，没有生气；反之，片面强调差异而无必要的统一，其结果会破坏地图内容的有机联系，不能反映规律性。差异感可以表现为各种形式，以下几种感知效果实际上都属于差异感。

2. 等级感

指观察对象可以凭直觉迅速而明确地被分为几个等级的感受效果。这是一种有序的感受，没有明确的数量概念，由于人们心理因素的参与和视觉变量的有序变化，就形成了这种等级感。如居民地符号的大小、注记字号、道路符号宽窄等所产生的大与小，重要与次要，一级、二级、三级……的差别（如图 7-4）。

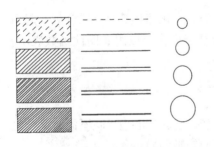

图 7-4 等级感的主要形式

在视觉变量中，尺寸和明度是形成等级感的主要因素。例如，用不同尺寸的分级符号、由白到黑的明度色阶表现等级效果是地图上最常用的方法之一。形状、方向没有表现等级的功能；颜色、结构和密度可以在一定条件下产生等级感，但它们一般都要在包含明度因素时才有较好的效果。

3．数量感

数量感是从图形的对比中获得具体差值的感受效果。等级感只凭直觉就可产生，而数量感需要经过对图形的仔细辨别、比较和思考等过程，它受心理因素的影响较大，也与读者的知识和实践经验有关。

尺寸大小是产生数量感的最有效变量（如图7-5）。由于数量感具有基于图形的可量度性，所以简单的几何图形如方形、圆形、三角形等效果较好。形状越复杂，数量判别的准确性越差。以一个向量表现数量的柱形，数量估读性最好；以面积表现数量的方、圆等图形次之；体积图形的估读难度就更大一些。不规则的艺术符号一般不宜用来表现数量特征。

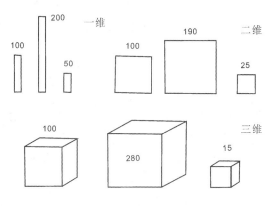

图7-5　数量感的形成主要在于尺寸比较

4．质量感

所谓"质量感"即质量差异感，就是观察对象被知觉区分为不同类别的感知效果，它使人产生"性质不同"的印象。形状、颜色（主要是色相）和结构是产生质量差异感的最好变量；密度和方向也可以在一定程度上形成质量感，但变化很有限，单独使用效果不很明显；尺寸、明度很难表现质量差别。

5．动态感

传统的地图图形是一种静态图形，但在一定的条件下某些图形却可以给读者一种运动的视觉效果，即动态感，也称为"自动效应"。图形符号的动态感依赖于构图上的规律性。一些视觉变量有规律地排列和变化可以引导视线的顺序运动，从而产生运动感觉（如图7-6）。运动感有方向性，因而都与形状有关。在一定形状的图形中，利用尺寸、明度、方向、密度等变量的渐变都可以形成一定的运动感。箭头是表现动向的一种习惯性用法。

图7-6　尺寸和明度渐变产生运动感

6．立体感

"立体感"是指在平面上采用适当的构图手段使图形产生三维空间的视觉效果。视觉立体感的产生主要有两种途径：一种主要由双眼视差构成，称为"双眼线索"，如戴上红绿眼镜观看补色地图,在立体镜下观察立体像对等;另一种是根据空间透视规律组织图形,只要用一只眼睛观看就能感受,称为"单眼线索"或经验线索。由各种视觉变量有规律地变化组合,在平面地图上形成立体感属于后者。这种透视规律包括线性透视、结构级差、光影变化、遮挡以及色彩空间透视等(如图7-7)。

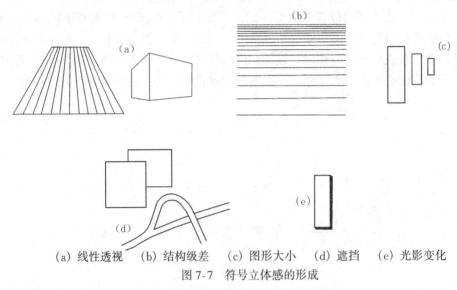

(a) 线性透视　(b) 结构级差　(c) 图形大小　(d) 遮挡　(e) 光影变化

图 7-7　符号立体感的形成

尺寸的大小变化,密度和结构变化,明度、饱和度以及位置等都可以作为形成立体感的因素。如地图上的地理坐标网的结构渐变、地貌素描写景、透视符号、块状透视图等都是具有立体效果的实例。以明度变化为主的光影方法和以色彩饱和度及冷暖变化的方法常常用于表现地貌立体感,如单色或多色地貌晕渲、地貌分层设色等。

§7.3　地图符号对制图对象特征的描述

任何具有空间分布性质的事物或现象都可以成为地图描述的对象。不同的制图对象具有不同的特征标志,而不同的特征标志则需要不同的方法加以描述。制图对象的基本特征标志主要包括以下几个方面:

定位特征——这是空间对象的基本标志之一,包括物体的位置和空间范围;

性质特征——用以辨别不同类型对象的标志,属于定名尺度的范畴;

空间结构特征——指对象的外部形状特征标志,包括轮廓的形状和内部空间的结构差异;

数量特征——对象数量大小及数量关系的标志,包括间隔尺度和比率尺度的数值关系;

关系特征——在制图对象系统中,每一个对象所处的地位及其与其他对象的相互关系;

时间特征——确定对象性质或数量的时点或时段标志,反映对象的发展变化及趋势特点。

在这些基本特征中,位置可不去考虑。时间特征很难用静态图形直接表达,在常规地图上大多以文字加以说明。但在电子地图上,时间特征可以得到较好的反映。由于事物的外形和结构特征是一种明确的形象,它与事物的性质直接有关,因而在符号描述中把它作为性质特征的一个方面。这样，除时间特征外，在常规地图上我们主要面对的就是事物性质、数量和关系三种特征的描述。

一、性质特征的描述

描述对象性质种类或类型差别的符号属于定性符号。描述性质特征的变量主要是形状、颜色、结构、方向。而明度、密度等变量只能作为次要的辅助手段，起增强差别的作用。

1. 点状符号

由于点状符号是以符号个体表示对象的整体形象，因此形状变量是表现性质差别最主要的因素（如图7-8）。艺术型的象形符号或透视符号可以很好地表现出符号对象的形象特征，这是一切符号中生动性、直观性最好的符号形式。当不需要或不可能建立直接形象联系时，就采用几何图形，此时可以在符号颜色、结构等方面表现出一定的象征意义，有时也可以采用文字或字母符号，因为文字或字母能够提示制图对象的性质概念。

图7-8 点状符号的定性描述

2. 线状符号

线状对象通常通过形状、颜色、结构形式来表达一定的象征性意义。如河流蓝线的粗细渐变、等高线与道路的不同色相、境界的不同结构等。由于线状符号的分类中常包含等级差别，如河流的主流与支流、境界分类、道路分类等，所以也常常需要尺寸变量与颜色、形状、结构等变量配合使用。

3. 面状符号

地理现象中无论是呈面状连续分布还是离散分布于一定范围的现象，如土壤、气候或植被分布等都可以以面状符号的形式出现。面状符号所能使用的变量是像素在形状、结构、方向等方面的差异，用它们来描述面积范围的属性差异（如图7-9）。面状符号可以看做是面状的图案，其基本构成元素可以是简单的几何形状，也可以是象形的个体图形。采用象形图形作为面积的基本结构元素，具有很好的象征和联想效果。使用点状或线状元素填充面积符号时，除了元素本身的形象差别外，结构变化可以很有效地扩充符号的种类，如图形元素的各种规则排列和不规则排列、组合所形成的丰富的图案式样。颜色（主要是色相）是区分面积性质的另一种有效的方法。

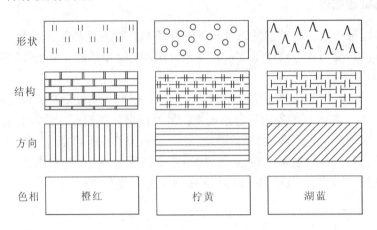

图 7-9　面状符号的定性描述

二、数量特征的描述

一组定量指标用什么类型的符号描述，不仅与数据的性质有关，也与地图上表现该指标的具体要求有关。按图上要求对数据的处理主要分为两种形式，即"非分级处理"和"分级处理"。前者是精确的比例描述方法，后者则是相对概略的分级描述方法。所谓"分级描述方法"就是对数据分级，把每个对象分别归入相应的等级中去，在视觉模拟上使用分级符号。分级符号在视觉变量的选择上要突出等级感，然后用文字对每一个等级的符号赋予相应的数值范围。也就是说，分级符号的数量概念是由等级感转换而来的，因而是比较间接的。

表现数量特征的变量要少一些。实践证明，尺寸是表现准确数值关系惟一有效的变量。而表现数量相对大小的顺序或等级既可用尺寸，也可用明度、结构等变量。

1. 点状符号

用点状定量符号描述具体数量指标要在符号尺寸与数值之间建立一种函数关系，使之可以根据符号的大小量算或估读出其相应的数值。因而符号的形象必须整齐、规则，有可供量度的基准线，一般都采用几何图形。不规则的象形符号只能给出相对的等级概念。符号的有效尺度可以是线状的、面状的和体积的（如图 7-10）。从估读准确性来看，一维的线段（柱形）描述最为直观和准确，面状图形（如圆、方等）次之，立体图形（如立方体、球体等）估读比较困难。估读困难程度还与比率条件有关，绝对的算术关系容易估读，加某种数学条件的几何关系则较难估读。

分级符号也可以采用尺寸变量，它与非分级符号尺寸的不同之处在于一个尺寸与一个数值范围相对应。明度和结构也是分级符号的重要变量。另外，定值图形累加是一种特殊的符号形式，实际上是单个定值符号（定值点或定值图形）的组合形式，这种方式具有良好的数值描述效果。

2. 线状符号

线状符号的数量描述比点状符号单纯，符号类型也较少，如运输量、流量等线状符号以

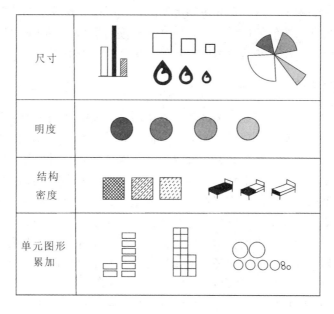

图 7-10 点状符号的定量描述

符号宽度表示数值的大小,线宽与数值成一定比例(如图 7-11)。线状符号也可用明度、结构和密度等变化描述分级数据,但明度变量只有在较宽的符号中才能充分利用,因为细线符号明度提高时,其可见度迅速降低。在线状符号用于反映面状现象或体状现象数量变化时,需要标注数字,如等高线、等温线、等密度线等。

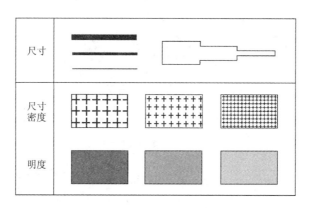

图 7-11 线状和面状符号的定量描述

3. 面状符号

面状符号很难表现非分级数值,如果要表示,只能通过面积内基本元素图形的尺寸来表现,但基本元素图形太大会影响面状效果,因而这种方法有一定的使用限制。例如,根据由黑到白逐渐过渡的连续调标尺绘制"无分级等值区域图",只有在计算机条件下其制作和阅读才有可能。面状的定量数据大多通过明度等级进行分级描述,这是最常用的方法。结构和密度、色相和饱和度大多作为形成明度等级的辅助手段。

总的来说,描述数量的变量主要是明度和尺寸,在大多数情况下用多种变量配合以加强视觉效果。如尺寸+结构+密度，尺寸+明度+结构或明度+尺寸+结构等。定量描述不仅要确定符号形式和尺寸与数值的比例，而且要考虑估读的规律，必要时可以对符号尺寸进行补偿性的改正，同时也要注意符号总体所表示的数量概念是否适当。

三、关系特征的描述

如果说符号对质量、数量特征的描述属于直接语义描述的话，对于制图对象相互关系的描述则属于句法的描述。制图对象极为多样，它们既有统一性，又有不同程度的差异性，这种关系的描述表现为地图符号系统分类、分级以及层次结构和空间组合。如把所有内容区分为性质根本不同的要素（水系、地貌、人口、产值等），每一要素又包含了若干类（如水系分为河流、湖泊、渠道等；经济分为工业产值、农业产值、服务业产值等），每一类还可区分为若干亚类（如渠道分为干渠、支渠、毛渠等；工业分为冶金、机械、纺织等），甚至还可作更低层次的区分。显然，大的分类反映了概念上最本质的区别，而低层次的分类只具有较次要的区别。这种不同层次的隶属关系或等级关系，对于符号设计来说就是统一和差异的关系。图7-12是点状符号层次结构描述的方式，运用形状、色相、结构等差异分别构成视觉层次。图7-13是面状符号分类层次的表现。面状符号以图形、结构、明度和方向的差别

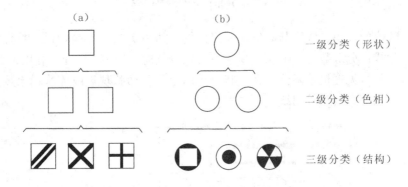

图 7-12　点状符号的分类层次

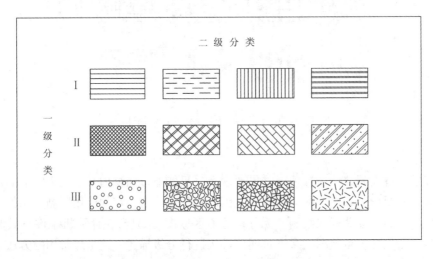

图 7-13　面状符号的分类层次构成

表现两级分类。最高级分类需要最强的视觉差异，等级越低差异越小。而同一层次中的所有符号之间，应当既有一定的视觉差异，又有足够的共性，才能在视觉上产生一定的联合感受（整体感）。

符号的视觉变量就像是调节差别和统一这对矛盾的"旋钮"：两类制图对象如要求各自的个性十分突出，就可能要同时动用所有可能的变量，使差异因变量叠加而变得最大；反之，如果要寻求一组符号之间的共性使之产生整体感，则应使大部分变量保持常值，只变化其中的一个变量，并且其变幅也要小一些。

§7.4 地图符号的设计

要创造优秀的地图作品，关键问题之一是有针对性地设计一套高质量的符号系统。设计地图符号既不应就事论事地绘出一个个符号，也不应看做单纯的艺术设计只凭直觉来完成，而要从地图的整体要求出发，考虑各种因素，确定每个符号的形象及其在系统中的地位。

一、影响符号设计的因素

设计一个地图符号系统虽然允许发挥制图者的想像力和表现出不同的制图风格，但符号形式既要受地图用途、比例尺、生产条件等因素的制约，也要受到制图内容和技术条件的影响。因此必须综合考虑各方面的因素（如图 7-14），才能设计出好的符号系统。

1. 地图内容

地图包含哪些内容是符号设计的基本出发点。但是符号设计反过来也对地图内容及其组合有一定的制约作用，因为不顾及图解，可能盲目设想的内容组合往往无法在地图上表现出来。

2. 资料特点

地理资料关系到每项内容适于采用什么形式的符号。这涉及表现对象四个方面的特点：①空间特征，即资料所表现对象的分布状况是点、线、面还是体，这就决定着符号的相应类型。②测度特征，指对象的尺度特征是定名的、等级的还是数量的。不同测度水平要采用不同的符号表示法。③组织结构，即资料表现的关系特征：内容的分类分级有没有层次性，是单一层次还是多层次。这是处理符号形式逻辑特征的依据。④其他特征，如资料的精确性和可靠程度以及制图对象在形象、颜色、结构等方面特征的表现，这些对设计符号都有实际的意义。

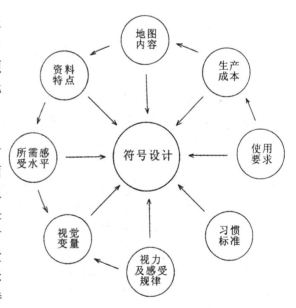

图 7-14 影响符号设计的因素

3. 地图的使用要求

地图的使用要求由一系列因素决定，如地图类型、主题、比例尺，地图的使用对象和使用条件等。这些因素影响地图内容的确定，又制约着符号设计。显然，是选择几何符号、一般简洁的象形符号还是更为艺术化的符号,在很大程度上是根据用图者的情况来确定的。

4．所需的感受水平

地图一般都需要几个特定的感受水平。各项地图内容在地图上的感受水平一方面由资料特点所确定,另一方面由内容主次及图面结构要求确定。主题内容需要较强的感受效果,其他则相反。

5．视觉变量

不同的视觉变量有不同的感受效果,因而视觉变量的选择直接关系到符号的形象特点。

6．视力及视觉感受规律

设计符号不能离开视觉的特性和视觉感受的心理物理规律。表7-1所列出的一般视力的分辨能力数据可作为确定符号线划粗细、疏密和注记大小的参考,但这只是在较好的观察条件下的最小尺寸,在实际使用时要根据预定读图距离、读者特点、使用环境、图面结构复杂程度等做必要的调整、修改和试验。

表7-1　　　　　　　　一般视力的线划分辨能力

可辨尺寸(mm)　种类　距离(mm)	点的直径	单线粗度	实线间隔	虚线间隔	汉字大小
250	0.17	0.05	0.10	0.12	1.75
500	0.30	0.13	0.20	0.15	2.50
1 000	0.70	0.20	0.40	0.50	3.50

视错觉对符号视觉感受有很大影响,特别是在背景复杂的条件下,会因环境对比产生不正确的感受,如色相偏移、明度改变、图形弯曲、尺寸判断误差等。这需要我们在设计符号时考虑它们的图面环境而加以纠正或利用。

7．技术和成本因素

绘图员的绘图技术水平和印刷技术水平都是确定符号线划尺寸和间距等不能忽视的因素。另外,地图要顾及成本和地图产品的价格能否适应市场情况,在一般情况下,符号设计方案应尽量利用现有条件而降低成本。

8．传统习惯与标准

符号要能够被人们容易接受就不能不考虑地图符号的习惯用法。普通地图要素一般应尽量沿用标准符号或至少与之相近似;专题内容虽然大多尚无标准化规定,但也应尽可能采用习惯的形式。如水系用蓝色,植被用绿色等。符号的传统和标准是与符号的创造性相对立的,但也是统一的,这要求制图者善于处理传统和创新的关系。

二、符号设计要求

为了描述多种多样的制图对象,地图符号的图像特点有很大差别,但作为地图上的基本元素,承担载负和传递信息的功能,它们应具备一些共同的基本条件,满足作为符号的基本要求。

1. 图案化

所谓"图案化"就是对制图形象素材进行整理、夸张、变形，使之成为比较简单的规则化图形。地图上绝大部分图形符号都需要图案化。

制图对象有具象与非具象之分。对于前者，一般应从它们的具体形象出发构成图案化符号。其中线状、面状符号大都取材于对象的平面（俯视）形象，如道路、水系等；点状符号既可用平面图形，也可用侧视图形，如塔、亭、独立树以及房屋、控制点、小桥等；对于那些在实地没有具体形象的对象则采用会意性图案，如境界、气温、作物播种日期、噪声、工业效益等。

符号的图案化主要体现在两个方面。首先，要对形象素材进行高度概括，去其枝节成分，把最基本的特征表现出来，成为并非素描的简略图形；其次，图形应尽可能地规格化。地图符号作为一种科学语言的成分必须在构图上表现出规律性和规格化，才有可能正确表现对象的质量、数量特征以及它们相互间的关系特征。因而一般符号的构图都尽量由几何线条和几何图形组成，除为满足特殊需要而设计的柔美的艺术形象符号外，都应尽可能向几何图形趋近。有很多象形符号也由几何图形组合变形构成，这样的符号便于统一规格、区分等级和精确定位，也便于绘制和复制。

2. 象征性

符号与对象之间的"人为关系"可以通过图例说明强制实行，但为了使符号能被读者自然而然地接受，最好还是强调符号与对象之间的"自然联系"，利用人们看到符号产生联想等心理活动自然地引向对事物的理解。因而在设计图案化符号时，一般都应尽可能地保留甚至夸张事物的形象特征，包括外形的相似、结构特点的相似、颜色的相似等。对于非具象的事物要尽量选择与其有密切联系的形象作为基本素材。凡象征性好的符号都比较容易理解。

3. 清晰性

符号清晰是地图易读的基本条件之一。每个符号都应具有良好的视觉个性，影响符号清晰易读的因素主要在于简单性、对比度和紧凑性三个方面（如图7-15）。首先，符号要尽量

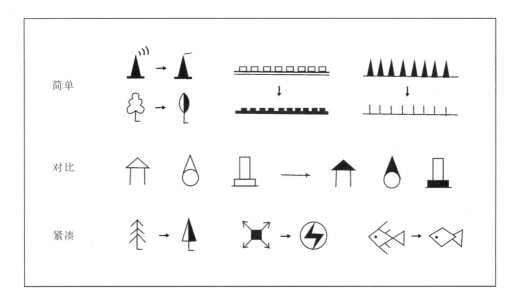

图7-15 提高符号清晰性的方法

简洁,复杂的符号需要较大的尺寸,会增加图面载负量,我们的制图原则是用尽量简单的图形表现尽量丰富的信息,即有较高的信息效率,符号设计也应遵循这一原则。其次,要有适当的对比度。细线条构成的符号对比弱,适于表现不需太突出的内容;具有较大对比度(包括内部对比和背景对比)的符号则适合表现需要突出的内容。符号之间的差别是正确辨别地图内容的条件,尽管不同层次的符号差别有大有小,但不应相互混淆、似是而非。另外,清晰性还与符号的紧凑性有关。紧凑性就是指构成符号的元素向其中心的聚焦程度和外围的完整性,这实际上是同一符号内部成分的整体感。结构松散的符号效果较差,而紧凑的符号则具有较强的感知效果。

4. 系统性

系统性指符号群体内部的相互关系,主要是逻辑关系,这是符号能够相互配合使用的必要条件。在设计符号时要与其所指代对象的性质和地位相适应,从而在符号形式上表现出地图内容的分类、分级、主次、虚实等关系。也就是说,不能孤立地设计每一个符号,而要考虑它们与其他符号的关系。图7-16列举了处理符号逻辑关系的一些例子。

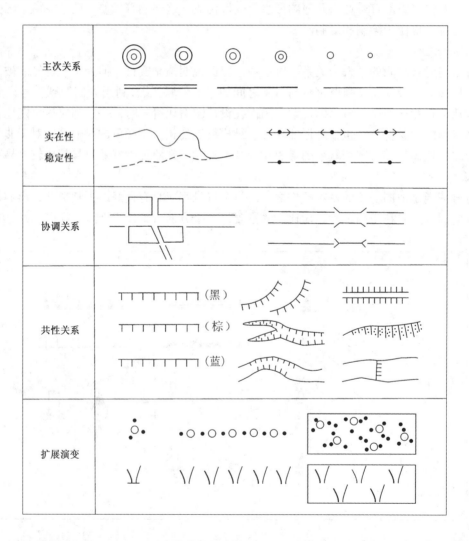

图7-16 符号逻辑关系示例

5. 适应性

各种不同的地图类型和不同的读者对象对符号形式的要求有很大的不同。例如，旅游地图符号应尽可能地生动活泼、艺术性强；中小学教学用图符号也可以比较生动形象；科学技术性用图符号则应庄重、严肃，更多地使用抽象的几何符号。因此，某种地图上一组视觉效果好的符号未必适用于所有其他地图。

6. 生产可行性

设计符号要顾及在一定的制图生产条件下能够绘制和复制。这包括符号的尺寸和精细程度、符号用色是否可行以及经费成本。

三、地图符号的系统设计

对于内容不太复杂的单幅地图来说，符号设计不太困难，但对内容复杂的地图或地图集来说，符号类型多、数量大，各有不同的要求，但又要表现出一定的统一性，从而构成系统，难度就大一些。

符号设计首先应从地图使用要求出发，对地图基本内容及其地图资料进行全面的分析研究，拟定分类分级原则；其次是确定各项内容在地图整体结构中的地位，并据以排定它们所应有的感受水平；然后选择适当的视觉变量及变量组合方案。进入具体设计阶段，要选择每个符号的形象素材，在这个素材的基础上，概括抽象形成具体的图案符号。初步设计往往不一定十分理想，因而常常需要经过局部的试验和分析评价，作为反馈信息重新对符号进行修改。在这个主要的设计过程中还要同时考虑上述各种有关的因素。图 7-17 是符号设计的步骤，掌握了符号设计的要求和步骤，剩下的就是设计的艺术构思和绘制技巧了。

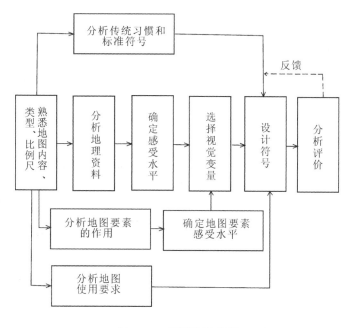

图 7-17　符号设计步骤

参 考 文 献

1. 俞连笙等. 地图整饰. 第2版. 北京：测绘出版社，1995
2. 祝国瑞等. 地图设计. 广州：广东地图出版社，1993

思 考 题

1. 地图符号的实质和基本功能是什么？
2. 地图符号如何分类？
3. 地图符号有哪些基本视觉变量？它们的含义是什么？
4. 在电子地图上视觉变量需如何扩展？
5. 各种视觉变量与视觉感知效果之间的关系如何？
6. 制图对象有哪些基本特征？
7. 如何使用点、线、面状符号表达制图物体的性质特征？
8. 如何使用点、线、面状符号表达制图物体的数量特征？
9. 如何表达点状、面状符号的层次结构？
10. 有哪些基本因素影响地图符号设计？
11. 地图符号设计有些什么基本要求？

第八章 地图内容的表示方法

§8.1 普通地图内容的表示方法

普通地图由数学要素、地理要素和辅助要素三大部分构成（如图 8-1）。

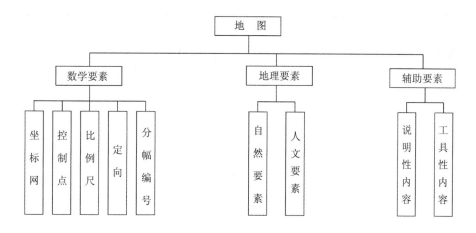

图 8-1 普通地图的内容要素

地图内容中，地理要素是地图的主体。自然要素主要包括水系、地貌、土质植被等内容；人文要素主要包括独立地物、居民地、交通网、政治行政境界等内容。在这一节里，我们对地图上各种地理要素的表示法作简要介绍。

一、独立地物的表示

在实地形体较小，无法按比例表示的一些地物，统称为独立地物。地图上表示的独立地物主要包括工业、农业、历史文化、地形等方面的标志。

独立地物一般高出于其他建筑物，具有比较明显的方位意义，对于地图定向、判定方位等意义较大。在 1:2.5 万～1:10 万地形图上独立地物表示得较为详细（见表 8-1）。随着地图比例尺的缩小，表示的内容逐渐减少，在小比例尺地图上，主要以表示历史文化方面的独立地物为主。

独立地物由于实地形体较小，无法以真形显示，所以大都是用侧视的象形符号来表示。图 8-2 是我国 1:2.5 万～1:10 万地形图上独立符号的举例。

在地形图上，独立地物必须精确地表示其实地位置，所以符号都规定了符号的主点，便于定位。当独立地物符号与其他符号绘制位置有冲突时，一般保持独立地物符号位置的准

表 8-1

工业标志	烟囱，石油井，盐井，天然气井，油库，煤气库，发电厂（站），变电所，无线电杆、塔，矿井，露天矿，采掘场，窑
农业标志	水车，风车，水轮泵，饲养场，打谷场，贮藏室
历史文化标志	革命烈士纪念碑、像，彩门，牌坊，气象台、站，钟楼，鼓楼，城楼，古关塞，亭，庙，古塔，碑及其他类似物体，独立大坟，坟地
地形方面的标志	独立石，土堆，土坑
其他标志	旧碉堡，旧地堡，水塔，塔形建筑物

确，其他物体移位绘出。街区中的独立地物符号，一般可以中断街道线、街区留空绘出。

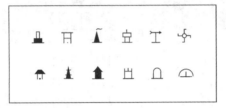

图 8-2 我国地形图上独立符号的举例

二、水系的表示

水系是地理环境中最基本的要素之一，它对自然环境及社会经济活动有很大影响。水系对地貌的发育、土壤的形成、植被的分布和气候的变化等都有不同程度的影响，对居民地、道路的分布，工农业生产的配置等也有极大的影响。在军事上，水系物体通常可作为防守的屏障、进攻的障碍，也是空中和地面判定方位的重要目标。因此，水系在地图上的表示具有很重要的意义。

在编绘地图时，水系是重要的地性线之一，常被看做是地形的"骨架"，对其他要素有一定的制约作用。

（一）海洋要素的表示

地图上表示的海洋要素，主要包括海岸和海底地貌，有时也表示海流、海底底质以及冰界、海上航行标志等。

1．海岸

（1）海岸的结构

海水不停地升降，海水和陆地相互作用的具有一定宽度的海边狭长地带称为海岸。海岸系由岸上地带、潮浸地带（干出滩）、沿海地带三部分组成。

（2）海岸的表示

沿岸地带和潮浸地带的分界线即为海岸线的位置，它是多年大潮的高潮位所形成的海陆分界线，地图上通常都是以蓝色实线表示；低潮线一般用点线概略绘出，其位置与干出滩的边缘大抵重合。潮浸地带上各类干出滩是地形图上的表示重点。它对说明海岸性质、通航情况和登陆条件等很有意义。地形图上都是在相应范围内填绘各种符号表示其分布范围和性质。海岸线以上的沿岸地带，主要通过等高线或地貌符号显示，只有无滩陡岸才和海岸线一并表示。沿海地带重点是表示该区域范围内的岛礁和海底地形。图8-3是海岸在地形图上的表示法，大致说明上述内容和所使用的符号等。

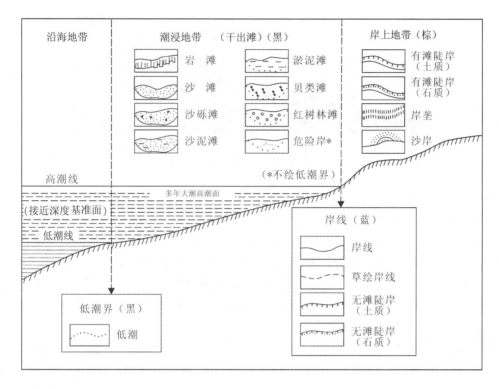

图8-3 海岸在地形图上的表示

2．海底地貌

海底地貌十分复杂，根据地貌的基本轮廓可将其分为大陆架、大陆坡和大洋底三部分。大陆架也称为大陆棚、大陆台、大陆浅滩，一般深度在0～200m，宽度不一，坡度平缓，地势起伏复杂，有一系列沙洲、浅滩、礁石、小丘、垄岗、洼地、溺谷、扇形地和平行于海岸的阶状陡坎等；大陆坡又称大陆斜坡，是大陆架和大洋底的过渡地带，一般深度在200～2 500m之间，坡度较大，通常坡度达20°以上，常被海底峡谷切割得较破碎；大洋底又称大洋盆地，是海洋的主体部分，一般深度为2 500～6 000m，地形起伏较小，但也有巨大的海底山脉、海沟、海原、海盆、海岭、海山等。

（1）深度基准面

深度基准面是根据长期验潮数据所求得的理论上可能达到的最低的潮面，也称"理论深度基准面"。地图上标明的水深，就是由深度基准面到海底的深度。海水的几个潮面及海陆高程起算之间的关系，可用图8-4来说明。理论深度基准面在平均海水面以下，它们的高差在海洋"潮信表"中"平均海面"一项下注明。例如"平均海面为1.5m"，即指深度基准面在平均海水面下 1.5m 处。

海面上的干出滩和干出礁的高度是从深度基准面向上计算的。涨潮时，一些小船在干出滩上也可以航行，此时的水深是潮高减去干出高度。海面上的灯塔、灯桩等沿海陆上发光标志的高度则是从平均大潮高潮面起算的。因为舰船进出港或近岸航行，多选在高潮涨起的时间。

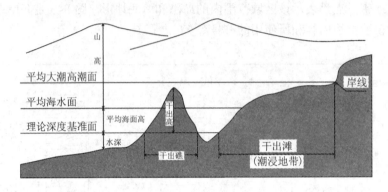

图 8-4　潮面及海深、陆地起算示意图

(2) 海底地貌的表示

海底地貌可以用水深注记、等深线、分层设色和晕渲等方法来表示。

水深注记是水深点深度注记的简称，许多资料上还称水深。它类似于陆地上的高程点。海图上的水深注记有一定的规则，普通地图上也多引用。例如，水深点不标点位，而是用注记整数位的几何中心来代替；可靠的、新测的水深点用斜体字注出，不可靠的、旧资料的水深点用正体字注出；不足整米的小数位用较小的字注于整数后面偏下的位置，中间不用小数点，例如：23_5 表示水深 23.5m。

等深线是从深度基准面起算的等深点的连线。等深线的形式有两种：一种是类似于境界的点线符号，另一种是通常所见的细实线符号。图 8-5 是我国海图上所用的等深线符号式样。

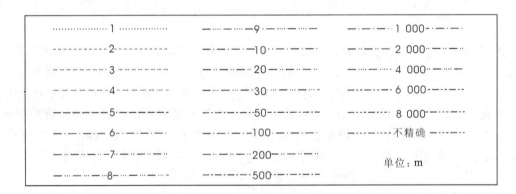

图 8-5　我国海图上的等深线符号

分层设色是与等深线表示法联系在一起的。它是在等深线的基础上采用每相邻两根等深线（或几根等深线）之间加绘（印）颜色来表示海底地貌的起伏。通常都是用不同深浅的蓝色来区分各层，且随水深的加大，蓝色逐渐加深。

用晕渲法表示海底地貌详见"地貌的表示"。

(二) 陆地水系的表示

在地图学中通常把陆地上各水系物体的总合称为陆地水系，简称水系。水系包括井、泉、贮水池，河流、运河及沟渠，湖泊、水库及池塘和水系的附属物等。

1. 井、泉及贮水池

这些水系物体形态都很小，在地图上一般只能用记号性（蓝色）符号表示其分布位置，有的还加上有关的说明注记。

2. 河流、运河及沟渠

河流、运河及沟渠在地图上都是用线状符号配合注记来表示的。

（1）河流的表示

地图上通常要表示河流的大小（长度及宽度）、形状和水流状况。

当河流较宽或地图比例尺较大时，只要用蓝色水涯线符号正确地描绘河流的两条岸线，其水部多用与岸线同色的网点（或网线）表示就大体上能满足这些要求。河流的岸线是指常水位（一年中大部分时间的平稳水位）所形成的岸线（制图上称水涯线），如果雨季的高水位与常水位相差很大，在大比例尺地图上还要求同时用棕色虚线表示高水位岸线。

时令河是季节性的河流，用蓝色虚线表示；消失河段用蓝色点线表示；干河床属于一种地貌形态，用棕色虚线符号表示。

河流的表示通常由宽度不依比例尺的单线，过渡到不依比例尺的双线，再过渡到依比例尺的双线（如图8-6）。

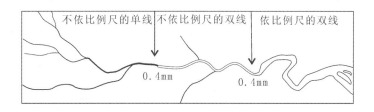

图8-6 河流的表示

单线表示河流时，通常用0.1~0.4mm的线粗表示。究竟是粗至0.2mm，或0.3mm或0.4mm，可依河长而定。当河宽在图上＞0.4mm时，即可用双线（套色）表示。单双线符号相应于实地河宽参见表8-2。

表8-2

图上宽＼实地宽＼比例尺	1:2.5万	1:5万	1:10万	1:25万	1:50万	1:100万
0.1~0.4mm单线	10m以下	20m以下	40m以下	100m以下	200m以下	400m以下
双线	10m以上	20m以上	40m以上	100m以上	200m以上	400m以上

为了使单线河与双线河衔接及美观的需要，也常用0.4mm的不依比例尺双线符号，使

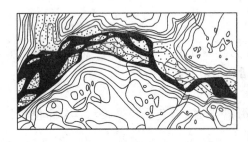

图 8-7 真形单线河段

单线河符号自然地过渡到依比例尺的双线表示。

小比例尺地图上河流有两种表示方法：一是与地形图相同的方法，只是单线河符号往往稍加粗（如挂图要粗至 0.15～0.6mm），不依比例尺的双线河使用较长，要到一个能清楚表达河床特征的宽度处为止；二是采用不依比例尺的单线配合真形单线（依比例尺的单线）来表示（如图 8-7），它能真实地反映河流宽窄、汊道和河心岛，河流图形显得生动而真实。

（2）运河及沟渠的表示

运河及沟渠在地图上都是用平行双线（水部浅蓝）或等粗的实线表示，并根据地图比例尺和实地宽度分级使用不同粗细的线状符号。

3．湖泊、水库及池塘

湖泊、水库及池塘都属于面状分布的水系物体，地图上都用蓝色水涯线配合浅蓝色水部来表示。季节性有水的时令湖的岸线不固定，则用蓝色虚线配合浅蓝色水部来表示。湖水的性质往往是借助水部的颜色来区分，例如用浅蓝色和浅紫色分别表示淡水和咸水。

水库通常是根据其库容量用依比例真形或不依比例的记号性符号表示（如图 8-8）。

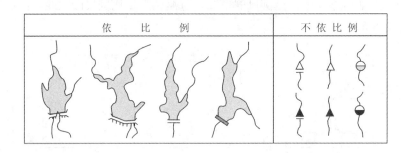

图 8-8 地图上常见的水库符号

4．水系的附属物

水系的附属物包括两类：一类是自然形成的，如瀑布、石滩等；另一类是附属建筑物，如渡口、徒涉场、跳墩、水闸、滚水坝、拦水坝、加固岸、码头、轮船停泊场、防波堤、制水闸等。

这些物体在地图上，有的能用半依比例尺或不依比例尺的符号表示，在较小比例尺地图上则多数不表示。

三、地貌的表示

地貌亦是地理环境中最基本的要素之一。它不仅影响和制约着其他自然地理要素的分布，而且极大地影响人文地理要素的分布与发展。地图上表示地貌在军事上也有极重要的意义，例如，部队运动、阵地选择、工事构筑、火器配置、隐蔽伪装等都受到地形的影响。

地图上地貌的表示法主要有写景法、晕渲法、晕滃法、等高线法、分层设色法等。

1．写景法

以绘画写景的形式表示地貌起伏和分布位置的地貌表示法，称为写景法。

在18世纪以前，写景法为中外各国所广泛采用，虽然形式不同，风格各异，但都属于示意性的表示法，而且成为当时地图上表示地貌的主要方法。15~18世纪，西欧的许多地图上所采用的地貌表示法则是比较完善的透视写景法（如图8-9）。用此法描绘的地貌，有时还有近大远小的透视效果。

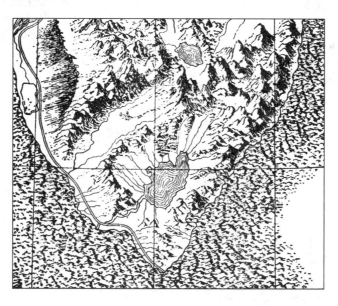

图8-9 西欧地图上的地貌写景图

古老的、示意性的地貌写景法，远不能适应现代用图的需要。随着科学技术的进步，一种建立在等高线图形基础上的现代地貌写景法又有了很大的改进和发展。绘图者根据等高线用素描的手法塑造地貌形态，是一种最简便的方法（如图8-10）。但它受绘图者对等高线的理解和绘画技巧的影响大，没有一定的绘画素养是不容易掌握的。

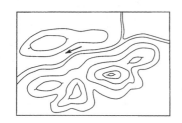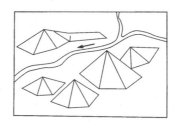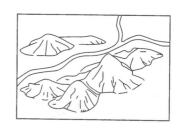

图8-10 根据等高线素描的地貌写景图

根据等高线图作密集而平行的地形剖面，然后按一定的方法叠加，获得由剖面线构成的写景图骨架，经艺术加工也可制成地貌写景图。图8-11分别为剖面按正位叠加，斜位叠加以及经过透视处理后叠加所成的地貌写景图示例。

电子计算机应用于制图为绘制立体写景图创造了有利的条件。根据DEM自动绘制连续而密集的平行剖面变得十分方便。图8-12即是由一组平行剖面和两组平行剖面所构成的立体写景图。它排除了绘图员主观因素的影响，图形精度较高，形态生动。此外，还可以选择视点的方位和高度，获得不同的立体写景效果。

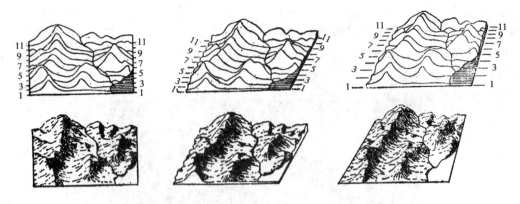

图 8-11　由剖面叠加所成的地貌写景图

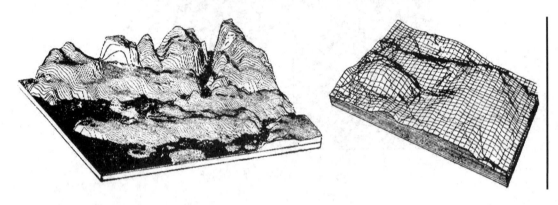

图 8-12　自动绘图仪绘制的立体写景图

2. 晕滃法

晕滃法是沿斜坡方向布置晕线表示地貌的一种方法。其设计原则是根据光线垂直照射时，地面与其水平面的倾角越大，则所受到的光照就愈少的原理。因此，可以计算出不同倾斜角（的地面）的晕线粗细与线间间隔（空白）。用这种方法描绘的晕线，不仅可以显示地貌起伏的分布范围，而且还可以表现不同的地面坡度。图 8-13 即是光线直照时的地貌晕滃图像。

图 8-13　晕滃法表示的地貌

但由于晕滃法具有的一些缺点，如根据晕滃线不能确定地面的高程，绘制工作量大，要求技术水平高，密集的晕线还会掩盖地图其他内容，立体感不如晕渲法，现已为晕渲法、等高线法所代替。

3. 晕渲法

晕渲法是在平面上显示地貌立体的主要方法之一。它是根据假定光源对地面照射所产生的明暗程度，用浓淡不一的墨色或彩色沿斜坡渲绘其阴影，造成明暗对比，显示地貌的分布、起伏和形态特征。这种方法称为地貌晕渲法，也称阴影法或光影法（如图 8-14）。

用晕渲法表示的地貌在图上虽然不能直接量测其

坡度，也不能明显表示地面高程的分布，但它能生动直观地表示地貌形态，使人们建立形象的地貌立体感。晕渲法按照光源位置不同可分为直照晕渲、斜照晕渲和综合光照晕渲三种。

图 8-14 晕渲法表示的地貌

4. 等高线法

等高线是地面上高程相等点的连线在水平面上的投影。用等高线来表现地面起伏形态的方法，称为等高线法，又称水平曲线法。等高线起源于等深线。18 世纪末和 19 世纪初才开始应用于（法国）地形测图上。最初的名称是"水平曲线"，后来又有"高程曲线"、"等高曲线"、"高层线"、"同高线"等名称，最后，还是"等高线"这一名称得到公认，一直沿用至今。等高线具有以下基本特点：

①位于同一条等高线上的各点高程相等；

②等高线是封闭连续的曲线；

③等高线图形与实地保持几何相似关系；

④在等高距相同的情况下，等高线愈密，坡度愈陡，等高线愈稀，坡度愈缓。

用一组有一定间隔（高差）的等高线来反映地面的起伏形态是一种很科学的方法。从构成等高线的原理来看，它可以反映地面高程、山体、谷地、坡形、坡度、山脉走向等地貌基本形态及其变化，能为读者提供可靠的地形基础。由等高线可量算地面点的高程、地表面积、地面坡度、山体的体积和陆地的面积等。

地形图上的等高线分为首曲线、计曲线、间曲线和助曲线四种（图 8-15）。

首曲线又叫基本等高线，是按基本等高距由零点起算而测绘的，通常用细实线描绘。

计曲线又称加粗等高线，是为了计算高程的方便加粗描绘的等高线，通常是每隔四条基本等高线描绘一条计曲线，它在地形图上以加粗的实线表示。

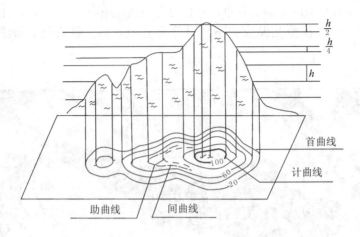

图 8-15 地形图上的等高线

间曲线又称半距等高线,是相邻两条基本等高线之间补充测绘的等高线,用以表示基本等高线不能反映而又重要的局部形态,地形图上常以长虚线表示。

助曲线又称辅助等高线,是在任意的高度上测绘的等高线,用于表示那些别的等高线都不能表示的重要微小地貌形态。因为它是任意高度的,故也叫任意等高线,但实际上助曲线多绘在基本等高距 1/4 的位置上。地形图上助曲线是用短虚线描绘的。

我们也常把间曲线和助曲线称为补充等高线。

小比例尺地图上只分为基本等高线和补充等高线两种,但它们的符号相同,只有在有地貌高度表的情况下才能区分出来。

等高线符号一般多为棕色。

等高线表示地貌有两个明显的不足:其一,缺乏视觉上的立体效果;其二,两条等高线间的微地形无法表示,需用地貌符号和地貌注记予以配合和补充。为了增强等高线表示法的立体效果,人们做了大量的探讨和研究,归纳起来有两种做法:一是采用其他辅助方法与之配合,以弥补等高线表示法立体效果较差的缺陷,例如,使用高程注记、地貌符号、晕渲等最常用的辅助方法;另一种是在等高线本身上下功夫,如采用粗细等高线(背光部分的等高线加粗)和明暗等高线(受光部和背光部等高线分别为白色和黑色)的手段来增强其立体效果,但均无法推广应用。

图 8-16 等高线图和分层设色图

5．分层设色法

根据地面高度划分的高程层(带),逐"层"设置不同的颜色,称为地貌分层设色法。其相应的图例称为地貌色层表,它表明各个色层的地貌高程范围。读者可以从色层的变化了解地面高低起伏的变化,并判定大的地貌类型的分布。图 8-16 是等高线图和分层设色图(用晕线代替颜色)。

分层设色法的主要优点是使地图在一览之下立刻获得地貌高程分布及其相互对比的印象;其次是它使等高线地图略微有了一些立体感。这种方法广泛运用于普通地图上。例如,图上用蓝色表示海洋，用绿色表示平原，用黄色表示低山或丘陵，用棕、紫、灰、白色表示高山、极高山等。

6. 地貌符号与地貌注记

地貌符号与地貌注记作为等高线显示地貌的辅助方法而被广泛地应用于地图上。

（1）地貌符号

地表是一个连续而完整的表面。等高线法是一种不连续的分级法，用等高线表示地貌时仍有许多小地貌无法表示，或受地图比例尺的限制，需用地貌符号予以补充表示。这些微小地貌形态可归纳为独立微地貌、激变地貌和区域微地貌等。

独立微地貌是指微小且独立分布的地貌形态，包括坑穴、土堆、溶斗、独立峰、隘口、火山口、山洞等。

激变地貌是指较小范围内产生急剧变化的地貌形态，包括冲沟、陡崖、冰陡崖、陡石山、崩崖、滑坡等。

区域微地貌是指实地上高差较小但成片分布的地貌形态，例如小草丘、残丘等，或仅表明地面性质和状况的地貌形态，例如沙地、石块地、龟裂地等。

图 8-17 是普通地图上常用的地貌符号示例。

（2）地貌注记

地貌注记分为高程注记、说明注记和地貌名称注记。

高程注记包括高程点注记和等高线高程注记。高程点注记用来表示等高线不能显示的山头、凹地等，以加强等高线的量读性能；等高线高程注记则是为了迅速判明等高线的高程而加注的，应选择在平直斜坡，以便于阅读的方位注出。

说明注记用以说明物体的比高、宽度、性质等。按图式规定与符号配合使用。

地貌名称注记包括山峰、山脉注记等。山峰名称多与高程注记配合注出。山脉名称沿山脊中心线注出，过长的山脉应重复注出其名称。在不表示地貌的地图上，可借用名称注记大致表明山脉的伸展、山体的位置等。山峰名称通常用中长等线或中长宋体注出，用水平字列；山脉名称则通常用屈曲字列的右耸肩等线体注出。

四、土质和植被的表示

土质是泛指地表覆盖层的表面性质；植被则是地表植物覆盖的简称。

土质和植被是一种面状分布的物体。地形图上常用地类界、说明符号、底色和说明注记相配合来表示。

地类界是指不同类别的地面覆盖物的界线，通常图上用点线符号绘出其分布范围。

说明符号是指在植被分布范围内用符号说明其种类和性质。

底色是指在森林、幼林等植被分布范围内套印绿色底色（网点、网线或平色）。

说明注记是指在大面积土质和植被范围内加注文字和数字注记（树种、平均树高等），以说明其质量和数量特征（如图 8-18）。

五、居民地的表示

居民地是人类居住和进行各种活动的中心场所。在地图上应表示出居民地的形状、建筑物的质量特征、行政等级和人口数等。

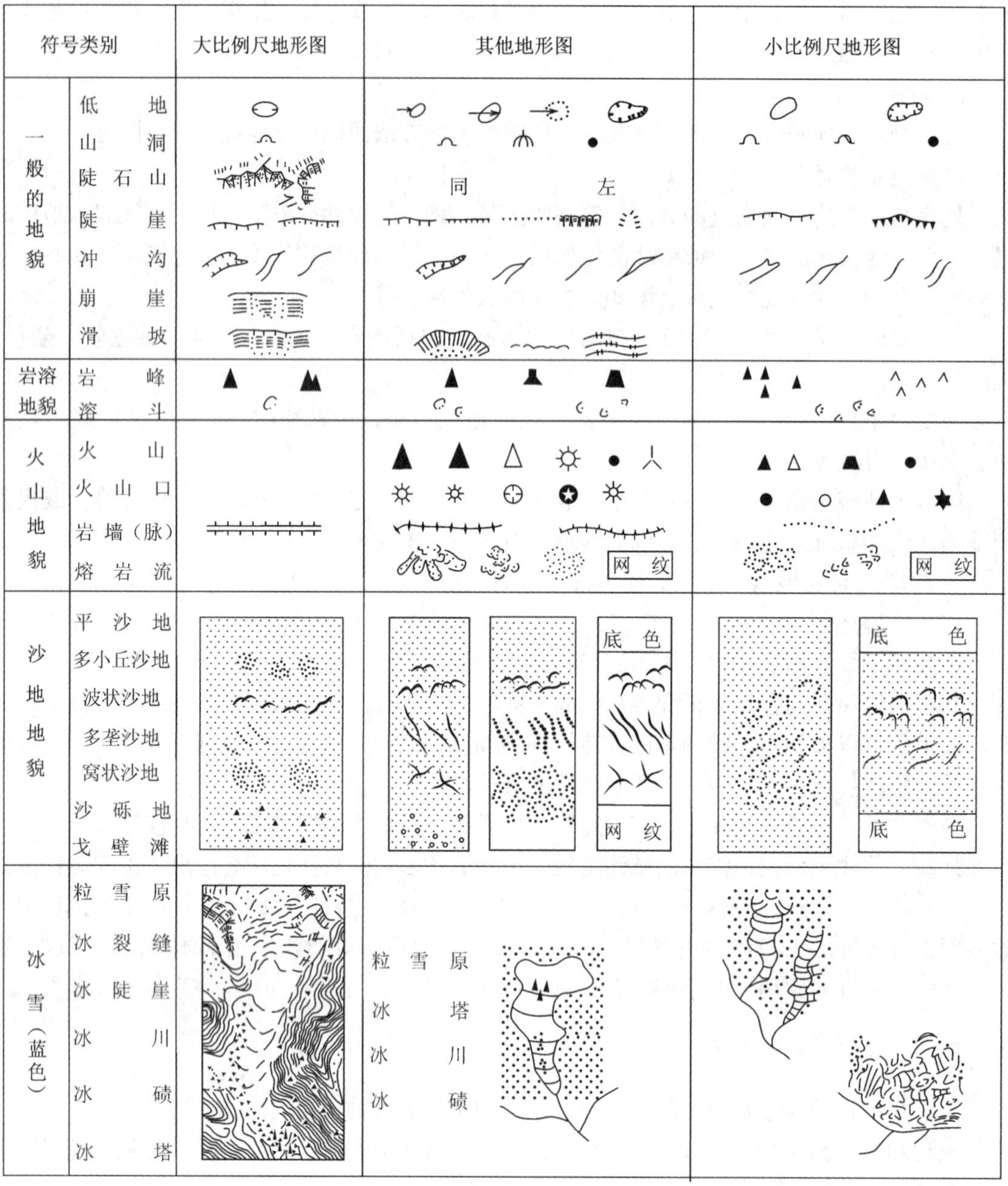

图 8-17 普通地图上常用地貌符号示例

1. 居民地的形状

居民地的形状包括内部结构和外部轮廓，在普通地图上都尽可能地按比例尺描绘出居民地的真实形状。

居民地的内部结构主要依靠街道网图形、街区形状、水域、种植地、绿化地、空旷地等配合显示。其中，街道网图形是显示居民地内部结构的主要内容（如图 8-19）。

居民地的外部轮廓取决于街道网、街区和其他各种建筑物的分布范围。随着地图比例尺的缩小，有些较大的居民地（特别是城市式居民地）往往还可用很概括的外围轮廓来表示，

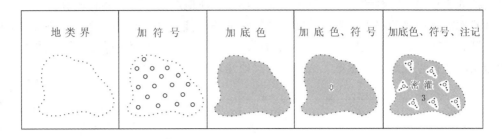

图 8-18 土质和植被的表示

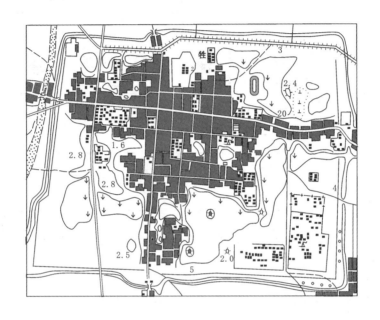

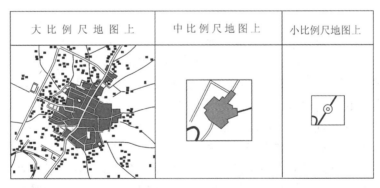

图 8-19 居民地内部结构和外部轮廓的表示

而许多中小居民地就只能用圈形符号来表示了（如图 8-19）。

2. 居民地建筑物质量特征

在大比例尺地形图上，由于地图比例尺大，可以详尽区分各种建筑物的质量特征。例如，可以区分表示出独立房屋、突出房屋、街区（主要指建筑物）、破坏的房屋及街区、棚房等。新图式增加了 10 层楼以上高层建筑区的表示。图 8-20 是我国地形图上居民地建筑物质量特征的表示法（左栏和右栏分别为前期地形图、新地形图上居民地的表示法）。

随着地图比例尺的缩小，表示建筑物质量特征的可能性随之减小。例如，在1:10万地形图上开始不区分街区的性质，在中小比例尺地图上，居民地用套色或套网等方法表示轮廓图形或用圈形符号表示，当然更无法区分居民地建筑物的质量特征。

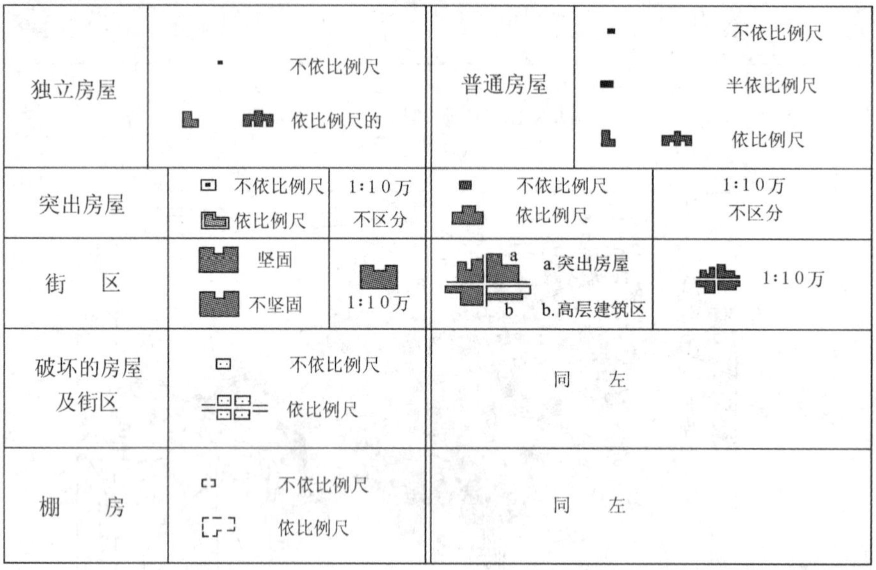

独立房屋	不依比例尺 依比例尺的		普通房屋	不依比例尺 半依比例尺 依比例尺	
突出房屋	不依比例尺 依比例尺	1:10万 不区分		不依比例尺 依比例尺	1:10万 不区分
街　区	坚固 不坚固	1:10万		a.突出房屋 b.高层建筑区	1:10万
破坏的房屋及街区	不依比例尺 依比例尺		同　左		
棚　房	不依比例尺 依比例尺		同　左		

图 8-20　我国地形图上居民地建筑物质量特征的区分

3．居民地的行政等级

居民地的行政等级是国家法定标志，表示居民地驻有某一级行政机构。我国居民地的行政等级分为：

（1）首都；
（2）省、自治区、直辖市人民政府驻地；
（3）自治州、省辖市人民政府及地区行政公署、盟行政公署驻地；
（4）县（市）、自治县、旗、自治旗人民政府驻地；
（5）乡、镇人民政府驻地。

编制地图时，对于外国领土范围，通常只区分出首都和一级行政中心。

地图上表示行政等级的方法很多。如用地名注记的字体、字大来表示，用居民地圈形符号的图形和尺寸的变化来区分，用地名注记下方加绘辅助线的方法来表示等。

用注记的字体区分行政等级是一种较好的方法。例如，从高级到低级，采用粗等线→中等线→细等线，利用注记的大小及黑度变化来区分。

圈形符号的图形和大小的变化也常用来表示居民地的行政等级，这种方法特别适用于不需要表示人口数的地图上。当地图比例尺较大，有些居民地还可用平面轮廓图形来表示时，仍用圈形符号表示其相应的行政等级。居民地轮廓图形很大时，可将圈形符号绘于行政机构所在位置；居民地轮廓范围较小时，可把圈形符号描绘在轮廓图形的中心位置或轮廓图形主要部分的中心位置上。

当两个行政中心位于同一居民地的时候，一般只注高一级的名称，也可用不同字体注出两个等级的名称。若三个行政中心位于同一个居民地，这时除了采用注记字体（及字大）区分外，还可采用加辅助线的方法。辅助线有两种形式：一种是利用粗、细、实、虚的变化区分行政等级；另一种方法是在地名下加绘同级境界符号。

图 8-21 是我国地图上表示行政等级的几种常用方法举例。

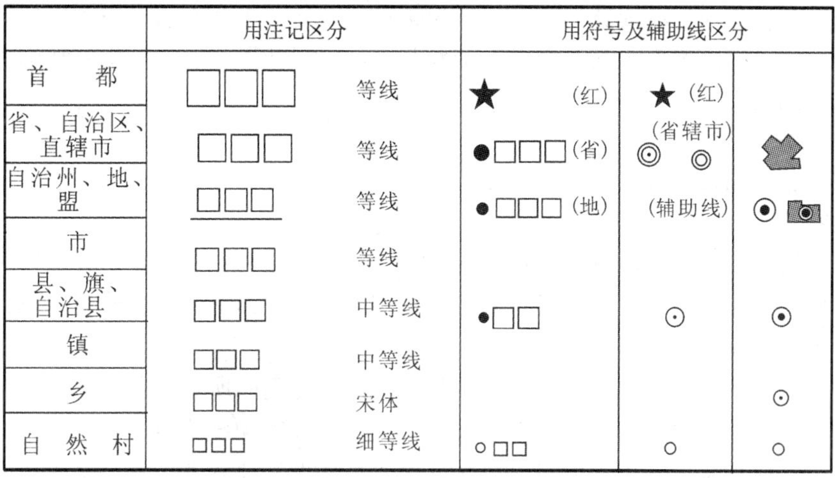

图 8-21 表示行政等级的几种常用方法举例

4．居民地的人口数

地图上表示居民地的人口数（绝对值或间隔分级指标），能够反映居民地的规模大小及经济发展状况。

居民地的人口数量通常是通过注记字体、字大或圈形符号的变化来表示的。在小比例尺地图上，绝大多数居民地用圈形符号表示，这时人口分级多以圈形符号图形和大小变化来表示，同时配合字大来区分。

图 8-22 是表示居民地人口数的几种常用方法举例。

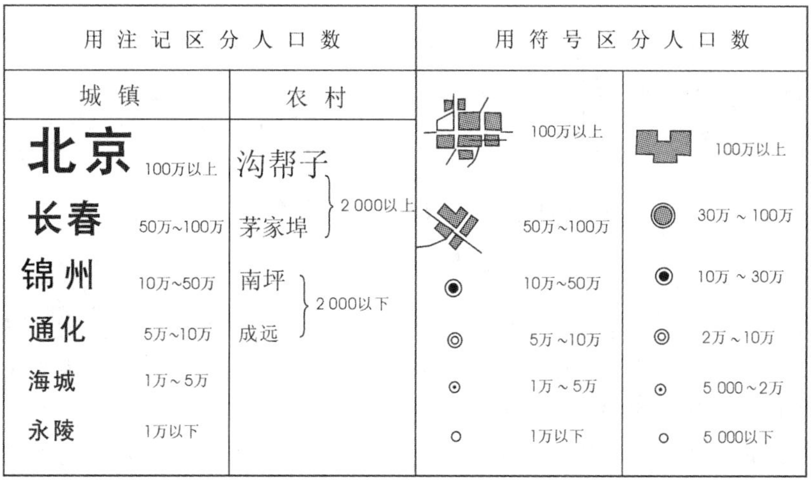

图 8-22 居民地人口数的几种常用表示法举例

当地图上需要同时表示出居民地的行政意义和人口数时，通常用名称注记的字体、字大变化表示行政意义，用符号的变化表示人口数分级。

六、交通网的表示

交通网是各种交通运输线路的总称。它包括陆地交通、水路交通、空中交通和管线运输等几类。在地图上应正确表示交通网的类型和等级、位置和形状、通行程度和运输能力以及与其他要素的关系等。

1. 陆地交通

地图上应表示铁路、公路和其他道路三类。

(1) 铁路

在大比例尺地图上，要区分单线和复线铁路，普通铁路和窄轨铁路，普通牵引铁路和电气化铁路，现有铁路和建筑中铁路等；而在小比例尺地图上，铁路只区分为主要（干线）铁路和次要（支线）铁路两类。

我国大、中比例尺地形图上，铁路皆用传统的黑白相间的所谓"花线"符号来表示。其他的一些技术指标，如单、双轨用加辅助线来区分，标准轨和窄轨以符号的尺寸（主要是宽窄）来区分，已成和未成的用不同符号来区分等。小比例尺地图上，铁路多采用黑色实线来表示。图 8-23 是我国地图上使用的铁路符号示例。

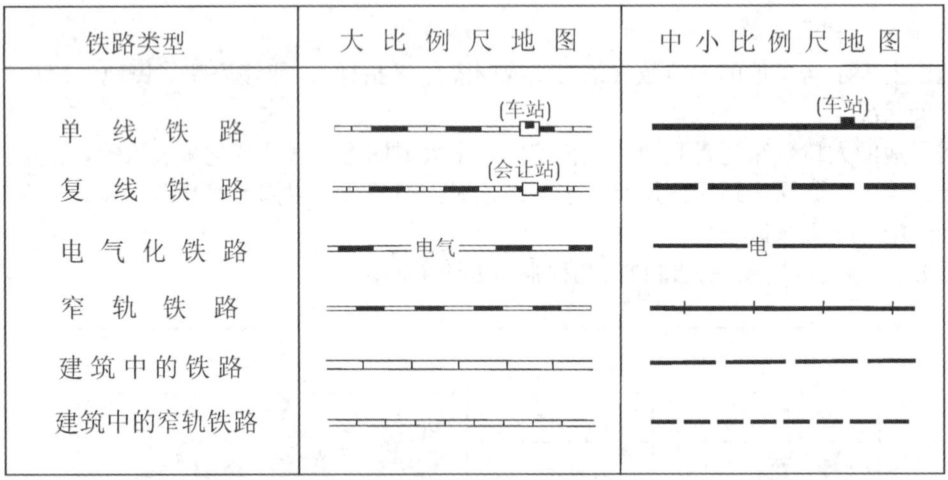

图 8-23 我国地图上的铁路符号

(2) 公路

在地形图上，以前分为主要公路、普通公路和简易公路等几类，后改为公路和简易公路两类。主要以双线符号表示，再配合符号宽窄、线号粗细、色彩的变化和说明注记等反映其他各项技术指标。例如，注明路面的性质、路面（路基）的宽度。

在大比例尺地形图上，还详细表示了涵洞、路堤、路堑、隧道等道路的附属建筑物。

新图式上的公路，依据交通部的技术标准来划分，将公路分为汽车专用公路和一般公路两大类。汽车专用公路包括高速公路、一级公路和部分专用的二级公路；一般公路包括二、三、四级公路。图 8-24 是我国新的 1:2.5 万～1:10 万地形图上公路的表示示例。

在小比例尺地图上，公路分级相应减少，符号也随之简化，一般多以实线描绘。

(3) 其他道路

是指公路以下的低级道路,包括大车路、乡村路、小路、时令路、无定路等(如图8-25)。低级道路在地形图上也根据其主次分别用实线、虚线、点线并配合线号的粗细区分。

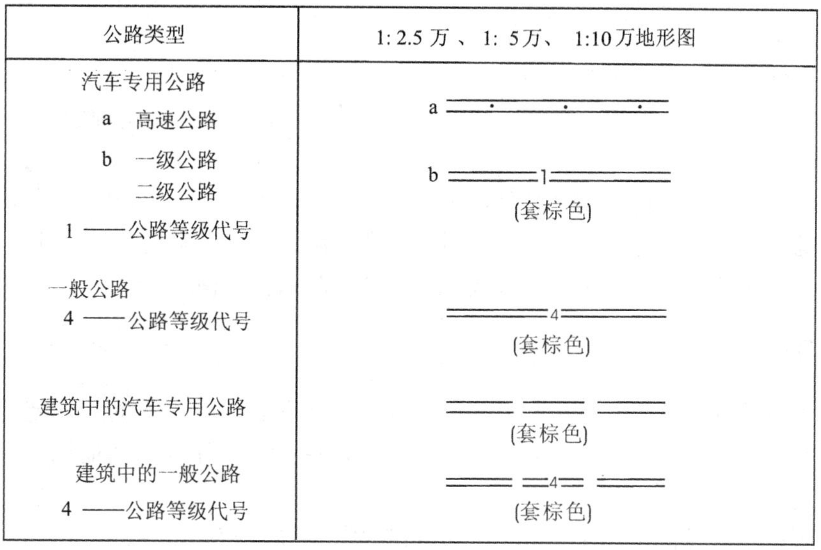

公路类型	1:2.5万、1:5万、1:10万地形图
汽车专用公路 　a　高速公路 　b　一级公路 　　二级公路 　1——公路等级代号	a ══•══•══•══ b ══════1══════ (套棕色)
一般公路 　4——公路等级代号	─────4───── (套棕色)
建筑中的汽车专用公路	══ ══ ══ (套棕色)
建筑中的一般公路 　4——公路等级代号	─ ─ ─4─ ─ (套棕色)

图 8-24　我国新的 1:2.5万、1:5万、1:10万地形图上公路的表示

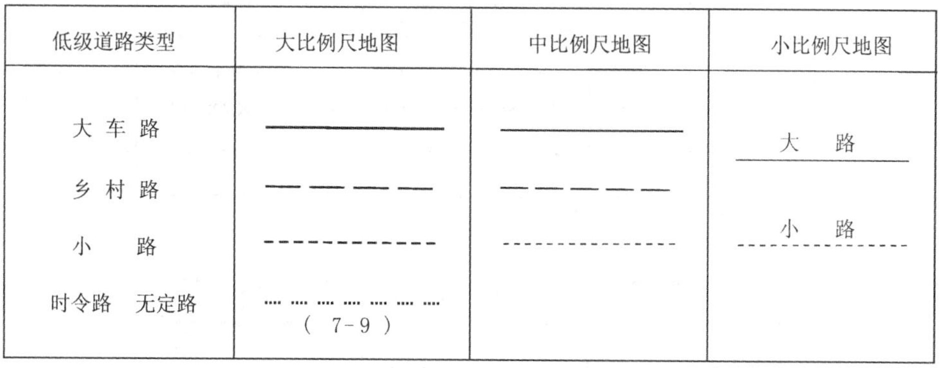

低级道路类型	大比例尺地图	中比例尺地图	小比例尺地图
大 车 路	───────	───────	大　　路
乡 村 路	── ── ──	── ── ──	
小　　路	─ ─ ─ ─	─ ─ ─ ─	小　　路
时令路　无定路	⋯⋯⋯⋯ (7-9)		

图 8-25　我国地图上低级道路的表示

在小比例尺地图上，低级道路表示得更为简略，通常只分为大路和小路。

2．水路交通

水路交通主要区分为内河航线和海洋航线两种。地图上常用短线（有的带箭头）表示河流通航的起讫点。在小比例尺地图上，有时还标明定期和不定期通航河段，以区分河流航线的性质。

一般在小比例尺地图上才表示海洋航线。海洋航线常由港口和航线两种标志组成。港口只用符号表示其所在地，有时还根据货物的吞吐量区分其等级。航线多用蓝色虚线表示，分为近海航线和远洋航线。近海航线沿大陆边缘用弧线绘出，远洋航线常按两港口间的大圆航线方向绘出，但注意绕过岛礁等危险区。相邻图幅的同一航线方向要一致，要注出航线起讫点的名称和距离。当几条航线相距很近时，可合并绘出，但需加注不同起讫点的名称。

3．空中交通

在普通地图上，空中交通是由图上表示的航空站体现出来的，一般不表示航空线。我国规定地图上不表示航空站和任何航空标志。国外地图一般都较详细地表示。

4．管线运输

主要包括管道和高压输电线两种。它是交通运输的另一种形式。

管道运输有地面和地下两种。我国地形图上目前只表示地面上的运输管道，一般用线状符号加说明注记来表示。

在大比例尺地图上，高压输电线是作为专门的电力运输标志，用线状符号加电压等说明注记来表示的。另外，作为交通网内容的通信线也是用线状符号来表示的，并同时表示出有方位的线杆。在比例尺小于1:20万的地图上，一般都不表示这些内容。

七、境界的表示

地图上，境界分为政区境界和其他境界。政区境界包括国界（已定、未定），省、自治区、中央直辖市界，自治州、盟、省辖市界，县、自治县、旗界等；其他境界包括地区界、停火线界、禁区界等。

地图上所有境界线都是用不同结构、不同粗细与不同颜色的点线符号来表示的（如图8-26）。

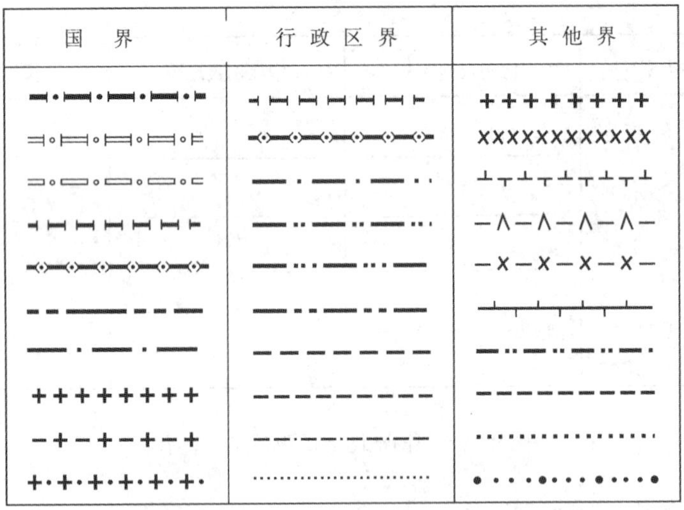

图 8-26 表示境界的符号示例

主要境界线还可以加色带强调表示。色带的颜色和宽度根据地图内容、用途、幅面和区域大小来决定。色带有绘于区域外部、区域内部和跨境界线符号绘制三种形式。在海部范围色带也要配合境界线符号绘出。

在地图上应十分重视境界线描绘的正确，以免引起各种领属的纠纷。尤其是国界线的描绘，更应慎重、精确，应严格执行国家相关的规定并经过有关部门的审批，才能出版发行。

§8.2 专题地图内容的表示方法

普通地图比较全面而客观地反映了地表所有能见到的或客观存在的物体。与之相比，专题地图反映的内容则更为广泛多样，除了如普通地图那样能客观而全面反映地表所见物体外，从空间而言，它还能反映空间的气候现象，地下的岩石分布及矿藏分布，人口的集中程度，民族的、语言的分布，资本的集中等；从时间而言，它能反映现象的过去、现在及其发展，反映现象随时间的变化。它不仅涉及自然界和人类社会的各个方面，而且反映其时空的特征，反映其数量和质量的特征及各现象间的联系。因此，专题地图内容的表示方法并不像普通地图那样以内容要素为转移，而是以反映对象的空间分布特征和时间分布特征为转移。一般来说，专题地图内容通常有十种基本的表示方法。

一、十种基本的表示方法

（一）定点符号法

定点符号法表示呈点状分布的物体，如工业企业、文化设施、气象台站等。它是采用不同形状、大小和颜色的符号，表示物体的位置、质量和数量特征。由于符号定位于物体的实际分布位置上，故称为定点符号法。

定点符号按其形状可分为几何符号、文字符号和艺术符号（如图8-27）。几何符号多为简单的几何图形，如圆形、方形、三角形、菱形等。这些图形形状简单、区别明显，便于定位。文字符号用物体名称的缩写或汉语拼音的第一个字母表达，便于识别和阅读。艺术符号又可分为象形符号和透视符号。象形符号是用简洁而特征化的图形表示物体或现象，符号形象、生动、直观，易于辨认和记忆。透视符号是按物体的透视关系绘成的，它更能反映物体的外形外貌，富有吸引力。在大众传播地图中常可看见此类符号。

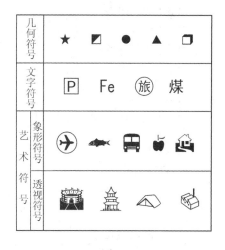

图8-27 符号的种类

定点符号法中用符号的形状和颜色表示物体的质量特征（类别）。由于地图上的符号较小，人眼对颜色的识别更优于形状，因此常常用颜色表示主要的差别，而用形状表示次要的差别。例如用绿色表示农业企业，再用不同形状的绿色符号分别表示种植业企业、养殖业企业等。

符号的大小表示物体的数量差别。若符号的尺度同它所代表的数量有一定的比率关系，称为比率符号，否则是非比率符号。

非比率符号可以表示非常模糊的数量关系，例如用大小不同的符号表示企业规模的大、中、小，粮食产量的高、中、低，而不显示其具体的数量关系和对比。

但在专题地图上大部分是用比率符号，比率符号的大小同它所代表的数量有关，图8-28是表示这种关系的各种尺度。

1. 绝对连续比率

绝对连续比率是指符号的面积比等于其代表的数量之比，且只要有一个数量指标，就必然有一个一定大小的符号来代表。为了确定各个符号的大小，先确定最小符号的大小，为了计算方便，将最小的符号大小定为 1.0mm。最小符号代表的数值称为比率基数。决定符号大小的线称为基准线，如圆的直径，正方形的边长，正三角形的高（但换算为边更方便）。由于基准线同面积是平方关系，根据 (8-1) 式可计算各符号的基准线长度。

$$d = \sqrt{r_1^2 \cdot x} \tag{8-1}$$

式中：d——符号的基准线长度；

r_1——最小符号的基准线长度，定为 1.0mm；

x——符号代表数量同比率基数（即基准线长为 r_1 代表的数量值）间的倍数。

例如，最小符号代表的数量是 125，基准线长度为 1.0mm，那么代表 1 000 的符号直径应为 $d = \sqrt{1^2 \times 8} = 2.828$mm；代表 10 000 的符号直径应为 $d = \sqrt{1^2 \times 80} = 8.944$mm。

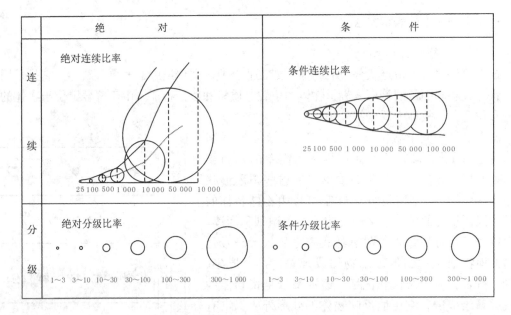

图 8-28 符号的各种比率

2. 条件连续比率

按照绝对连续比率关系，可计算出各不同数值对应的符号面积。如果所表达的数列其数量悬殊过大，势必造成大数值的符号面积过大，图面拥塞；小数值的符号面积过小，图上极不显眼。为此，可对计算的基准线长度附加上一个函数的条件，例如对其开平方，使大数值的符号面积缩减的速度更快；同样也可对其乘方，使一组相差不大的数列代表的符号扩大其差异。这种对其准线长度附以函数条件，以改变其大小，且数值与符号也一一对应的符号称为条件连续比率符号。

3. 绝对分级比率

如果我们表达的数列不是物体连续的真实的数值，而是其分级以后的数值，如 0～20，20～40……每一个等级设计一个符号，处于这个等级中的各个物体，尽管其真实数量是不相等的，但由于它们处于同一个等级中，仍用代表这个等级的同等大小的符号来表现它们。用分组的组中值根据 (8-1) 式确定符号基准线长度的称为绝对分级比率。

4．条件分级比率

假若表达的是分级数据，符号大小又是根据分组的组中值附加一定的函数条件计算出来的，这种比率关系称为条件分级比率。

运用分级比率可大大减少符号的计算工作量，也便于绘制，并在分级区值内不因某些数值的变化而改变符号的大小，能较好地保持地图的现势性，因此常被采用。

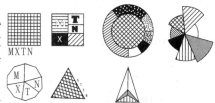

图 8-29　组合结构符号

为了反映专题现象的内部结构，可以使用组合的结构符号（如图 8-29），如把一个符号分成几个部分，分别代表该现象中的若干子类，并表示出它们各自所占的比例。若一个圆饼的大小表示某工业中心的工业产值，圆中各部分的角度代表某类工业的产值在总的工业产值中的比例，则可得到该类工业的产值。

定点符号法还可以反映现象的发展动态（如图 8-30）。常用不同大小符号的组合方式表示现象在不同时期的发展，造成一种视觉上的动感。

由于定点符号法的符号配置有严格的定位意义，当反映的目标比较集中时，可能出现符号的重叠，这是允许的。在重叠度不大时，可采用小压大的方法；若重叠度较大，隐去被压盖部分后影响对符号整体的阅读，可以采用冷暖色和透明度方法进行处理；必要时还可另用扩大图表示。

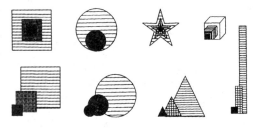

图 8-30　符号的组合应用表示发展动态

（二）线状符号法

线状符号法用于表示呈线状分布的现象，如河流、海岸线、交通线、地质构造线、山脊线等（如图 8-31）。

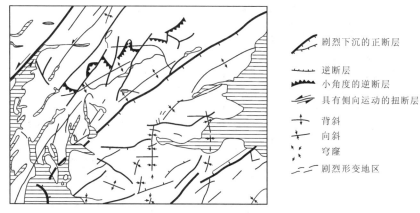

图 8-31　用线状符号表示地质构造线

线状符号用颜色或不同的结构表示线状要素的质量（类别）特征，其粗细只表示其重要程度，如主要、次要等，并不含有明确的数量概念。

用线状符号表示要素的位置时，有三种不同的情况：一是严格定位的，线状符号表示在现象的中心线上，如海岸线、陆上交通线、地质构造线等；二是不严格定位的，如航空线，只是两点间的连线；三是线状符号的一边沿实际位置描绘，另一边向内或向外扩展，形成一定宽度的色带，前者如海岸类型，后者如境界线色带等。

（三）范围法

范围法表示呈间断成片分布的面状现象，如森林、沼泽、湿地、某种农作物的分布和动物分布等。

范围法是用真实的或隐含的轮廓线（例如由颜色或网纹、符号排列构成的边线）表示现象的分布范围，在范围内再用颜色、网纹、符号乃至注记等手段区分其质量特征。

根据所表示的专题现象的特征，范围法可以分为精确的和概略的两类。精确范围法表示有明确界线的现象，其轮廓用实在的线状符号表示。概略范围法表示没有固定界线或分布界线模糊、不易确定的现象，如动物分布。图8-32是精确范围法和概略范围法表示的几种形式。

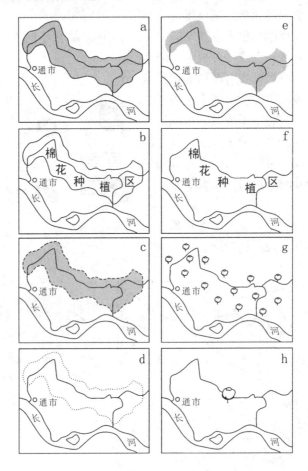

图8-32　范围法的几种表示形式

范围法也只表示现象的质量特征，不表示其数量特征，即表示不同现象的种类及其分布的区域范围，不表示现象本身的数量。由于其范围线有位置的含义，面积是边线位置的函数，所以它可以表示分布区的面积。不同文献上所称的面积法、区域法也就是这里所说的范围法。

将现象在不同时期分布的范围相重叠，可以显示现象的发展，如城区范围的扩展，污染范围的变化等。

（四）质底法

质底法表示连续分布、满布于整个区域的面状现象，如地质现象、土地利用状况和土壤类型等。其表示手段与范围法几乎相同，同样是在轮廓界线内用颜色、网纹、符号、注记等表示现象的质量特征（类别差异）。

采用此法时，首先按现象的不同性质将制图区域进行分类或分区，制成图例；再在图上绘出各类现象的分布界线；然后把同类现象或属于同一区域的现象按图例绘成同一颜色或同一花纹（如图 8-33）。图上每一界限范围内所表示的专题现象只能属于某一类型或某一区划，而不能同时属于两个类型或区划。

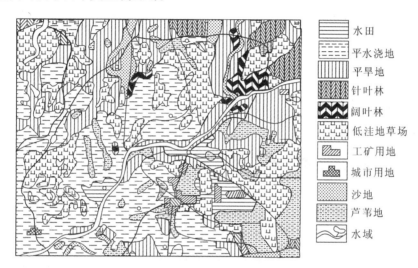

图 8-33 用质底法表示的土地利用图

质底法主要显示现象间质的差别，不表示数量大小。质底法中对各种现象的设色有比较严密的规定，要反映现象的多级分类的概念，因此要从分类系统的角度来设计颜色。

（五）等值线法

等值线法是一种很特殊的表示方法，它是用等值线的形式表示布满全区域的面状现象。最适于用等值线表达的是像地形起伏、气温、降水、地表径流等满布于整个制图区域的均匀渐变的自然现象。

等值线是表达专题要素数值的等值点的连线，如等高线、等温线、等降水线、等气压线、等磁线等。图 8-34 是用等温线表示的地面平均气温。

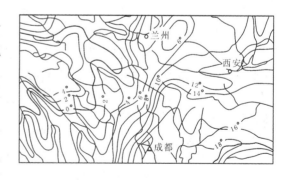

图 8-34 用等值线法表示气温

由于等值线强调的是数量指标，在使用等值线表示时应保持数据的统一性，即要求同样的起算基准、同样的观测时制（日均、月均、年均、多年平均）及同样的精度标准。

等值线的间隔通常保持常数，这样可以根据等值线的疏密判断现象变化的速率。只有在特殊的情况下才用变距等值线,如在小比例尺地图上表示地形起伏。

还有一种类似于等值线法的方法叫伪等值线法。形式上它完全相同于等值线,但内插等值线所依据的观测点不是真正意义上的观测点,而是一种统计值,表达的是相对数据,如人口密度。这时,伪等值线上并非处处数值相等,而更像是不同密度的分级分界线。

（六）定位图表法

用图表的形式反映定位于制图区域某些点上周期性现象的数量特征和变化的方法,称为定位图表法。常见的定位图表有风向频率图表、风速玫瑰图表、温度和降水量的年变化图表等（如图8-35）。

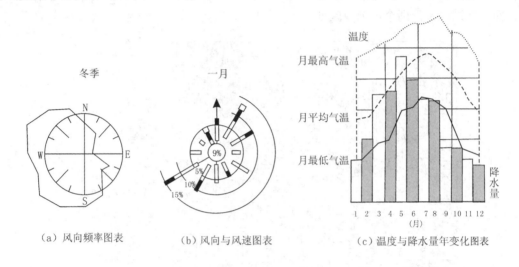

图8-35 常见的定位图表

定位图表反映的虽然只是在某点上观测的数据,因为它反映的是一定空间的自然现象,所取的"点"上的现象是周围一定区域范围内面上现象的代表性反映,因此,分布在制图区域中各处的若干定位图表,可以反映该区域面状分布现象的空间变化。

定位图表的统计数据可以以月、季、年为单位,在风向频率或风速图表中用某方位上的线长代表该方位上的频率值或数值,并可以反映该点上某现象的多项指标。如图8-35（b）中反映的是某点上的风向和风速的玫瑰形图表,表明该点（台站）上无风日占9%,标注于中心,其余的91%是有风的,分配于其他12个方位中;每个方位的风发生的频率用线长表示,每毫米代表1%;构成线柱的四种形式——细实线、空白柱、实心柱、加宽柱分别代表微风、中风、强风和飓风。

（七）点数法

对制图区域中呈分散的、复杂分布的现象,像人口、动物分布、某种农作物和植物分布,当无法勾绘其分布范围时,可以用一定大小和形状的点群来反映。点的分布范围可代表现象的大致分布范围,点子的多少反映其数量指标,点子的集中程度反映现象分布的密度,这种方法称为点数法,又称点法、点值法、点描法。

用点数法作图时,点子的排布有两种方式:一是均匀布点法（统计方法）,二是定位布点法（地理方法）。

均匀布点法是在一定的区域单元（通常是行政区划单元）内均匀布点,而不考虑地理背景；定位布点法则是按专题要素的分布与地理背景的关系，按实际分布状况布点（如图8-36）。

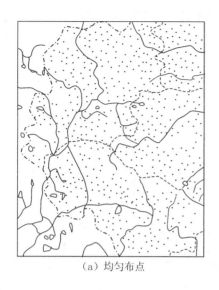
（a）均匀布点

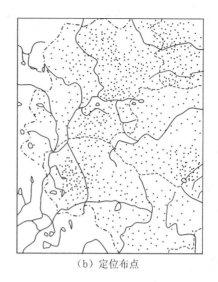
（b）定位布点

图 8-36 两种布点的方法

定位布点的精确程度取决于地图比例尺和资料的详细程度。在大比例尺地图上有详细的地理背景资料时，可以准确地布点以反映其实际分布。在较小比例尺地图上，很难做到真正意义上的定位布点，而往往是把统计的区域单元划分得小一些，在小单元范围内均匀布点以达到大范围内非均匀布点的效果。如在编制省人口分布图时若以乡（镇）为单位划分单元，在乡镇区域范围内均匀布点，除去界线后就产生了全省定位布点的效果。

点数法中最重要的问题是确定每个点所代表的数值，即点值。例如在人口分布图上，首先规定点子的大小（一般为 $0.2\sim0.3mm$），然后用这样大小的点子在人口密度最大的区域内点绘，使其保持彼此分离但又充满区域，数出排布的点子数再除以该区域的人口总数后凑成整数，即为该图上合适的点值。

当不同区域密度差异过大时，对密度过大区可采用较大的点子，而密度稀疏区仍用较小的点子，但最好使点子的面积与其点值保持相应的比例关系。也可以用点子的颜色区分现象的类别或质别，例如不同颜色的点代表不同的民族。由于点子很小，多色点子的混杂会使人难以阅读，所以一般只允许 2~3 种颜色的点混杂，而且它们各自最好有相互独立的、比较集中的分布区。也可以用不同颜色的点表示现象的发展变化，如用两种颜色的点表示水稻种植面积的扩展。

（八）运动线法

运动线法又称动线法，它是用矢状符号和不同宽度、颜色的条带表示现象移动的方向、路径和数量、质量特征。自然现象如洋流、寒潮、气团变化，社会现象如移民、货物运输、资本输入输出等都适合用动线法表示它们的移动。

以运动线顶端的矢部表示运动方向是非常直观的，其后端的运动线的位置表示现象移动的路径，线的宽度表示其数量特征，线的颜色或形状（结构）表示其质量（类别）特征。

表示运动线的路径有精确和概略之分。精确路线表示的是现象移动的实际轨迹；概略路线仅表示起讫点的位置和方向，其运动线只是起讫点的任意连线。

运动线的宽度表示数量特征。宽度一般是按比率的，根据数据特征可以是绝对比率，也可以是条件比率。表示河流流量的用连续比率，表示运输量的一般用分级比率（如图8-37）。

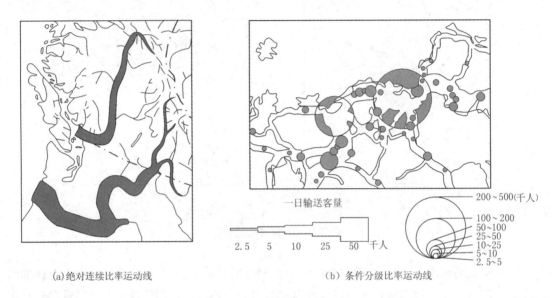

(a) 绝对连续比率运动线　　　　　　　(b) 条件分级比率运动线

图 8-37　用比率符号表示数量

用运动线表示货物运输时，用颜色和网纹表示货物的种类，宽度表示其数量，往返方向分别绘于路线的两侧，当货物种类很多时，运动线显得非常拥塞（如图8-38）。这时可采用截取其中一段，然后将其旋转 90°，横卧于运输线上的方法，会取得较好的效果（如图8-39）。

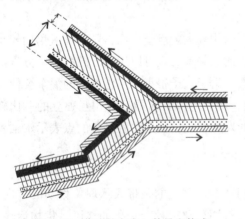

图 8-38　货流的方向、数量和构成

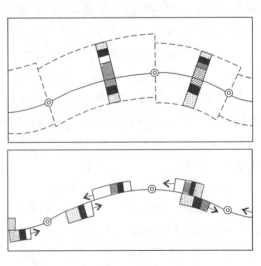

图 8-39　货流图

(九) 分级统计图法

在制图区域内按行政区划或自然区划区分出若干制图单元，根据各单元的统计数据并对它们分级，用不同的色阶（饱和度、亮度乃至色相的差别）或晕线网纹反映各分区现象的集中程度或发展水平的方法，称为分级统计图法，有的文献中称为分级比值法（如图 8-40）。

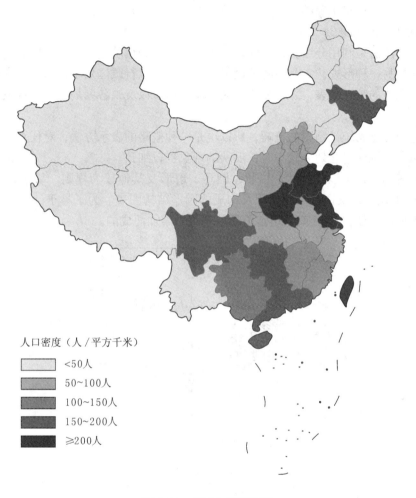

图 8-40 中国人口密度图

分级统计图法是一种统计制图方法，是一种概略的表示方法，因此对具有任何空间分布特征的现象都适用。但分级统计地图只能显示单元之间的差异，不能显示单元内部的差别。因此单元划分得越小，越能比较准确地反映现象分布的真实状况。

用于分级的指标可以是绝对指标，例如人口总数、粮食总产、国民生产总值等。但较多的是用相对指标，如人口密度、粮食单产、人均产值、某作物播种面积占全部耕地面积的百分比等。

数据分级的方法将在第十三章中详细研究。分级的结果应能突出数值高的和数值低的单元，这是人们关注的重点所在。

用颜色表示各不同级别时，通常首先使用颜色的饱和度（或亮度）差异，构成不同的等级层次，但当级别超过 5 级时，必须辅以色相的变化。

分级统计图法所用的资料，只需要相应分区单元的统计资料，一般地理底图上又有这一单元级别的境界线，所以该方法在人文经济地图中应用十分广泛。只是在进行分级时，若分级不当，可能会将两个差别较大的单元分在同一级中，掩盖了它们的差别；也可能会将两个差别不大的单元分到两个级别中去，人为地拉大了它们的差别。所以，制图工作者如何正确地分析统计数据，作出正确的分级是十分重要的。

（十）分区统计图表法

分级统计图法是利用分级，以不同级别单元的颜色的色阶差来反映它们的差别。而分区统计图表法是另一种形式，它是在各分区单元（同样是以行政区划单元为主）内按统计数据描绘成不同形式的统计图表，置于相应的区划单元内，以反映各区划单元内现象的总量、构成和变化。

由于它同样是属统计制图的范畴，所以也是一种概略的表示方法，对任意一种空间分布现象均适用。当统计单元划分较小时，反映的现象也较细致。

统计图表的形式可以是柱状、饼状、圆环、扇形及其他较为规则、易于计量的几何形状，如图8-41是反映农作物播种面积及构成的圆形结构图表。为了易于计量和阅读，还可以用定值累加法，如图8-42就是用定值的单个符号累加而成的。

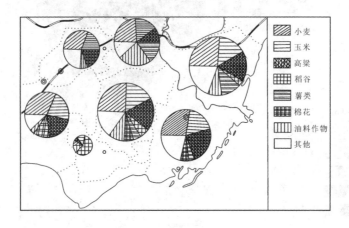

图 8-41 农业用地构成

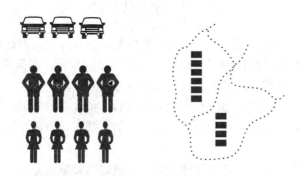

图 8-42 定值累加图表

图表大小的确定如同定点符号法一样，采用比率符号，根据数据系列的特点，可以用绝对连续比率、绝对分级比率，也可以用条件连续比率、条件分级比率。当单元个数不多时，最好用绝对比率，这就避免了分级中因分级不当影响现象正确表达的弊病。

二、其他几种辅助表示方法

除上述的十种基本表示方法用以表达不同空间分布、时间分布的物体和现象外，还有一些值得介绍的图表表示和较为新型的表示方法，这里主要介绍金字塔图表和三角形图表法两种。

（一）金字塔图表

由表示不同现象或同一现象的不同级别数值的水平柱叠加组成的图表，最常用于表示不同年龄段的人口数，其形状一般呈下大上小，形似金字塔，故称为金字塔图表。

金字塔图表还可适用于表示人口的婚姻状况、受教育程度，不同产业部门的产值、利税，不同部门的职工人数、收入和消费水平等。它可以用水平柱长表示数量特征，颜色表示质量（类别）差异，并反映现象的结构特征（如图8-43）。

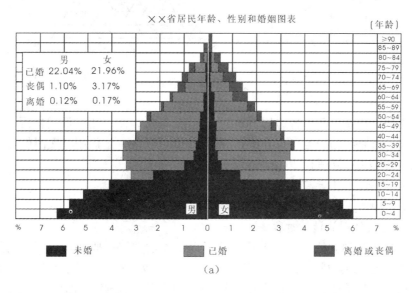

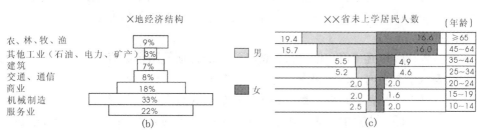

图 8-43 几种金字塔图表

图表可以表示整个区域的指标，置于地图幅面的适当位置，也可以作为分区统计图表放在各区划单位内，是专题地图中使用较多的一类统计图表。

（二）三角形图表法

三角形图表法是一种在做法和表示上都十分特殊的表示方法。它是根据各个区划单元（一般是行政区划单元）某现象内部构成的不同比值，通过图例区分出不同的类别，然后用类似质底法的形式表示出来。由于其表示内部构成的指标只允许归成三项（或三类），因此能用三角形图表来表示它们。

1. 结构原理

三角形图表的结构原理是基于在一个等边三角形中，任意点至三条边的垂距总和相等（如图 8-44）。如果我们把这个总长作为 1 (100%)，则任意点至各边的垂距长就是三个亚类各占的比例值。

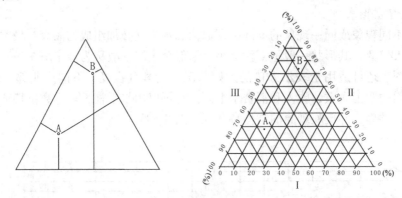

图 8-44 三角形图表的结构原理

为了量度方便，将正三角形各边均匀地划分为 10 等份，使三角形形成格网，这就可以比较容易地读出三条垂线的长度（百分比）。百分比值可以按一定规则（顺时针或逆时针方向）分划。如图 8-44 中，我们可以读出：

A 点——Ⅰ=18%，Ⅱ=27%，Ⅲ=55%；

B 点——Ⅰ=19%，Ⅱ=72%，Ⅲ=9%。

2. 三角形图表法地图的设计过程

为便于读者理解这种方法的内容实质，这里以日本的"居民职业构成图"为例（如图 8-45）加以说明。在三角形图表中的"Ⅰ"代表农、林、牧、渔、狩猎业等第一产业；"Ⅱ"代表矿业、制造业、建筑业、加工业等第二产业；"Ⅲ"代表交通、通信、公益企业、服务业、行政职业和其他第三产业。各行政单元三类产业就业人数总和为 1。

设计的过程如下：

第一步，各行政单元（市、镇、村）按其统计的三项不同指标值（各类就业人数的不同比例）用点表示于图表内。在图表内，每一个点代表了一个行政单元。本例中制图区域为日本全国，所以日本全国各行政单元都以相应的点的形式点入了三角形图表。

第二步，由于图表内点的分布是不均匀的，可按点子的分布情况对三角形图表进行分区（实质上是分类型）。一般来说，对图表中点子分布稠密的区域，分区可分得细一点（即分区小一点），点子分布稀疏的区域，分区可粗一点（分区大一点），目的是尽可能将点群（各行政单元）的特征差异显示得细致些。这种分区方法类似于分级统计地图的分级，性质相近的点（代表相应的政区单元）划为同一区（类），每个区内都包含有一定数目的点（政区单元）。图 8-46 是根据图 8-45 点群的分布状况进行分区的，共分 10 个区域，各区特征为：

a：Ⅲ≥70　　　　　　　　　　　　　（Ⅲ产业绝对多数型）

b：70＞Ⅲ≥50　　　　　　　　　　　（Ⅲ产业多数型）

c：Ⅰ＜25，Ⅱ、Ⅲ＜50　　　　　　　（Ⅱ、Ⅲ产业同数，Ⅰ产业少数型）

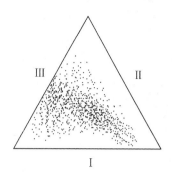

图 8-45 居民职业构成

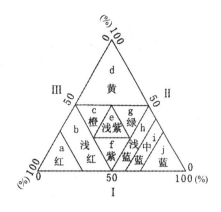

图 8-46 根据点位密度分区

d：Ⅱ≥50　　　　　　　　　　　　（Ⅱ产业多数型）
e：50＞Ⅰ、Ⅱ、Ⅲ≥25　　　　　　（Ⅰ、Ⅱ、Ⅲ产业同数型）
f：Ⅰ、Ⅲ＜50，Ⅱ＜25　　　　　　（Ⅰ、Ⅲ产业同数，Ⅱ产业少数型）
g：Ⅰ、Ⅱ＜50，Ⅲ＜25　　　　　　（Ⅰ、Ⅱ产业同数，Ⅲ产业少数型）
h：60＞Ⅰ≥50　　　　　　　　　　（Ⅰ产业多数，Ⅱ、Ⅲ产业少数型）
i：70＞Ⅰ≥60　　　　　　　　　　（Ⅰ产业多数型）
j：Ⅰ≥70　　　　　　　　　　　　（Ⅰ产业绝对多数型）

如仍以上述的 A，B 点为例，则 A 点位于 b 区（Ⅲ＝55%，属Ⅲ产业多数型），B 点位于 d 区（Ⅱ＝72%，属Ⅱ产业多数型）。

分区以后，就要着手对各分区进行设色。一般来说，三角形的 3 个角顶区可分别设以红、黄、蓝色，中间各区则视其与某角顶靠近的程度设接近于该角角顶主色的色调（如图 8-46）。

至此，三角形图表地图的设计已完成了两步工作。即第一步：根据统计资料确定各单元在图表中的位置；第二步：根据点群分布情况，对图表进行分区并设以颜色。第二步工作实际上是完成了这种地图的图例设计工作。

接下来，按各点（行政单元）在图表中的位置，以其所在分区的颜色（即第二步中设计的图例的颜色）填绘于该点所代表的行政区划范围中去，如上述的 A 区为浅红色，B 区为黄色。实际作业时是将各点的三项指标值与图表中各分区的三项指标值相对照，从而确定某点（行政单元）应在什么分区，用什么色。因为在点群分布的三角形图表中，不可能对每点注出其名称。

这种方法对社会经济现象的结构和发展剖析较为深刻。这里仍以日本"居民职业构成图"为例进行说明。三角形图表（图例）中红、浅红的区域表示居民中从事服务性和公益性职业的人数较多，表现在地图中，这类区域越多，越说明社会结构中由于工业高度自动化，就业者由初级产业逐步转向第三产业；三角形图表（图例）中蓝、浅蓝的区域表示居民中从事农、林、牧、渔等初级产业的人数较多，地图中这类区域（行政单位）越多，说明社会结构中工业不太发达，第三产业职工人数也越少，而从事农牧业等的人口占大多数。

在三角形图表中，如果将任一行政单元按其不同时期的三项指标值用不同的点位标注其中，从点位的移动即可看出社会发展的趋向（如图 8-47），可以编制分区统计图表地图；如

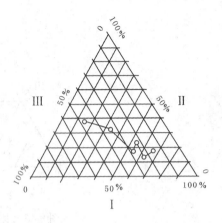

图中各点自右向左分别表示日本某市 1920、1930、1940、1950、1960、1970 年职业构成状况

图 8-47 三角形图表法研究社会发展趋向

果三角形图表表示各城市的指标，就成为符号法地图。与其他方法相比，这种方法较为直观。

三、对专题地图内容表示方法的综合分析

专题地图内容的十种表示方法是针对不同的时间、空间分布特征及数量、质量特征要求而产生的，表示方法间有着严格的区别，但在形式上某些表示方法间也有着十分相似的地方。只有认识了它们的实质，才能在专题制图时准确而恰当地使用它们。

（一）表示方法的功能分类

1. 不同的表示方法对现象空间分布特征的表示有不同的适用范围，参见表 8-3。

表 8-3

现象的空间分布 \ 表示方法	定点符号法	线状符号法	范围法	质底法	等值线法	定位图表法	点数法	运动线法	分级统计图法	分区统计图表法
点状分布	√							√	√	√
线状分布		√				√		√	√	√
面状分布 呈间断分布			√					√	√	√
面状分布 布满全制图区域				√	√	√				
面状分布 分散分布							√	√	√	√

2. 按对现象时间变化的表示，可分为：

某一特定时刻——除运动线法外都可采用；
现象的移动——运动线法；
周期性变化——定位图表法；

某一时间段内的变化——定点符号法、线状符号法的组合，等值线法、点数法、范围法的组合，分区统计图表法。

3. 按对现象数量和质量特征表示的可能性，可分为：

以表示质量特征为主的——线状符号法、质底法、范围法；

以表示数量特征为主的——等值线法、点数法、定位图表法、分级统计图法；

表示全能指标的——定点符号法、分区统计图表法、运动线法。

(二) 表示方法的相互比较

1. 定点符号法与定位图表法

这两种表示方法都表示定位于点上的现象，符号和图表都要求按定位点配置。它们的区别在于定点符号法表示定位于该点上的某一具体时刻或某一时间段的量值，点与点是独立的，互不关联的。定位图表法反映的是该点周围区域面状现象的空间变化，是一种周期性数值且必须有多个这样的点来共同反映布满制图区域的现象特征。

2. 质底法和范围法

这两种方法都是在图斑范围内用颜色、网纹、符号等手段显示其质量特征。它们的差别是：质底法表示的是布满全区的面状分布现象，分类以布满全区的现象为对象，图面不可能有空白，图斑也不可能有交叉和重叠；范围法表示的是各自独立的间断成片现象，无这些现象的地方出现空白，现象有重叠分布的，图斑也就会产生重叠和交叉（如图8-48）。

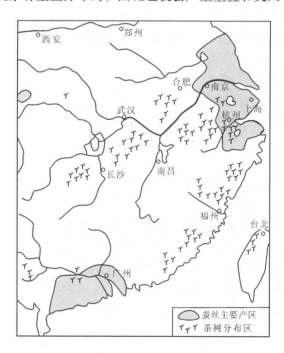

图 8-48　范围法的重叠表示

3. 定点符号法与分区统计图表法

分区统计图表的形状可以与定点符号法的形状完全一样，其符号比率的计算也可完全一样，但它们的内涵不一样。定点符号代表的是局限于该点上的数据，它必须严格定位在这个点上，有多少个点就有多少个符号，符号多时会相互重叠；分区统计图表表示的是所代表区域内数量的总值,正因为如此,一个区域单元内只可能有一个这样的图表,从定位意义上讲,它没有严格的定位意义,只要放置于该区域范围内的适当位置即可。

参 考 文 献

1．张克权等．专题地图编制．北京：测绘出版社,1991
2．祝国瑞等．地图设计与编绘．武汉：武汉大学出版社,2001

思 考 题

1．普通地图的内容包含哪几部分?
2．什么叫海岸? 如何在地图上表示海岸?
3．地图上有几个计算高(深)度的基准面? 它们之间的关系是怎样的?
4．海洋中深度点的表示同陆地高程点的表示有什么不同?
5．如何表示陆地上的河流?
6．等高线的基本特点是什么?
7．等高线如何分类? 各自的特点是怎样的?
8．为什么要使用地貌符号? 地貌符号如何分类?
9．当地图上既要表示居民地的行政意义,又要表示其人口数量时,通常采用怎样的表示方法?
10．地图上的交通网如何分类?
11．什么是定点符号? 它如何分类?
12．比率符号分为哪几类? 它们各自有什么特点?
13．范围法和质底法有什么异同点?
14．什么叫伪等值线?
15．定位图表和一般的统计图表有什么区别?
16．用点数法表示时,如何确定每个点的点值?
17．用运动线表示时,如何确定运动线的路径和粗细?
18．分级统计图法和分区统计图表法有什么不同?
19．什么叫金字塔图表? 它主要用来表示什么内容?
20．三角形图表的结构原理是什么?

第四编 地图的图形、色彩和注记的设计

第九章 图形设计

绝大多数地图是视觉产品。地图图形符号要通过读者的视觉被感受，地图设计的质量除了取决于内容的科学性外，还取决于地图图形是否适应人的视觉感受机能。因而图像、图形视觉及其心理规律是地图形式设计的重要依据。

§9.1 视觉感受性与视敏度

视觉器官感受刺激物的能力，表现为眼对光的感受性以及对光的明、暗适应能力。这种能力，使人能够接纳外界丰富的信息，并在此基础上形成更复杂的图形和空间知觉。

一、视觉感受性及其评量

感受性就是视觉的灵敏度。视觉感受性具有重要的理论和实践意义。例如，查明视觉灵敏度的变化规律和影响因素，可以了解眼睛对不同客观刺激在不同条件下的反应。视觉对于不同的图像具有不同的灵敏度。

视觉感受性用视觉阈值的大小来评量。所谓感觉阈值，就是刚刚能引起感觉的、持续一定时间的刺激量（或变化）。心理学上把感受性分为两种：绝对感受性和差别感受性。

视觉的绝对感受性以绝对阈值为指标，绝对阈值（R）越小，感受性（E）就越高，它们在数量上成反比：

$$E = \frac{1}{R} \tag{9-1}$$

差别感受性是指能区分两种刺激强度的灵敏度，用差别阈值的指标，即能察觉到的刺激物的最小差异量（恰可察觉差）来衡量。差别感受性也与差别阈值成反比。差别阈值有一个特点，从绝对值来说，原有刺激的强度不同，其差别阈值也不同。但就相对值而言，差别阈值与原有刺激强度之比在很大范围内是固定的。著名的韦伯定律（或布格尔-韦伯定律）就反映了这种规律：

$$\frac{\Delta I}{I} = K \tag{9-2}$$

其含义是，如果以 I 表示最初的基准刺激的强度，以 $I + \Delta I$ 表示刚刚觉察出变化的较强刺激的强度，那么，差别阈值（ΔI）和基准刺激（I）成正比，其比值 K 是一个常数，K 也称为韦伯常数。对于不同的感觉通道（视觉、味觉、听觉等），K 值各不相同。例如，在最优实验条件下，对于光强度的差别感受，K 值约为 $1/62$。

在对感受性的研究中，德国心理学家费希纳（G. H. Fechner）进一步对感觉经验的量和引起感觉的刺激强度之间的关系进行了定量的研究。他设计了心理物理函数，即费希纳定

律：

$$E = K \cdot \lg I + C \tag{9-3}$$

式中，E 为感觉经验量，I 为刺激量（以绝对阈值的倍数计），K、C 为常数。费希纳定律所表达的基本概念是：物理刺激量 I 的对数性增加，将引起感觉经验量（E）的直线增加。也就是说，如果想增加相等单位的感觉，就必须使物理刺激按几何级数增加。

为了对感觉经验定量并使之与刺激量大小联系起来，心理学家们还采用了所谓的量表技术，称为心理物理量表法。心理量表主要有定名的、顺序的、间隔的、比率的，还有所谓直接量表和间接量表等。有了这种量表，就可以探讨阈上感觉如何量度，就可以回答这样一些问题：给出一个标准大小的图形，第二个图形需要多大尺寸才能使其经验感觉量比前者大一倍；给定一个明度的范围，如何找出在视觉上等间距的一个明度系列等。

二、视觉敏锐度

视觉敏锐度是眼睛能够辨别出视野中空间距离很小的两个物体的能力，它意味着人们能够看到图像精致细节的准确性。同样大小的物体在不同距离条件下，投射到视网膜上的映像大小不同；而不同大小的物体分别处于不同距离时，却可在视网膜上获得同样大小的映像。因此，为了便于比较，都采用视角作为度量标志。在医学上把视敏度叫做"视力"。一般采用"E"字视力表或"蓝道环"视力表作为测定视力的工具。视敏度实际是包含多种机制的综合视觉能力。上述方法是医学临床上常用的一种特定的视力检查法。心理学上可以通过多种方式来检查各种视觉能力，如对测试物的察觉、认知、解像力和定位等。图9-1是检查视敏度几种能力的图形式样。

图9-1 四种类型的视敏度测验

1. 察觉

观察者只判断在他的视野中是否存在刺激物，这是强度的判断，因而属于绝对阈值的测定。人眼对光强度具有极高的感受性，对点和线来说，其察觉阈值如表9-1所列。从表中可看出，线的察觉阈值比点低得多，或者说线划图形比点的视敏度高。由于光线穿透眼球发生衍射和漫射，极其微小的明亮光点投射到视网膜上不再是细微的点，而会扩散为一个面。所以暗背景上的明亮点线比亮背景上的暗点线视敏度要高。

图形的察觉主要是对比的辨别，取决于视网膜上刺激图像的投影与其周围背景亮度的差别，因而与图形的反差有直接关系。正是由于这个原因，为了形成同样的感受水平，图形与背景明度差别大时，图形可以小一些；而图形面积大时，明度对比就可以小一些，二者成反比关系。

表 9-1　　　　　　　　　不同情况下的点线察觉阈值

	背景	视角	30cm 视距时的阈值（mm）
点	白底黑点	30″	0.044
	黑底白点	10″	0.015
线	白底黑线	4″	0.006
	黑底白线	<4″	<0.006

2．认知

认知不仅要察觉刺激物的存在，而且要能够分辨二维物体的形状和位置。上述视力测试也可看做是对认知能力的评量。它不仅包括明度差别的辨别，而且包括一定程度的解像力和定位能力的测定，因而也可以看做是视敏度的一种全面检测。据测定，人眼判别图形或文字时的最小视角为 30″～40″。

3．解像力

解像力是对一个视觉形状各组成部分之间距离的辨别能力。它表现为眼睛所能判别两个相距很近的小点或两条相距很近的细线之间的最小距离，因而也就是最小分离阈值。据测定，最小值为 20″～30″。可见眼睛对多线栅格图形的视觉分辨力比对单个细线的分辨力低得多。良好的解像力只有在亮和暗的线条有高度对比时才能表现出来。

4．定位

定位是标志视觉辨别空间两条线相对位置的能力，即微差视力。眼睛对微差有极强的辨别力，刚刚能分辨的微差为 2″～10″。这种高分辨力早就被用来提高仪表标尺读数的精度。实验证明，仪表标尺设计形式不仅影响估读精度，而且与错读率有直接关系。经纬仪照准和读数窗，坐标展点仪读数轮的设计都要考虑视觉定位能力的特点。

三、符号构形的知觉阈值

上述视觉敏锐度是最基本的视觉特性，但视觉在地图上将面对的是各种各样的图形，而不同图形，其视觉阈值又各不相同，表 9-2 列举了最常用的各种颜色几何图形的辨认阈值。表 9-3 是线划元素间距的辨认阈值。图 9-2 则列举了一些简单变形几何图形及其各部分的辨认阈值。

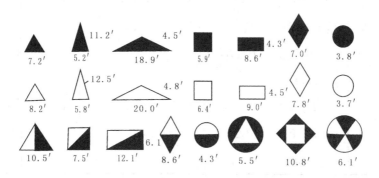

图 9-2　几何符号及其构成部分辨别阈值

表 9-2　能进行可靠识别的符号及其基本结构元素的阈值

符号或其元素的名称	符号或其元素的图形	符号元素可以识别的最小尺寸（以角分计）					彩色符号			
		黑色符号					天蓝	绿	蓝	橙
		底色					白			
		白	天蓝	绿	橙	棕	白			
Ⅰ. 基本结构元素										
点	·	2.1′	2.1′	2.4′	2.8′	3.5′	2.8′	5.5′	4.1′	4.1′
线划	—	0.9′	0.9′	1.0′	1.2′	1.4′	1.8′	2.1′	0.9′	1.4′
弧	⌒	2.2′	2.2′	2.4′	2.5′	2.8′				
Ⅱ. 几何图形结构										
圆	●	3.1′	3.4′	3.8′	3.8′	3.8′				
	○	3.5′	3.8′	4.1′	4.1′	4.1′				
正方形	■	6.2′	6.9′	1.6′	7.6′	8.3′				
	□	6.9′	1.6′	8.3′	8.3′	9.0′				
等边三角形	▲	7.6′	8.3′	8.3′	9.0′	9.7′				
	△	8.3′	9.0′	9.0′	9.7′	10.3′				
等腰三角形	▲	10.3′(h)~4.8′(c)	11.0′~5.2′	11.0′~5.2′	11.7′~6.5′	12.4′~5.8′				
	△	11.0′~5.2′	11.7′~5.5′	11.7′~5.9′	12.4′~6.2′	13.2′~6.7′				
矩形	▬	8.3′~4.1′	9.0′~4.8′	9.0′~4.8′	9.7′~5.2′	10.3′~5.5′				
	▭	9.0′~4.8′	9.7′~5.5′	9.7′~5.5′	10.3′~5.5′	11.0′~6.2′				
星形	★	4.1′~2.8′	4.1′~2.8′	4.1′~2.8′	4.8′~3.5′	5.5′~4.1′				
	☆	4.8′~3.5′	4.8′~3.5′	4.8′~3.5′	5.5′~4.1′	5.8′~4.1′				
Ⅲ. 线状符号结构										
线	—	0.7′	0.7′	0.9′	1.0′	1.2′	0.9′	1.4′	0.7′	0.9′
直线错位	⎯ ⎯	1.4′	1.4′	1.5′	1.7′	2.1′				
直线弯曲	⌒	1.1′~1.4′	1.1′~1.4′	1.2′~1.5′	1.4′~1.7′	1.8′~2.1′				
直线折曲	∧	0.2′~0.3′	0.2′~0.3′	0.2′~0.3′	0.3′~0.4′	0.4′~0.5′				
线条间断	---	1.0′	1.0′	1.1′	1.2′	1.5′				

表 9-3　　　　　　　　　　　线划元素间距的辨别阈值

符号元素	图形\颜色	在黑色之间	在蓝色之间	在橙色之间	在不同颜色符号之间
双线划	═	1.7′	2.1′	2.1′	1.7′
	═	1.3′	2.8′	2.8′	1.3′
线划组	≡	2.1′	2.8′	2.8′	2.1′
	≡	1.7′	2.1′	2.1′	2.7′

		黑白符号			
在符号元素之间	图形\底色	白	绿	橙	棕
	⊙	1.4′	1.4′	1.7′	2.1′
	◎	1.7′	1.7′	2.1	2.5′
	▬	1.1′	1.1′	1.4′	1.7′
	▭	1.4′	1.4′	1.7′	2.1′

视敏度和各种视觉阈值表明了视觉能力的最下限，它们对于地图制作和阅读的直接影响是不明显的。显然，由于制图者本身视敏度的客观限制，任何地图都不会将符号设计到接近视觉阈值的程度。另外，上述视敏度检测都是在排除其他干扰的标准化条件下进行的，而地图上符号的复杂程度、图形环境、背景明度和颜色、使用条件等变化很大，因而各项视觉阈值会大幅度上升（感受性下降）。所以我们还需要进行阈上感受的研究。为了使图形符号能够被确认或更易引起注意，必须使符号及其各部分的尺寸大于阈值很多。假如人们能看到白纸上一个黑点的最小尺寸为 0.09mm，而要让人清晰地看到它时，其尺寸至少应达到 0.2mm 左右。但是，从上述视敏度的各项阈值来分析，也已经可以为我们提供许多有益的启示。例如，线状符号的感受性一般比点状符号的感受性好，因而设计点状符号时，其尺寸一般要比线的宽度大一些。地形图上基本线条的粗为 0.1mm，而基本的点为 0.15mm 就是这个道理。根据察觉阈值，黑底上的白线比白底上的黑线感受性好，在设计符号时反衬（反白）图形有时比黑图形更加醒目。又如符号图形线画密度与其对比度的关系：线划粗、间隔大，即使线划颜色较浅，也能清楚地辨别；线划细而密集的图形，必须有更大的明度对比，才能与前者保持相同的感受水平。

§9.2　图形视觉感受性的影响因素

人眼从地图上获取图形信息，要经过物理刺激、生理反应和心理反应这一系列过程。因而我们所说的视觉感受性实际上是一个完整的认识过程，不仅涉及视觉的生理特性，还涉及心理特征和一定的思维特征，情况相当复杂，影响因素很多。

一、图形视觉感受的基本过程

地图图形认识过程包含感觉和知觉两个基本环节。"感觉"是指客观事物直接作用于人的视觉器官,在人脑中产生对这些事物的个别属性的反映。人对客观世界的认识是从感觉开始的,不通过感觉就无法知道事物的任何形式,所以感觉是人类一切知识的源泉。

"知觉"是指人脑接受客观刺激后对这些事物的综合性、整体性的反应。感觉信息一经传达到大脑,知觉便随之产生。感觉是将环境刺激的信息传入大脑的手段,知觉则是从汇集的信息中抽绎出有关信息的处理过程。这两者实际上是相互联系、难以截然分开的。

为了探索视觉感受的性质和特点,可以把认识过程进一步分为察觉、辨别、识别和解译四个环节。

"察觉"是感觉的第一步,就是指是否接受了客观刺激,是否感觉到刺激存在的问题。§9.2所讨论的绝对阈值和差别阈值,就是对视觉察觉能力的评量。

"辨别"是指对客观目标特征的察觉,也可以说是察觉对象的差异。视觉辨别的依据是刺激强度、广度和时间三个方面的差别。辨别是一个复杂的过程,它不仅取决于视觉器官的差别感受性,而且更多地受到心理和心理物理因素的影响。在地图图形的设计和使用中,对视觉辨别功能及其规律需要给予更多的关注。

"识别"指当正确辨别出图形特征之后,大脑对这些信息进行的抽绎分析。这相当于我们所说的"判读",是取得地图符号直接信息的过程。显然,识别要依赖学习,当前的刺激要与过去学习留下的表象作对比拟合,才能知道它是什么。正因为这样,地图常常要为读者准备一个图例。

"解译"不只是对每个图形的识别,而是依据其特点以及与其他信息的关系,形成对图形内容的理解。因此,它在很大程度上取决于人的知识基础、实践经验和思维能力。在人的视觉感受中,这些环节相互交织,很难截然分开。一些简单的图形符号一经察觉和辨别便立即被理解,这是由于知识经验的丰富,可以很快"直觉"符号的内容。对一些不太熟悉的符号或者在缺少必要的心理准备时,往往需要反复进行辨别和认知。整个视觉感受过程和感受性既取决于视觉生理机能,也受到各种心理因素的影响。

二、影响视觉感受的因素

(一)刺激条件因素

1. 对比因素

刺激物与背景的亮度对比关系对产生视觉感受非常重要。对比即差别,没有足够的差别就无法产生视觉感受,差别越大感受性就越高。

最基本的对比是明度对比。同样明度的灰色方块在白色背景上显得偏暗,在黑色背景上显得偏亮(如图9-3)。一般来说,背景很明亮时,图形与背景只要有很小的对比值就能分辨;当背景很暗时,则需要较大的对比值才能分辨。

色彩差别对图形感受影响很大,由于色彩对比会使颜色出现某种错觉,因此在进行地图色彩设计时,一般都要利用这种规律增加感受性。

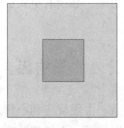

图9-3 明度对比

形状和结构的差异也可以引起感觉的变化。一种作为背景的图形，也会诱使人们对其近旁图形的视觉出现某种改变。如两条曲率相同的圆弧，处在较平直的线条中比处在更弯曲的线条中显得曲率要大一些（如图9-4）。在普遍相同的事物环境中，个别形状或结构特异的图形其感受性特别高（如图9-5）。

图9-4　弯曲错觉

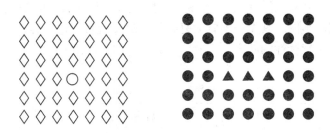

图9-5　特异对比

对比因素对视觉辨别有很大影响，而且相当普遍，这是地图图形设计中需要充分注意和运用的。有时要避免其产生的不利影响，有时却又可利用它加强视觉效果。例如图9-6中的情况，本来色块3比色块4明亮，但由于3处在更明亮的环境中，而4处在更暗的环境中，在视觉中色块3和4就会彼此接近而难以区分。对于这种情况，在实践中应将色阶的明度差别拉开一些，避免出现上述现象。又如，需要提高某些要素的感受性时，可以加强它们与背景或其他要素的对比度，包括明度对比、颜色对比和形状等方面的对比。

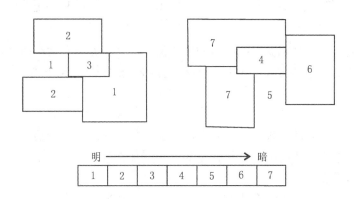

图9-6　两个明度不同的色块在不同的环境中看起来可能彼此接近

2．照度因素

心理学家们研究了照度与人眼分辨能力的关系，提出了视敏度与照度的函数式

$$V = a\lg E + b \tag{9-4}$$

式中，V 为视敏度，E 为照度，a、b 为常数。随着照度增高，视敏度开始提高得很快，而后逐渐减慢，当光照达到一定程度后，视敏度就不再提高了。另外，在自然光照射下视敏度最高，而在相同照度的人造光源照射下视敏度较低。

3. 时空因素

任何刺激物要能够被视觉感受，必须要有一个基本的持续时间，并且在一定的时间限度（临界时距）内，感受性与时间成正比。一般认为这个临界时距在 100ms 左右，超过这个时间，感受性就不再受它影响了。当然，这是对简单刺激的察觉而言的，对于复杂的刺激和对于符号的识别与理解，需要的时间就要延长。人们在对仪表显示符号的识别试验中发现：简单符号辨认速度快，但误认率高；复杂符号辨认速度慢，但误认率低（参见表9-4）。这说明符号复杂程度对视觉感受所需时间的影响。这提示我们，阅读地图时对相对不同类型的符号感受速度不一样，并且地图视觉环境复杂，对目标必须有一定的注视时间，所以对需要快速判读或临场使用的地图，其符号不宜太复杂，应尽量醒目，这样容易引起人们注意，起到延长注视时间、提高感受性的效果。

表9-4　　　　　　　　　　　符号的识别反应时间

辨认情况	简单符号	较复杂符号	复杂符号
辨认时间（s）	0.034	0.053	0.169
误认率（%）	10.80	2.20	2.50

空间因素对地图符号视觉辨别也有很大影响。空间因素即刺激物的大小（视角大小），它与视觉感受水平成正比，里考（Ricco）定律说明：

$$K = I \cdot A \tag{9-5}$$

当保持阈值（K）为常数时，视网膜受刺激的面积（A）越大，所要求的刺激强度（I）则越小；面积越小，则要求刺激的强度越大。可见，图形感受性随其大小而呈正向变化。对于视网膜大范围的视觉刺激（大面积）来说，用庇帕尔（Piper）定律更为适当：

$$K = I \cdot \sqrt{A} \tag{9-6}$$

即如果刺激强度减弱一半，受刺激范围必须增大 4 倍。反之，如果有大小两个符号，要保持相同的感受水平，那么，小的符号刺激强度就必须强些（鲜艳、对比强烈），大的则可弱得多。

（二）生理因素

视觉在根本上取决于眼的生理构造及其性质功能。除前面已经讨论的内容外，还必须了解眼睛究竟能够感受客观刺激的哪些特性，是如何感受刺激物复杂而多样的性质与形态的。这也与刺激的物理特性有关。

视觉能感受到的刺激特征主要在于四个方面：性质、强度、广度、持续时间。

"性质"主要表现为波长的不同和辐射或反射表面的特性，即不同的色相和肌理结构等。

"强度"主要与光谱反射比、照度等有关，表现为明度、饱和度等性质。

"广度"是指刺激物的空间性质，可以理解为定位、尺寸、形状和方向。

"时间"即视觉、察觉和识别所需的时间和时间的积累作用。

除时间因素外，其他就是能够引起视觉差异、实现辨别的最基本的变化，称为"视觉变量"（或图形变量）。这是从视觉生理的角度分离出来的基本视觉元素，因而具有普遍性。它受到了与图形工艺有关的许多领域（包括地图学界）的广泛重视，因为它为探索最适于人眼阅读的有效图形符号设计提供了一条有效的途径，对总结地图符号的构图规律和提高感受效果有重要的意义。

在实践中，人们已经自觉或不自觉地运用了这些视觉变量，构成多种多样能被视觉感知的图形。但是视觉对刺激物的感受程度和感受效果不仅取决于刺激物的物理特性，还与视觉的"适应水平"有关，即与视觉在此以前接受的刺激所形成的状况有关。这是视觉的感受性对作用于它的客观刺激的一种顺应，它表现为阈值的降低或升高。一切判断总是以原有经验作为参照点（标准），这个标准就像是个暂时的阈值，对当前刺激得出"大些"、"小些"、"鲜艳些"、"暗一些"等的判断。

另外，人的视觉系统随着年龄的增长会出现一些变化，主要表现为视敏度的降低。14~20岁阶段的视敏度最高，20~40岁阶段比较稳定，40岁开始视敏度逐步下降，65岁以后急剧下降。对比度感受性也随年龄的增长而降低。老年人由于眼睛生理上的变化，对颜色的感受也会改变。

（三）心理因素

人在观察事物时，眼睛不只是被动地接受外界刺激，而且还主动地认识外界事物。在这个过程中，主观心理状态对视觉感受的目标、感受程度和感受效果有明显的影响，尤其对较复杂图像的认知活动，心理因素更为重要。例如不同的人对同一张地图的印象可能有所不同；即使同一个人在不同时间和情况下看同一幅地图，每一次的感受也可能不完全相同。这就是心理因素的影响，包括知识、背景、经验、兴趣、情绪、心理定式等。这些因素会综合形成一种主观的期望作为参照系，把瞬间看到的影像整理、组织起来，形成稳定、清晰的完整印象。

1. 知识经验

知识经验之所以影响知觉，是因为经验能帮助人们对图形的理解。例如，一行不分标点的文字，阅读的人一般都能根据意义对它做出正确分段。在图9-7中，稍有地理知识的人对左边图形的感受和海陆分布的判别是不会有困难的，因为他根据图形很快能识别出是山东半岛的形状。对右边的图形，有地貌知识的人，自然也会将距离不等的等高线看做河谷阶地的形态表现。因此我们作图时，总是尽可能采用符合人们习惯的传统形式。

 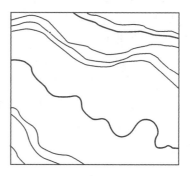

图9-7 经验对图形识别的影响

2. 主观定式

主观定式指人的心理倾向,是人对某一特定知觉活动的直接准备性。当图形组织规律不明显时,观察者自己能够按主观意图呈现图形特征。例如图 9-8,在左图中我们可以把点阵看成横行、纵行或几个矩形。在右图中,如果事先告知这是福建沿海,那么稍有地理知识的人,一定会把曲线看做海岸,把一些封闭曲线看做岛屿,而绝不会看做湖泊。

从制图角度来说,如果图形的组织特征比较明确(如点阵距离不同,海洋部分普染蓝色),形成一种"客观定式",那么心理影响就会减少,图形的稳定性就更好。

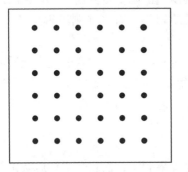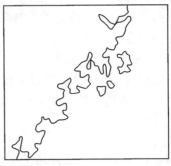

图 9-8 心理定式对图形识别的影响

3. 兴趣和情绪

兴趣和情绪决定人们在知觉中的态度,对于对象的选择和理解有很大的影响。对于知觉形象有兴趣或抱着积极主动的态度,就能加深理解而获得清晰完美的知觉;反之,就会影响认知效果。虽然我们不能要求读者都有同样的兴趣,但可以尽量地使地图能引起人们的兴趣。显然,除了地图的科学性外,符号美观、色彩鲜明和谐的地图容易引起读者兴趣,提高情绪,从而增强感受效果。

4. 实践活动的任务

在有明确任务的读图实践活动中,知觉会服从于当前的任务,表现出"注意"对象的明显选择性,从背景中选择出所需要的知觉对象,并对它有所理解,促进感受性提高。

(四) 心理物理因素

心理物理学主要研究感觉经验量与引起感觉经验的刺激量之间的关系。前面提及的费希纳定律和斯蒂文斯定律就是心理物理学研究中提出的两个主要的心理物理函数,它们说明刺激量和感觉经验量之间并非是一种简单的线性关系,差值相等的视觉刺激在视觉上却不等差,这对地图符号设计有很重要的意义。例如孟塞尔色谱中由白到黑的灰度梯尺是按视觉上等间距的原则标定的,但是测出它们的光谱反射率(ρ),就会发现实际级差不相等,并且随着明度等级的提高,相邻色阶的 ρ 差值迅速增长(见表 9-5)。所以,想要获得等距色阶,就要使 ρ 不等距。同样理由,如果我们想要得到一组视觉上尺寸等间距的圆形符号,也不能用等差距尺寸来实现。以下列公式确定符号尺寸,就能得到视觉上等差距的一组圆形符号:

$$R_i = R_1 \ (R_n/R_1)^{(i-1)/(n-1)} \tag{9-7}$$

式中:n 为级数;$i=1, 2, 3, \cdots, n$;R_1 为最小圆半径;R_n 为最大圆半径。确定了最小和最大圆的半径和级数,就可以求出各级圆形符号的半径。

表 9-5　　　　　　　　　　　孟塞尔灰度梯尺与其反射率

明度	1	2	3	4	5	6	7	8	9	10
ρ	1.210	3.126	6.555	12.001	19.77	30.05	43.06	59.10	78.66	102.57

影响视觉感受的因素告诉我们：要使地图图形有好的感受效果，在设计地图符号时必须考虑多方面因素及其相互作用关系。

§9.3　图形视觉的特点和组织规律

图形知觉是人对二维空间对象的反应。人们从客观环境的许多刺激物中区别出某种图形，主要取决于客观刺激物的相互关系，也取决于主体的能动状态。对于复杂图形的知觉更是高级的认知心理活动。

在这方面，格式塔心理学的图形理论具有很重要的意义。格式塔心理学派认为，心理现象最基本的特征是意识中显现的经验的结构性和完整性。图形知觉不是图形各部分的简单相加，而是按照一定的规律形成和组织起来的有机整体。人的知觉还表现出一种简约化倾向，即自动地把刺激对象改变为简洁、完好形象的强烈趋向（有人称之为"完形压强"）。所以，在知觉场上占优势地位的是"良好的"图形——单纯的、对称的、平衡的、封闭的图形。这就是所谓的"完形趋向律"。圆形和直角形被认为是最好的、最平衡的图形。他们还提出了促使在知觉场上形成完整图形的许多其他因素，如图形构成元素彼此接近，或者颜色、形状、方向相似等。

格式塔是一种组织结构。不同的格式塔有不同的组织水平，而不同组织水平的格式塔也就表现出不同的感受水平。

一、视知觉的特性

1. 整体性

视觉对象是由许多局部构成的，各部分都有不同特征，但视知觉并不是把它们感知为各个孤立的部分，而总是把它们知觉为统一的整体。对一个熟悉的图形，只要感觉了它的个别属性和主要特征，就可以根据经验得知它的其他属性和特点，从而完整地识别它。对于不熟悉的图形，视知觉就更多地以图形的特点为转移，按习惯把它知觉为具有一定结构的整体。在这种情况下，图形本身的结构是知觉整体性的主要决定因素。

2. 选择性

作用于人的对象和现象多种多样，但人不可能同时对它们作出反应。从纷繁的对象中较清楚地分化出来的仅仅是几个对象和现象，这便是知觉的选择性。它反映了个体在知觉过程中的主动性。影响知觉选择的因素，从客观方面来说，有刺激的变化、对比、位置、运动、大小程度、强度、反复等；从主观方面来说，有经验、情绪、动机、兴趣和需要等。

3. 理解性

对事物的理解是知觉的必要条件。在一般情况下，对任何事物的知觉都是根据已有知识和过去的经验来理解和领会的，因而知觉同记忆和思维有密切关系。人在知觉某一事物时，通常要在内心说出它的名称，即将对象纳入一定的思维范畴，赋予它相应的概念，使它具有一定的意义。所以知觉也具有概括性。

4. 恒常性

所谓恒常性是指距离、方向、光照等条件改变时，我们知觉中对图形的大小、形状和颜色等能保持相对稳定的感受。恒常性主要受人的经验支配，它具有重大的生物学意义。假如条件稍有改变或位置有些移动，都必须经过重新学习或一个新的适应过程，那么，人认识世界就成为不可能了。地图上不同位置的同类符号，我们很容易判别它们是同一内容。彩色线划通过不同色的普染区，虽然在客观上其颜色变了，但读者仍然感到是同一颜色线划的延续等，这就是恒常性的表现。可见恒常性对制图工作也有重要的实践意义。当然，在地图设计中也要注意避免作者自身恒常性所产生的负面影响。

5. 视错觉

视错觉是恒常性的反面。恒常性由经验取得，具有正面的认识作用；视错觉来自对比，它是对外界事物歪曲的知觉。这种歪曲带有固定的倾向，它只取决于特定的条件，主观努力难以克服。在视错觉中，几何图形错觉对图形识别影响很大。图9-9是常见的几何图形错觉。

图形在不同环境中产生的错觉相当普遍，对地图符号的判读影响很大，需要进行具体地研究，使符号设计效果更好。如我们有时需要限制错觉对图形知觉产生干扰，有时又可以利用错觉改善图形之间的差别性。

视错觉基本上是知觉范围内的现象，高级的认知活动可以减少错觉，有意义的图形比无意义图形的错觉量少。实践表明，在错觉图形中，如包含一定的意义，那么可以使错觉量减少1/3左右。

二、图形组织的格式塔原则

1. 图形的轮廓

轮廓是形状知觉中最基本的概念。在感受一个形状时，首先要判别其轮廓。形成轮廓的要素可以是线条，也可以是明度、颜色和纹理结构突变的边界。不论哪种方式都要求轮廓线或图形边界内外有较大的差别。差别大，容易形成轮廓图形的知觉；差别很小，轮廓就模糊，图形容易消失。渐变的边界难以形成明确的轮廓。由线条勾绘的图形，可以保证轮廓的清晰，但却不易于在图形环境中突出。把线条与其他方法配合使用，轮廓效果可以更好。

轮廓是构成形状的基本元素，但是轮廓又不等于形状，从轮廓到形状有一个"形状构成"过程。当视野被轮廓分为图形和背景时，我们总是感觉到图形形状，而背景似乎没有形状。通常一个轮廓总是倾向于对它所包围的空间发生影响，即总是向内发挥构形的作用。所以，独立的、封闭的、小的轮廓图形最为明确，轮廓范围的规则性对形状感受也有影响。例如，根据完整山体的等高线很容易判别山体形状，而破碎丘陵的复杂曲线，就很难使人得到明确的形状概念。

主观轮廓是图形知觉中的一种有趣现象，这是指没有直接的完整刺激作用而产生的轮廓知觉。当图形中包含某些不完整因素时，视知觉具有一种使之完整起来转变为简单稳定图形的能动性。从图9-10中，可以看到在物理上并不存在的白色三角形、方形、圆形和黑色三角形。这是人们无意识认知活动的结果。

在地图上不可能对所有的图形都给出完整的轮廓。主观轮廓这种视觉心理功能，使图形

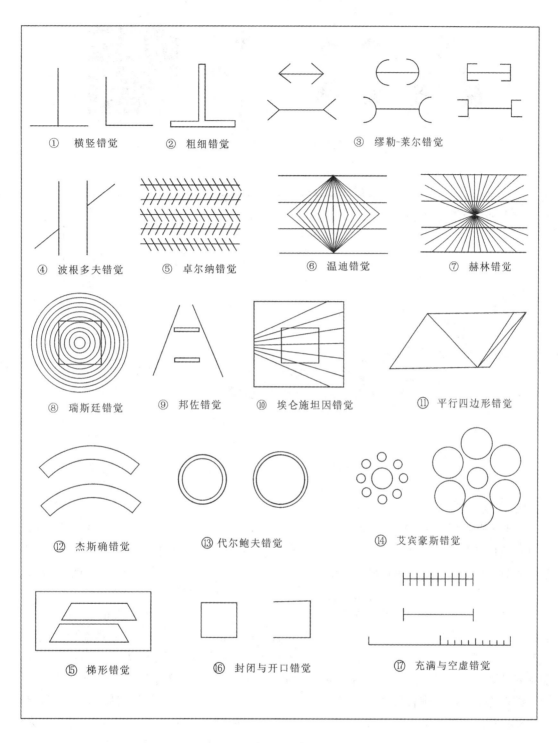

图 9-9 常见的几何图形错觉

描述变得更为简洁。我们常常利用这一点，使图上各种类型或相互干扰的图形都能分别保持其视觉完整性（如图 9-11）。

应该注意，主观轮廓的形成要求轮廓片断之间尽量光滑连续，特征的部分表现清楚。

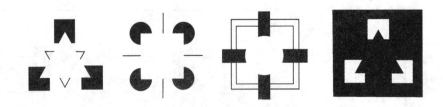

图 9-10　主观轮廓图形

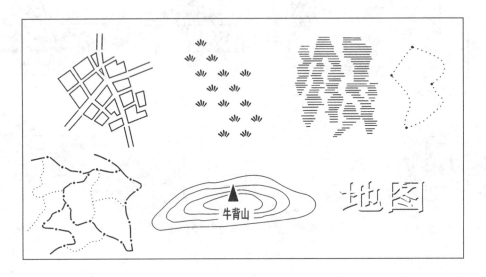

图 9-11　主观轮廓的利用

2．图形与背景

图形-背景结构是人类视知觉的特性之一。视觉不可能同时知觉一个视野中的所有对象，而总是把具有某种图形特征的一个或一组对象从环境中区分并突出出来，知觉为目标图形，其余的对象就成了相对没有形状的背景。图形似乎在前面，背景在后面延伸。知觉的发展过程是先区分图形和背景，然后才形成完整的、有组织的图形知觉。

在一个图形环境中，哪些成为目标图形，哪些作为背景，一方面受人的需要和兴趣影响，另一方面也受制于图形的组织特点。凡符合规律的轮廓都比较容易被看做图形。就形状来看，被包围在一条轮廓线以内的部分总是被视为图形，外围则被看做背景；越是规则的轮廓越容易被视为图形，反之则往往被视为背景；就结构来看，纹理紧密的部分易被视为图形，纹理稀疏的区域则容易被看做背景；就颜色来说，红色和黑色易被视做图形，而蓝色、白色易被视为背景；就上下来说，下部较"重"，易被视为图形，上部较"轻"，易被视为背景。

地图上任何符号都可能成为目标对象，因而都要考虑其构图规律。但地图上所有符号需要成为目标图形的水平并不一样，因而就要制图者灵活运用这些规律，使之具有不同的构图水平。

以下各点也是促使知觉场上形成完整目标图形的规律。

(1) 接近性

空间位置相近的元素容易被感知为一个整体图形。如图9-12中的（a），由于直线段两两接近，所以每两根被知觉为一个整体。可见图形是否紧凑对符号感受效果有很大影响。这不仅表现在一个符号上，为了使面状符号和一组注记能够作为一个整体被知觉，符号元素和文字之间的间隔也不应太大。

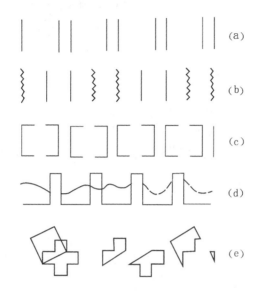

图9-12　图形知觉的整体性

(2) 相等性和相似性

凡是相同或相似的元素都倾向于被组成一组或构成一个图形。这包括形状、大小、明度、颜色和方向等的相同或相似。在有些情况下，形状的相似性比方向的一致性起的作用更明显。如图9-12中的（b），图中的线条虽然完全等间距，但由于形状的差别，曲线组和直线组分别被知觉为一个整体。

(3) 封闭性

若一块面积为一条共同的界线所包围或者具有闭合的趋势，那么它更容易构成图形。如图9-12中的（c），直线位置与（a）中的一样，但闭合因素使人忽视矩形轮廓的缺损部分，从而使图形被看成是1根直线和4个矩形。这一原则也叫做"完美图形原则"。人们总是把圆形看做是较完美的图形。

(4) 连续性

彼此连接的部分更易于组成图形。按一定的顺序排列的要素也容易被看做连续图形。图9-12中的（d），曲线和虚线有断离之处，但由于它们的延伸趋势是连续的，因而被看做一根完整的曲线。在地图上掌握好连续性规律，可便于读者判读离散要素组成的符号。

(5) 对称性

一块面积的对称性越强，越容易被看成图形。对称是同一图式上下、左右并置的镜式反映。给图形注入平衡、匀称的特征，使之更简约有序，可以大大提高人们对它的知觉和理解。

(6) 简单性和规律性

一个简单和有规律的整体或者闭合的区域，要比复杂的、不规则的或开放的整体更易于形成图形。例如图 9-12 中的（e），一般都把它看成一个正方形和一个十字形的叠交，而不会把它看做右边四个不规则图形的拼接，因为前者更规则、更简单。

符合上述原则的图形是"简约合宜"的"好的格式塔"，因为此时的视觉刺激被组织得最好、最规则和具有最大限度的简单明了性，这种图形与知觉追求的目标是一致的，所以好的格式塔可以给人以极为愉悦的感受。格式塔构图原则的运用对地图上符号的设计和图面要素的组织有很大的意义。

§9.4 地图的图形设计

根据地理环境，给地图符号赋予定性或定量的含义并将它们配置在相应的位置上，使其具有地理意义所形成的图形称为地图图形。

地图图形设计的任务是根据制图目的，将用地图符号表示地理要素的各个组成部分按一定的要求组合成完整有序的整体。

一、图形设计的目的性

普通地图的内容是相对固定的。在地形图上每种要素的图解特征都已通过规范、图式实现了标准化、系列化。在普通地图上不应有某类要素的符号图形显得特别重要和突出，因而其图形设计的任务相对较简单。

专题地图要突出表示某（几）个主题，某些地理要素被认为比其他的要素更重要，视觉上应给予突出显示。在图解上需仔细选择视觉变量、符号系统，调节各种图形的空间组合关系，使地图成为处理某些地理分布的空间变量和相互关系的图解作品。显然，其图形设计的任务更加重要。

尽管两类地图的图形设计任务有较大的区别，其设计过程是大致相同的，大体分为以下几方面：

构思：考虑问题处理的各种途径，寻找各种可能的行动方案，提出解决问题的总的想法并作出决策。例如图幅数量及其关系，图幅大小和形状，图面配置方案，图上需要表示的数据及表示要求，为表示数据采用的图形组合等。

图解设计：在总体设想范畴内权衡各种可能选择的方案，对一些具体规定做出决定，并说明其图形如何配合。

制定对所编地图的技术要求：规定符号系统、线划、色彩、字体、字大等，使设计结果具有可操作性。

二、图形感受

根据图形视觉理论，形成图形设计中的一些基本规则。

1. 视觉平衡

传统艺术设计中平衡意味着围绕视觉中心各方对称。地图描绘的区域有各种形状，要达到绝对的对称是不可能的。地图上的对称是通过图形、色彩、与视觉中心的距离、方向等因素的调整，求得在视觉上的平衡。

（1）视觉中心

读者读图时其视觉上的中心同图廓的几何中心是不一致的，通常视觉中心要高出几何中心大约5%，视觉平衡要求所有图形都围绕视觉中心配置。

影响视觉平衡最主要的因素是制图主区的形状，它的重心并不一定能同视觉中心一致。在地图集或专题地图上，主区常呈岛状并重复配置，为求得图面上视觉的平衡，要靠其他因素去调节。

(2) 视觉重量

地图上的图形，由于受到大小、结构、颜色、位置和背景等因素的影响，有的看起来重些，有的则轻一些。

图形大小：面积大的、线划粗的、黑度大的图形看起来重一些。

图形结构：复杂的图形、有特性的（规则的、紧凑的）图形看起来较重。

图形颜色：色彩特性中，对视觉冲击力越强的，看起来越重。例如波长较长、饱和、强对比的颜色都能提高视觉重量。

图形位置：指相对于视觉中心的距离和方位。感受实验表明，同样的图形距离视觉中心远的较重，上下方向中上方显得重，左右方向中左方显得重。这是因为读者读图，特别是读小幅面地图时，视线总是从左上角进入，右下角移出。

图形背景：背景越明亮，图形就显得越重。

在进行图面配置时，除主区外，总是利用各种附图、插图、图名和图例的尺寸、结构、颜色及摆放的位置来调整图面上的视觉平衡。

2. 层次结构

为了提高地图信息的传输效率，制图者应对地图信息进行分析，加以抽象和概括，使其变为有序的。

有序意味着重要性水平的差别。图形设计时要合理地使用基本图形变量表现出视觉上的不同层次，这种不同的层次称为层次结构。地图制图中一般用到以下三种层次结构：

(1) 延伸结构

用不同等级的符号描述同类要素的重要性序列，例如用不同等级的符号描述道路网、河流、居民地等。

延伸结构按被描述事物的重要性其符号的明显性应当是有序的。地图上表达延伸结构的变量主要是能产生等级感的尺寸和亮度。色彩在表达质量差别的同时，也反映事物的重要程度，例如用红色表示最高等级的公路、居民地等。

(2) 细分结构

描述同一种要素各层次的内部关系，例如土壤中的第一层表示土类——水稻土、黄壤、棕壤等；第二层是在土类中区分出亚类，如水稻土又分为潴育型、侧育型、潜育型、淹育型、沼泽型等亚类。

细分结构主要涉及面状符号，通常利用色彩或网纹变化，用定名量表和顺序量表相结合的办法来描述。由于要同时描绘出若干层次，要合理地利用视觉对比和调和等规律。类间的视觉变化要大于亚类间的变化，即亚类间既要有差别，又要调和，有类似性和整体感。例如，在普通地质图上，侏罗系的岩层用普蓝色，三迭系用土红色，类间差别明显，在侏罗系内部的不同岩类则使用不同深浅的普蓝，使之既有共性又有区别。

(3) 立体结构

即我们常说的分为几层平面。制图者有时希望突出反映地图上的某些内容或一些特殊关系，使读者的视线能很快聚焦到这些图形上，而把其他的内容置于次要地位。即把各种不同重要性的要素置于不同的视觉平面上。地图上引入同深度感有关的许多手法，如尺寸、亮度、纯度等，构成不同层次之间的差异。地图上究竟能区分几个层面，说法颇不一致，实际上这要看制图者的设计思想和表达技巧。一般区分两个层面（例如一般专题地图上的专题要素和基础地理要素）是不困难的，要区分更多的层面，就要引入有关图形和背景的许多原则。

参 考 文 献

1．俞连笙等．地图整饰．第2版．北京：测绘出版社，1995
2．祝国瑞等．地图设计与编绘．武汉：武汉大学出版社，2001
3．ＡＨ罗宾逊等著，李道义等译．地图学原理．北京：测绘出版社，1989

思 考 题

1．什么叫视觉阈值？它在研究地图的感受时有什么作用？
2．图形视觉感受的基本过程是什么？
3．影响视觉感受有哪些基本因素？
4．格式塔理论的基本核心是什么？
5．视知觉有哪些特性？
6．什么是主观轮廓？在地图上主观轮廓有什么作用？
7．在知觉场上如何才能形成完整的目标？
8．试述地图图形设计的基本过程。
9．什么是视觉平衡？它在地图设计中起什么作用？
10．什么是层次结构？地图内容有几种层次结构？

第十章　地图色彩设计

我们生活在一个多彩的世界中，每时每刻都受到周围色彩的影响，同时又不断地用色彩去表现客观世界。在地图的制作与使用中，色彩同样是不可缺少的重要因素。

§10.1　色彩的基本特征与色彩心理

色彩是所有颜色的总称，它包括两部分：无彩色系和有彩色系。"无彩色系"（消色）是指黑、白以及介于两者之间各种深浅不同的灰色。"有彩色系"（彩色）是指红、橙、黄、绿、青、蓝、紫等色。一切不属于消色的颜色都属于彩色。

无彩色系的颜色只有明度特征，没有色相和饱和度特征。有彩色系的颜色具有三个基本特征：色相、明度、饱和度，在色彩学上也称为色彩的三属性。熟悉和掌握色彩的三属性，对于认识色彩和表现色彩是极为重要的。三属性是色彩研究的基础。

一、色彩的基本属性

色彩的基本属性是指人的视觉能够辨别的颜色的基本变量。

（一）色相（色别、色种）

色相即每种颜色固有的相貌。色相表示颜色之间"质"的区别，是色彩最本质的属性。色相在物理上是由光的波长所决定的。光谱中的红、橙、黄、绿、青、蓝、紫7种分光色是具有代表性的7种色相，它们按波长顺序排列，若将它们弯曲成环，红、紫两端不相连接，不形成闭合。在红与紫中间插入它们的过渡色：品红、紫红、红紫，就形成了一个色相连续渐变的完整色环。其中品红、紫红等色为光谱中不存在的"谱外色"。

（二）明度（亮度）

明度是指色彩的明暗程度，也指色彩对光照的反射程度。对光源来说，光强者显示色彩明度大；反之，明度小。对于反射体来说，反射率高者，色彩的明度大；反之，明度小。

不同的颜色具有不同的视觉明度，如黄色、黄绿色相当明亮，而蓝色、紫色则很暗，大红、绿、青等色介于其间。同一颜色加白或黑两种颜料搀和以后，能产生各种不同的明暗层次。白颜料的光谱反射比相当高，在各种颜料中调入不同比例的白颜料，可以提高混合色的光谱反射比，即提高了明度；反之，黑颜料的光谱反射比极低，在各种颜料中调入不同比例的黑颜料，可以降低混合色的光谱反射比，即降低了明度。由此可以得到该色的明暗阶调系列。

（三）饱和度（纯度、彩度、鲜艳度）

饱和度是指色彩的纯净程度。

当一个颜色的本身色素含量达到极限时，就显得十分鲜艳、纯净，特征明确，此时颜色就饱和。在自然界中，绝对纯净的颜色是极少的。在特定的实验条件下，可见光谱中的7种单色光由于其本身色素含量近似饱和状态，故认为是最为纯净的标准色。在色料的加工制作过程中，由于生产条件的限制，总是或多或少地混入一些杂质，不可能达到百分之百的纯净。

"饱和度"与"明度"是两个概念。"明度"是指该色反射各种色光的总量，而"饱和度"是指这种反射色光总量中某种色光所占比例的大小。"明度"是指明暗、强弱，而"饱和度"是指鲜灰、纯杂。黑白阶调效果可以表示出色彩明度的高低，却不能反映出纯度的高低。某种颜色的明度高，不一定就是纯度高，如果它搀杂着其他较浅的颜色，那么，它的明度是提高了，而纯度却是降低了。

色彩的三属性具有互相区别、各自独立的特性，但在实际色彩应用中，这三属性又总是互相依存、互相制约的。若一个属性发生变化，其他一个或两个属性也随之变化。例如，在高饱和度的颜色中混合白色，则明度提高；混入灰色或黑色，则明度降低。同时饱和度也发生变化，混入的白色或黑色的分量越多，饱和度越小，当饱和度减至极小时，则由量变引起质变——由彩色变为消色。

二、色彩的感觉

色彩是客观存在的物质现象，但色彩在人的视觉感觉中却并非纯物理的。由于在自然界和社会中，色彩往往与某种物质现象、事件、时间存在联系，因而人对色彩的感觉是在长期生活实践中形成的，不仅带有自然遗传的共性，而且具有很强的心理和感情特征。

色彩的感觉主要表现在以下几个方面：

1. **色彩的兴奋与沉静**

当我们观察色彩形象时，会有不同的情绪反应：有的能唤起人的情感，使人兴奋；而有的让人感到伤感，使人消沉。通常，前者称为兴奋色或积极色，后者称为沉静色或消极色。在影响人的感情的色彩属性中，最起作用的是色相，其次是饱和度，最后是明度。

在色相方面，最令人兴奋的色彩是红、橙、黄等暖色，而给人以沉静感的色彩是青、蓝、蓝紫、蓝绿等色。其中兴奋感最强的为红橙色；沉静感最强的为青色；紫色、绿色介于冷暖色之间，属于中性色，其特征为色泽柔和，有宁静平和感。

高饱和度的色彩比低饱和度的色彩给人的视觉冲击力更强，感觉积极、兴奋。随着饱和度的降低，色彩感觉逐渐变得沉静。

在明度方面，同饱和度不同明度的色彩，一般为明度高的色彩比明度低的色彩视觉冲击力强。低饱和度、低明度的色彩属于沉静色，而低明度的无彩色最为沉静。

2. **色彩的冷暖感**

色彩之所以使人产生冷、暖感觉，主要是因为色彩与自然现象有着密切的联系。例如，当人们看到红色、橙色、黄色便会联想到太阳、火焰，从而感到温暖，故称红色、橙色等色为暖色；看到青色、蓝色便联想到海水、天空、冰雪、月夜、阴影，从而感到凉爽，故称青色、蓝色等色为冷色。

色彩的冷暖感是相对的，两种色彩的互比常常是决定其冷暖的主要依据。如与红色相比，紫色偏于冷色；与蓝色相比，紫色则偏于暖色。色彩的冷暖是互为条件、互相依存的，是统一体中的两个对立面。深刻理解色彩的冷暖变化对于调色和配色都是极为有用的。

3. **色彩的进退和胀缩**

当观察同一平面上的同形状、同面积的不同色彩时，在相同的背景衬托之下，会感到红色、橙色、黄色似乎离眼睛近，有凸起来的感觉，同时显得大一些；而青色、蓝色、紫色似乎离眼睛远，有凹下去的感觉，同时显得小一些。因此，常将前者称为前进色、膨胀色，而将后者称为后退色、收缩色。色彩的这种进退特性又称为色彩的立体性。

进退或胀缩与色彩的饱和度有密切关系。高饱和度的鲜艳色彩给人以前进、膨胀的感觉，低饱和度的浑浊色给人以后退、收缩的感觉。

在地图设色时，常利用色彩的前进与后退的特性来形成立体感和空间感。例如，地貌分层设色法就是利用色彩的这一特性来塑造地貌的立体感。也常利用色彩的这一特性，突出图面中的主要事物，强调主体形象，帮助安排图面的视觉顺序，形成视觉层次。

4．色彩的轻重与软硬

决定色彩轻重感的主要因素是明度，即明度高的色彩感觉轻，明度低的色彩感觉重。其次是饱和度，同一明度、同一色相的条件下，饱和度高的感觉轻，饱和度低的感觉重。

从色彩的冷暖方面看，暖色如黄色、橙色、红色给人的感觉轻，冷色如蓝色、蓝绿色、蓝紫色给人的感觉重。

色彩的软硬与明度、饱和度有关，搀了白色、灰色的明浊色有柔软感，而纯色和搀了黑色的颜色则有坚硬感。白、黑属于硬色，灰色属于软色。

在地图设色中，进行图面各要素配置时，不仅要注意位置的安排与组合关系，更应注意各要素色彩的轻重感的运用，以使图面配置均衡。

5．色彩的华丽与朴素

暖色系、明度大及饱和度高的色彩显得华丽；冷色系、明度小及饱和度低的色彩显得朴素。金色、银色华丽；黑色、白色、灰色朴素。

6．色彩的活泼与忧郁

充满明亮阳光的房间有轻快活泼的气氛，光线较暗的房间有沉闷忧郁的气氛；观看以暖色为中心的纯色、明色感到活泼，看冷色和暗浊色感到忧郁。也就是说，色彩的活泼和忧郁是以亮度为主，伴随着饱和度的高低、色相的冷暖而产生的感觉。消色则以亮度为主，白色感到活泼，而黑色感到忧郁，灰色是中性的。

三、色彩的象征性

色彩的象征性是人类长期实践的产物，其形成有一个历史过程。由于地区、民族习惯等不同，在用色象征事物或现象时有不少差别。现将几种主要色彩的象征性概述如下：

1．红色

红色能使人联想到自然界中红艳芳香的鲜花、丰硕甜美的果实形象。红色象征艳丽、青春、饱满、成熟和富有生命力；象征欢乐、喜庆、兴奋；象征胜利、兴旺发达；象征忠诚等。相反，也可用红色象征危险、灾害和恐怖等。

2．橙色

橙色以成熟的果实色为名，因此可用以象征饱满、成熟和富有营养等；橙色又为霞光、某些灯光之色，因而又可象征明亮、华丽、向上、兴奋、温暖、愉快、辉煌等。

3．黄色

黄色有如早晚的阳光和大量人造光源等辐射光的倾向色（黄），可用以象征光明、富贵、活泼、灿烂、轻快、丰硕、甜美、芳香等；与此同时，也可象征酸涩、颓废、病态等。

4. 绿色

绿色为生命之色,可作为农、林、牧业的象征色;还可象征旅游、疗养事业;象征和平等。草绿、嫩绿、淡绿等色象征春天、生命、青春、幼稚、活泼;艳绿、浓绿象征成熟、兴旺等。

5. 蓝色

蓝色容易使人联想到天空、海洋、湖泊、严寒等事物或现象。可用以象征崇高、深远、纯洁、冷静、沉思、智慧等。

6. 紫色

人眼对紫色的知觉度最低。纯度最高的紫色同时也是明度很低的色。紫色象征高贵、优越、奢华、幽静、不安等;浅紫色象征清雅、含蓄、娇羞;紫灰色可作苦、毒、恐怖之象征色。

7. 白色

白色为太阳、冰雪、白云之色,用以象征光明、纯洁、坚贞、爽快、寒冷、单薄等。在我国,由于白色与丧事之间的习惯性联系,故又用以象征哀伤、不祥等。

8. 黑色

黑色的象征性可分为两种:其一,用以象征积极,如休息、安静、深思、考验、严肃、庄重和坚毅等;其二,用以象征消极,如恐怖、阴森、忧伤、悲痛和死亡等。

9. 灰色

灰色是居于黑白之间的中等明度色,对眼睛的刺激适中,既不眩目也不暗淡,视觉不易感到疲劳。可用以象征平淡、乏味、消极、枯燥、单调、沉闷、抑制等;也可象征高雅、精致和含蓄等。

10. 光泽色

光泽色为质地坚硬、表面光滑、反光能力强的物体色,如金、银、铜和玻璃等的颜色。光泽色可用以象征辉煌、华丽、活跃等。

用色象征事物或现象,必须注意色彩与形象互为存在条件。也就是说,色彩与具体形象相结合,其象征意义比较明确;脱离了有关的形象范围,色彩的象征意义就比较含糊。

§10.2 色彩的混合

两种或两种以上的颜色混合在一起会产生一种新的颜色,这就是色彩混合。在艺术和技术领域,为获得丰富的色彩而去制造每一种颜色是不可能的,因为色彩的数量是非常巨大的。因而必须从一些基本的颜色出发,研究它们相互混合的规律,以指导色彩的有效使用。

由于色彩包括色光和色料两大类,色彩的混合也区分为色光混合和色料混合两类。这两种混合方式既有共同的规律,又有区别。

一、加色法混合

加色法混合即色光的混合。用两台投影仪同时向白色屏幕上投射两束不同的单色光,这两束光重叠处会得到介于两种单色光之间的颜色。由于光的叠加,混合色光一定比原来的单色光更为明亮,这是两种光能量相加的结果。所以,色光的混合也被称做加色混合。在这种混合状态中,混合色光的亮度等于被混合的单色光亮度之和。

1. 色光三原色

光的颜色很多，可以从太阳光中分解出来的单色光也不少，但作为"原色"的光只有三种：红色、绿色、蓝色。

在日光的色散实验中，充分展开的光谱可区分为红、橙、黄、绿、青、蓝、紫7个波带，但是当我们转动棱镜使色散由宽变窄地收缩时，有些颜色就相互合并，最后光谱上只剩下红、绿、蓝三个色区。实验证明，以红、绿、蓝三种色光为基本色，将它们混合可以得到几乎所有的其他色光，但它们自己却不能由其他色光混合得到。因此，将红、绿、蓝称为色光的三原色。在色彩视觉的研究中也发现，人眼中存在三种感色细胞，分别对红、绿、蓝三种色光敏感，而人能感觉到丰富多彩的颜色，都是由于三种感色细胞的不同兴奋状态组合形成的，所以也将红、绿、蓝三原色称为"生理色"。

为了统一三原色的标准，国际照明委员会经过精确研究，在1931年对三原色的波长做出了如下规定：红色光（R）700nm，色相为大红，略带橙色；绿色光（G）546.1nm，色相为十分鲜亮的黄绿色；蓝色光（B）435.8nm，色相为略偏红色的深蓝，也称蓝紫色。

2. 色光的混合

在光学实验中，白色的日光可以分解为红、绿、蓝三原色。反过来，将三原色光按某种比例混合时，又可以还原成白色光。所以在色光混合中，人们一般都把白色光看做由红、绿、蓝三原色组成的混合光。

用彩色合成仪把三种原色光投射到屏幕上进行叠加是一个典型的色光混合实验（如图10-1）。

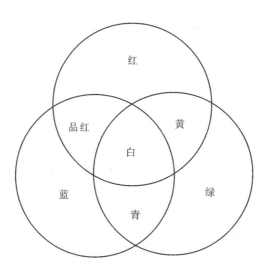

图 10-1 色光混合实验

由图可见，每两种原色光叠加混合都得到了一种新的色：

$$红光 + 绿光 = 黄光（Y）$$
$$绿光 + 蓝光 = 青光（C）$$
$$黄光 + 红光 = 品红光（M）$$

这种由每两种原色光混合得到的色，称为色光的三个间色。图10-1中，由三原色共同叠加混合的中心区，呈现出明亮的白色。进一步实验发现，每一种原色光与另外两种原色光混合生成的间色混合时也产生白色（如图10-2）。人们能以某种比例混合获得白色光的两种色光称为互补色，或者其中一种色光是另一种色光的补色。

图10-2　三原色光与其补色光的混合

对于色光混合的主要规律，可以用以下色光混合定律加以总结：

（1）中间色律——任何两种色光进行混合，都可以得到一种介于两者之间的中间色。当其中一种色光的量作连续变动时，混合的中间色也连续变化，即中间色的色相取决于两种色光的相对比例。

（2）补色律——每一种色光都有一种相应的补色，它们以适当比例混合可得到白色或灰色。

（3）替代律——在色光混合中，颜色（主要是色相）相似的色可以互相代替。不管其光谱成分是否相同，只要其面貌一样，在混合中就可得到相同的效果。

（4）亮度相加律——色光直接叠加时，其混合色亮度等于各色光亮度之和，叠加的色光越多，就越明亮。

色光混合的规律，可以用一个色彩混合方程表示：

$$C_{加} = \alpha \cdot R + \beta \cdot G + \gamma \cdot B \tag{10-1}$$

其中，α，β，γ 是三原色系数。

由混合方程可以看出，只要变动三原色的系数，就可以得到无数种颜色。当其中一个系数为0时，混合色只包含两种原色，混合结果都属于间色，而间色的色相取决于两原色系数之比。当三个系数都不为0时，混合色包含三种原色，所得色光就不饱和，颜色浅白；当三原色系数相等时，其混合结果是白色或灰色（消色）。

对于光源来说，标准的白色光应该是可见光谱上各波段辐射能量相等的混合光，这是理想的光，可称为等能光源。但在现实生活中，理想的光源几乎不存在，往往由于某些波段能量过弱或过强而偏色。例如日光偏黄，是由于短波段蓝色光不足，又如白炽灯偏橙黄，日光灯偏蓝、钠灯偏橙。用于摄影等的光源对光谱成分和白度要求较高，人们正不断地研究制造出接近标准白光的新光源。

3. 色光混合类型

色光混合可分为直接光混合和间接光混合两种类型。

（1）直接光混合

不同光源同时投射于同一空间区域上时称为直接光混合，两种和两种以上的光叠加的区域就属于这种类型。舞台上几束灯光同时照射到一个演员身上时也是直接光混合。直接光混合由于各色光能叠加于同一区域，其能量相加，因而最明确地表现出越加越明亮的效果。

（2）间接光混合

不同的色光不是在空间混合后再反射到人眼中，而是分别反射到人眼中而产生的混合称为间接光混合。以下两种形式都属于间接光混合：

①静态空间混合：在一定距离外观察由各色并列网点构成的印刷品时，由于网点很小、相互距离很近，人眼无法辨认每种色点的存在，而是感觉到它们的混合色。此时，各网点的反射色光是分别同时进入人眼，在人眼内混合为一种新色调，因而是一种静态的空间混合。图 10-3 说明了几种并列网点的空间混合的原理。

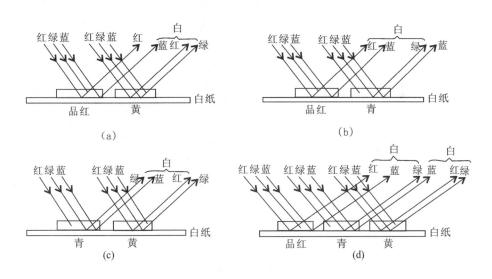

图 10-3　间接光的静态空间混合

②动态空间混合：一个圆形转盘上各扇形区涂上不同的色块，当它快速旋转时，人们无法辨认其各色块的颜色，而是感觉到一种介于各色之间的混合色，称为动态空间混合。因为在同一个空间区域，眼睛先后受到不同色光的刺激，前一个刺激尚未平息，后一个刺激已经来到，这样连续不断，就产生了混合色的感觉，也称为连续混合。

直接光混合与间接光混合都属于加色法混合，其混合色（色相）的效果是一样的。但是，由于间接光混合对人眼来说，同一时间在同一空间区域上只受到一种光的刺激，各色光并不同时将能量叠加起来，因而人眼感觉到的混合色不如直接光混合那么明亮，其亮度为各刺激色亮度的平均值。

二、减色法混合

利用色料混合或颜色透明层叠合的方法获得新的色彩，称为减色法混合。

色料和有色透明层呈现出一定的颜色，是由于这些物体对光谱中的各种色光实现了选择性吸收（即减去某些色光）和反射的结果。即人眼所见到的色料或者有色透明层的颜色，是白光中某些色光被选择性吸收以后剩余的色光。色光被吸收得越多，则剩余色越晦暗，其亮度也越小；若三原色光或互补色光部分或全部被吸收，则混合色呈深灰色或黑色。因此，色料的混合称为减色混合。

1. 色料三原色、间色、复色及互补色

（1）色料三原色

色料三原色也称第一次色，是指品红、黄、青三种标准的颜色。自然界中的千万种颜色基本上可由这三原色混合而成，但是，三原色是任何颜色也混合不出来的。

色料三原色与色光三原色之间存在着十分密切的关系。从图 10-4 可知色料三原色的性质，每种原色能够减去白光中相应的一种原色，并同时透射出其余的两种原色光，其关系如下：

$$品红 = 白光 - 绿（减绿色）$$
$$黄 = 白光 - 蓝（减蓝色）$$
$$青 = 白光 - 红（减红色）$$

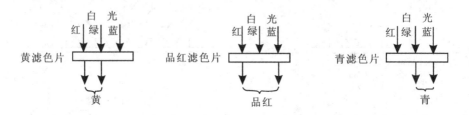

图 10-4　色料的三减原色

正因为色料三原色与色光三原色的对应互补关系，因而又将色料的三原色称为三减原色，即减绿、减蓝、减红。

根据色彩混合方程：$C_{减} = \alpha \cdot C + \beta \cdot M + \gamma \cdot Y$，色料三原色（青、品红、黄）以不同比例混合可以获得任何一种颜色。在理论上，减色法三原色的色相必须与色光三间色的色相一致，但由于制作方面的原因，色料三原色的色相不可能与色光三间色的色相完全一致，因此，用色料三原色混合出的颜色也就不够纯正，和光谱色相比有相当差距。虽然自然界极纯色很少，但是利用色彩运用的技巧以及印刷中黑色的使用，人们仍然可以使用这些减原色颜料、油墨创造出丰富的色彩效果。

（2）色料三间色

由两种色料原色相混合而得到的色称为间色，又称为第二次色。色料三间色的形成规律如下：

$$品红 + 黄 = 橙（R）$$
$$黄 + 青 = 绿（G）$$
$$青 + 品红 = 紫（B）$$

若将原色分量稍加改变，还可以混合出多种不同的中间色，如：

$$品红_3 + 黄_1 = 橙红$$
$$品红_2 + 黄_1 = 红橙$$
$$品红_1 + 黄_1 = 大红$$
$$品红_1 + 黄_2 = 黄橙$$
$$品红_1 + 黄_3 = 橙黄$$

其中的数字代表混合量。

（3）复色

由两种间色或三原色不等量混合而得到的色称为复色，又称再间色或第三次色。

$$橙 + 绿 = （品红 + 黄）+（青 + 黄）=（品红 + 黄 + 青）+ 黄 = 黑 + 黄 = 黄灰（古铜色）$$

橙＋紫＝（品红＋黄）＋（青＋品红）＝（品红＋黄＋青）＋品红＝黑＋品红＝红灰
绿＋紫＝（青＋黄）＋（品红＋青）＝（青＋黄＋品红）＋青＝黑＋青＝青灰

凡是复色均包含有三原色成分。三原色等量相混合即呈中性灰色或黑色；三原色不等量相混合，可得到各种色调的复色。由于复色中均含有三原色成分，即也含有黑色，故饱和度、明度都大大降低，这是复色不及间色、原色那样鲜艳、明亮的原因。但正因为复色包含多种成分，故而也显得深沉、大方、耐看。

调复色常用的几种方法有：①三原色不等量相混；②两间色不等量相混；③原色或间色与黑色相混；④对比色不等量相混，如绿与红橙相混；⑤互补色不等量相混，如绿与品红相混；⑥常用颜料中的土黄、熟褐、赭石、深绿等颜色均为复色，可直接使用，也可根据需要适当调入其他颜色，便可得到各种复色。

(4) 互补色

色料三原色中，任意两种原色相混而成的间色与第三种原色互为补色。如品红与绿、黄与紫、青与橙为三对标准互补色。其中品红、绿为色相对比最强的互补色；黄与紫为明度对比最强的互补色；青与橙为冷暖对比最强的互补色。

色料原色与补色等量相混合，实质上是色料三原色的混合。因此，混合结果均为黑色或灰色。如：品红＋绿＝黑；黄＋紫＝黑；青＋橙＝黑。

2. 减色法混合的类型

减色法混合也可分为直接混合和间接混合两类。

1. 直接混合

将两种或两种以上颜料用水、胶或油等均匀地调配在一起，得到一种新的混合色，称为直接混合。如绘画颜料的混合，印刷油墨的混合等均属色料的直接混合。直接混合又称调色。

2. 间接混合

彩色印刷品中油墨层重叠所呈现的色彩属减色法间接混合。由于彩色油墨层是透明的，当白光通过油墨层时，一部分色光分别被各层油墨吸收，另一部分色光到达纸面后又反射进入人眼，从而呈现出新的颜色（如图10-5）。

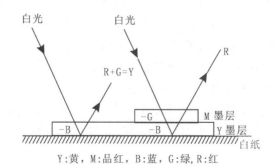

Y:黄，M:品红，B:蓝，G:绿，R:红

图10-5 色料的间接混合

另外，滤色片的呈色也属于减色法的间接混合，如在白光的光路中，插入黄滤色镜和青滤色镜，由于黄滤色镜吸收蓝色光，青滤色镜吸收红光，因此能透过去的只剩绿光了。所以，黄、青两种滤色镜叠合后呈现绿色（如图10-6）。若三原色滤色镜叠合在一起，则吸收

可见光谱中的全部色光而呈现黑色。

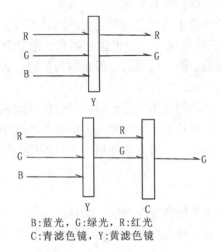

B:蓝光，G:绿光，R:红光
C:青滤色镜，Y:黄滤色镜

图 10-6　滤色片叠加的减色过程

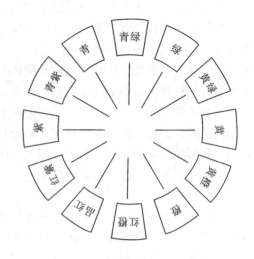

图 10-7　由色料构成的色环

图 10-7 是由色料构成的色环，其中青、品红、黄为三原色，每两个原色之间是一组间色。

色环上处于两原色之间的同类间色相混合仍然是间色，因为它们只包含两种原色成分。色环上位于同一个原色两侧的颜色混合得到复色，因为它们必然带有第三种原色的成分。

一般来说，色环上两个相距很近的色相混合，其饱和度比较高；两个颜色在色环上距离越大，其混合色饱和度越低。当两色距离最大（位于直径两端）时，它们就是互补色，其混合色极其灰暗，等量混合时就近似于黑色。

§10.3　色彩的应用

在现代设计中，大多离不开色彩的应用，地图设计更是如此，一件地图产品设计的成败，在很大程度上取决于色彩的应用。色彩应用得当，不仅能加深人们对于内容的理解和认识，充分发挥产品的作用，而且由于色彩协调，富有韵律，能给人以强烈的美感。

色彩的应用在于根据各自不同的设色对象、目的及功能要求，选择色彩的组合关系，用以描述对象的性质、特征，并运用配色规律，给人以色彩美的享受。

色彩的应用研究一直受到视觉图像设计者的重视。但由于影响色彩设计的因素较多，加上人们对于色彩的喜好、感觉和审美趣味的差异以及国家、地域、民族、信仰的差异，所以它是一个相当复杂的课题。

一、色彩的对比与调和

色彩应用主要是处理好选色和不同色的配合问题。而不同颜色的配合（即配色）关键在于处理好颜色之间的对比与调和关系。对比即差别，只有差别而没有调和，配色没有亲和力，显得生硬或杂乱；调和即统一，只有统一而缺乏对比时，图面软弱、沉闷无力、不清晰。对比与调和是矛盾中的两个方面，具有对立统一关系。由于配色情况极其多样，色块大小、分布状况、代表内容等千差万别,一个图上适合的配色方案,放到另一个图上就未必适合。因而配色,即处理色的对比与调和,很难有一个简单的模式和规则。

(一) 色彩的对比

在色彩设计时,不是只看一种颜色,而是在与周围色彩的对比中认识颜色。也就是说,我们经常在对比中看颜色。

当两种以上的颜色放在一起时,能清楚地发现其差别,这种现象称为色彩的对比。

色彩对比可分为同时对比和连续对比。同时观看相邻色彩与单独看一种色的感觉不一样,会感到色相、明度、饱和度都在变化。这种发生在同一时间、同一空间内的色彩变化,称为"同时对比"。先后连续观看不同的颜色,色彩感觉也会发生变化,这是先后连续对比的结果。不论哪种对比方式,其色彩感觉的变化规律是相似的。利用视觉对比变化进行配色是个很重要的问题。

1. 明度对比

把同一种颜色放在明度不同的底色上,会发现该色的明度异样:在浅底上的色块感到深了,而在深底上的色块感到浅了。这种由于对比作用产生明度异样的现象,称为"明度对比",如图10-8所示。

明度对比有两种:一种是同种色之间的明度对比,如无彩色黑、白、灰之间的对比和深红与浅红之间的对比;另一种是不同色相之间的明度对比,如深蓝与浅黄之间的对比。对于前一种对比,都能理解,也容易感觉到;对于后一种明度对比,常常因色相差异比较明显,认为是色相对比,而忽视了明度对比,这是在色彩设计时要注意的方面。

明度对比的结果是扩大了色之间的明度差异。如不同明度的颜色置于浅底色上,深者越深,浅者越浅。

明度对比是其他形式对比的基础,是决定设色对象明快感、清晰感、层次感的关键。有较高色彩素养的设计者,往往能十分娴熟地运用明度对比,设计出较高水平的地图作品。根据孟塞尔色立体,在垂直轴上把颜色分为11个等级,3种调性。

明度差在3个等级以内的组合,称为短调,此为明度的弱对比,如1与3,2与4,7与9每两个色块的组合。

明度差在3个等级以上的组合,称为长调,此为明度的强对比,如1与5,4与9,6与10每两个色块的组合(如图10-8)。

低明度色彩为主的组合,称为低调;中明度色彩为主的组合,称为中调;高明度色彩为主的

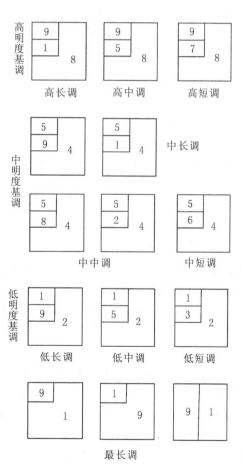

图10-8 明度对比所构成的各种调子

组合，称为高调。

由于明度对比的程度不同，各种调子给人的视觉感受也不尽相同。

高调：轻快、柔软、明朗、纯洁。

中调：朴素、沉静、庄重、平凡。

低调：沉重、浑厚、强硬、刚毅、神秘。

高长调、中长调、低长调：光感强，体积感强，形象清晰、锐利、明确。

高短调、中短调、低短调：光感弱，体积感弱，形象含混、模糊，平面感强。

最长调：生硬、空洞、简单化。

应用色彩时，要根据设计对象的具体情况选择恰如其分的明度对比，才能取得理想的色彩效果。

2．色相对比

同一色相的色块放置在不同色相的环境中，会因对比而产生视觉上的色相变异，这种对比关系称为色相对比变化。色相对比的变化规律如下：

（1）同种色的对比

将任一色相逐渐变化其明度或饱和度（加白或黑），构成若干个色阶的颜色系列，称为同种色。如淡蓝、蓝、中蓝、深蓝、暗蓝等为同种色。

同种色对比时，各色的明度将发生变化，暗者越暗，明者越明。如浅绿与深绿对比，浅绿显得更浅，更亮，深绿则显得更深暗。由于不存在色相差别，这种配合很容易调和统一。

（2）类似色的对比

在色环上，凡是60°范围内的各色均为类似色，如红、红橙、橙等。类似色比同种色差别明显，但差别不大，因各色之间含有共同色素，故类似色又称同类色。

类似色对比时，各自倾向色环中外向邻接的色相，扩大了色相的间隔，色相差别增大。例如，品红与橙对比时，品红倾向于红紫，橙倾向于黄橙。

（3）对比色的对比

在色环上，任意一色和与之相隔90°以外，180°以内的各色之间的对比，属于对比色的对比，此种对比是色相的强对比。

对比色之间的差别要比类似色大，故对比色的色相感要比类似色鲜明、强烈、饱满、丰富，但又不像互补色那样强烈。对比色对比时，两色互相倾向于对方的补色。例如，黄与青对比时，黄倾向于橙色调（青的补色），而青倾向于紫色调（黄的补色）。

在配色时，要适当改变各个对比色的明度和饱和度，构成众多的、审美价值较高的色相对比。

（4）互补色的对比

在色环上，凡相隔180°的两色之间的对比，称为互补色的对比。对比时，两色各增加其鲜明度，但色相不变。如品红与绿并列时，品红显得更红，绿显得更绿。互补色对比的特点是相互排斥、对比强烈、色彩跳跃、刺激性强。它是色相对比中最强的一种。

互补色配合得好，能使图面色彩醒目、生气勃勃、视觉冲击力极强；若运用不当，则会产生生硬、刺目、不雅致的弊病。

3．饱和度的对比

任一饱和色与相同明度不等量的灰色相混合，可得到该色的饱和度系列。

任一饱和色与不同明度的灰色相混合，可得到该色不同明度的饱和系列，即以饱和度为主的颜色系列。

将不同饱和度的色彩相互搭配，根据饱和度之间的差别，可形成不同饱和度的对比关系，即饱和度的对比。例如，按孟塞尔色立体的标定，红的最高饱和度为14，而蓝绿的最高饱和度为8。为了说明问题，现将各色相的饱和度统分为12个等级（如图10-9）。

低饱和度					中饱和度				高饱和度			
0	1	2	3	4	5	6	7	8	9	10	11	12

图10-9　饱和度轴

色彩间饱和度差别的大小决定饱和度对比的强弱。由于饱和度对比的视觉作用低于明度对比的视觉作用，大约3~4个等级的饱和度对比的清晰度才相当于一个明度等级对比的清晰度，所以如果将饱和度划分为12个等级，相差8个等级以上为饱和度的强对比，相差5个等级左右为饱和度的中等对比，相差4个等级以内为饱和度的弱对比。

由于饱和度对比程度的不同，各种调子给人的视觉感受也不尽相同。

高饱和度基调：积极、活泼、有生气、热闹、膨胀、冲动、刺激。

中饱和度基调：中庸、文雅、可靠。

低饱和度基调：平淡、无力、消极、陈旧、自然、简朴、超俗。

饱和度对比越强，鲜色一方的色相感越鲜明，因而使配色显得艳丽、生动、活泼。饱和度对比不足时，会使图面显得含混不清。

明度对比、色相对比、饱和度对比是最基本、最重要的色彩对比形式，在配色实践中，除消色的明度对比以及同一色同明度的饱和度对比属于单一对比外，其余色彩对比均包含有明度、色相、饱和度三种对比形式，不可能出现"单打一"的色彩对比。研究各种对比形式，实际上就是研究以哪种对比为主的问题。

4.冷暖对比

利用色彩感觉的冷暖差别而形成的对比称为冷暖对比。

根据色彩的心理作用，可以把色彩分为冷色和暖色两类。以冷色为主可构成冷色基调，以暖色为主可构成暖色基调。冷暖对比时，最暖的色是橙色，最冷的色是青色，橙与青正好为一对互补色，故冷暖对比实为色相对比的又一种表现形式。

另外，黑白也有冷暖差别，一般认为黑色偏暖，白色偏冷，而同一色相中也有冷感和暖感的差别。冷色与暖色混以白色，明度增高，冷感增强；反之，混以黑色，明度降低，暖感增强。如属于暖色的朱红色，加白色冲淡时，变成粉红色就有冷感；加黑变成暗红色时就有暖感。

5.面积对比

面积对比是色彩面积的大与小、多与少之间的对比，是一种比例对比。色彩的对比不仅与亮度、色相和饱和度紧密相关，而且与面积大小关系极大。例如，$1cm^2$的纯红色使人觉得鲜艳可爱，$1m^2$的纯红色使人感到兴奋、激动、无法安静，而当$100m^2$的纯红色包围我们时，会感到刺激过强，使人疲倦和难以忍受。这说明随着面积的增减，对视觉的刺激与心理影响也随之增减。因此，在设计大面积色彩时，大多数应选择明度高、饱和度低、色差小、对比弱的配色,以求得明快、舒适、安详、持久、和谐的视觉效果。

在设计中等面积的色彩对比时,宜选择中等强度的对比,使人们既能持久感受,又能引起充分的视觉兴趣。

在设计小面积色彩对比时,灵活性相对大一些,不管对比是强是弱均能获得良好的视觉效果。一般小面积以用高饱和度、对比度强的色为宜。当图面是由各种面积色彩构成时,大面积宜选择高明度、低饱和度、弱对比的色彩,小面积宜选高饱和度、强对比的色彩。通过巧妙而合理的色彩搭配,使不太完美的面积对比变得完美协调。

(二) 色彩的调和

色彩的调和是指有明显差异的、对比强烈的色彩经过调整之后,形成符合目的、和谐而统一的色彩关系。色彩对比是扩大色彩三属性诸要素的差异和对立,而色彩的调和则是缩小这些差异和对立,减少对立因素,增加统一性。

从美学观点而言,构成和谐色彩的基本法则是"变化统一"。即必须使各部分的色彩既要有节奏的变化,又要在变化中求得统一。

为使色彩配合在差别中表现出调和统一,以下几点可供参考:

1. 配色符合主题目的

设色必须与对象的主题内容相一致,不同的内容需要不同的色彩(主色调)来表现。前面所论述的色彩的感觉与象征,色彩的对比变化等都是研究色彩如何通过自身的表现力更好地表现作品的内容,使作品的内容与色彩能有机地结合起来,更好地发挥色彩先声夺人的作用。凡与作品内容相冲突的色彩配合均有可能被认为是不调和的色彩配合,并对描述内容产生消极作用。因此,色彩(指主色调)与内容的一致是色彩调和的一个重要原则。例如,表示植被一般采用绿色调,表示水体一般采用蓝色调等。

2. 引起读者审美心理的共鸣

设色实践证实,凡能与读者产生心理共鸣的色彩搭配,一般被认为是美的、调和的色彩搭配。

由于国家、宗教、信仰、生活环境、地理位置、文化修养、年龄、性别、性格、时代、阶层、经济条件等因素的不同,人们具有不同的审美能力和不同的审美需求。因此,要使色彩设计获得成功,使读者与之产生共鸣,就必须有针对性。如设计供儿童使用的地图产品,就应该符合儿童的审美需求,从封面到图面,都应选用饱和度高、对比鲜明的色彩。

3. 同种色调和

同种色调和是指通过同一色相(加黑或白)深、中、浅的配合,运用明度、饱和度的变化来表现层次、虚实。同种色调系统分明、朴素、雅致、整体感很强,但容易显得单调无力。配色时应注意调整色阶间隔,以获得明朗、协调的图面效果。

4. 类似色调和

类似色的调和是近似和邻近色彩的调和,这种调和比同种色调和更丰富且富有变化。根据图面设色需要适当调整各色之间的明度、饱和度、冷暖和面积大小,使之既有对比,又达到协调的效果。

5. 增加共同色素调和

在互相对比的色彩中调入黑、白或者其他颜色,增加其同一色素,使其调和;或在互相对比的色彩中进行一定程度的相互揆合,使其产生共性,从而达到调和。

6. 同中性色分割调和

使用黑、白极色，中性灰色或金、银色线划将对比色分割，缓和直接对立状态，增加统一因素，从而达到调和。

7. 面积调和

在色彩设计中，面积调和的重要性不亚于色彩调和，任何配色都必须先研究色彩相互之间的面积比问题。色彩的面积决定了颜色应选择的明度、饱和度、色相。两色对比，当明度、饱和度、色相不可改变时，可适当改变对比色之间的面积，使之色感均衡，达到调和；若面积不可改变时，则改变颜色的明度、饱和度，使之色感均衡，从而达到调和。

8. 渐变调和

将对比的色彩进行有秩序的组合，形成一种渐变的、等差的色彩序列，从而达到调和的效果。例如，红与绿两饱和色的对比是强烈的色相对比，极不调和，若两色均以柠檬黄混合，并将混合出的各色依次序排列，就得到红、朱红、橘红、橘黄、中黄、柠檬黄、绿黄、草绿、中绿、绿的色相序列，减弱了原来的对比效果，呈现出色相序列极强的调和感。

9. 弱化调和

色彩对比过于强烈时，适当降低几个色或其中一色的饱和度，提高其明度（使颜色变得浅一些），往往可以达到调和的效果。

综上所述，配色的根本目的是求得不同色彩三属性之间的统一性与对比性的适当平衡，寻求统一中的变化美。

二、配色的类型

色彩的配合是指各种颜色的搭配，包括白色和黑色，地图设色也是这样，以几种面状色彩、线状色彩、点状色彩及彩色注记相配合。不论色彩配合形式如何变化，其配色类型归纳起来不外乎以下几类：

1. 同种色配色

利用同一色相的不同明度、饱和度的变化来搭配组合，容易取得十分协调的色彩效果。

2. 类似色配色

在色环中，邻近的几个色相相互组合的配色（如红、红橙、橙的组合）会有很强的统一感。为避免单调，应注意调整色相的明度差。

3. 对比色配色

对比色相的组合能产生生动活泼的感觉，但不易调和，可变化其明度和纯度，从而产生调和感。

4. 互补色配色

互补色组合在一起时，会呈现强烈的相互辉映的视觉效果，能使图面产生强烈的视觉冲击力。如需减弱对比强度，可适当减小一色面积或降低一色饱和度，从而产生调和感。

5. 冷色系和暖色系配色

冷色系的配色产生冷感和沉静安定感；暖色系的配色产生暖感和刺激性。

上面列举的是以色相为主的配色类型。同样，以明度和饱和度差别为主的配色类型也有多种，这里不再列举。

在色彩的设计实践中，上述配色类型要根据具体条件进行选择和变化，具体到地图设色时，首先，应根据不同图幅（图集）的主题内容和具体条件进行全面考虑，使色彩配合形式与地图内容相统一。例如，对考古地图的设色应与旅游地图的设色有所区别，前者应给人以古朴、典雅的感觉，而后者应给人以明快、华丽的感觉。若所配色彩与内容相冲突，即使符合配色规律，也属不调和色彩。其次，提出设计方案，制作彩色样图，进行各种色彩的配合试验。这时应主要考虑各类要素的组合效果，对彩色试样进行反复比较，以求最理想的配色效果。

掌握色彩的配色技巧，除懂得色彩基本理论及其配色方法外，还要善于观察、体会各种自然色彩的特点。如植物、花卉、羽毛、贝壳及大理石的纹理等，其他还有邮票、各种装饰绘画及国内外优秀地图集的配色等，都是可以借鉴的。总之，只要善于观察、体会，多多实践，不断地提高自己的审美能力，是可以掌握色彩配合技巧的。

§10.4 地图色彩设计

色彩作为人们视觉所能感受的物质现象，已经成为人们生活中不可缺少的东西，我们的世界如果没有色彩将是难以想像的枯燥与乏味。色彩是产生美感和创造艺术魅力的基本要素和手段，但人们需要色彩不仅仅出于审美的天性和需要，色彩作为一种承载与传递信息的手段，同样有着极其重要的意义，人们要依靠色彩去认识世界和表现世界。在世界上凡是与视觉工艺有关的领域都不可避免地要运用色彩、研究色彩。地图是以视觉图像表现和传递空间信息的，图形和色彩是构成地图的基本要素。色彩作为一种能够强烈而迅速地诉诸感觉的因素，在地图中有着不可忽视的作用。色彩本身也是地图视觉变量中一个很活跃的变量。地图设计的好坏，无论在内容表达的科学性、清晰易读性，还是地图的艺术性方面，都与色彩的运用有关。

一、地图上色彩的作用

在现代技术条件下，制作彩色地图没有任何困难，黑白地图已经极少见到（只有在专门需要时制作），这说明地图需要色彩，人们需要彩色的地图，因为色彩对于地图有很重要的作用。

1. 色彩的运用简化了图形符号系统

地图内容十分丰富，地图表现的对象又很多样，地图的符号系统相当复杂，在黑白地图上，所有点状、线状和面状的制图对象只能依靠图形符号加以区别，不同对象必须具有不同形状和花纹的符号。例如线状符号，地图上呈线状的要素很多，如各种道路、岸线、河流、等高线、区域范围线等，在单色条件下区分它们只能依靠线状符号的粗细、组合、结构、附加图案花纹等图形差异，差别过小可能难以辨别，差别大往往需要较复杂的图形。又如区分面状分布的现象，在单色条件下必须在面积范围内设置点状或线状图案，这种面状符号的使用使得图面线划载负量大大增加，而图面清晰度则受到很大影响。色彩的使用使上述问题迎刃而解，如同一种细线，蓝色表示岸线，黑色为路，棕色为等高线……色彩变量取代图形变量，简单的符号由于使用了不同的颜色而可以分别表现不同对象，使地图上可以尽量采用较简单的图形符号表现丰富的要素。

2. 丰富了地图内容

由于颜色是视觉可以分辨的形式特征之一，因而颜色就具有了信息载负的能力，人们可以利用色彩表现制图对象的空间分布、内在结构、数量、质量特征等，因而增大了地图传输的信息量。

依靠人们对色彩的感知能力，有些不便于或不能用图形符号描述的内容，可以通过色彩表现出来，并加深人们对该内容的认识与理解。例如用浅蓝色表示水域，使读图者对水陆分布概念非常明确；又如用暖色表示气温高的地区，气温越高，颜色越趋暖色，反之以冷色表示低温区。

另一方面，由于色彩的使用简化了原有的图形符号，使在单色条件下原本无法同时表示的内容可以叠加表示在一起，而不相互干扰，这些相互关联的内容不仅各自体现其直接信息，而且增加了内容的深度，人们有可能从它们的关系中分析更深层次的间接信息。

总之，色彩已成为被人们广泛接受的视觉语言，有很高的视觉识别作用，巧妙地使用色彩可使地图内容更为丰富。

3．提高地图内容表现的科学性

制图对象是有规律的，色彩也有其内在的规律性，色彩的合理使用可以加强地图要素分类、分级系统的直观性。

例如，在普通地图上人们习惯于用蓝色表示水系要素；以棕色表示地貌要素；以绿色表示植被；以黑色表示人为环境要素等。这样的色彩分类，既能方便地单独提取某一种要素，又把区域景观综合体中各要素的关系反映得很清楚。

利用色彩三属性的有规律变化，还可以表现制图对象分类的多层次性。例如在某些专题地图上，色彩的有规律变化可以很好地表现出一级分类、二级分类，甚至三级分类的概念，这对读图者正确与深入理解地图内容十分有用。

色彩明度和饱和度的渐变色阶是表现数量等级的最佳方法，可以让读图者十分生动地感受到数量（等级）由低到高的渐变规律。

4．改善地图语言的视觉效果

色彩运用使地图语言的表达能力大为增强，这对提高地图信息传输效率非常有利。色彩是地图视觉变量中的活跃因素，色彩属性的演变可以产生多种视觉效果，如产生整体感、性质差异感、等级感、立体感、动态感等。这些效果的运用，使地图要素容易辨别，符号清晰易读，各种关系清楚明确。

在现代专题地图上，大多作品以多层次的视觉层面表现多方面的相关制图内容：主题和重要内容突出于第一层面，相对次要的内容处于第二层面，而地理底图要素则安排在最低层面。没有色彩的参与，这种视觉层次是难以形成的。

5．提高地图的审美价值

地图作为一种视觉形象作品，它是需要美的。色彩作为"一般美感中最大众化的形式"（马克思），可以赋予地图美的特质。尽管地图上使用色彩首先是为了更好地表现地图内容，但色彩的使用不可避免地给地图带来色彩艺术的成分，这也正是地图综合质量的一个重要方面。当色彩设计既能正确表现地图内容，又能给人一种清新和谐的审美感受时，它就是一幅成功的地图作品。其审美价值不仅表现在使人们从美学的意义上去欣赏地图作品，得到美的享受和熏陶，同时，它还能吸引读图者的注意力，延长视觉注意时间，进而促进对地图内容的认识和理解。所以，地图色彩的审美价值与地图的实用价值是统一的。

二、地图色彩的特点

如前所述，地图在本质上是一种科学和技术的产品，而不是艺术品。地图色彩当然也必须服从地图科学和技术的要求。因此，地图色彩与一般艺术创作中的色彩具有不同的性质和特点。

艺术用色有写生色彩与装饰色彩之分：写生色彩偏重于自然色彩的再现；装饰色彩不求色彩的逼真，而是以自然色彩的某些特征为基础，化繁为简，合理夸张，形成对比调和的组合效果和有特点的色彩形式美。

地图色彩不同于自然色彩的写真和逼真，而是以客观事物色彩的某些特征为基础，从地图图面效果的需要出发，设计象征性和标记性颜色。从这一点看，地图色彩有些类似于装饰色彩。不过装饰艺术的惟一目标是色彩的形式美，而地图的色彩必须服从内容的表现和阅读的清晰性要求，因此，地图色彩还有它自己的特点。

1. 地图色彩大多以均匀色层为主

地图的设色与地图的表示方法有关。除地貌晕渲和某些符号的装饰性渐变色外，地图上大多数点状、线状和面状颜色都以均匀一致的"平色"为主，尤其是面状色彩。现代地图上主要采用垂直投影的方式绘制地物的平面轮廓范围，每一范围内的要素被认为是一致的、均匀分布的。如某种土壤或植物的分布范围，人们不可能再区分每一个范围内的局部差异，而将其看做是内部等质（某种指标的一致性）的区域，这是地图综合——科学抽象的必然。因而，使用均匀色层是最合适的。同时，地图上色彩大多不是单一层次，由于各要素的组合重叠，采用均匀色层才能保持较清晰的图面环境，有利于多种要素符号的表现。

2. 色彩使用的系统性

地图内容的科学性决定了其色彩使用的系统性，地图上的色彩使用表现出明显的秩序，这是地图用色与艺术用色的最大区别。

如前所述，地图上色彩的系统性主要表现为两个方面，即质量系统性与数量系统性。色彩质量系统性是指利用颜色的对比性区别，描述制图对象性质的基本差异，而在每一大类的范围内又以较近似的颜色反映下一层次对象的差异。例如在土壤分布图上，以蓝色表示水稻土、以紫灰色表示紫色土、以土黄色表示黄壤……以此反映一级分类（土类）的不同。在第二级（亚类）层次上，以较深的蓝色表示淹育型水稻土，以中蓝表示潴育型水稻土，以浅中蓝表示潜育型水稻土等；以深土黄表示黄壤，以浅土黄表示黄壤性土等。这种用色方法使图上复杂的色彩关系有了规律。人们既能根据基本的色相属性分辨土类的范围，又可以凭借色彩的较小的饱和度和明度区别判断土壤的亚类属性。显然，这种用色方法清楚地反映了地图内容的分类系统性。图10-10是水文地质图上色彩系统性运用的例子。

色彩的数量系统性主要是指运用色彩强弱与轻重感觉的不同，给人以一种有序的等级感。色彩的明度渐变是视觉排序的基本因素，例如在降水量地图上用一组由浅到深的蓝色色阶表示降水量的多少，浅色表示降水少，深色表示降水多。在专题地图上这种用色方法十分普遍。

3. 地图色彩的制约性

在绘画艺术中，只要能创造出美的作品，一切由画家的主观意愿决定。画面上的景物、色彩及其位置、大小都可根据构图需要进行安排调动，称之为"空间调度"，现代派画家甚至撇开图形而纯粹表现色彩意境和情调。地图则不同，地图上的色彩受地图内容的制约大得多，地图符号、色斑位置和大小，一般不能随意移动，自由度很小。一般来说，色彩的设计总是在已经确定了的地图图形布局的基础上进行。

同时，由于地图上点、线、面要素的复杂组合，色彩的选配也受到很大限制，例如除小型符号外，大多数面积颜色要保持一定的透明性，以便不影响其他要素的表现。

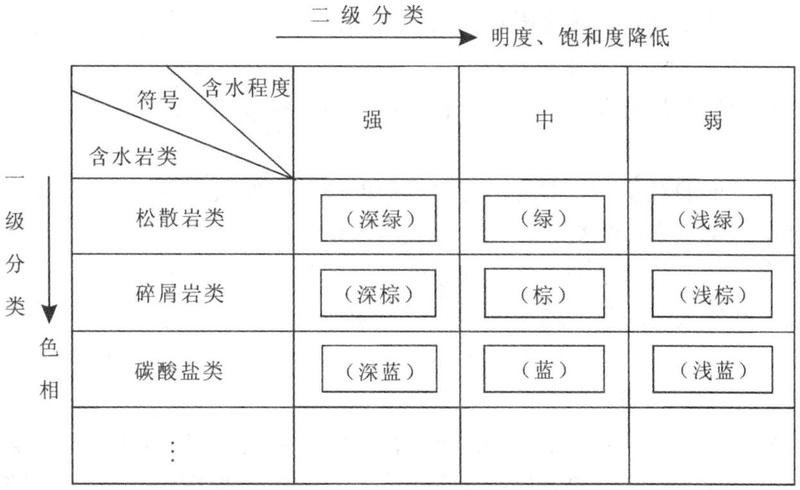

一级分类 色相 →	二级分类 → 明度、饱和度降低		
符号＼含水程度＼含水岩类	强	中	弱
松散岩类	（深绿）	（绿）	（浅绿）
碎屑岩类	（深棕）	（棕）	（浅棕）
碳酸盐类	（深蓝）	（蓝）	（浅蓝）
⋮			

图 10-10　色彩符号的分类层次构成

4．色彩意义的明确性

在绘画作品中，色彩只服从于美的目标，而不必一定有什么意义，有些以色块构成的现代绘画，只是构成一种模糊的意境而不反映任何具体事物。地图是科学作品，其价值在于承载和传递空间信息，地图上的色彩作为一种形式因素担负着符号的功能。在地图上除少数衬托底色仅仅是为了地图的美观外，绝大多数颜色都赋予了具体的意义。而且作为一种符号或符号视觉变量的一部分，其含义都应该十分明确，不允许模棱两可、似是而非。

三、地图色彩设计的一般要求

1．地图色彩设计与地图的性质、用途相一致

地图有多种类型，各种类型的地图无论在内容上还是使用方式上都不同，其色彩当然也不一样。色彩的设计要适应地图的特殊读者群体，要适应用图方法。例如，地形图作为一种通用性、技术性地图，色彩设计既要方便阅读，又要便于在图上进行标绘作业，因而色彩要清爽、明快；交通旅游地图用色要活泼、华丽，给人以兴奋感；教学挂图应符号粗大，用色浓重，以便在通常的读图距离内能清晰地阅读地图；一般参考图应清淡雅致，以便容纳较多的内容；而儿童用的地图则应活泼、艳丽，针对儿童的心理特点，激发其兴趣。

2．色彩与地图内容相适应

地图上内容往往相当复杂，各要素交织在一起。不同的内容要素应采用不同的色彩，这种色彩不仅要表现出对象的特征性，而且还应与各要素的图面地位相适应。在普通地图上，各要素既要能相互区分，又不要产生过于明显的主次差别。在专题地图上，内容有主次之分，用色就应反映它们之间的相互关系。主题内容用色饱和，对比强烈，轮廓清晰，使之突出，居于第一层面；次要内容用色较浅淡，对比平和，使之退居次一层面；地理底图作为背景，应该用较弱的灰性色彩，使之沉着于下层平面。

又如，在某些地图上，专题内容的点状或线状符号，要用尺寸和色彩强调其个体的特征，使之较为明显，而表示面状现象的点（如范围法中的点状符号）和线（如等值线）则主要强调的是它们的总体面貌，而不需突出其符号个体。另外，某些地图要素，尤其是普通地

图要素，已经形成了各种用色惯例，在大多数情况下应遵循惯例进行设色，没有特殊理由而违反惯例，读者会产生疑问，从而影响地图的认知效果。

3．充分利用色彩的感觉与象征性

既然地图色彩主要是用来表现制图内容，设计地图符号的颜色时必须考虑如何提高符号的认知效果。

有明确色彩特征的对象，一般可用与之相似的颜色，如蓝色表示水系，棕色表示地貌与土质……又如黑色符号表示煤炭，黄色符号表示硫磺等。

没有明确色彩特征的可借助于色彩的象征性，如暖流、火山采用红色，寒流、雪山采用蓝色；高温区、热带采用暖色，低温区、寒带采用冷色；表现环境的污染则可用比较灰暗的复色等。

4．和谐美观、形成特色

地图的色彩设计，为了突出主题和区分不同要素，需要足够的对比，但同时又应使色彩达到恰当的调和。与此同时，地图虽然属于技术产品，但是地图色彩设计也不能千篇一律。一幅地图或一本地图集，制图者应力求形成色彩特色。例如瑞士地形图的淡雅与精致，《狄克地图集》（德国）的浓郁、厚实，《海洋地图集》（前苏联）的鲜艳、清新，《中国自然地图集》的清淡、秀丽等，这些优秀的地图作品的色彩设计都各具特色。

四、地图色彩选择

色彩在地图上是附着于地图符号上使用的，可以分为点状色彩、线状色彩、面状色彩。

1．点状色彩

点状色彩指点状符号的色彩。由于点状符号属于非比例符号，多由线划构成图形，用色时多利用色相变化表示物体的质和类的差异，而很少利用明度和饱和度的变化。为了使读者在读图时能够产生联想，应使用同制图对象的固有色彩近似的（或在含义上有某种联系的）色彩。为了印刷方便，点状符号一般只选用一种颜色。

2．线状色彩

线状色彩指线状符号的色彩。地图上的线状符号大多是由点、线段等基本单元组合构成，其用色要求基本与点状符号相似。运动线也是线状符号，它同其他线状符号的差别在于它有相当的宽度，所以它除了运用色相变化外，也可以有明度和饱和度的变化。

3．面状色彩

色彩是面状符号最重要的变量，它可以使用色相、明度、饱和度的变化。色彩的对比和调和设计也主要运用于面状符号。

地图上的面状符号用色分为：

（1）质别底色

用不同颜色填充在面状符号的边界范围内，区分区域的不同类型和质量差别，这种设色方式称为质别底色。地质图、土壤图、土地利用图、森林分布图等使用的面积色都是质别底色。对于质别底色必须设置图例。

（2）区域底色

用不同的颜色填充不同的区域范围，它的作用仅仅是区分出不同的区域范围，并不表示任何的数量或质量特征，视觉上不应造成某个区域特别明显和突出的感觉，但区域间又要保持适当的对比度。区域底色不必设置图例。

（3）色级底色

按色彩渐变（通常是明度不同）构成色阶表示与现象间的数量等级对应的设色形式称为色级底色。分级统计地图都使用色级底色，分层设色地图使用的也是色级底色。

色级底色选色时要遵从一定的深浅变化和冷暖变化的顺序和逻辑关系。一般来说，数量应与明度有相应关系，明度大表示数量少，明度小则表示数量大。当分级较多时，也可配合色相的变化。色级底色也必须有图例配合。

（4）衬托底色

衬托底色既不表示数量、质量特征，又不表示区域间对比，它只是为了衬托和强调图面上的其他要素，使图面形成不同层次，有助于读者对主要内容的阅读。这时底色的作用是辅助性的，是一种装饰色彩，如在主区内或主区外套印一个浅淡的、没有任何数量和质量意义的底色。衬托底色应是不饱和的原色或米黄、肉色、淡红、浅灰等，不应给读者造成刺目的感觉，不影响其他要素的显示，同待衬托的点、线符号保持一定的对比度。

参 考 文 献

1．俞连笙等．地图整饰．第 2 版．北京：测绘出版社，1995
2．赵国志．色彩构成．沈阳：辽宁美术出版社，1989
3．汪兆良．印刷色彩学．上海：上海交通大学出版社，1991

思 考 题

1．色彩三属性的基本含义是什么？
2．色彩的感觉主要表现在哪几方面？
3．如何理解色彩的象征性？色彩有些什么样的象征性？
4．什么是加色混合？什么是减色混合？
5．什么是原色、间色、补色、复色？
6．明度对比有哪几种？在地图设计中各有什么作用？
7．什么是色相对比？色相对比有哪几种？各自产生什么样的感受效果？
8．什么是色彩调和？做到色彩调和的主要方法是什么？
9．地图配色有哪些类型？
10．地图上运用色彩起什么作用？
11．地图色彩系统性如何表现？
12．地图色彩设计有哪些要求？
13．地图上面状符号的用色分为哪几类？

第十一章 地图注记

§11.1 地名与地图

地名是人们对地球或其他星球上为表示特定方位、范围的地理实体所赋予的一种文字代号，或者说它是区别不同地理实体的一种语言文字标志。

地理实体包括自然地理实体和人文地理实体，例如江、河、湖、海、山、岗、岭、市、镇、村、台、站、场、所等。凡有一定位置、范围的地理事物，都可被称为地理实体。

在信息社会中，地名是一种非常有用的信息资源。

一、地名的基本特征

1. 地名三要素

地名由语言词汇组成，用文字表达。语言可以说，文字可以书写，语言文字都有含义，因此通常把音、形、义称为地名三要素。

2. 地名的指代性

地名语言用来说明具体的地理实体，是被个性化了的某个地理实体的专有名词。地名的指代性又包含指位性和指类性两重含义。指位性即表示地名所代表的地理实体具有一定的位置（坐标）和范围；指类性表示地名代表地理实体的性质（类别）。地名由专名和通名组成，专名是指位的，某个地名代表某个专指的、具有一定位置的地理实体，而通名则通常是指类的，如市、湖、河等，指出了该地理实体的类别。

3. 地名的社会性

地名是社会的产物，反映人地关系，受到地域、文化、语言、历史、政治、民族等各方面的影响。在地名得到社会公认后，才能起到交流的作用。

4. 地名的民族性

不同民族区域内的地名一般总是由当地的民族以其民族语言命名。对地名语词特征的分析，尤其是对地名群体的研究，有利于了解历史上的民族分布和变迁的遗迹。

5. 地名的相对稳定性

随着社会的发展和时间的推移，地名会发生变化，尤其是人文目标，像工业企业、行政区域名称，其变化是经常有的。但相对稳定又是必须的，否则就无法起到交流的作用，所以，频繁改名是不可取的。

6. 地名向简便发展的趋势

为了更好地进行社会交流，地名的称谓向简化方向发展，长地名变短，生僻字简化，使地名易认好写，有利于传播。

二、地名的功能

地名功能指其具有的社会效能,或地名在经济、文化建设及人民生活中所发挥的作用。

1．地名的社会功能

地名在社会组织及社会生活中发挥着极大的作用。这包括:地名使人类生存的空间清晰分明,在人类交往、组织重大社会活动、国家进行行政管理时都离不开地名;地名在一定程度上体现了一个国家的社会制度、相应的政策、政治立场、文化差异和民族心理,因此地名也有纪念前贤、启迪后人、刺激人们的心理和情绪、影响人们抉择的作用。

2．地名的历史功能

地名往往是历史的见证,地名的演变在一定程度上反映出历史上不同时代的政治制度、文化状况、自然地理变化等。不少地名具有历史特征。

3．地名的现代功能

地名与经济建设有着密切的联系,在经济活动中,商品贸易、物资流通、项目选址、信息沟通,无一能够离开地名。

地名又同精神文明建设息息相关。历史上遗留下来的有些带有封建性、庸俗性、民族歧视等不健康性质的地名,在精神文明建设中被更改、淘汰,代之以新的、进步的、健康的地名。

4．地名的科学功能

随着社会科技、文化的发展,地名的科学价值正引起学术界的重视。地名学作为一门新的学科,蕴含着很高的科学价值。这主要体现在地名本身的科学性,它的概念、要素、分类、功能、演变、命名、更名、管理及起源和发展等诸方面都具有研究价值。地名也能为其他学科的研究提供线索,从而推动科学发展。

三、地名与地图

地名是地图的重要内容之一。人们在使用地图时,往往先查阅地名,再去看其他要素。如果地图上没有地名,地图就失去了大部分信息,甚至失去使用价值。

地图是传播和推广地名的重要工具。地图和书报相比,它全面地、大量地、集中地显示地名,而且同时提供了所标注目标的空间位置及相互关系,使读者容易记忆。绝大多数地名是首先由测绘工作者注记到地图上并将它固定下来的。由于地图的大量使用,这些地名得到广泛传播。

地图是地名工作的依据,是地名的载体,在从事地名调查和地名研究时都离不开地图。

四、地名工作的内容

地名工作的主要内容有地名标准化、地名译写规范化、地名管理、地名的理论研究。

1．地名标准化

地名标准化工作是根据政府颁布的有关规定,对地名进行普查、整理,通过标准化处理,做到地名书写统一、读音正确、没有不健康的含义。在地名国家标准化的基础上,达到地名的国际标准化。

20世纪80年代,我国使用大比例尺地形图进行了地名普查,在此基础上建立了一套完整的标准化地名图,编辑了以县(市)为单位的地名志或地名词典。

在国际交往中，确立了以汉语拼音拼写中国地名作为罗马字母拼音法的国际标准。

2. 地名译写规范化

国内各民族之间及各国之间由于语言文字不同，地名书写也各不相同。从一种语言文字译为另一种语言文字的过程中，由于没有统一的标准，再加上受地方音的影响，各人各译，就造成了同一地名译名不一致的问题。为了统一地名，必须有统一的译名规则，做到同名同译。

为使地名译写规范化，少数民族语地名用汉语拼音字母音译转写，外国地名采用汉字译写规则和音译表进行译写。

3. 地名管理

由各级地名管理机构制定各种法则，统一地名书写、读音和罗马字母的拼写标准，制定地名命名、更名和各种译名规则，加强地名工作的管理，实现国家地名标准化和规范化。

4. 地名的理论研究

地名研究不仅要探寻地名的来历、含义、沿革，还要总结地名的命名规律，并将研究成果运用到地名工作中去。

五、地名数据库

地名信息作为信息社会的重要信息资源，用传统的管理方式进行管理已不能满足现今的需求，用计算机技术管理地名已是大势所趋，而且正逐步得到推广应用。

地名数据库是利用数据库技术来管理地名，从而实现地名管理的科学化和现代化，为社会各方面快速提供标准化、规范化、现势性强的地名。

在 GIS 中，地名数据库已经成为一个不可缺少的部分，它和其他专业数据库相连接，完成 GIS 的整体功能，也可以生产地名图、地名录、数字地名磁盘等。地名数据库也可以脱离 GIS 单独存在，成为地名信息系统。

1. 地名数据库设计的原则

地名数据库设计应考虑其本身的功能需求，在同 GIS 连接时，还要考虑 GIS 的结构和要求，通常应注意以下几个方面：

①规范化：其数据结构、编码、标准等都应遵从中国地名委员会制订的《中国地名信息系统技术规范》。

②完备性：确保数据的完整性和数据库功能的完备性，满足用户要求。

③可扩充性：在系统设计时，应在数据编码和系统结构等方面留有余地，满足系统扩充和进一步开发的要求。

④适用性：应做到结构合理、功能完备、操作方便，具有良好的用户界面，满足多方面的用户要求。

2. 地名数据库系统设计

在 GIS 环境下地名数据库的设计及建库流程如图 11-1 所示（尹清哲，1997）。

（1）需求分析

需求来自两方面，一是用户需求，二是 GIS 的系统需求。

地名数据库的直接用户是民政部门的地名办公室、测绘系统等，其潜在用户可能涉及土地规划、城市规划、土地管理、旅游、宣传、高等学校、科研单位及其他的 GIS 用户。

民政部门对地名数据库的需求主要是正确、完整地存储某个地区的地名数据，方便管理、修改、更新、统计、查询地名信息,制作地名图、地名录。其他用户对地名数据库的需求主要是查询、统计、分析地名信息。基础地理信息系统要求地名数据库能配合其他专题数据库,完成系统的整体功能,输出各种形式的地图。

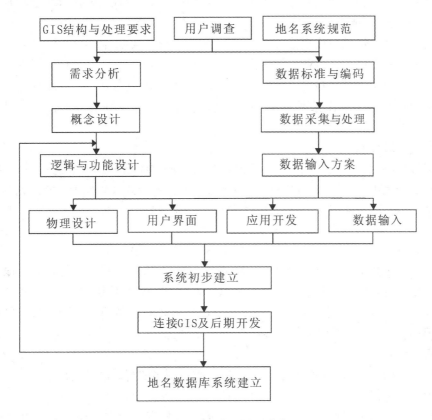

图 11-1 地名数据库设计及建库流程

(2) 逻辑与功能设计

地名数据库中的实体关系是分层次的多对一的关系。行政区域(省、市、区、县、乡镇、行政村)地名为第一层;居民地(城镇、农村和其他类型)的地名描述为第二层,它们同行政区域名存在多对一的关系;街巷名是关于城镇内街道、巷、里、路、胡同等的描述,属第三层,它们同居民地名存在多对一的关系;其他如企事业单位名、人工建筑物名、纪念地和名胜古迹名、自然地物名等同行政区域名或居民地名存在多对一的关系。

在每个地名下面可列出其说明(属性集),这些属性可以是区域代码、标准地名、汉语拼音、语种、曾用名、卷号、类别、图幅号、网格号、经度、纬度、高程、邮政编码、更新日期、人口、面积、国民生产总值、耕地面积、地址、电话号码、地名来历及其他简介等。

地名数据库应具有存储、更新、管理、查询、统计地名信息,按用户输入的要求(指令)进行处理,并将处理结果按用户要求的方式输出的功能。地名数据库的输入、处理、输出功能由其基本功能模块来实现。

3. 数据结构设计

参照《中国地名信息系统规范》,地名数据库的数据文件分为七类,即行政区域名,居民地名,街巷地名,机关、企事业单位名,人工建筑物名,自然物体名,纪念地、名胜古迹名。以上七类数据文件应分别存储相应的属性集。名胜古迹数据文件中可增加照片、视频图像、声音等数据。

4．数据代码设计

数据代码分为四类，即地名分类代码、行政区域代码、隶属代码和地名交通代码。

（1）地名分类代码

参照《中国地名信息系统规范》，其分类代码为：行政区域名（A），居民地名（B），具有地名意义的党政机关、企事业单位名（C），交通要素名（D），纪念地和名胜古迹名（E），历史地名（F），社会经济区域名（G），山名（H），陆地水域名（I），海域地名（J），自然地域名（K）等共11类。在保证和《中国地名信息系统规范》兼容的前提下，对地名的分类代码可进行补充。

（2）行政区域代码

行政区域代码中，县及县级以上的行政区域可参照GB2260《中华人民共和国行政区划代码标准》进行编码，县级以下的行政区域可参照有关的行政区划代码编制规则制订。

一般情况下，行政区域代码可采用11位数字分成三段，例如

××××××　　　×××　　××
第一段　　　　　第二段　　第三段

第一段有6位数字，表示县级以上行政区划，按GB2260的规定执行。第二段的3位数字表示县级以下行政区划，其中第一位为标识代码，"0"表示街道，"1"表示镇，"2"、"3"表示乡，"4"、"5"表示企事业单位；第二、三位表示区划地名的顺序号。第三段的2位数字表示乡镇以下的村民委员会和居民委员会的顺序号。

（3）隶属代码

行政村以下的自然村和其他地名填写所属行政区划名的行政区划代码。

（4）地名交通代码

用6位数字表示地名所在地的交通状况，第一位数字表示空运场、站，用"3"、"2"、"1"、"0"分别表示国际机场、一般民用机场、非民用机场、无机场。第二位表示水运港、站，"3"、"2"、"1"、"0"分别表示海港、内河客运港、其他港口、无港口。第三位表示铁路线，"3"、"2"、"1"、"0"分别表示有高速铁路、一般铁路、窄轨或专用铁路、无铁路。第四位表示铁路车站，"4"、"3"、"2"、"1"、"0"分别表示枢纽站、快车站、慢车站、窄轨或专用线站、无铁路车站。第五位表示道路状况，"6"、"5"、"4"、"3"、"2"、"1"、"0"分别表示国道、省道、县级公路、乡级公路、乡村大车路、乡间小路、无路。第六位表示公路站的状态，"3"、"2"、"1"、"0"分别表示公路枢纽站、公路客运站、招手站、无公路站。例如，武汉市的交通代码为322463。

5．接口码设计

基于GIS的地名数据库由于要和其他数据库连接，因此要有接口码。

接口码一般用8位编码，第一位为要素分类代码，第二位为要素类型标识码，第三到第七位为顺序号，第八位一般为"0"，当出现正、副名时，正名用"1"，副名用"8"。

6．数据标准

在保持和《中国地名信息系统规范》兼容的前提下制订扩展数据项部分的数据标准。

7．数据字典

地名数据库中用数据字典对系统本身和元数据进行必要的描述，以便于系统建设、管理

及数据共享。数据字典可由二维的数据表格组成，存储地名数据库系统简介、数据项说明、地名分类代码表、交通状况代码表。

8. 建库和应用开发

建库由数据准备、地名定位点数字化、数据入库、正确性检查等过程构成。数据准备包括收集地名信息资料及补充资料，数据编码，在地图上标注地名定位点，编写地名简介及填写地名信息输入表等；地名定位点数字化则是用数字化方法获得定位点的地理坐标并采集定位点的高程；数据入库包括输入地名信息，按规定格式组成数据文件并赋予名称，随即装载入库；数据正确性检查贯穿每一步，以保持输入数据的正确性。

应用开发包括选用地名数据库支持环境平台和系统的功能开发，即用户界面、多种方式的查询及输出、容错功能、多媒体功能、地名图及统计图生成、数据录入及维护、其他实用功能等。

§11.2 地图注记

地图注记是地图语言的组成部分。地图符号由图形语言构成，地图注记则由自然语言构成。地图注记对地图符号起补充作用，地图有了注记便具有了可阅读性和可翻译性，成为一种信息传输工具。

一、地图注记的功能

地图注记有标识各对象、指示对象的属性、表明对象间的关系及转译的功能。

1. 标识各对象

地图用符号表示物体或现象，用注记注明对象的名称。名称和符号相配合，可以准确地标识对象的位置和类型，例如"武当山"、"武汉市"等。

2. 指示对象的属性

文字或数字形式的说明注记标明地图上表示的对象的某种属性，如树种注记、梯田比高注记等。

3. 表明对象间的关系

经区划的区域名称往往表明影响区划的各重要因素间的关系，如"温暖型褐土及栗钙土草原"，表明气候、土壤、植被间的关系，"山地森林草原生态经济区"表明地貌、植被、经济等生态结构区划的划分。

4. 转译

地图符号通过文字说明才能担负起信息传输的功能。

二、地图注记的分类

地图注记分为名称注记和说明注记两大类。

1. 名称注记

指地理事物的名称。按照中国地名委员会制订的《中国地名信息系统规范》中确定的分类方案，地名分为11类，即行政区域名称，城乡居民地名称，具有地名意义的机关和企事业单位名称，交通要素名称，纪念地和名胜古迹名称，历史地名，社会经济区域名称，山名，陆地水域名称，海域地名，自然地域名。名称注记是地图上不可缺少的内容，并且占据地图上相当大的载负量。

2. 说明注记

说明注记又分文字和数字两种，用于补充说明制图对象的质量或数量属性。表 11-1 是大比例尺地形图上说明注记所标注的内容。

表 11-1　　　　　　　　　　大比例尺地形图说明注记

要素名称	文字说明注记	数字说明注记
独立地物	矿产性质，采挖地性质，场地性质，库房性质，井的性质，塔形建筑物性质等	比高
管　　线	管线性质，输送物质	管径，电压
道　　路	铁路性质，公路路面性质	路面宽，铺面宽，里程碑，公里数及界碑，界桩编号，桥宽及载重等
水　　系	泉水、湖水性质，河底、海滩性质，渡口、桥梁性质等	河底、沟宽、水深、沟深、流速，水井地面高，井口至水面深，沼泽水深及软泥层深，时令河、湖水有水月份，泉的日出水量等
地　　貌	地貌性质（如黄土溶斗、冰陡崖）	高程、比高，冲沟深，山洞、溶洞的洞口直径及深度，山隘可越过月份等
植　　被	树种、林地及园地性质等	平均树高、树粗、防火线宽度等

三、地图注记的设计

地图注记的设计包括字体、字大、字色、间隔、配置等诸方面。

1. 注记字体

我国使用的汉字字体繁多，地图上最常用的是宋体及其变形体（长宋、扁宋、斜宋），等线体及其变形体（长等线、扁等线、耸肩等线），仿宋体，隶体，魏碑体及其他美术字体（如图 11-2）。

地图上用字体的不同来区分制图对象的类别，已形成习惯性的用法。

图名、区域名要求字体明显突出，故多用隶体、魏碑体或其他美术字体，有时也用粗等线体、宋体，或对各种字体加以艺术装饰或变形。

河流、湖泊、海域名称，通常使用左斜宋体。过去曾对通航河段使用过右斜宋体。

山脉用右耸肩体，一般用中等线，也可以用宋体。山峰、山隘等用长中等线。

居民地名称的字体设计较为复杂，通常根据被注记的居民地的重要性分别采用不同字体，例如城市用等线体，乡、镇、行政村用宋体，其他村庄用细等线体或仿宋体。当同时表示居民地的行政意义和人口数时，通常总是用注记的字体配合字大来表示其行政意义。

地图注记的字体设计应遵照明显性、差异性和习惯性的原则。明显性表示重要性的差别，差异性表示类（质）的差别，习惯性则主要考虑读者阅读的方便。

2. 注记字大

指注记的大小。地图上用字的大小来区分制图对象的重要性或数量关系。制图时首先要对制图对象进行分级，等级高的是较重要的，采用较大的字（配合较大黑度的字体）来

字体		式样	用途
宋体	正宋	成都	居民地名称
	宋变	湖海　长江	水系名称
		山西　淮南 江苏　杭州	图名区划名
等线体	粗中细	北京　开封　青州	居民地名称 细等作说明
	等变	太 行 山 脉	山脉名称
		珠穆朗玛峰	山峰名称
		北 京 市	区域名称
仿宋体		信阳县　周口镇	居民地名称
隶体		中国　建元	图名、区域名
魏碑体		浩陵旗	
美术体		台湾省图	名称

图 11-2　地图注记的字体

表示。

地图用途和使用方式对字大设计有显著影响。对于最小一级的注记，桌面参考图可用 1.75～2.0mm（8～9级），挂图则最少要用到 2.25～2.5mm（10～11级）。地图上最小一级注记的字大对地图的载负量和易读性均有重要影响，是设计的重点。最大一级注记在地图上数量较少，参考图上一般用到 4.25～5.75mm（18～24级），挂图和野外用图上都可以适当加大一些。

为了便于读者清楚区分不同大小的注记，注记的级差之间至少要保持 0.5mm（2级）以上。

过去的制图规范、图式、教材、参考书标注字大小都用级（k），字大 = （k-1）× 0.25，单位为 mm。在计算机里，字大用磅（p）或号标记，每磅为 1/27 英寸，即 0.353mm。用号表示时通常分为 16 级，从大到小依次为初号及 1～8 号。其中初号及 1～6 号又分别分为两级，如初号、小初，六号、小六。一号字大为 8.5mm，到小六（2.0mm）每级以 0.5mm 的级差递减，七号字为 1.75mm，最小的八号字为 1.5mm，初号字为 13.5mm，小初为 11.5mm。

3. 注记字色

字体的颜色起到增强分类概念和区分层次的作用。通常水系注记用蓝色，地貌的说明注记用棕色，而地名注记通常都用黑色，特别重要的（区域表面注记或最重要的居民地）用红色，大量处于底层（如专题地图的地理底图上）的居民地名称常使用钢灰色，以减小视觉冲击。

4. 注记字隔

指在一条注记中字与字之间的间隔。最小的字隔通常为0.2mm，而最大字隔不应超过字大的5~6倍，否则读者将很难将其视为是同一条注记。

地图上点状物体的注记用最小间隔；线状物体的注记可以拉开字的间隔，当被注记的线状对象很长时，可以重复注记；面状物体的注记视其面积大小而定，面积较小（其范围内不能容纳其名称）时，注记用正常字隔，排在面状目标的周围适当位置，面积大时，则视具体情况可拉开间隔，注在面状物体内部。

5. 注记配置

注记配置指注记的位置和排列方式。

注记摆放的位置以接近并明确指示被注记的对象为原则，通常在注记对象的右方不压盖重要物体（尤其是同色的目标）的位置配置注记，当右边没有合适位置时，也可放在上方、下方、左方。

注记的排列有四种方式（如图11-3）。

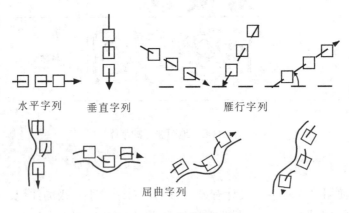

图11-3 注记排列方式

①水平字列：这是一种字中心连线平行于南北图廓（在小比例尺地图上也常用平行于纬线）的排列方式。地图上的点状物体名称注记大多使用这种排列方式。

②垂直字列：这是一种字中心连线垂直于南北图廓的排列方式。少数用水平字列不好配置的点状物体的名称及南北向的线状、面状物体的名称，可用这种排列方式。

③雁行字列：各字中心连线在一条直线上，字向直立或垂直于中心连线，通常应拉开间隔。字中心连线的方位角在±45°之间，字序从上往下排，否则就要从左向右排。

④屈曲字列：各字中心连线是一条自然弯曲的曲线，该曲线同被注记的线状对象平行。其中的字不应直立，而是随物体走向而改变方向。字序排列方式同雁行字列：当字序从上往下排时，字的纵向平行于线状物体；从左往右排时，字的横向平行于线状物体。

§11.3 地名译写

地名译写指的是把地名从一种文字译为另一种文字的工作。在制图时经常遇到的情况是要把国外的或国内少数民族文字书写的地名译写成用汉字或汉语拼音字母书写的形式。

随着经济的发展和国际交往的增加，制图业务范围逐步扩大，地名方面的疑难问题也日益增多。因此，制图工作者必须认真地研究地名译写的问题。

地名译写既是一项科学任务，又有鲜明的政治性。

地名常反映出地图作者的立场和观点。由于种种原因，国际上常对同一地名有多种不同的叫法，编图时采用哪一种是一个值得注意的问题。例如，世界最高峰"珠穆朗玛峰"，西方人都称为"埃弗勒斯峰"，但采用前一种符合中国政府的立场。因此，编图时如遇到这样的地名译写分歧，应认真查阅其背景资料，以便正确地选用和译写。

在地名译写时，经常出现的情况是一名多译。由于译写不准而造成混乱，其原因在于：

1. 没有统一的译写原则

过去我国没有专门的地名机构，引进外国地名的渠道很多，例如新闻、出版、外交、外贸、邮电、文化交流等部门，他们根据自己工作的需要，经常引用和译写外国地名，但由于没有严密、统一的原则，有的音译，有的意译，有的音意混译，还有的节译，并没有约定什么条件下用何种译法，自然会造成混乱。

2. 汉语中的同音字过多

据统计，汉字的读音只有 1 299 个，声调归并后只有 417 个，而汉字则数以十万计，所以同音字很多。这就造成同一外语音节使用不同的近音字或同音不同义的字翻译，产生一名多译现象。例如，非洲有个地名叫 Cabinda，我国的不同部门就曾将其译成"喀奔达"、"卡宾达"、"卡奔达"等不同写法，就是同音字造成的。

这种情况在译写我国少数民族的地名时甚至更为严重。由于测绘人员对少数民族语的标准音不了解，当地居民讲的又不是标准音，译写更是五花八门。据统计，维吾尔语中的"小渠"在我国地形图中竟有 49 种译法，蒙古语中的"河"也有几十种译法。

3. 外国地名本身书写不统一

同一个地名在不同语种的外国地图上有各种不同写法。例如瑞士的"日内瓦"，在外国地图上有 Geneve、Genf、Ginebra、Gineva 等多种写法，我国翻译地名时由于依据不同，也曾有过多种译法。

4. 用字不当

地名译写时，有的使用了含有贬意的字，编图时不能沿用，只好改用其他近音字，这也是造成不统一的原因之一。

为了译名的统一，在实践中逐渐形成了一些约定的原则，这些原则是：

1. "名从主人"

译写地名应以该地名所在国的官方语言所确定的一种标准书写形式为依据，不能依据别国赋予或转写的名称，例如翻译意大利地名 Roma，不能采用英语或法语的 Rome，而应以意大利的正式写法为准进行译写。

对于使用多种语言的国家中的地名，译写时应以地名所在地区的语言或所在国家法定的语言为准。有两种官方语言的国家，其地名有两种不同语言称谓时，应以当地流行的称谓为正名，次要语言为副名。有的国家自己不生产地图，则应以该国通用的某一文种的地图为准来译写地名。

有领土争议的地区，双方有各自不同的地名时，根据我国政府的立场进行选译。我国政府没有明确立场时，可以正、副名的形式同时译出。

2. 专名以音译为主，意译为辅

一个地名可以含有专名、通名和附加形容词三部分。

专名指地名中为某地专有的部分，如北京市的"北京"为专名。通名指某类物体共有的部分，如"市"、"河"、"湖"、"山"等。附加形容词指附加的用以说明数量、质量、性质、颜色、方向等含义的部分，如"一"、"二"、"新"、"旧"、"黄"、"红"、"大"、"小"、"上"、"下"等。

音译是按原文的音找出具有相似读音的汉字组成地名。它的优点是读音相近，当地人容易听得懂。但由于世界上各种语言文字在发音上的复杂性，用汉字翻译外国地名在音准的程度上只能达到相近似，而且音译往往造成译名过长，不能准确表达词义。

意译是根据原文的含义翻译成汉字。它的优点是文字简短、能反映出词的含义。但由于世界上语种很多，地名的含义也不易搞清楚，因此意译也会给译写造成很多麻烦。

专名以音译为主，如"北京市"的专名译为"Beijing"；美国的"Rocky Mountain"中的专名译为"落基"。

具有历史意义的、国际上著名的、惯用的，以数字、日期或人名命名的，明显反映地理方位和特征的地名，有时也对专名进行意译，如"Great Bear Lake"译为"大熊湖"；"One Hundred and Two River"译为"一〇二河"；"Rift Valley Province"译为"裂谷省"等。

3. 通名以意译为主，音译为辅

通名同地图上的符号有对应关系，有明确的含义，如"市"、"河"等，一般都用意译。

有时通名也用音译，如俄语中的"град"，习惯上译为"格勒"，不译成"市"；蒙语中的"Gol"译为"郭勒"，不译成"河"。

用汉字译写少数民族语地名时，单纯音译往往使大部分读者不能领会其意，单纯意译又完全失去了原来的读音，当地人听不懂。所以，常用音意重译来补充，例如"雅鲁藏布江"中的"藏布"是音译，"江"是意译。

4. 地名中的附加形容词可以意译，也可以音译

附加形容词有的放在专名之前，有的放在通名之前。前者用来形容专名，多用意译，如"New Zealand"译为"新西兰"；后者形容通名，多用音译，如"Great Island"不译为"大岛"，而译为"格雷特岛"。

5. 约定俗成地名的沿用

有些地名的译写明显不准确，但它们在社会上流传已久，影响较大，甚至在政府文件、公报中使用过。对于这些地名，如果没有政治方面的错误，可以沿用。如印度尼西亚的"Bandong"译为"万隆"，"МockBa"译为"莫斯科"，由于它们已为社会广泛接受，且又没有政治上的不妥，就没有改正的必要，可继续使用。

§11.4　地名书写的标准化

地名标准化包括地名国际标准化和地名国家标准化两部分。

地名国际书写标准化是一项旨在通过地名国家标准化确定不同书写系统间相互转写的国际协议，使地球上的每个地名或太阳系其他星球上地点名称的书写形式获得最大限度的单一性。

据统计，世界上有2 000多种语言，如果加上方言、土语，种类更多。目前各国出版的地图，甚至同一语种不同版本的地图上，同一个地名的书写常不一致，更不用说不同语种了。

随着国际交往的增加，作为一种经常广泛使用的媒介，涉及的地名越来越多。由于缺乏标准化，给工作带来很多不便。因此，地名标准化的工作在国内外都受到极大的重视。

一、地名书写标准化的途径

为了解决地图上地名混乱的问题，我国各级政府的地名办公室、地名委员会和地名研究机构的专家做了大量工作，例如制订外国地名汉字译写通则，编辑地名词典、地名手册、地名志甚至建立地名数据库。但这些工作常局限于某个区域或国内，没有得到世界公认。

地名书写标准化包括三个方面的内容：各国按自己的官方语言对国内地名确定一种标准的书写形式，使国内地名标准化；非罗马字母的国家提供一种本国地名的罗马字母拼写的标准形式，这称为单一罗马化；制定一套各国公认的转写法，以便将地名从一种语言文字译写为另一种语言文字的形式。

我国是一个多民族的国家，各民族都有发展自己语言文字的自由，少数民族语的地名都有本民族的书写形式，但为了使地名书写达到标准化，首先要确定一种供译写的标准形式。汉语地名也要解决一地多名、一名多写、重名等许多问题，也要确定一种标准写法。

世界各国使用的文字各种各样，有的是拼音文字，有的是表意文字（如汉字），因此，很多国家的地名很难为不懂该国文字的人所认识，更谈不上正确的读音。为了共同使用地名，考虑到大多数国家都采用拼音文字，而且其中又以采用罗马字母的国家居多，联合国地名标准化会议决定采用罗马字母拼写地名作为国际标准。非罗马字母国家（像俄罗斯）也要提供一种罗马字母拼写地名的标准形式，称为单一罗马化。

过去各国在译写外国地名时，都自行制订一套译写方法，各人各译，造成地名译写的不统一。为使地名译写达到标准化，就必须制订一套公认的、能为大家接受的译写方案。

二、我国地名的国际译写标准化

1977年联合国第二届地名标准化会议根据我国政府（代表团）的提议，通过了关于《用汉语拼音拼写中国地名作为罗马字母拼写法的国际标准》的决议。因此，我国地名只要达到只有一种标准的汉语拼音写法，各国在译写我国地名时以此为准，它也就成了一种国际标准化的书写形式。

中国地名分为汉语地名和少数民族语地名两类。汉语地名按照《中国地名汉语拼音字母拼写规则》拼写；蒙、维、藏等少数民族语地名按照《少数民族语地名汉语拼音字母音译转写法》拼写，其他习惯用汉语书写的少数民族语的地名按汉字书写形式及读音作为汉语地名拼写。

1. 中国地名汉语拼音字母拼写规则
● 分写和连写

①由专名和通名构成的地名，原则上专名和通名分写。例如，太行/山（Tàiháng

Shān)，通/县（Tōng Xiàn）。

②专名或通名中的修饰、限定成分，单音节的与其相关部分连写，双音节或多音节的与其相关部分分写。例如，西辽/河（Xīliáo Hé），科尔沁/右翼/中旗（Kēěrqìn Yòuyì Zhōngqí）。

③自然村镇名称不区分专名和通名，各音节连写。例如，周口店（Zhōukǒudiàn），江镇（Jiāngzhèn）。

④通名已专门化的，按专名处理。例如，黑龙江/省（Hēilóngjiāng Shěng），景德镇/市（Jǐngdézhèn Shì）。

⑤以人名命名的地名，人名中的姓和名连写。例如，左权/县（Zuǒquán Xiàn），张之洞/路（Zhāngzhīdòng Lù）。

⑥地名中的数字一般用拼音书写。例如，五指/山（Wǔzhǐ Shān），第二/松花/江（Dì'èr Sōnghuā Jiāng）。

⑦地名中的代码和街巷名称中的序数词用阿拉伯数字书写。例如，1203/高地（1203 Gāodì），三环路（3Huánlù）。

● 语音的依据

⑧汉语地名按普通话语音拼写。地名中的多音字和方言字根据普通话审音委员会审定的读音拼写。例如，十里堡（Shílǐ Pù）（北京），大黄堡（Dàhuáng Bǎo）（天津），吴堡（Wúbǔ）（陕西）。

⑨地名拼写按普通话语音标调。特殊情况下可不标调。

● 大小写、隔音、儿化音的书写和移行

⑩地名中的第一个字母大写，分段书写的，每一段第一个字母大写，其余第一个字母小写。特殊情况可全部大写。例如，李庄（Lǐzhuāng），珠江（Zhū Jiāng），天宁寺西里一巷（Tiānníngsì Xīlǐ 1 Xiàng）。

⑪凡以 a、o、e 开头的非第一音节，在 a、o、e 前用隔音符号"'"隔开。例如，西安（Xī'ān），建瓯（Jiàn'ōu），天峨（Tiān'é）。

⑫地名汉字书写中有"儿"字的儿化音用"r"表示，没有"儿"字的不予表示。例如，盆儿胡同（Pénr Hútōng）。

⑬移行以音节为单位，上行末尾加短横线。例如，海南岛（Hǎi-nán Dǎo）。

● 起地名作用的建筑物、游览地、纪念地、企事业单位名称的书写

⑭能够区分专名、通名的，专名与通名分写。修饰、限定单音节通名的成分与其通名连写。例如，黄鹤/楼（Huánghè Lóu），北京/工人/体育馆（Běijīng Gōngrén Tǐyùguǎn）。

⑮不易区分专名、通名的一般连写。例如，501 矿区（501 Kuàngqū）。前进 4 厂（Qiánjìn 4 Chǎng）。

⑯含有行政区域名称的企事业单位名称，行政区域的专名和通名分写。例如，浙江/省/测绘/局（Zhèjiāng Shěng Cèhuìjú），北京/市/宣武/区/育才/学校（Běijīng Shì Xuānwǔ Qū Yùcái Xuéxiào）。

⑰起地名作用的建筑物、游览地、纪念地、企事业单位等名称的其他拼写要求，参照本规则相应条款。

● 附则

⑱各业务部门根据本部门业务的特殊要求，地名的拼写形式在不违背本规则基本原则的基础上，可作适当的变通处理。

2. 少数民族语地名的音译转写法

过去翻译少数民族地名时，通常采用先按民族语的语音翻译成汉字，再给汉字注音的方法。由于音译时对少数民族语听、读不准，加上有些音无对应的汉字表达，译出的地名很难同原音一样。再加上民族语中又有自己的方言土语，就更难确定其标准译音了。

在多年翻译实践的基础上，我国的地名工作者为少数民族语地名的翻译制订了一种"音译转写法"。转写是在拼音文字之间、经过科学的音素分析对比，采用音形兼顾的原则，由一种字母形式转变为另一种字母形式。把少数民族语地名不经过汉字，直接译写为汉语拼音的形式，大大改善了少数民族语地名的翻译工作。

我国少数民族语的文字多是拼音的，而汉字是表意的，但其注音是标准的罗马字母系列，在翻译时既可音译，也可转写。用汉字表达时只能音译，用汉语拼音表达时音译转写地名只是文字形式的转变，翻译时通常是"重形轻音"，即按字母形式对译而不去考虑其读音差别。在特殊情况下，例如文字和口语明显有脱节时，也可以"从音舍形"。

有些少数民族在改革和创造文字时，已经是在汉语拼音的基础上设计字母。这样，从形的角度来看，转写就变得很容易。

还有些少数民族语地名的书写形式和口语是脱节的，如果按形转写就会脱离实际，这时就应舍形从音。例如蒙古语地名"乌兰诺尔"，按现行蒙文逐个字母转写应为"Ulagan Nagur"，这样与口语相差甚远，在转写时照顾到发音则译为"Ulaan Nur"或"Ulaan Nu-ur"，这样同口语更接近。

使用音译转写法翻译少数民族地名比起用汉字注音至少有两个明显的优点，一是不会一名多译，二是原语读者可以辨意，异语读者会感到简洁易读。例如，维语地名中的"小渠"，在汉语注音时曾有过92种译法，转到汉字注音也有30多种，而用音译转写就只有一种写法"erik"。

我们用两个蒙语地名作比较，看看几种译写方式的结果（见表11-2）。

表11-2

意译	沙的冬营地	后头岭的东（左）尖（顶）
音译转写	Elest oblju	Qulut Dabayin Jun Gojgor
汉字译音	额勒沙图沃布勒卓	楚鲁特达巴音珠恩高吉格尔
汉字注音	Eleshatu Wobule Zhuo	Chulutedabayinzhu'engaojige'r

从表11-2中可以看到，采用音译转写法，第一个地名用10个字母，分为两段；第二个地名用21个字母，分为4段，易认、易读、易记。采用汉字译音后再注音，第一个地名用18个字母，第二个地名用27个字母加两个隔音符号，连成一长串，既不易读，又难记。

采用音译转写的地名，少数民族可以辨意，读起来容易，叫起来亲切，很受少数民族欢迎。

三、我国的地名标准化

地名工作是一项政治性、政策性、科学性很强，涉及面很广的工作。它关系到国家的领土主权和国际交往，关系到民族团结和人民群众的日常生活。过去的地名混乱给国家的内政、外交、国防、经济建设和人民生活带来许多不便。为了克服地名混乱现象，根据1979年我国第一次全国地名工作会议的要求，由各级政府的地名办公室主持，在全国范围内开展了地名普查工作，并在此基础上进行了地名标准化，编制了地名图、地名志等。

地名普查是按照统一计划、步骤和要求，对我国疆域内的各种地名进行社会性的调查和研究，根据普查结果建立表、卡、文、图等地名资料。

普查一般以县为单位，利用1:5万地形图对地名逐个调查，对地名的标准名称、位置、地名来历、含义、历史沿革和地名与社会、经济、文化、自然地理等有关情况作一次全面彻底的调查。将历史上遗留下来的有损我国尊严和领土主权的地名，对妨碍民族团结的地名，对违背国家方针政策的地名，对有名无地、有地无名、重名、不规范、不标准的地名和少数民族语地名音译不准、用字不当的，经过调查分析，根据国务院关于《地名命名、更名的暂行规定》和中国地名委员会的相关要求，进行地名标准化处理。完成地名表、地名卡片的制作，必要时还要配上相应的文字说明。

1. 地名表

经过调查、审定的全部地名，按一定顺序排列成表、装订成册。表内包括汉字地名、汉语拼音和经纬度。对少数民族语地名要填写民族文字及其含义。

2. 地名卡片

填入卡片的内容有居民地的行政名称和自然名称，少数重要的自然村名和较重要的地理实体等，还应附有地名来历、演变等简要说明。

3. 文字资料

重要地名除了填写地名卡片以外，还要介绍地名概况，如乡以上的行政区域及中心，有名的水库，大型工程，重点保护文物和重要自然地理实体等的名称，都要有相应的文字说明资料。

在地名调查的基础上，编制地名图、地名录及地名词典。

1. 地名图

用地图的形式直观地表示已标准化的地名。

2. 地名录（志）

按一定体系和选取指标编辑的集中表示标准地名的工具书。其基本内容包括：地名的汉字名称，汉语拼音，民族语地名的民族语写法，地名类别，所属省、县，地名所在的地理位置。

3. 地名词典

地名词典阐释汉语地名、民族语地名、地名罗马字母拼写以及地名由来、含义、起源、演变及沿革等地名学所涉及的全部信息和简要叙述地名所代表的地理实体的主要特征。它是按名立条供查考的工具书。

地名词典应完备、稳定和正确，地名规范、标准，释意简明扼要。

根据以上资料,在有条件的地方建立地名数据库。

参 考 文 献

1．祝国瑞等．地图设计与编绘．武汉：武汉大学出版社，2001
2．尹清哲．基于GIS的地名数据库系统设计．[学位论文]．武汉：武汉测绘科技大学，1997

思 考 题

1．什么是地名？地名有什么基本特征？
2．地名有什么基本功能？
3．试述地名标准化和地名译写规范化的基本内容。
4．地名数据库有哪些设计原则？
5．地图上地名注记有哪些基本功能？
6．试述地图上地名注记的分类。
7．试述地图上地名注记设计的基本内容。
8．试述地图上地名注记的排列方式及其使用的场合。
9．地名译写中为什么会造成混乱？为了地名译写的统一应遵守的基本原则是什么？
10．地名书写标准化的基本途径是什么？
11．什么是音译转写？它有什么优点？

第五编 地图设计与编绘

第十二章 制图综合

§12.1 制图综合的基本概念

　　制图的基本目的是以缩小的图形来显示客观世界。但当简单缩小地球表面的现象时，我们想要看到的地理现象的特性和分布规律并没有出现，却会产生那些并不是我们所需要的结果，地物的间距、宽度、长度都以同等比例缩小了，相邻的离散物体挤在一起，复杂的地物轮廓显得很混乱、拥挤。为了使读者能清晰地阅读地图上的图形，这些图形又能反映出地理现象的特性和分布，就需要引进制图综合的概念。

　　为了达到这个目的，需要对制图现象进行两种基本处理——选取和概括。

　　选取又称为取舍，指选择那些对制图目的有用的信息，把它们保留在地图上，不需要的信息则被舍掉。实施选取时，要确定何种信息对所编地图是必要的，何种信息是不必要的，这是一个思维过程。这种取舍可以是整个一类信息全部被舍掉，如全部的道路都不表示；舍掉的也可能是某种级别信息，如水系中的小支流，次要的居民地等。在思维过程中取和舍是共存的，但最后表现在地图上的是被选取的信息，因此，学术上称这个过程为选取。

　　概括指的是对制图物体的形状、数量和质量特征进行化简。也就是说，对于那些选取了的信息，在比例尺缩小的条件下，能够以需要的形式传输给读者。概括分为形状概括，数量特征概括和质量特征概括。形状概括是去掉复杂轮廓形状中的某些碎部，保留或夸大重要特征，代之以总的形体轮廓。数量特征概括是引起数量标志发生变化的概括，一般表现为数量变小或变得更加概略。质量特征概括则表现为制图表象分类分级的减少。所以，概括在西方统称为简化。

　　概括和选取虽然都是去掉制图对象的某些信息，但它们是有区别的。选取是整体性的去掉某类或某级信息，概括则是去掉或夸大制图对象的某些碎部及进行类别、级别的合并。制图工作者是在完成了选择后对选取了的信息进行概括处理。

　　制图综合的目的是突出制图对象的类型特征，抽象出其基本规律，更好地运用地图图形向读者传递信息，并可以延长地图的时效性，避免地图很快地失去作用。制图综合是一个十分复杂的智能化过程，为了实现制图综合的科学化，它还要受到一系列条件的制约：地图用途、比例尺、景观条件、图解限制和数据质量，并使用约定的方法。

　　在传统的制图综合过程中，常常由于制图者的认识水平和技能差异导致综合存在着一定程度的主观性，表现为在同样的制约条件下，使用同样的资料所作出的地图图形不一致。计算机的应用使制图综合在速度上和完善程度上都得到很大的提高，每种算法可以重复得到同样的结果，并且可以手工方法无法达到的精度来实现。这时，作者的主观性仅仅反映在对算法的设计和选择上。

§12.2 制图综合的方法

在制图实践中，为完成制图综合的过程，逐渐形成了一些约定的方法。

一、选取

选取分为类别选取和级别选取。类别选取受地图用途的制约，是地图内容设计的任务，这里主要讨论的应当是级别选取，即在同类物体中选取那些主要的、等级高的对象，舍去次要的、等级较低的那部分对象。但主要和次要，等级高和低都是相对的，这样一些定性描述的词在实施时必然带有很大的主观性。为了确保同类地图所表达的内容得到基本统一，使地图具有适当的载负量，需要拟定出用数量术语确定的选取标准，通常用资格法和定额法来实现这样的标准。

1. 资格法

资格法是以一定的数量或质量标志作为选取的标准（资格）而进行选取的方法。例如把 1cm 的长度作为河流的选取标准，地图上长度大于 1cm（够这个资格）的河流即可选取，这个标准以下的则一般应舍去。

制图物体的数量标志和质量标志都可以作为确定选取资格的标志。数量标志通常包括长度、面积、高程或高差、人口数、产量或产值等；质量标志通常包括等级、品种、性质、功能等。它们都可以作为选取的资格。

资格法标准明确，简单易行，在编图生产中得到了广泛的应用。它的缺点在于：第一，资格法只用一个标志作为衡量选取的条件，然而，一个标志常常不能全面衡量出物体的重要程度，例如，一条同样大小的河流处在不同的地理环境中，其重要程度会差之甚远。第二，按同一个资格进行选取无法预计选取后的地图容量，当然很难控制各地区间的对比关系。

为了弥补资格法的不足，常常在不同的区域确定不同的选取标准或对选取标准规定一个活动的范围（临界标准）。例如，甲地区和乙地区具有不同的河网密度和河系类型，对于不同密度的地区规定不同的选取标准，如甲地区为 8mm，乙地区为 10mm，用以保持不同地区河网密度的正确对比。同等密度的地区，由于河系类型不同，其长短河流的分布也会不同，这就需要给出一个活动范围，即临界标准，如甲地区为 6~10mm，乙地区为 8~12mm，用来照顾各地区内部的局部特点。至于上述资格法的第二个缺点，其自身是很难克服的，因此需要用定额法作为补充或配合使用。

2. 定额法

定额法是规定出单位面积内应选取的制图物体的数量而进行选取的方法。这种方法可以保证地图在不影响易读性的前提下使地图具有相当丰富的内容。

制图物体的选取定额是由地图载负量决定的。对于不同的制图区域，由于制图对象的重要程度、分布特点等的不同，常规定不同的载负量。它常常是一项面积指标，例如 $20mm^2/1cm^2$。把这项指标转换成选取定额则是通过符号大小和注记规格实现的。这些概念我们将在下面的有关章节详细讨论。

定额法也有明显的缺点，它无法保证在不同地区保留相同的质量资格，例如各地区都应当全部保留乡镇级以上的居民地，制图综合实际工作中这一点往往是非常重要的。

为了弥补这个缺点，使用定额法时也常常给出一个临界指标，即规定一个高指标和一个低指标，例如 100cm² 内选取 120～140 个居民地，在这个活动范围内调整，使不同区域可采用相同的质量标准，也可以保持分布密度不同的相邻区域在选取后保持密度的逐渐过渡。

为了使确定的选取资格或定额具有足够的准确性，人们尝试使用各种各样的数学方法，包括数理统计法、方根规律方法、图解计算法、等比数列法、信息论方法、图论方法、模糊数学方法、灰色聚类方法和分形学的方法等。

二、概括

制图综合中的概括包括形状概括、数量特征概括和质量特征概括。

1. 制图物体的形状概括

形状概括可以定义为删除制图对象图形的不重要的碎部，保留或适当夸大其重要特征，使制图对象构成更具有本质特性的明晰的轮廓。

制图物体的形状概括通过删除、合并、夸大来实现。

删除：制图物体图形中的某些碎部，在比例尺缩小后无法清晰表示时应予以删除，如河流、街区和其他轮廓图形上的小弯曲等（如图12-1）。

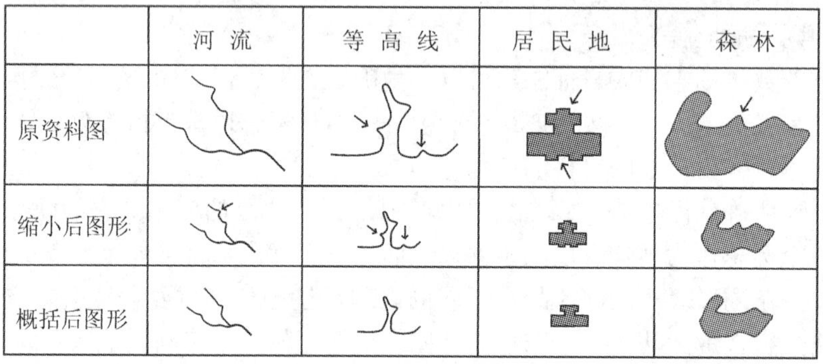

	河 流	等 高 线	居 民 地	森 林
原资料图				
缩小后图形				
概括后图形				

图 12-1　图形碎部的删除

手工作业时删除靠直观感觉，制图员主要根据碎部图形的大小、位置（同周围的关联）和形状特征等条件来判断其是否重要，这种直观感觉只有在积累了丰富的经验后才能较客观地建立起来。

计算机制图时删除表现为对制图数据的删除和修改。

删除算法包括点删除和要素删除，后者解决类别和级别选取的问题，即按类别、尺寸、接近度等标志给出一个指令就可以实现。形状概括中的删除主要讨论点删除，即对组成线状物体或面状物体边线的坐标串进行处理。这种处理首先是减少因缩小比例尺而变得冗余的数据量，在此基础上删除或修改坐标串中的次要点而保留主要特征点，这些被保留的点必须是制图资料上固有的。通过某种平滑算法来减少相邻值的差别，就可以达到删除和修改数据、去掉次要碎部的目的。

计算机制图的主观性表现在选择算法和建立计算机文件中，一旦数据变成了机器可阅读的形式，就可以重复无误地进行形状简化的处理。

合并：随着地图比例尺的缩小，制图物体的图形及其间隔缩小到不能详细区分时，可以采用合并同类物体细部的方法，来反映制图物体的主要特征。例如，概括居民地平面图形时舍去次要街巷、合并街区；两块森林轮廓在地图上的间隔很小时，联合成一个大的轮廓范围

（如图12-2）。

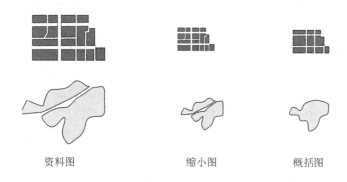

图12-2　形状概括中的合并

计算机制图时，合并意味着删除标志轮廓间隔的那部分数据。

夸大：为了显示和强调制图物体的形状特征，需要夸大一些本来按比例应当删除的碎部。例如，一条微弯曲的河流，若机械地按指标进行概括，微小弯曲可能全部被舍掉，河流将变成平直的河段，失去原有的特征。这时，就必须在删除大量细小弯曲的同时，适当夸大其中的一部分。图12-3 显示需要夸大表示的位于居民地、道路、岸线轮廓和等高线上的一些特殊弯曲。

要素	居民地	公路	海岸	地貌
资料图形			 海域 陆地	
概括图形				

图12-3　形状概括时的夸大

计算机制图时，夸大也是通过对制图数据进行修改来实现的。这时，要通过对比拉伸的算法增强相邻点值的差别，达到使小弯曲夸大显示的目的。

在传统制图中形状概括还包括一种分割方法，它是针对某种特殊排列图形的一种辅助方法，包含了更多的智力因素，使得它在计算机制图时更难实现，而其本身的价值是不大的。考虑到机助制图的实际需要，可以暂不沿用这种方法。

2. 制图物体数量特征的概括

制图物体的数量特征指的是物体的长度、面积、高度、深度、坡度、密度等可以用数量表达的标志的特征。

制图物体选取和形状概括都可能引起数量标志的变化。例如，舍去小的河流或去掉河流上的弯曲都会引起河流总长度的变化，从而引起河网密度的变化。这一部分不需单独操作。

数量特征概括的操作体现在对标志数量的数值的化简，例如去掉小数点后面的值，使高程或比高注记简化。

数量特征概括的结果，一般地表现为数量标志的改变并且常常是变得比较概略。

3. 制图物体质量特征的概括

制图物体质量特征指的是决定物体性质的特征。

用符号表示事物时，不可能对实地具有某种差别的物体都给以不同的符号，而是用同样的符号来表达实地上质量比较接近的一类物体，这就导致地图上表示的物体要进行分类和分级。

分类比分级的概念要广一些。对于性质上有重要差别的物体用分类的概念，例如河流和居民地属于不同的类。同一类物体由于其质量或数量标志的某种差别，又可以区分出不同的等级，其分级数据可以是定名量表的（如居民地按行政意义分级），也可以是顺序量表的（如居民地按大、中、小分级）或是间隔量表的（如居民地按人口数分级）。

分级的标志可能不同，但区分出的每一个级别都代表一定的质量概念。随着地图比例尺的缩小，图面上能够表达出来的制图物体的数量越来越少，这也需要相应地减少它们的类别和等级。制图物体的质量概括就是用合并或删除的办法来达到减少分类、分级的目的。由于地图比例尺缩小或地图用途的改变，在地图上整个地删除某类标志的情况是常有的，例如，不表示河流的通航性质，也就减少了河流之间的质量差别。减少分级则常常是通过对原来级别的合并来实现的，例如，把人口数1万~2万和2万~5万的居民地合并为1万~5万的居民地。

质量概括的结果，常常表现为制图物体间质量差别的减少，以概括的分类、分级代替详细的分类、分级，以总体概念代替局部概念。

在计算机制图时，数量特征概括和质量特征概括通常是通过分类的操作手段来实现的。分类被定义为数据排序、分级和分群，它通过选择分级间隔和聚类的算法来实施。分类的结果是使数据集"典型化"，在这种典型化的处理中，任何一个原始数据实际上都不被保留在新编地图上，代之的是一个由众多原始数据被"典型化"了的数据，它同前面的简化处理是不同的，简化是删除或修改某些数据。

对于位置（离散的地物）数据，分类意味着按属性分群或选择恰当的分级间隔把同一种群的数据分组。有时也按位置分群，这就是数学模型中讨论的点聚类，它们按某种参数划分点群，并对每个点群选择一个"典型化"的位置（例如几何中心），用它来代表点群中的众多原始数据点。

线性数据的分类处理表现为线聚类，例如两个城市之间的众多通道上的客货流量聚集成一条本来并不存在的"典型化"了的流动的线。另一种线聚类则表现为线状图形的类型化，即用特定的数学模型来描述并据此来处理某类线状图形，如不同类型的海岸线、河流图形、道路和境界线等。

面积数据的分类处理表现为面聚类。通常遇到的面聚类发生在定名量表的数据上，例如对土壤图进行图斑综合时，根据其面积大小来简化图形和减少分拴，小图斑合并为大的图斑则是通过删除图斑间小单元的数据来实现的。与定名面积数据不同，顺序、间隔和比率量表数据进行的面聚类则表现为密度制图的形式。

三、定位优先级

随着地图比例尺的缩小，地图上的符号会发生占位性矛盾。比例尺越小，这种矛盾就越突出。编图时通常采用舍弃、移位和压盖的手段来处理。遇到这种情况时，应舍弃谁，谁该移位，往哪个方向移，移多少，什么时候可以压盖等，长期的制图实践中形成了一些约定的规则，对于这些规则的执行，是靠编图者的直观感觉进行的，这需要积累相当丰富的经验并对制图对象有理性的认识才能有好的结果。面对计算机制图，机器暂时还不能进行这样的智能化的思维，因此，要制定更加严密和具体的具有逻辑推理性的规则，这就是定位优先级。当然，要全部解决制图综合的问题，还要靠其他许多规则的配合使用。

我们把地图上的符号归纳成点、线、面。面的表达主要是通过边界线，也可以用阵列符号或颜色来填充轮廓的范围。所以，从定位的角度看只需要确定点和线两类（包括面状符号的边界线和填充范围的离散符号和线网）的定位优先级。

1．点状符号

①有坐标位置的点：这些点具有平面直角坐标，如地图上的平面控制点，国界上的界碑符号等，它们的位置是不允许移动的。

②有固定位置的点：地图上的大多数点状符号属于这一类，它们有自己的固定位置，如居民点、独立地物点等，它们以符号的主点定位于地图上。这些点在编图时一般不得移动，当它们之间发生矛盾时，根据彼此的重要程度确定其位置。

③只具有相对位置的点：这些点依附于其他图形而存在，如路标、水位点等，当它的被依附目标位置发生变化时，点位也随之变化。

④定位于区域范围的点：这些点多数是说明符号，本身没有固定的位置，如森林里的树种符号、冰碛石、分区统计图表等，它们只需定位于一定的区域范围。编图时，人们通常把它们放在区域内的空白位置，避免压盖重要目标，当然，如有可能应尽量把符号放在区域的中央。

⑤阵列符号：严格说来它不是点状符号，只是由离散符号组成的图案，表示某种现象分布的空间范围，单个符号没有位置概念，只有排列的要求。

处理点状符号之间的定位关系时，基本上可按上述次序定位，发生矛盾时移动次级的符号。

2．线状符号

①有坐标位置的线：地图上有些线的位置是由坐标限定的，如国界线上有界标，它们有准确的坐标位置，还有的国界是沿经线或纬线划分的，这样的线在任何情况下都不能移动其位置。

②具有固定位置的线：地图上大多数的线属于这一类，如铁路、公路、河流等，这些线有自己的固定位置，它们以符号的中心线在地图上定位。当它们的符号定位发生矛盾时，根据其固定程度确定移位次序，如道路与河流并行时，需要首先保证河流的位置正确，再移动道路的位置。

这类线状符号中有一部分具有标准的几何图形，最常见的是直线，如直线路段、渠道、某些境界、通信线、电力线、经纬线等，也有些具有其他几何形状，如道路立交桥、街心花园、体育场符号等。这些局部线段在地图上并不一定是最重要的，但保留其规则形状都是十分必要的，为此，常常不惜牺牲其他较重要的点、线位置。

③表达三维特征的线：指各类等值线。对于这些线，除了要注意它们的平面位置和形状特征外，还需要把它们集合起来成组地研究，保持它们的图形特征和彼此的协调关系。从定位的角度看，它们常被作为地理背景存在，地图上其他要素的图形需要同它们协调，所以处于较重要的位置。

④具有相对位置的线：这些线依附于其他制图对象存在，大多数的境界线属于这一类，如依附于山脊线、河流的境界线，依附于道路、通信线、水涯线的地类界等，编图时需要保持原有的协调关系。

⑤面状符号的边界线：主要指那些面积不大的面状物体的边界，如小湖泊的岸线、地类图斑的边线等。这些线独立存在，也常常适应相应的地理环境，具有特定的类型特征，保留这些特征是需要认真考虑的。

线状符号的定位优先级也具有大致的序列关系，但不像点状符号那样严格。

编图时点状符号也会同线状符号发生矛盾，这类问题非常复杂，无法用一条简单的规则来解决，要靠下面阐述的符号矩阵来判断。

四、地图符号矩阵

编图时对符号的争位矛盾大致采用三种方式来处理：

1. 舍弃

当符号定位发生矛盾时，特别是当同类符号碰到一起时，一般会舍弃其中等级较低的一个。即便是不同类的符号，如果周围有密集的图形，也需要采用舍弃的方式。

2. 移位

不同类别的符号定位发生矛盾时，如果不采用舍弃的方式，就要采用移位的方式，这种移位又可分为以下两种情况：

①双方移位。当二者同等重要时，采用相对移位的方法，使符号间保持必要的间隔。

②单方移位。当二者重要程度不同时，如表现为次要点位对重要点位，点状符号对有固定位置或相对位置的线等，应单方移位，使符号之间保持正确的拓扑关系。

3. 压盖

符号定位发生矛盾时，有时需要采用压盖的方法进行处理。这主要指点状符号或线状符号对面状符号，如街区中的有方位意义的独立地物或河流，它们可以采用破坏（压盖）街区的办法完整地绘出点、线符号。

为了便于在计算机制图中处理图面上发生的符号占位矛盾，保留符号间的拓扑关系，可以通过按其重要程度编码的方法，组成符号矩阵，在相应的交点上标记其处理方式（见表12-1）。

表 12-1　　　　　　　　　　　　符号矩阵

编号	A	B	C	…	I	J	…
A	1	1, 2_2	1, 2_2	…	1, 2_2	3	…
B		1, 2_1	1, 2_2	…	1, 2_2	3	…
C			1, 2_1	…	1, 2_2	3	…
⋮				⋱			
I					1, 2_1	3	…
J						2_1	…
⋮							⋮

图中标记的数字对应的含义就是上面阐述的图形处理方式，如"2_2"代表移位方式中的单方移位。

制图综合是一个智能化的思维过程,现在还不可能做到由计算机处理所有的问题。当机器不能自动处理时,可以辅之以人工进行编辑处理。

§12.3　影响制图综合的基本因素

制图综合的程度受到许多因素的制约,这些因素包括地图用途、比例尺、景观条件、图解限制和数据质量等。

一、地图用途

编制任何一幅地图都要有明确的目的性。读者对象,读者的年龄和知识结构,读者使用该地图的方法等因素直接决定地图内容和表示法的选择,同时对制图综合的方向和程度有决定性的影响。

图 12-4,12-5 同是描述中国地形的 1:400 万地图(局部),由于其用途不同(前者是中学的教学挂图,后者是科学参考图),它们在内容选取、表示法方面都有区别。在综合方面,前者只要求反映山脉的大致走势,后者则用不同的等高线形态和结构表达同成因相关的类型特征。很显然,二者在详细程度上有很大的差别。

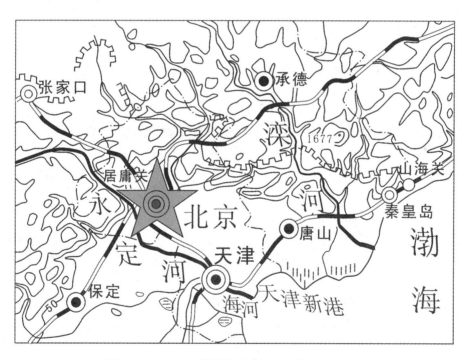

图 12-4　1:400 万教学挂图《中国地形》的一部分
(中国地图出版社出版,原图上地貌用等高线加晕渲进行表示)

二、地图比例尺

地图比例尺决定着实地面积反映到地图上面积的大小,它对制图综合的制约反映在综合程度、综合方向和表示方法诸方面。

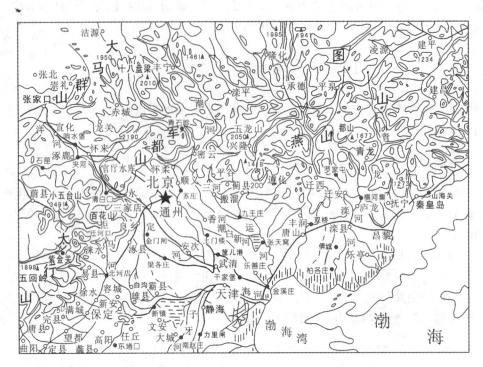

图 12-5 1:400万《中国地势图》的一部分
(中科院地理所编制,原图上地貌采用等高线加分层设色进行表示)

1．地图比例尺影响地图的制图综合程度。

随着地图比例尺的缩小，制图区域表现在地图上的面积成等比级数倍缩小。因此，它对制图综合程度的影响是显而易见的。地图比例尺越小，能表示在地图上的内容就越少，而且还要对所选取的内容进行较大程度的概括。所以地图比例尺既制约地图内容的选取，也影响地图内容的概括程度。

2．地图比例尺影响地图制图综合的方向

大比例尺地图上地图内容表达得较详细，制图综合的重点是对物体内部结构的研究和概括。小比例尺地图上，实地上即使是形体相当大的目标也只能用点状或线状符号表示，这时就无法去细分其内部结构，转而把注意力放在物体的外部形态的概括和同其他物体的联系上。例如，某城市居民地在大比例尺地图上用平面图形表示，制图综合时需要考虑建筑物的类型、街区内建筑物的密度及各部分的密度对比，主次街道的结构和密度；到了小比例尺地图上，逐步改用概略的外部轮廓甚至圈形符号，制图综合时注意力不放在内部，而是强调其外部的总体轮廓或它同周围其他要素的联系。

3．地图比例尺影响制图对象的表示方法

众所周知，大比例尺和小比例尺地图上表示的内容不同，选用的表示方法差别很大。随着地图比例尺的缩小，依比例表示的物体迅速减少，由位置数据（坐标点）或线状数据（坐标串）表示的物体占主要地位，在设计地图图式（符号系统）时必须注意到这一点。在小比例尺地图上设计简明的符号系统不仅是被表达物体本身的需要，也是读者顺利读图的需要。

三、景观条件

景观条件制约着制图对象的重要程度，这反映在同样的制图对象在不同的景观条件下具有不同的价值。例如，几十米的高差在山区是无关紧要的，在平原地区就成为区域的重要特征；水井在水网地区无关紧要，在沙漠地区就成了重要目标。

景观条件有时还决定着使用的制图综合原则，例如，流水地貌、喀斯特地貌、砂岩地貌、风成地貌和冰川地貌地区的等高线形状概括会使用不同的手法甚至不同的综合原则。

四、图解限制

为了表达客观世界的各种事物，地图需使用各种基本图形要素或它们的组合。但当我们认定地图的读者对象是人而不是机器时，这种运用基本图形要素的能力就要受到三个方面的影响，即物理因素、生理因素和心理因素。

物理因素指的是制图时使用的设备、材料和制图者的技能。例如，纸张和印刷机的规格、方便描绘的线划宽度、注记的字体和大小、网线规格、符号膜片及绘图材料等，不论对人还是对机器，这些因素都会起到限制作用。材料对人和机器的限制没有多大区别，但就绘图的技艺讲，机器要超过人许多倍，这不但反映在机器绘图的可重复性方面，还表现在绘图可能达到的精确度和精细程度上。

生理因素和心理因素往往是共同起作用的，这主要指读者对图形要素的感受和对它们的调节能力，它反映在人们辨别符号、图形、色彩规格的能力方面。

三种因素共同作用的结果，决定了地图上常常采用的图形尺寸、规格、色彩的亮度差以及地图的适宜容量，这对制图者成功地掌握制图综合的数量和程度是极其重要的。

五、数据质量

数据质量指的是制图资料对制图综合的影响。高质量的资料数据本身具有较大的详细程度和较多的细部，给制图综合提供了可靠的基础和综合余地。如果资料数据本身的质量不高，仅仅运用制图技巧使其看起来像是一幅高质量的地图，会对读者产生误导。另外还要特别注意的是，在使用地图数据库用计算机编图时，必须辨清楚比例尺信息和资料真实程度的信息，以便正确地掌握综合程度。

§12.4 制图综合的基本规律

前面我们讨论了制图综合的各种方法和它的制约因素，应当可以明白制图综合包含大量的智力因素，制图者的认识水平会对制图综合结果产生极大的影响。不管是对人还是对机器，这种所谓的主观性都是不可避免的。特别是当前的软硬件开发水平还远远谈不上"智能"的时候，制图者的知识水平仍然起着决定性的作用。

地图经过漫长的演变和发展，对它的规格和是非标准已经形成了一些约定的规则。

一、图形最小尺寸

地图上的基本图形包括线划、几何图形、轮廓图形和弯曲等。

人眼的辨别能力，人（或机器）绘制图形的能力和印刷复制的能力是有区别的。当然，粗大的图形在上述几个方面都没有太大困难，只会给工作造成一些不方便。这里我们要讨论的是图形可以小到什么程度，即基本图形应当达到的最小尺寸。根据长期的制图实践，可得到以下数据：

单线划的粗细为 0.08~0.1mm；

两条实线间的间隔为 0.15~0.2mm；

实心矩形的边长为 0.3~0.4mm；

复杂轮廓的突出部位为 0.3mm；

空心矩形的空白部分边长为 0.4~0.5mm；

相邻实心图形的间隔为 0.2mm；

实线轮廓的半径为 0.4~0.5mm；

点线轮廓的最小面积为 2.5~3.2mm^2；

弯曲图形的内径为 0.4mm 时，宽度需达到 0.6~0.7mm。

这些数据都是图形在反差大、要素不复杂的背景条件下制定的。如果地图上带有底色，或图形所处的背景很复杂，都会影响读者的视觉，应适当提高其尺寸。

这些尺寸为制图综合尺寸提供基本参考。

二、地图载负量

衡量地图上地图内容的多少，目前使用最普遍的标志是地图载负量。

1. 基本概念

地图载负量也称为地图的容量，一般理解为地图图廓内符号和注记的数量。显然，地图载负量制约着地图内容的多少。当地图符号确定以后，地图载负量越大，意味着内容也就越多。

地图载负量分为两种形式：面积载负量和数值载负量。

面积载负量：指地图上所有符号和注记的面积与图幅总面积之比，规定用单位面积内符号和注记所占的面积来表达。例如23，是指在 1cm^2 面积内符号和注记所占的面积平均为 23mm^2。

数值载负量：面积载负量是衡量地图容量的基础，但作业中不好掌握，为此，需要把它转换为另一种形式，即单位面积内符号的个数。对于居民地，数值载负量通常指的是 100cm^2 面积内的居民地个数，例如 163 指在 100cm^2 范围内有 163 个居民地。对于线状物体，通常指 1cm^2 范围内平均拥有的线状符号的长度，称为密度系数，表示为 $K = 1.8$ cm/cm^2。对于林化程度、沼化程度则使用面积百分比来表示，例如 0.63 或 63%。

在讨论载负量时，还必须研究另外两个概念——极限载负量、适宜载负量。

极限载负量：指地图可能达到的最高容量。极限载负量可以看成是一个阈值，超过这个限量，地图阅读就会产生困难。这个阈值同制图水平、印刷水平和表示方法都有密切联系。随着各种水平的提高，这个阈值可在一定限度内向上浮动。

适宜载负量：我们不能使所有的地图图面上都达到极限载负量，那样也就没有地区对比可言了，因此就失去了地区特征。我们必须根据地图的用途、比例尺和景观条件确定该图适当的载负量。

2. 地图上面积载负量的量算

地图上不同要素的面积载负量的计算方式不尽相同。居民地用符号和注记的面积来计算,不同等级要分别计算,注记字数按平均数计算;道路根据长度和粗度进行计算;水系只计算单线河、渠道、附属建筑物、水域的水涯线及水系注记的面积;境界线根据长度和粗细计算面积;植被只计算符号和注记,不计算普色面积。等高线在彩色地图上通常作为背景看待,通常不计算载负量。

实践证明,一幅地图的总载负量中居民地载负量占的份额最大,有时可达总量的70%~80%,其次是道路和水系,境界的载负量通常很小。所以,当我们研究地图载负量时,重点是研究居民地。

3. 地图载负量的分级

不同地区的适宜载负量指不同地区应具有的相应载负量的值。

人的视觉辨认图上内容多少的能力是有限的,它们之间的差异必须达到一定的程度才能被识别出来。因此就要研究载负量的分级问题,它的目的是确定载负量能够辨认出的最小差别。

大量的研究证明,载负量分级可用下面的数学模型来描述:

$$Q_n = Q_{n-1}/\rho_i \tag{12-1}$$

式中:Q_n——第 n 级密度区的面积载负量,$n=1, 2, 3, \cdots$;

Q_{n-1}——第 $n-1$ 级密度区的面积载负量;

ρ_i——辨认系数,它是一个变数,在 1.2~1.5 之间变化,Q_{n-1} 的值越大,ρ_i 的值就越小。

当 $n=1$ 时,可认为是最密区的载负量,即极限载负量。

4. 极限载负量及其影响因素

迅速而准确地确定新编地图上的极限载负量是目前地图学中没有解决的重大理论问题之一。

地图极限载负量的数值主要取决于地图比例尺。当然,地图用途、景观条件、制图和印刷技艺对它也会有一定的影响。

根据有关专家的统计数据,我们可以用图12-6的形式表示极限载负量同地图比例尺之间的关系。

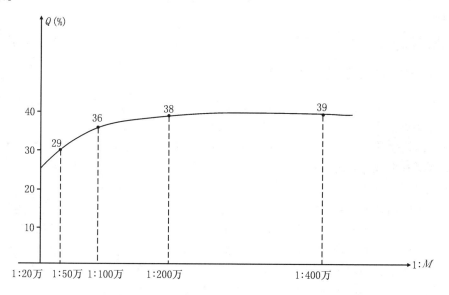

图12-6 极限载负量同地图比例尺的关系

从图上可以看出以下一些规律：

①随着地图比例尺的缩小，极限载负量的数值会增加；

②极限载负量的数值会有一个限度，当地图比例尺小于1:100万时，其增加已经很缓慢，到1:400万逐渐趋于一个常数（阈值）；

③面积载负量达到一个常数的条件下，通过改进符号设计、提高制图和印刷的技艺还可以增加所表达的地图内容。

三、制图物体选取基本规律

在进行制图综合时，我们可以通过许多方法来确定选取指标并对制图物体实施选取。由于制图者的认识水平和所采用的数学模型的局限性，其选取结果可能是有差异的。那么，如何判断选取结果是否正确就成为一个必须要研究的问题，这就是选取基本规律问题，即正确的选取结果应符合这样一些基本规律。

1．制图物体的密度越大，其选取标准定得越低，但被舍弃目标的绝对数量越大。

2．选取遵守从主要到次要、从大到小的顺序，在任何情况下舍去的都应是较小的、次要的目标，而把较大的、重要的目标保留在地图上，使地图能保持地区的基本面貌。

3．物体密度系数损失的绝对值和相对量都应从高密度区向低密度区逐渐减少（如图12-7）。

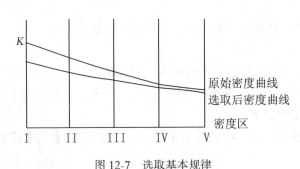

图 12-7　选取基本规律

4．在保持各密度区之间具有最小的辨认系数的前提下保持各地区间的密度对比关系。

四、制图物体形状概括的基本规律

前已论述，制图综合中的概括分为形状概括、数量特征概括和质量特征概括三个方面。其中数量特征概括和质量特征概括表现为数量特征减少或变得更加概略，减少物体的分类、分级等。所以，制图综合中概括的基本规律实际上主要是研究形状概括的规律。

形状概括基本规律表现为：

1．舍去小于规定尺寸的弯曲，夸大特征弯曲，保持图形的基本特征

根据地图的用途等制约因素，设计文件给出保留在地图上的弯曲的最小尺度。一般来说，制图综合时应概括掉小于规定尺寸的弯曲，但由于其位置或其他因素的影响，某些小弯曲是不能去掉的，这就要把它夸大到最小弯曲规定的尺寸，不允许对大于规定尺寸的弯曲任意夸大。化简和夸大的结果应能反映该图形的基本（轮廓）特征。

2．保持各线段上的曲折系数和单位长度上的弯曲个数的对比

曲折系数和单位长度上的弯曲个数是标志曲线弯曲特征的重要指标，概括结果应能反映

不同线段上弯曲特征的对比关系。

3.保持弯曲图形的类型特征

每种不同类型的曲线都有自己特定的弯曲形状，例如，河流根据其发育阶段有不同类型的弯曲，不同类型的海岸线其弯曲形状不同，各种不同地貌类型的地貌等高线图形更有不同的弯曲类型。形状概括应能突出反映各自的类型特征。

4.保持制图对象的结构对比

把制图对象作为群体来研究，不管是面状、线状，还是点状物体的分布都有个结构问题，这其中包括结构类型和结构密度两个方面，综合后要保持不同地段间物体的结构对比关系。

5.保持面状物体的面积平衡

对面状轮廓的化简会造成局部的面积损失或面积扩大，总体上应保持损失的和扩大的面积基本平衡，以保持面状物体的面积基本不变。

五、制图综合对地图精度的影响

地图上的图形是有误差的，根据大量的量测结果，地图上有明确点位的地物点中误差大体在±0.5mm左右。这些误差来自以下几个方面：

资料图的误差；

展绘地图数学基础的误差；

转绘地图内容的误差；

制图综合产生的误差；

地图复制造成的误差。

其中，制图资料的误差视所使用资料的具体情况而定，若是国家基本地形图，或用正规方法编绘的地图，其一般点位的误差可控制在±0.5mm以内。展绘数学基础和转绘地图内容产生的误差视使用的仪器和制图工艺而定，在计算机制图中这两项误差反映到地图数字化和投影变换中。复制地图产生的误差主要取决于复制工艺；在计算机中数字地图可以准确地再现，不会产生误差；用印刷的办法复制地图则可能由印刷材料、套印及纸张变形等带来误差。这些都会在相关课程中去讨论。

这里主要研究由制图综合产生的误差，这项误差不论是在常规制图中还是在计算机制图中都是不可避免的。

制图综合引起的误差包括描绘误差、移位误差和由形状概括产生的误差。

1.描绘误差

作业员在蓝图上描绘线划或点状符号，一定会产生误差。受人的视力和绘图能力的限制，常产生±(0.1~0.2)mm的误差；受底图清晰度的影响及线划粗细的影响，清晰的细线划描绘精度较高；受定位的难易程度的影响，难以确定其中心位置的目标，描绘误差较大。当然，作业员的技术素养和认真程度也会对精度产生影响。

在计算机中对地理数据符号化时，对点状符号不会增加误差，对线状符号，尤其是任意形状的曲线，会产生不同的拟合方式带来的误差，但从总体上说，它的精度主要受数字化的影响。

2.移位误差

在编图过程中，有些情况促使作业员对图形进行移位，从而影响地图的精度。

（1）当符号发生争位矛盾时的移位

随着地图比例尺的缩小，符号占位不断扩大，为保持符号间的适应关系，就要不断地处理由此产生的争位矛盾，从而引起移位。这种移位的大小可以根据符号大小推算出来。

(2) 为了强调某种特征而产生的移位

为了强调某种特征，允许对地图图形进行局部的移位，例如强调斜坡特征、强调居民地的内部结构特征、强调要素间的适应关系等。

在计算机制图中，这种高智能化的处理很难实现，可以暂不考虑这一类的移位。

3. 由形状概括产生的误差

形状概括不断改变图形的结构，可能引起长度、方向和轮廓三方面的变化。

①长度变化：概括掉线状符号上的小弯曲，必然引起线状符号长度的缩短。

②方向变化：概括轮廓图形上的小弯曲，目的是将轮廓的主要特征传输给读者，但是在被概括的那个局部位置上可能产生方向变化，如原本是南北向的河岸在概括掉小弯曲后会变成东西向。

③轮廓图形的改变：形状概括的结果使原来带有许多弯曲的复杂图形向尽可能简单的轮廓转化，直至成为示意性的概略图形甚至点状符号。

长度、方向和轮廓图形的变化都会影响到地图的精度。

§12.5 普通地图上各要素的制图综合

普通地图上各要素的制图综合是制图综合理论在制图实践中的具体应用。下面分要素简要加以论述。

一、水系的综合

地图上的水系分为海洋要素和陆地水系两大部分。

(一) 海洋要素的综合

地图上表示的海洋要素包括海岸、海底地貌和其他海洋要素。在地图上应当正确表示海岸类型及其特征，显示海底（大陆架、大陆斜坡和大洋盆地）的基本形态、海洋底质及其他水文特征。

1. 海岸的制图综合

海岸的制图综合包含对海岸线的图形概括和海岸性质的概括。前者相当于形状概括，后者相当于质量概括，即减少分类，合并相近性质的岸段。下面主要讨论海岸线的图形概括。

(1) 海岸线图形概括的方法

在对海岸线进行形状概括之前，先要研究海岸的类型及其图形特征，以便保持其固有的特点。

描绘海岸线图形时，首先要找出海岸线弯曲的主要转折点（如图12-8），确定它们的准确位置，由此构成海岸线的基本骨架，以此为依据完成对海岸线图形的化简。

(2) 海岸线图形概括的基本原则

①保持海岸线平面图形的类型特征

随着地图比例尺的缩小，表达海岸线图形细部的可能性越来越小，这时，对不同类型海岸具有的固有特点应加以充分的表示。

地图上把海岸分为以侵蚀作用为主的海岸，以堆积作用为主的海岸及生物海岸三类，它们各自有着自己的类型特征。

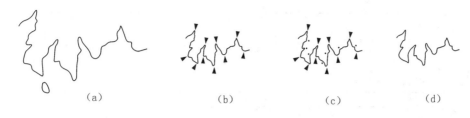

图 12-8　海岸线图形概括的方法

以侵蚀为主的海岸多为岩质海岸，具有高起的有滩或无滩后滨，概括这类海岸线的轮廓时要注意海岸多港汊、岛屿及岸线多弯曲的特征，应当使用带有棱角弯曲的线划来表示（如图 12-9），地图比例尺越小，这种"手法"的痕迹就越明显。不当的综合主要表现为对海角的拉直或圆滑。

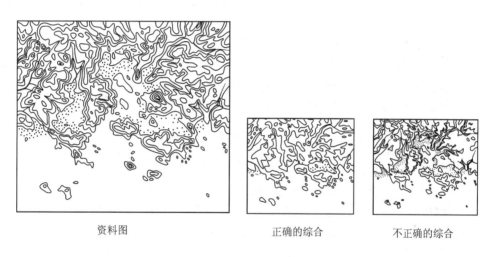

图 12-9　侵蚀海岸线的图形概括

以堆积为主的海岸多具有低平的后滨，岸坡平缓，岸线平直，在河口常形成三角洲，常有淤泥质或粉沙质海滩、沙嘴、沙坝或泻湖等。概括这类海岸线的图形要保持岸线平滑的特征，一般不应出现棱角弯曲。沙嘴、沙堤都应保持外部平直、内部弯曲的特点（如图12-10）。

以堆积为主的海岸河口三角洲突向海中，河道多分支，沙洲密布，前滨有宽阔的干出滩，它们又常被河道、潮水沟分割。在正确表示其图形特征的同时，还要注意其土质状况，配以相应的沙丘、沙嘴、贝壳堤、沼泽、盐碱地的符号。

生物海岸包括珊瑚礁海岸和红树林海岸，都配以专门符号表示。

②保持各段海岸线间的曲折对比

海岸的类型特征中很重要的一个方面是海岸的弯曲类型，它们的弯曲有大有小，弯曲个数有多有少。经过图形概括，其曲折程度肯定会逐渐减少，曲折对比有逐渐拉平的趋势，重要的是要保持各段海岸线间的曲折对比关系。为了达到这个目的，制图中会采用一系列的数学模型加以辅助。

③保持海陆面积的对比

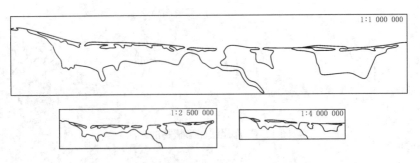

图 12-10 以堆积为主的海岸线图形概括

在概括海岸线的弯曲时,将产生究竟应当删去海部弯曲还是陆地弯曲的问题。在实际作业时,海角上常常是删去小海湾,扩大陆地部分为主;海湾中则删去小海角,扩大海部为主。要尽量使删去小海湾和小海角的面积大体相当,保持海陆面积的正确对比。

2. 岛屿的综合

岛屿是海洋要素的组成部分,岛屿综合包括岛屿的形状概括和岛屿的选取。

(1) 岛屿的形状概括

岛屿用海岸线表示。大的岛屿岸线概括同海岸线概括的方法一致;小岛则主要应突出其形态特征。海洋中的岛屿图形只能选取或舍去,任何时候都不能把几个小岛合并成一个大的岛屿。

(2) 岛屿的选取

选取岛屿遵照下列各项原则:

①根据选取标准进行选取:编辑文件常规定出岛屿的选取标准,例如地形图上常规定为 $0.5mm^2$,图形面积大于此标准的岛屿都应选取表示在地图上。

②根据重要意义进行选取:有的岛屿很小,但所处的位置很重要,如位于重要航道上的、标志国家领土主权范围的岛屿,不论在何种小比例尺的地图上都必须选取。

③根据分布范围和密度进行选取:对于成群分布的岛屿,要把它们当成一个整体来看待。实施选取时要先研究岛群的分布范围,岛屿的排列规律,内部各处的分布密度等。首先选取面积在规定的选取标准以上的岛屿,然后选取外围反映群岛分布范围的小岛,最后选取反映各地段密度对比和排列结构规律的小岛(如图 12-11)。面积太小又需选取的岛屿可以改用蓝点表示。

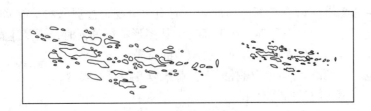

图 12-11 群岛的选取

此外,对海中的明、暗礁,浅滩等,由于它们是航行的重要障碍,也要按选取岛屿的原则和方法进行选取。

3．海底地貌的综合

海底地貌是由水深注记和等深线表示的。

（1）水深注记的选取

编图时对于资料图上大量的水深注记，首先要选取浅滩上或航道上最浅的水深注记，然后选取标志航道特征的那些水深注记，再选取反映海底坡度变化的水深注记，最后补充水深注记到必要的密度。

浅海区、海底复杂的海区、近海区、有固定航线的航道区都应多选取一些水深注记，其他地区可相对少选一些。

（2）等深线的勾绘

如果资料图上是用水深注记表示的，新编图上需要用等深线表示海底地貌，就要根据水深注记勾绘等深线。

勾绘等深线和勾绘等高线有许多地方是一致的，都应先判断地形的基本结构和走向，然后用内插法实施。勾绘等深线的特殊点是要遵守"判浅不判深"的原则，即在无法判定某区域的确切深度时，宁愿把它往浅的方向判（如图12-12），其结果必然是扩大了浅海的区域。

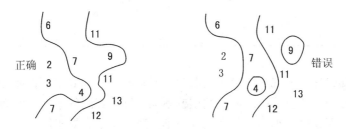

图 12-12　等深线的勾绘

（3）等深线的综合

①等深线的选择：等深线的选择是根据深度表进行的。深度表上往往将浅海区等深距定得小一些，表示得详细些，深海区则表示得比较概略。另外，对表示海底分界线的如对海洋航行安全很重要的-20m，表达大陆架界限的-200m等深线往往是必须选取的。

对于封闭的等深线，位于浅海区小的海底洼地可以舍去，但位于深水区的小的浅部，特别是其深度小于20m时，一般应当保留。

②等深线的图形概括：反映浅水区的同名等深线相邻近时可以合并（舍去海沟），但反映深水区的相邻同名等值线是不可以合并的，即不可以舍去深海区之间的"门槛"。在概括等深线的图形弯曲时，也要遵从"舍深扩浅"的原则，只允许舍去深水区突向浅水区的小弯曲。当然，也要注意等深线间的协调性。

（二）陆地水系的综合

陆地水系包括河流、湖泊与水库、沟渠与运河、井、泉等。

1．河流的制图综合

河流的综合也包含河流选取和河流图形概括两部分。

（1）河流的选取

在编绘地图时，河流的选取通常是按事先确定的河流选取标准（通常是一个长度指标，有时也用平均间隔作辅助指标）进行。

河流的选取标准是在用数理统计方法研究全国各地区的河网密度之后确定的。

实地上河网密度系数的分布是连续的,新编图上河流的选取范围是有限的,例如通常的选取标准在 0.5~1.5cm 之间。为此,制图实践中常常是将实地河网按密度进行分级,然后在不同密度区中确定选取标准。

表 12-2 是我国地图上河流选取标准的参考数值。有规范的地图应以规范的规定为准。

表 12-2 　　　　　　　　　　我国地图上河流选取标准

河网密度分区	密度系数 (km/km^2)	河流选取标准 (cm)	
		平均值	临界标准
极稀区	<0.1	基本上全部选取	
较稀区	0.1~0.3	1.4	1.3~1.5
中等密度区	0.3~0.5	1.2	1.0~1.4
	0.5~0.7	1.0	0.8~1.2
	0.7~1.0	0.8	0.6~1.0
稠密区	1.0~2.0	0.6	0.5~0.8
极密区	>2.0	不超过 0.5	

在地图的设计文件中,规定的河流选取标准通常不是一个固定值,而是一个临界值,即一个范围值。这是为了适应不同的河系类型或不同密度区域间的平稳过渡而采取的措施。

在不同类型的河系中,小河流出现的频率不一致,例如,对于同样密度级的区域,羽毛状河系、格网状河系可采用低标准,平行状河系、辐射状河系可取高标准。

为了不使各不同密度区之间形成明显的阶梯,通常在交错地段高密度区采用高标准,低密度区采用低标准。

在选取河流时,通常应先选取主流及各小河系的主要河源,然后以每个小河系为单位从较大的支流逐渐向较短的支流,根据确定的选取标准对其逐渐加密、平衡,最终实现合理的选取。

河流选取结果应符合一般的选取规律,它主要表现为以下几个方面:

河网密度大的地区小河流多,即使是规定用较低的选取标准,其舍去的条数仍然较多;河网密度小的地区,舍去的条数比较少。

保持各不同密度区间的密度对比关系。

随着地图比例尺的缩小,河流舍弃越来越多,实地密度不断减小,图上密度却不断增大。为此,选取标准的上限应逐渐增大。例如,1:10 万地图上选取的上限可定为 1.0cm 或 1.2cm,1:100 万或更小比例尺地图上,其上限可定为 1.5cm 或更高。这是由于随着地图比例尺的缩小,河流长度按倍数缩小,地图面积却以长度的平方比缩小,所以,尽管舍去较长的河流,视觉上看到图面上的河网密度还在不断增大。提高选取标准的目的在于尽量降低图面上的河网密度,以免造成错觉。

有一些河流虽然小于所规定的选取标准,也应把它选取到地图上,如表明湖泊进、排水的惟一的小河,连通湖泊的小河,直接入海的小河,干旱地区的常年河,大河上较长河段上惟一的小河等。

另外一些河流，尽管其长度大于选取标准，但由于河流之间的间隔较小，例如平均间隔小于 3mm，通常也会把它们舍掉。

（2）河流的图形概括

概括河流的图形，目的在于舍弃小的弯曲，突出弯曲的类型特征，保持各河段的曲折对比关系。

①河流弯曲的形状：河流的平面图形受地貌结构、坡度大小、岩石性质、水源等自然条件的影响，在不同的河段上具有特定的弯曲形状。河流的弯曲可分为简单弯曲和复杂弯曲。

简单弯曲包括以下几种（如图 12-13）：

微弯曲：是一种浅弧状弯曲，山地河流多具有这种类型的弯曲（如图 12-13（a））。

钝角形弯曲：河流弯曲成钝角形，转折较明显，河流弯曲同谷地弯曲一致，河流的上游以下切为主时形成这种弯曲（如图 12-13（b））。

近于半圆形的弯曲：河流弯曲成半圆形的弧状，过渡性河段和平原河流上旁蚀作用增强，逐渐形成这类弯曲（如图 12-13（c））。

套形弯曲：弯曲超过半圆，平原上在没有大量发育汊流、辫流的情况下，常出现这种弯曲（如图 12-13（d））。

菌形弯曲：河流旁蚀和堆积加剧，曲流继续发育形成菌形（如图 12-13（e））。

河流的复杂弯曲是在一级的套形或菌形弯曲上发育成的复合弯曲（如图 12-14）。

图 12-13　河流的简单弯曲　　　　　　　　图 12-14　河流的复杂弯曲

各种不同的弯曲形状具有不同的弯曲系数。微弯曲的河流曲折系数接近于 1（<1.2）具有钝角形弯曲的河段称为弯曲不大的河段，其曲折系数为 1.2～1.4；具有半圆形弯曲的河段，其曲折系数为 1.5 左右；大多数具有套形、菌形和复杂弯曲的河段曲折系数大大超过 1.5。在概括河流图形时，首先要研究河流的弯曲形状和曲折系数。

②概括河流弯曲的基本原则：

保持弯曲的基本形状：弯曲形状同河流发育阶段密切相关，概括河流图形时保持各河段弯曲形状的基本特征是非常重要的。

保持不同河段弯曲程度的对比：曲折系数是同弯曲形状相联系的，概括河流图形时并不需要逐段量测其曲折系数，只要正确地反映了各河段的弯曲类型特征，就能正确保持各河段弯曲程度的对比。

保持河流长度不过分缩短：经过图形概括，河流长度的缩短是肯定的。例如，在 1∶100 万地图上，大约只能保留一般地区河流长度的 40%，其中因图形概括损失掉的长度占河流总长的 13.4%。使用地图时总希望河流能尽可能地接近实地的长度。为此，只允许概括掉那些临界尺度以下的小弯曲，概括后的图形应尽量按照弯曲的外缘部位进行，使图形概括损失的河流长度尽可能地少（如图 12-15）。

（3）真形河流的图形概括

真形河流指能依比例尺表示其真实宽度的大河，它的形状概括要注意以下几点：

①表示主流和汊流的相对宽度以及河床拓宽和收缩的情况。当主流的明显性不够时，可

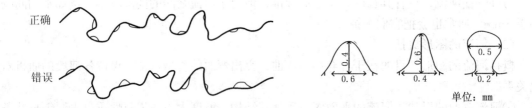

图 12-15 河流的图形概括

以适当地夸大，使其从众多汊流中突出起来（如图 12-16）。

②河心岛单独存在时，只能取舍，不能合并；当它们外部总轮廓一致时，可以适当合并（如图 12-17）。

图 12-16 主流和汊流　　　　　　　图 12-17 河心岛的综合

③保持河流中岛屿的固有特征：河心岛多数是沉积物堆积的结果，它们朝上游的一端宽而浑圆，朝下游的一端则较尖而拖长。这些特征可以间接地指示水流方向。小比例尺地图上，更加需要强调这一特征。

④保持辫状河流中主汊流构成的网状结构及汊流的密度对比关系（如图 12-18）。

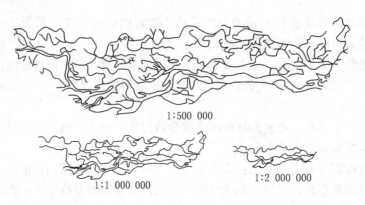

图 12-18 反映主汊流的网状结构和密度对比

2．湖泊、水库的制图综合

湖泊是陆地上的积水洼地，具有调节水量、航运、养殖、调节气候的功能。

水库又称人工湖，它是在河流上筑坝蓄水而成的，具有和湖泊一样的功能和利用价值。

湖泊和水库的综合有许多共同点，也有其各自的固有特征。

（1）湖泊的综合

①湖泊的岸线概括：化简湖泊岸线同化简海岸线有许多相同之处，都需要确定主要转折点，采用化简与夸张相结合的方法。然而，化简湖岸线还有其自身的特点。

保持湖泊与陆地的面积对比：概括掉湖汊会缩小湖泊面积，概括掉弯入湖泊的陆地又会增大湖泊面积，实施湖泊图形概括时要注意其面积的动态平衡。在山区，由于湖泊图形同等高线密切相关，等高线综合一般是舍去谷地，这时湖泊也只能舍去小湖汊，其面积损失要从扩大主要弯曲中得到补偿。

保持湖泊的固有形状及其同周围环境的联系：湖泊的形状往往反映湖泊的成因及其同周围地理环境的联系，因此，湖泊的形状特征是非常重要的。

为了制图上的方便，我们把湖泊形状分为浑圆形、三角形、长条形、弧形、桨叶形、多支汊形等（如图12-19）。概括时，应强调其形状特征。

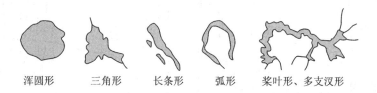

浑圆形　　三角形　　长条形　　弧形　　桨叶形、多支汊形

图12-19　湖泊的形状

②湖泊的选取：湖泊一般只能取舍，不能合并。

地图上湖泊的选取标准一般定为 $0.5\sim1mm^2$，小比例尺地图上选取尺度定得较低。在小湖成群分布的地区，甚至还可以规定更低的标准，当其不能依比例尺表示时，改用蓝点表示。

湖泊的选取同海洋中的岛屿选取有许多相似之处。独立的湖泊按选取标准进行选取；成群分布的湖泊选取时，要注意其分布范围、形状及各局部地段的密度对比关系。

（2）水库的综合

地图上的水库有真形和记号性两种。真形水库的综合有形状概括的问题，也有取舍的问题；记号性水库的综合则只有取舍的问题。

概括水库图形时要注意和等高线概括相协调。由于水系概括先于等高线综合，所以在概括水库图形时要同时顾及后续的等高线的概括。

水库的取舍主要取决于它的大小。水库的大小是按统一标准划分的：库容超过1亿立方米的为大型水库；1千万～1亿立方米的为中型水库，小于1千万立方米的为小型水库。

3. 井、泉和渠网的制图综合

井、泉在地图上是作为水源表示的。由于井、泉在实地上占地面积很小，所以都是用独立符号进行表示。它们的综合只有取舍的问题，没有形状概括的问题。

（1）井、泉的选取

①居民地内部的井、泉，水网地区的井、泉，除在大于1:2.5万的地图上部分表示外，其他地图上一般都不表示。但在人烟稀少的荒漠地区，井、泉要尽可能详细表示。

②选取水量大的，有特殊性质的（如温泉、矿泉），处于重要位置上（如路口或路边）的井、泉。

③反映井、泉的分布特征。

④反映各地区间井、泉的密度对比关系。

（2）渠网的综合

渠道是排灌的水道，常由干渠、支渠、毛渠构成渠网。干渠从水源把水引到所灌溉的大

237

片农田，或从低洼处把水排到江河湖海中去，支渠和毛渠都是配水系统，直接插入排灌范围和田块。

由于渠道形状平直，很少有图形概括的问题，其制图综合主要表现为渠道的取舍。

选取渠道要从主要到次要。由主要渠道构成渠网的骨架，再选取连续性较好的支渠。这时，要注意渠间距和各局部区域的密度对比关系（如图12-20）。

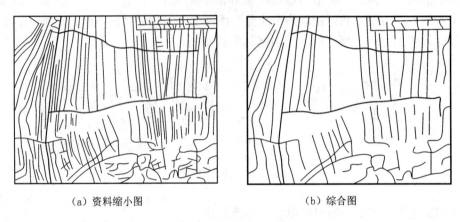

(a) 资料缩小图　　　　　　　　　(b) 综合图

图12-20　渠网的选取

二、居民地的制图综合

我国地图上居民地分为城镇式和农村式两大类，它们都有概括和选取的问题。

数量和质量特征的概括通过分级和符号化来体现，所以居民地的制图综合主要讨论其形状概括和选取。

(一) 居民地的形状概括

1. 城镇式居民地的形状概括

城镇式居民地形状概括的目的在于保持居民地平面图形的特征。主要从内部结构和外部轮廓两个方面进行研究。

内部结构指街道网的结构，即街道网的几何形状、主次街道的配置和密度、街区建筑密度和重要方位物等。

街道是城市的骨架，街道相互结合构成不同的平面特征，如放射状、矩形格状、不规则状、混合型等。在街道网中有主要街道和次要街道，它们的数量和密度决定了街区的形状和大小。在街区内部有建筑面积和空旷地，它们决定街区的类型——建筑密集街区和稀疏街区。在街区之外，还会有独立建筑物、广场、空地、绿地、水域、沟壑等。在大比例尺地图上，还要表示重要的方位物等。所有这些，构成城市内部的特征。

外部轮廓指街区的外缘图形，它常由围墙、河流、湖（海）岸、道路、陡坡、冲沟等作为标志。研究外部轮廓除研究其轮廓形状外，还要研究居民地的进出通道及其同周围其他要素的联系。

(1) 城市居民地平面图形化简的原则

①正确反映居民地的内部通行情况：内部通行情况由街道、铁路和水上交通所决定，但研究的重点是街道。

街道分为主要街道和次要街道。根据资料地图上符号的宽度及其同外部的交通联系可以判断街道的等级。

随着地图比例尺的缩小，街道会变得过于密集，要对其进行取舍。在选取街道时应注意以下几点：

选取连贯性强，对城镇平面图形结构有较大影响的街道；

选取与公路，特别是两端都与公路连接的街道；

选取与车站、码头、机场、广场、桥梁及其他与重要目标相连接的街道；

最后再根据街道网的密度、形状等特征的要求，补充其他的街道。

在选取街道时首先应选取主要街道，再选取条件好的次要街道。

②正确反映街区平面图形的特征：街道网确定了街区的平面图形。舍去街道，等于合并街区，它不但可能改变街区的形状，也可能改变街道与街区的面积对比。

选取街道时，应注意保持街区平面图形特征。

对于构成矩形街区的矩形格状街道网，应注意选取相互垂直的两组街道。对于放射状的结构，应保留收敛于中心点的及围绕该点的另一组成多边形结构的街道。对于不规则的街道网，则不能随意拉直街道，以免使图形规则化（如图12-21）。

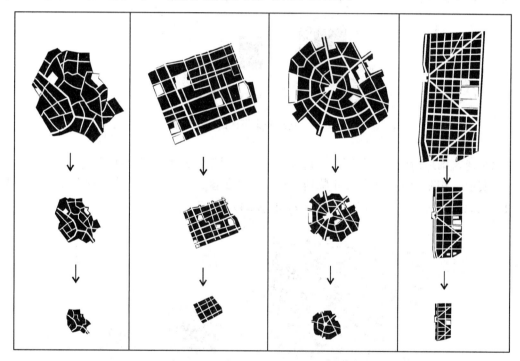

图12-21 保持街区的平面图形特征

③正确反映街道密度和街区大小的对比：在街道密集的地段，街道选取的比例较小，但其选的绝对量和舍的绝对量都比较大；相反，在街道稀疏的地段，街道选取的比例较大，但其选取数量和舍弃数量都比密集地段小。这样就能符合选取的基本规律，既能保持街道的密度对比，又能保持街区的大小对比（如图12-22）。

④正确反映建筑面积与非建筑面积的对比：为了保证建筑地段与非建筑地段的面积对

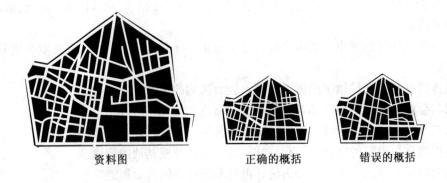

图 12-22 保持不同地段街道密度和街区大小的对比

比，必须根据不同的街区类型，实施不同的概括方法。

对于建筑密集街区，根据"合并（建筑物）为主、删除为辅"的原则进行概括。将图上距离很近（例如距离小于 0.2mm）的建筑地段合并，同时删去建筑地段图形上的细小突出部和远离建筑区的独立建筑，使建筑面积和非建筑面积的对比保持平衡（如图 12-23）。

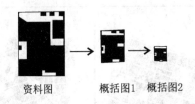

图 12-23 建筑密集街区的图形概括

对于建筑稀疏街区，应分别采用选取、合并、删除的方法进行概括。

由实地上相距较远的独立建筑物所构成的稀疏街区，一般不能把建筑物合并为一个较大的块，只能采用选取的方法进行概括（如图 12-24）。

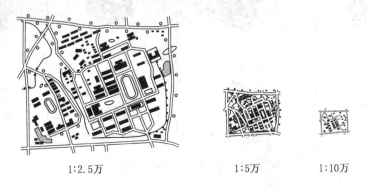

图 12-24 由独立建筑物构成的稀疏街区的概括

有的街区其内部空地很大，总体上属于稀疏街区，但其中局部地段由密集的建筑物构成，也可以采用合并的办法，只是不要合并太大，造成歪曲（如图 12-25）。

⑤正确反映居民地的外部轮廓形状：概括居民地的外部轮廓图形时，应保持轮廓上的明显拐角、弧线或折线形状，并保持其外部轮廓图形与道路、河流、地形要素的联系。

    资料图   正确的概括   不正确的概括

图 12-25 间有密集建筑地段的稀疏街区的图形概括

  城镇居民地的周围，通常由房屋稀疏的街区、工厂、居住小区、商业集聚点及独立建筑物构成，并夹杂有种植地和农村地带，它们都影响着城市居民地的外部轮廓。

  图 12-26 是城镇居民地外部轮廓形状概括的示例，其中（b）是对（a）的正确的概括，（c）是对（a）的不正确的概括，它有几处明显的变形。

 （a）资料缩小图   （b）正确的概括   （c）不正确的概括

图 12-26 城镇居民地外部轮廓形状的概括

  随着地图比例尺的缩小，居民地图形的面积也随之缩小，这时，居民地内部除几条主要街道外，详细结构已无法表示，而另外一些城镇，甚至无法表示任何街道，只能用一个轮廓图形或圈形符号来表示。

  在确定居民地的外部轮廓时，应先找出外部轮廓的明显转折点，将转折点连接成折线，对形状进行较大的概括（如图 12-27）。

  （2）城镇式居民地形状概括的一般程序

  为了正确地概括居民地，保证主要物体的精度以及描绘的方便，遵守一定的概括程序是十分必要的。

  在地形图的编绘中，对于用平面图形表示的居民地，通常可按图 12-28 所示的程序进行概括：

  ①选取居民地内部的方位物：先选方位物是为了保证其位置精确，并便于处理同街区图形发生矛盾时的避让关系。方位物过于密集时，应根据其重要程度进行取舍，以免方位物过密破坏街区与街道的完整。

  ②选取铁路、车站及主要街道：由于铁路是非比例符号，它占据了超出实际位置的图上空间，各种街道图形也有类似的问题。为了不使铁路或主要街道两旁的街区过分缩小，以致引起居民地图形产生显著变形，应使由铁路或主要街道加宽所引起的街区移动量均匀地配赋到较大范围的街区中。

  ③选取次要街道

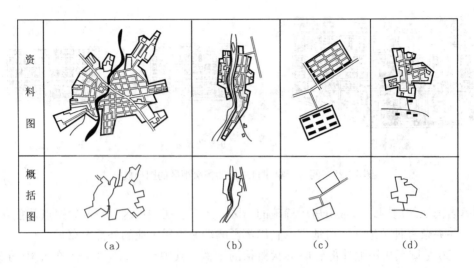

图 12-27 用外部轮廓图形表示居民地

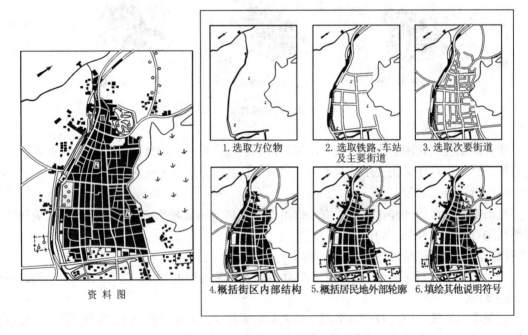

图 12-28 居民地图形概括的一般程序

④概括街区内部结构

依次绘出建筑地段的图形,用相应的符号表示其质量特征,再绘出不依比例尺表示的独立房屋。

⑤概括居民地外部轮廓形状

⑥填绘其他说明符号:这是指植被、土质等说明符号,例如果园、菜地、沼泽地等。

2. 农村居民地的形状概括

我国的农村居民地分为街区式、散列式、分散式和特殊形式四大类。

(1) 街区式农村居民地的概括

街区式农村居民地按其建筑物的密度又可分为密集街区式、稀疏街区式和混合型街区式三种。

对于密集街区式农村居民地，由于街区图形较大，街道整齐，多为矩形结构，概括时应舍去次要街道，合并街区，区分主、次街道。合并后的街区面积不应过大（如图 12-29）。

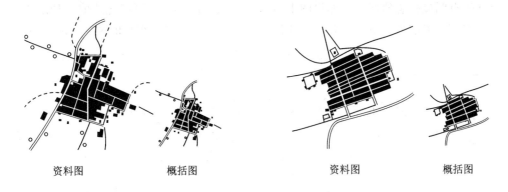

图 12-29 密集街区式农村居民地的概括

对于稀疏街区式，由于其街区主要由独立房屋组成，空地面积较大，概括时除舍去次要街道、合并街区外，主要是对独立房屋进行取舍，以保持稀疏街区的特点（如图 12-30）。

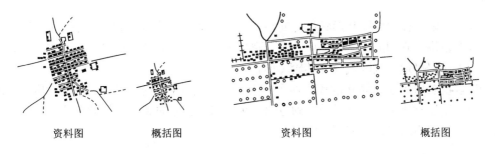

图 12-30 稀疏街区式农村居民地的概括

混合型街区式农村居民地应根据各部分的固有特征采用相应的办法进行概括（如图 12-31）。

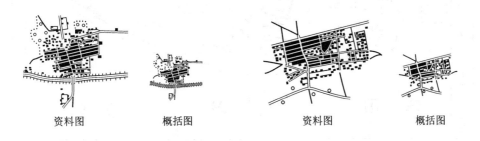

图 12-31 混合型街区式农村居民地的概括

（2）散列式农村居民地的概括

散列式农村居民地主要由不依比例尺的独立房屋构成，有时其核心也有少量依比例尺的街区建筑，但通常没有明显的街道，房屋稀疏且方向各异，分布为团状或列状。

对散列式农村居民地，其概括主要体现在对独立房屋的选取。选取时应注意以下各点：

①选取位于重要位置上的独立房屋：所谓重要位置，指中心部位、道路边或交叉口、河流汇合处等有明显标志的部位。如果图上有依比例尺的房屋，也要优先选取（如图12-32）。对于独立房屋只能取舍，不能合并，但要保持它们的方向正确，重要的独立房屋其位置也应准确。

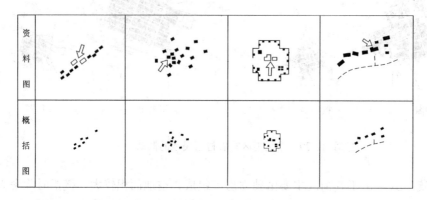

图 12-32　独立房屋的取舍

②选取反映居民地范围和形状特征的独立房屋：散列式农村居民地不管是团状或列状，都有其分布范围，它们形成某种平面轮廓。选取分布在外围的独立房屋，目的在于不要因制图综合而缩小居民地的范围或改变其轮廓形状。

③选取反映居民地内部分布密度对比的独立房屋：选取散列式居民地内部的房屋应注意不同地段的密度对比和房屋符号的排列方向。为了保持其方向和相互间的拓扑关系，所选取的房屋应进行适当的移位（如图12-33）。

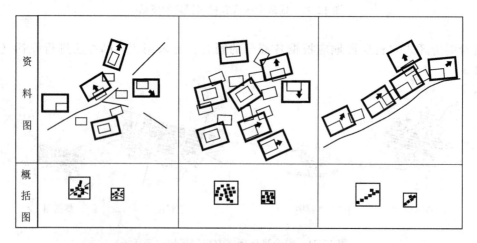

图 12-33　独立房屋的选取和移位

（3）分散式农村居民地的概括

分散式农村居民地房屋更加分散，各建筑物都依地势而建，散乱分布，没有规则，看上去往往村与村之间的界限不清。但实际上分散式农村居民地是散而有界、小而有名的。就是说，它们看上去是散的，但大多数居民地是有界限的，只是往往距离较近，难以辨认；每一个小居民地都有自己的名称，甚至附近的几个小居民地还有一个总的名称。

在实施概括时，主要采取取舍的方法，表示它们散而有界和小而有名的特点。房屋的舍弃和相应的名称舍弃同步进行。

（4）特殊形式的农村居民地的概括

窑洞、帐篷（蒙古包）是两种主要形式的特殊居民地。

对它们的概括应遵守散列式和分散式农村居民地的概括方法。除此之外，还要注意窑洞符号的方向要朝向斜坡的下方；条状分布的窑洞保持两端窑洞符号的位置准确，其间根据实际情况配置符号；对于多层窑洞，当不能逐层表示时，首先选取上下两层，减少分布层数，根据层状和分布特点保持其固有特点（如图12-34）。

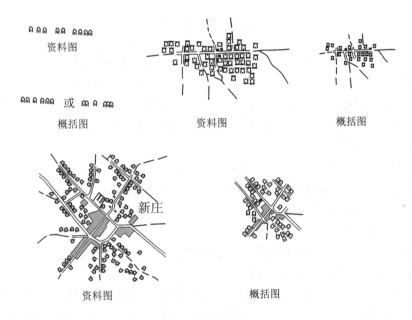

图 12-34 窑洞式农村居民地的概括

帐篷（蒙古包）是不固定的居民地，有的是常年居住的，有的只是季节性的。

（二）用圈形符号表示居民地

随着地图比例尺的缩小，居民地的平面图形越来越小，以致不再能清楚地表示其平面图形。例如，1:25万比例尺地形图上，就有一部分居民地改用圈形符号，在1:100万比例尺的地形图上，只有少数大城市仍用轮廓图形表示。由于圈形符号明显易读，在有些地图上，即便是平面图形很大，也改用圈形符号表示。

1．圈形符号的设计

在设计居民地的圈形符号时，应注意符号的明显性和尺寸两个方面。

符号的明显性和大小应同居民地的等级相适应，大居民地的圈形符号尺度大，明显性强，小居民地则相反。

符号的明显性取决于符号的面积（尺度）、结构、视觉黑度和颜色。随着居民地等级的降低，符号的面积、结构的复杂度、视觉黑度和颜色的明显性都应随之降低（如图 12-35），按对角线方向设计圈形符号，其差别最明显。

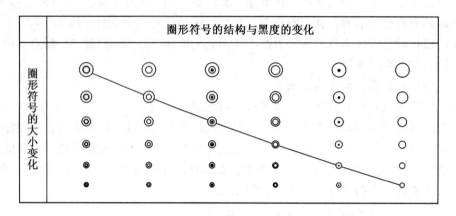

图 12-35　圈形符号的设计

圈形符号的尺寸主要考虑最大尺寸、最小尺寸和适宜的级差三个方面。

符号的最小尺寸与地图的用途及使用方法有关。通常挂图上的圈形符号最小直径不应小于 1.3～1.5mm，普通地图不能小于 1.0～1.2mm，表示很详细的科学参考图不应小于 0.7～0.9mm。当最小符号的尺寸确定以后，以上各级居民地的符号应保证具有视觉可以辨认的级差，从而按分级要求设定符号系列。

符号级差一般不应小于 0.2mm。如果符号有结构上的差异，小于该级差也可以分辨。

最大符号一般不应超出被表示的城市轮廓，太大会影响地图的详细性和艺术效果。一般从下而上能清晰分辨其级别即可。

2. 圈形符号的定位

居民地由平面图形过渡到用圈形符号表示时，首先遇到的是圈形符号定位于何处的问题。圈形符号的定位分为下面几种情况：

（1）平面图形结构呈面状均匀分布时，圈形符号定位于图形的中心（如图 12-36（a））；

（2）居民地由街区和外围的独立房屋组成时，圈形符号配置在街区图形的中心（如图 12-36（b））；

（3）居民地图形由有街道结构和部分无街道结构的图形组成时，圈形符号配置在有街道结构部位的中心（如图 12-36（c））；

（4）散列式居民地，圈形符号配置在房屋较集中部位的中心（如图 12-36（d））；

（5）对于分散式居民地，首先应判明其范围，圈形符号配置在注记所指的主体位置的中心。

3. 圈形符号和其他要素的关系处理

表示居民地的圈形符号和其他要素的关系表现为：同线状要素具有相接、相切、相离三种关系；同面状要素具有重叠、相切、相离三种关系；同离散的点状符号只有相切、相离的关系。其中同线状要素的关系最具代表性（如图 12-37）。

相接：当线状要素通过居民地时，圈形符号的中心配置在线状符号的中心线上（如图 12-37（a））；

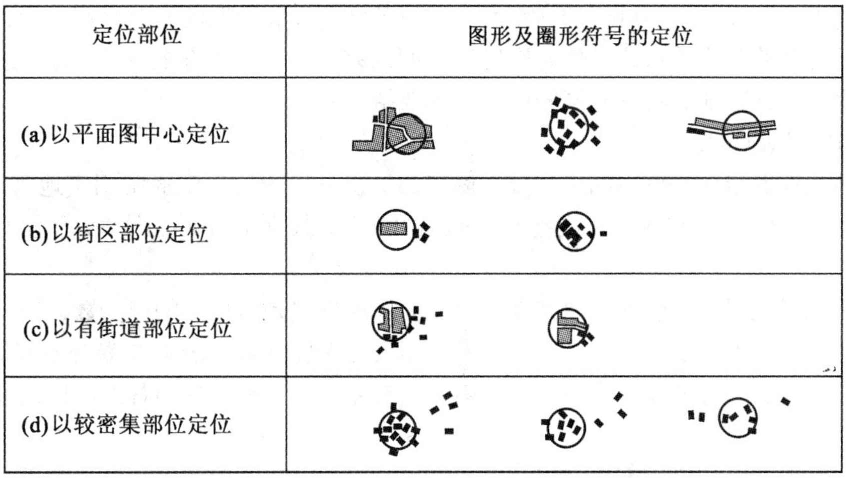

定位部位	图形及圈形符号的定位
(a)以平面图中心定位	
(b)以街区部位定位	
(c)以有街道部位定位	
(d)以较密集部位定位	

图 12-36 居民地圈形符号的定位

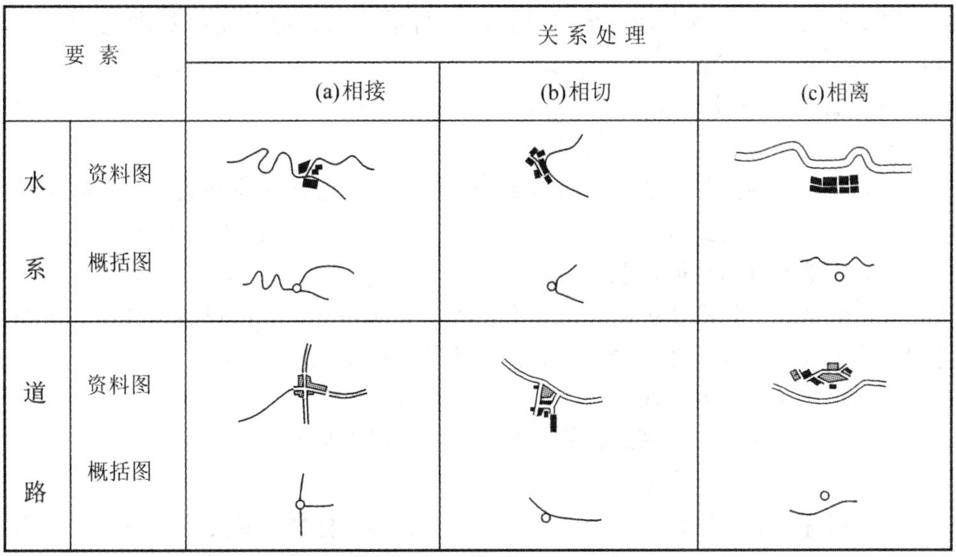

要素		关系处理		
		(a)相接	(b)相切	(c)相离
水系	资料图			
	概括图			
道路	资料图			
	概括图			

图 12-37 圈形符号与线状要素的关系

相切：当居民地紧靠在线状要素的一侧时，表现为相切关系，圈形符号切于线状符号的一侧（如图 12-37（b））；

相离：居民地实际图形同线状物体离开一段距离，在地图上两种符号要离开 0.2mm 以上（如图 12-37（c））。

随着地图比例尺的缩小，地图上需处理的相切、相离关系显著增加，这时，需要靠移位的方法来保持符号之间的拓扑关系。

（三）居民地的选取

居民地的选取主要解决选取数量和选取对象的问题。

247

居民地的选取也应遵守选取基本规律,即在限制最高载负量的条件下,做到最密区既保持必要的清晰性,又具有尽可能的详细性。其他各区舍掉和选取的绝对值都减少,既保持各不同密度区之间的对比关系,又使各密度区之间的差别减少(产生拉平趋势)。达到这种效果的主要手段是正确地确定各不同密度区的选取指标。

1. 选取指标的确定

居民地的选取指标是按不同密度分区确定的。衡量居民地密度通常用实地每 $100km^2$ 中的个数(个/$100km^2$),在地图上则用每 $100cm^2$ 中的个数(个/$100cm^2$)表示居民地密度或选取指标。

在小比例尺地图上,能够选取到地图上的居民地仅仅是实地上的极少数,用居民地密度来划分区域往往失去了实际意义,这时通常采用人口密度(人/km^2)来划分不同的密度区。

居民地密度和人口密度既有统一的一面,又有差异的一面,这同各地区居民地的个体大小相联系。

确定居民地选取指标的方法很多,基本上可分为图解法、图解解析法、解析法三大类。

图解法是通过样图试验确定居民地选取指标的方法。

图解解析法是根据制图区域实地上的居民地密度,确定适宜的面积载负量,按新编图上图形和名称注记的大小,通过计算获得居民地的选取指标。

解析法是使用数学模型来计算居民地选取指标的方法,通常使用数理统计法、方根规律、等比数列、信息论方法等。

2. 选取居民地的一般原则

(1) 按居民地的重要性选取

居民地的重要性通过行政意义、人口数、交通状况、经济地位和政治、军事价值等标志来判断,先选取重要的居民地。

(2) 按居民地的分布特征选取

按分布特征选取是指不要把居民地孤立地考虑,而是把它看成自然综合体的一部分,将居民地同自然和人文地理条件联系在一起,表达其分布特征。

(3) 反映居民地密度的对比

在反映居民地分布规律的同时,要顾及各地区居民地的密度对比关系。

3. 选取居民地的方法

根据选取指标和选取原则,确定具体的选取对象。具体做法是先定出一个全取线,即按某种资格(例如县级)以上的全部选取,再按其他条件对选取内容进行补充,使之达到规定的选取定额。

(四) 居民地的名称注记

名称注记是识别居民地的重要标志,地图上表示的居民地都应注出名称。

1. 居民地名称注记的选取

既然居民地一般都要注出名称,选取主要体现在:
(1) 位于城市郊区并和城市连成一体的农村居民地可以选注名称;
(2) 当居民地成群分布,有分名也有总名时,在注出总名的条件下,分名可以选注;
(3) 大居民地有正名和副名时,副名可按规定选注。

2. 居民地名称注记的定名、定级和配置

(1) 居民地的定名

定名指名称正确和用字准确。城镇居民地的名称，应以国家正式公布的名称为准。经过地名普查的地区，所有居民地名称都应以地名录为准，不能随意采用同音字、不规范的简化字。

（2）居民地名称注记的定级

居民地名称注记的定级指各级居民地应采取的字体、字大。

在科学参考图上最小居民地的字大不应小于 1.75mm。居民地名称注记的级差应保持在 0.5mm 以上方能被一般读者察觉，为了增加易读性，往往还要用不同的字体来区分。

根据居民地的重要程度，其名称注记可分别选用等线（黑体）、中等线、宋体和细线体。

（3）居民地名称注记的配置

居民地名称注记的配置研究名称注记应怎样放的问题。首先，它不应压盖同居民地联系的重要地物，例如道路交叉口、整段道路或河流等。名称注记还应尽可能靠近其符号（一般与符号的间距不应超过 0.5mm），当居民地密集时，要做到归属十分清楚。名称注记一般应采用水平字列，在不得已的情况下才用垂直字列。在自由分布时，以排在右侧为主，也可排在居民地符号周围任何一个方向上有空的位置。

当居民地沿河流或境界分布时，最好不要跨越线状符号配置名称注记，以免造成错觉。

三、交通网的制图综合

交通网是各种运输通道的总称，它包括陆地上的各种道路、管线，空中、水上航线及各类同交通有关的附属物体和标志。地图上应正确显示它们的类型、位置、分布、结构、通行状态、运输能力及其与其他要素的联系等。

（一）陆地交通网

陆地交通的主体是道路，也包含管道和电信线路。

1. 道路的分类和分级

地图上的道路分类详细程度同地图比例尺和地图用途有紧密联系。国家基本比例尺地图上，道路需详细分类，在各种类型中还要区分不同的级别。

```
        ┌ 铁路 ┬ 按轨数分：单轨铁路、双轨铁路、多轨铁路
        │      ├ 按轨宽分：标准轨铁路（不单独标志）、窄轨铁路
        │      └ 按牵引方式分：电气化铁路、其他铁路（不单独标志）
道路 ───┤
        │      ┌ 按通行能力分：高速公路、主要公路、普通公路、简易公路
        │ 公路 ┼ 按综合标志分：国道、省道、县道、乡镇道路
        │      └ 按交通部标准分：汽车专用路、一般公路
        └ 其他道路：大路、乡村路、小路、时令路
```

不论何种比例尺的地图上，总是把道路作为连接居民地的网络看待，所以通常称为道路网。在考虑其制图综合时，也将其作为网络看待。

2. 道路的选取

（1）选取道路的一般原则

①重要道路应优先选取：道路重要性的标志主要是等级高，优先选取的应当是在该区域内等级相对较高的道路。除此之外，还有些具有特殊意义的道路需优先考虑，它们是：

作为区域分界线的道路；

通向国境线的道路；

沙漠区通向水源的道路；

穿越沙漠、沼泽的道路；

通向车站、机场、港口、渡口、矿山、隘口等重要目标的道路。

②道路的取舍和居民地的取舍相适应：道路与居民地有着密切的联系：居民地的密度大体上决定着道路网的密度；居民地的等级大体上决定道路的等级；居民地的分布特征则决定着道路网的结构。

大比例尺地图上，每个居民地都应有一条以上的道路相连，中小比例尺地图上允许部分小居民地没有道路相连。

③保持道路网平面图形的特征：道路的网状结构，取决于居民地、水系、地貌等的分布特征。平原地区道路较平直，呈方形或多边形网状结构，选取后的道路网图形应与资料图上相似（如图 12-38）；在山区，由于地形条件的限制，道路会构成不同的网状。

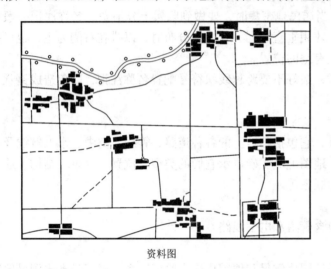
资料图

概括图

图 12-38 呈矩形网状结构道路的综合

④保持不同地区道路的密度对比：基本选取规律对道路选取也是适用的。密度大的地区舍去的道路较多，密度小的地区舍去的道路较少，最终要保持各不同密度区之间的对比关系。随着比例尺的缩小，各地区间的密度差异会减少，但始终要保持密度对比不可倒置。

(2) 各种道路的选取

①铁路的选取：我国铁路网密度极小，从地形图直到 1:400 万的小比例尺的普通地理图，都可以完整地表示出全部的营运铁路网，要舍去的只是一些专用线、短小的支叉等。

②公路的选取：公路的选取较为复杂。在我国，大中比例尺地图上，普通公路基本上可以表示出来，只会舍去一些专用线、短小支叉、部分的简易公路。在进行公路网改造的地区，新修的高等级公路线路拉直，老线又没有废弃时，二者距离往往很近，中比例尺地图上也可能舍去这些并行的公路。

在比例尺小于 1:100 万的地图上，公路会大量地被舍弃，重点是选取那些连接各省间重要城市的公路，然后以各级行政中心为结点表达它们的连接关系，选取时要注意不同结点上公路的条数对比。

③其他道路的选取：其他道路是舍弃的主要对象。它们的选取旨在反映地区道路网的特征，补充道路网的密度，使之达到保持密度对比和网眼平面结构特征的目的。道路的极大密

度不应超过"2cm/1cm²"的标准。

④道路附属物的选取：道路的附属物包括火车站、桥梁、渡口、隧道、涵洞、里程碑等。

在比例尺大于 1:10 万的地形图上，应表示全部的火车站，比例尺再缩小就要对它们进行选取。

桥梁与道路密切相关，只有选取道路时才考虑选取与之相连的桥梁。大比例尺地图上，双线河上的桥梁一般都要选取。在桥梁被舍弃的条件下，道路应连续通过。

大比例尺地图上，火车和汽车渡口都应表示，否则，会给地图用户以误导，认为车辆可以直接越过河流。

隧道在各种比例尺地图上都必须表示，但可以按长度确定其选取标准。隧道只能选取不能合并。桥梁与隧道相间出现时，还要注意它们之间的长度对比关系以及它们同地貌间的协调关系。

3. 道路的形状概括

道路上的弯曲按比例尺不能正确表达时，就要进行概括。地图上应在保持道路位置尽可能精确的条件下，正确显示道路的基本形状。

大比例尺地图上，道路符号在图上占据的宽度和实地差别不大时，道路的实际弯曲可以正确地表示出来。当符号宽度大大超过实地宽度时，例如，1:10 万地图上要超过近 10 倍，1:100 万地图上超过约 80 倍，道路的弯曲会自然地消失掉，为了保持各地段道路的基本形状特征，必须对特征形状有意识地加以夸张放大表示。

概括道路形状主要有以下几种方法：

（1）删除

道路上的小弯曲可以根据尺度标准给予删除，从而减少道路上的弯曲个数，但是要注意保持各路段的弯曲对比（如图 12-39）。

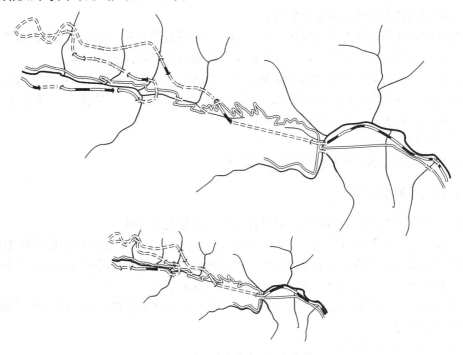

图 12-39 删除道路上的小弯曲

(2) 夸大具有特征意义的弯曲

对于具有特征意义的小弯曲，即使其尺寸在临界尺度以下，也应当夸大表示。

(3) 特殊的表示手法——共线或缩小符号

对于山区公路的之字形弯曲，为了保持其形状特征又不过多地使道路移位，可采用共线或局部缩小符号的方法做特殊处理（如图12-40）。

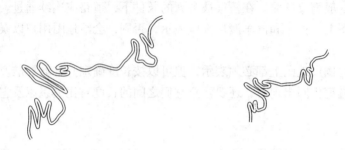

图12-40　道路符号共边线

4．管线运输

管线运输是陆地交通的组成部分，包括输送油、气、水、煤的管道，输送电能的高压输电线路，输送讯号的通信线路等。

地图上要求准确反映管线的起止点位和走向。管道应注明其输送的物质种类和输送能力。

电信线路绘至居民地边缘时可中断，距道路3mm以内的可不表示，其分岔处应绘出其符号。

(二) 水上交通

水上交通包括内河航线和海上航线。

内河航线只在城市图上完整绘出，地形图上一般只表示通航起讫点，区分出定期通航的河段，表示出相应的码头设施、可以通行的水利设施及它们允许通过的吨位。

海洋航线又分为近海航线和远洋定期或不定期通航的航线。近海航线沿大陆边缘用弧线绘出，但应避开岛屿和礁群。远洋航线常按两点间的大圆航线方向描绘，注出起止点和里程，大比例尺地图上还应绘出港口和码头符号。

(三) 空中航线

我国地形图不表示任何的空中航行标志。

四、地貌的制图综合

地貌是地形图上最重要的要素，对其他要素有着很大的影响。

地貌形态是内力和外力作用共同影响的结果。由内力作用形成的地貌形态称为构造形态，如褶皱、断裂、凹陷、火山等；附加在构造形态上的由外力作用形成的地貌形态称为雕塑形态，如流水、风化、风力、冰蚀、溶蚀等形成的形态等。

地貌在地图上的表示最常用的是等高线法、分层设色法和晕渲法。我们这里只讨论等高线的一些基本问题。

(一) 地形图上的等高距

等高线间的高程差称为等高距，它的大小直接影响地貌表示的详细程度。正确地选择等高距是地图设计的重要任务。大中比例尺地形图上都使用固定的等高距,在小比例尺地图上则使用有规则变化的等高距。

1. 地形图上的等高距

等高距与地面倾斜角间的关系表示为:

$$h = \frac{aM}{1\,000}\tan\alpha \tag{12-2}$$

式中:h——以 m 为单位的地貌等高距;

α——地面倾斜角;

a——以 mm 为单位的等高线间隔;

M——地图比例尺分母。

为了详细表示地貌,我们把等高线间隔定为读者能清楚辨认和绘图能顺利完成的最小间隔,一般定为 0.2mm。那么,在地图比例尺确定的条件下等高距的大小由地面倾斜角确定。

为保证地图的统一,每一种比例尺地图只能有一种或两种等高距,但同一幅地图上只能采用一种等高距,且不同比例尺地图上的等高距之间应保持简单的倍数关系。我国地形图上的等高距设定见表 12-3。

表 12-3

比例尺	1:1 万	1:2.5 万	1:5 万	1:10 万	1:25 万	1:50 万
一般等高距(m)	2	5	10	20	50	100
扩大一倍的等高距(m)		10	20	40	100	200

在坡度较大的山地地区,可由编辑员确定是否使用扩大一倍的等高距。

由于 1:100 万地图包括的区域范围大,包含的地貌类型多,使用单一的等高距不利于反映地面的特征,所以它采用变距的高度表(见表 12-4)。

表 12-4

高 程(m)	<200	200~3 000	>3 000
等高线(m)	0,50	200 的倍数	250 的倍数

为了反映局部的地貌特征,在不同的图幅上可以选用 20m、100m、300m、500m 的等高线作为补充等高线。

在不同比例尺的地图上,选用等高线的原则和表示方法是有区别的。上面讲的在变距高度表的地图上,补充等高线的符号同基本等高线一致,且在一幅地图上一旦采用,整幅图都必须将此等高线描绘出来。在大中比例尺地形图上情况就不同了,补充等高线和辅助等高线同基本等高线不但符号不同,而且只需在基本等高线不能反映其基本特征的局部地段选用,它们通常只在不对称的山脊、斜坡、鞍部、阶地、微起伏的地区或微型地貌形态成为地区特征的区域才表示。

253

(二) 地貌等高线的形状化简

1. 形状化简的基本原则

(1) 以正向形态为主的地貌，扩大正向形态，减少负向形态

这是对一般地貌形态适用的原则，在等高线的形状化简时，要删除谷地、合并山脊，使山脊形态逐渐完整起来。删除谷地时，等高线沿着山脊的外缘越过谷地，使谷地"合并"到山脊之中（如图12-41）。

图12-41 以正向形态为主的地貌等高线的化简

(2) 以负向形态为主的地貌，扩大负向形态，减少正向形态

以负向形态为主的地貌形态，指那些宽谷、凹地占主导地位的地区，如喀斯特地区、砂岩被严重侵蚀的地区、冰川谷和冰斗等，它们都具有宽阔的谷地和狭窄的山脊，这时地貌等高线的形状化简采用删除小山脊，扩大谷地、凹地等。删除小山脊时，等高线沿着谷地的源头把山脊切掉（如图12-42）。

2. 等高线的协调

地表是连续的整体，删除一条谷地或合并两个小山脊，应从整个斜坡坡面来考虑，将表示谷地的一组等高线图形全部删除，使同一斜坡上等高线保持相互协调的特征（如图12-43）。

但是不能刻意去追求等高线的协调，例如，在地面比较平坦、等高线的间隔很大时，在干燥剥蚀地区，都不应人为地去追求曲线间的套合。

3. 等高线的移位

为了表达某种地貌局部特征，有时需要在规定的范围内采用夸大图形的方法适当移动等高线的位置，这主要表现在：

(1) 为保持地貌图形达到必需的最小尺寸时可进行等高线移位，如山顶的最小直径为0.3mm，山脊的最小宽度、最窄的鞍部都不应小于0.5mm，谷地最窄不应小于0.3mm，等高线与河流的间隔必须大于0.2mm等。

(2) 为了保持地貌形态特征而移动等高线。例如，为了强调局部的陡坡、阶地，为了显示主谷和支谷的关系，以及为了协调谷底线而移动等高线。

(3) 为了协调等高线同其他要素的关系，特别是同国界线的关系所采用的移位。

必须强调的是，除非不得已，编图时是不能移动等高线位置的，即便是要移动，也要把移动的量控制在最小的范围之内。

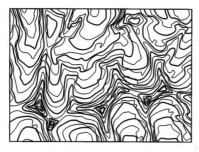
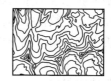

图 12-42 以负向形态为主的地貌等高线的化简

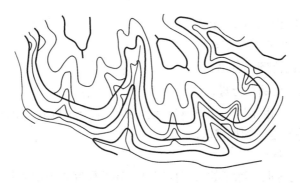

图 12-43 删除谷地时，应使同一斜坡的
等高线相互协调

4. 等高线图形的笔调

"笔调"是指描绘地貌细微形态时为强调图形的特点而运用的运笔风格。这种风格表现为呈折角状弯曲的"硬笔调"，表现等高线圆滑柔和的"软笔调"以及介于二者之间的"中间笔调"。各种不同的笔调用于反映不同的地貌形态特征。随着计算机制图的发展，"笔调"的作用会减小。

(三) 谷地的选取

谷地的选取是地貌综合的重要组成部分，是保证综合质量的关键之一。谷地的选取由数量和质量两个方面确定：数量指标指选取谷地的数量，用于反映地貌的切割密度；质量指标指谷地在表达地貌中的作用，用于控制谷地选取的对象。

1. 谷地选取的数量指标

(1) 按谷间距选取谷地

谷间距指相邻两条谷地的谷底线之间的距离，以 mm 计。地形图编绘规范对谷间距的规定为 2~5mm，它适用于不同切割密度的区域。

不同切割密度是根据在资料图上 1cm 长的斜坡上包含的谷地条数来衡量的。表 12-5 是在比例尺缩小一倍的条件下新编图上应选取的谷地条数和谷间距指标。

表 12-5

切割密度	资料图上 1cm 长的斜坡上的谷地条数	新编图上 1cm 长的斜坡上应选取的谷地条数	谷间距（mm）
密	≥5	5	2
中	3~4	3~4	2.5~3.3
稀	≤2	≤2	≥5

(2) 按比例选取谷地

根据基本选取规律，为了保持地图的详细性和不同地区之间的密度对比，对各种不同的密度区采用不同的比例。这个比例大体上可以由下式确定：

$$n_F = n_A \sqrt{\left(\frac{M_A}{M_F}\right)^x} \tag{12-3}$$

式中：n_F—— 新编图上选取谷地的条数；

n_A—— 资料图上的谷地条数；

M_A—— 资料图的比例尺分母；

M_F—— 新编图的比例尺分母；

x—— 选取指数，它由不同的切割密度条件确定，x 分别取 0，1，2，3，相应于谷地的极稀区、稀疏区、中等密度区和稠密区。

2. 选取谷地的质量指标

要正确实施谷地的选取，除了数量指标以外，还要研究谷地的质量指标。

根据谷地在表达地貌中的作用，下面这样一些谷地作为重要谷地应优先选取：

作为主要河源的谷地；

有河流的谷地；

组成重要鞍部的谷地；

构成汇水地形的谷地；

反映山脊形状和走向的谷地。

图 12-44 是选取谷地的示意图。

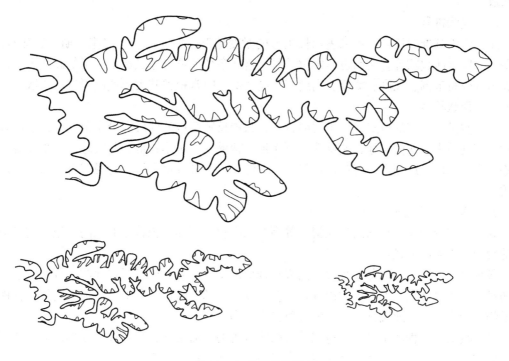

图 12-44 谷地选取示例

（四）山顶的选取和合并

山顶指在局部区域内高程最高的一条等高线，它多是自我封闭的。在大比例尺地形图上，需要处理的这一类的问题较少，通常只需按实际情况表示。中、小比例尺地图上，由于表达山头的独立等高线可能变得很小，就需要进行选取或合并处理。

1. 选取

（1）标志山体最高的山顶必须选取，当它的面积很小时，要夸大到必要的程度，例如达到 $0.5mm^2$。

（2）优先选取山体结构方向上的山顶。

（3）反映山顶的分布密度。

2. 合并

独立的山顶有时候是不能合并的，例如在没有明显构造方向时，独立的山顶不能合并，只能进行选取。有时为了强调地形的构造方向性，对于有些山顶可以采用合并的处理手法：

沿山脊线分布的间隔小于 0.5mm 的山顶；

连续分布的方向一致的条形山顶、沙垄、风蚀残丘等。

（五）地貌符号和高程注记的选取

1. 地貌符号的选取

地形图上不能用等高线表示的微地形、激变地形和区域微地貌需要用地貌符号表示，它们分为以下几类：

（1）点状符号

又称独立微地形符号，属于定位的地貌符号，但是并不能反映它们的真实大小，如溶斗、土堆、岩峰、坑穴、隘口、火山口、山洞等，根据其目标性、障碍作用、指示作用进行选取。

(2) 线状符号

用线作为基准的符号，用来表示长条形的激变地形，如冲沟、干河床、崩崖、陡石山、岸垄、岩壁、冰裂隙等，它们也是定位符号。这些激变地形符号虽然不能用等高线表示，但可表示其分布范围、长度、宽度、高度等。制图综合时常根据其大小或间隔进行选取。

(3) 面状符号

它们常没有确定的位置，属于说明符号，只能反映区域的性质和分布范围，也可以有示意性的密度差别，如沙砾地、戈壁滩、石块地、盐碱地、小草丘地、龟裂地、多小丘地、冰碛等。在小比例尺地图上，有些定位符号，如溶斗、石林等也会转化为说明符号来表示区域性质。

2. 高程注记的选取

高程注记分为高程点的高程注记、等高线的高程注记和地貌符号的比高注记。它们是阅读地貌图形必需的信息。

各种比例尺地图的规范中都规定高程点选取的密度。对它们进行选取时，首先应选取区域的最高点和最低点，如著名的山峰、主要山顶、鞍部、隘口、盆地、洼地的高程，各种重要地物点的高程，迅速阅读等高线图形所必需的高程等。

等高线上的高程注记是为迅速阅读等高线设置的，通常配置在斜坡的底部，应注意字头朝上坡方向，所以一般应尽量避免将等高线注记选在北坡上。

地貌符号的比高注记是符号的组成部分，是一种说明注记。

高程注记需要取整时，通常不采用四舍五入的算法，而是只舍不进，即任何时候都不得提高地面的高度。

(六) 等高线图形化简的实施方法

为了进行等高线的图形化简，要做好以下两项准备工作：

1. 分析地形特征

根据地理研究的成果，分析地形的高度、比高、山脊走向、山顶特征、斜坡类型、切割状况等，必要时还要分析其成因，为的是正确反映其类型特征。

2. 勾绘地性线

地性线又称地貌结构线，包括山脊线、谷底线、倾斜变换线等。通过勾绘地性线可以使制图者进一步认识地形特征，是实施综合前的思维过程。不管是初学者还是有经验的作业员，在实施地貌综合前都必须研究地性线，它对保证等高线的协调性是绝对必要的。

描绘地貌图形的基本顺序是：高程点、地貌符号、等高线注记、计曲线、控制山脊或谷底位置的等高线、首曲线、辅助等高线。

图 12-45 是等高线综合的一个实例：(a) 图是根据 1:5 万地形图缩小为 1:10 万地图上的资料等高线图形，并在此图上勾绘地性线；(b) 图是 1:10 万的编绘图；(c) 图是由 1:10 万编绘成 1:25 万的编绘图；(d) 图则是 1:25 万比例尺地图的放大图，为的是使读者看清图形概括的情况。

(七) 山名注记

地图上需选注一定数量的山名。山名分为山脉、山岭和山峰名称，根据山系规模可分为若干个等级。

山脉、山岭名称均应沿山脊线用曲屈字列注出，字的间隔不应超过字大的 5 倍。山体很

(a) 在资料图上勾绘地性线

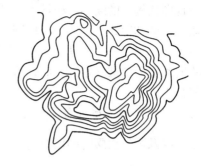
(b) 1:10万编绘图

(c) 1:25万编绘图

(d) 1:25万地图的放大图

图 12-45 等高线图形化简

长时可以分段重复注记。

山峰名称通常采用水平字列，排列在高程点或山峰符号的右侧或左侧，与山峰高程注记配合表示。

五、植被要素的制图综合

植被是地形图的基本要素之一，包括林地、耕地、园地、草地等。有的资料把土质和植被放在一起讨论，由于土质包括盐碱地、沼泽地等，土质符号都是一些说明地面性质的符号，常归纳到地貌要素中，所以这里只讨论植被要素。

地形图上用套色、配置说明符号和说明注记的方法来表示各类植被的分布范围、性质和数量特征。

（一）轮廓形状的化简

地形图上的森林、稻田、园地等都是用地类界加颜色或说明符号进行表示。

地类界常常不像具有实体的线如岸线、道路那样明显和固定，会有穿插、交错、渗透等现象存在，其精度受到很大的限制，所以其概括程度可以相对大一些。根据植被要素本身的特点，其选取指标有所变动，例如，森林的最小面积和林间空地的最小面积定为 $10mm^2$，草地的最小面积可以定为 $100mm^2$ 或更大。

当地类界与岸线、道路、境界线、通信线符号重合时，可不表示地类界符号。

有些植被类型不表示地类界，如小面积森林、狭长林带、草地和草原等，只是用符号表示其分布范围，有的还有一定的定位意义，但都显得很概略。

（二）植被特征的概括

1．用概括的分类代替详细的分类

随着地图比例尺的缩小，植被的类型会逐步减少。例如，在大比例尺地形图上林地分为森林、矮林、幼林等，中小比例尺地图上则只用统一的林地符号表示。

2．将面积小的植被类型并入邻近面积较大的植被类型之中

当不同类型的植被交错分布时，可以将小面积的某类型的植被并入邻近面积较大的另一类型的植被中。

3．混杂生长的植被通过选择其说明符号和注记进行概括

六、境界及其他要素的制图综合

（一）境界的制图综合

境界是区域的范围线，包括政区境界和其他区域界线。

政区境界是国与国之间和国内各行政区划单位间的领土界线。我国地图上表示国界、未定国界，省、自治区、直辖市界，自治州、盟及地级市界，县、自治县、旗、县级市界。地区界不是正规的行政境界，它相应的行政机构不是政府，而是省政府的派出机构，由于它实际上也是权力实体，所以地区界也归入自治州这一级一并表示。

县级以下的行政境界由于其确定性差，很难在地形图上正确表示，通常只在专题地图上才概略表示。

其他地域界线包括自然保护区界、特区界及其他类似的界线。

1．地图上表示境界的一般方法

地图上的境界线是不同的点线符号，为了增强其明显性，还可以配合色带符号。

（1）境界线按实地位置描绘，其转折处用点或实线段绘出，境界交会处也应当是点或实线。

（2）陆地上不与其他地物重合的境界线应连续绘出，其符号轴线为境界的正确位置。

（3）不同等级的境界重合时只绘高级境界的符号。

（4）境界沿河流延伸时，表示境界有如下几种情况：以河流中心线分界，当河流内能容纳境界符号时，境界符号应连续不间断绘出；河内绘不下境界符号时，应沿河流两侧分段交替绘出，但色带应按河流中心线连续绘出。沿河流一侧分界时，境界符号沿一侧不间断绘出。共有河流时，不论河流图形的宽窄，境界符号都不绘在河中，而交替绘在河流的两侧，河中的岛屿用注记标明其归属。

（5）境界两侧的地物符号及其注记都不要跨越境界线，保持在各自的一方。

2．国界的表示

国界表示国家的领土范围，关系到国家的主权，应严肃对待。

（1）国界线应以我国政府公布或承认的正式边界条约、协议、议定书及其附图为准。没有条约、协议和议定书时，按传统习惯画法描绘。这些规定都体现在中国地图出版社出版的标准国界图上，其他单位都应以该图为准来描绘国界。

（2）编绘国界时应保持位置高度精确，不得对标准国界图进行图形概括。

（3）保持国界界标的精确性，并注出其编号。在大比例尺地图上还可以精确绘出双立或三界标的位置，当地图比例尺缩小后不能表示分立符号时，改用一个界标符号表示。

出版任何带有国界符号的地图都需要由测绘主管部门审查批准。

3．国内行政境界的表示

国内行政境界也应在地图上精确表示，处理不当也会造成纠纷。

国内行政境界的画法应符合描绘境界线的一般原则。

出图廓的境界符号应在内外图廓间标注界端注记，标明其行政区域名称。

飞地指插入到邻区而同本区隔断的区域，其境界线同其隶属的行政单位的境界符号一致，并在其范围内加注表面注记。

4. 其他区域界线的表示

其他区域界线，例如自然保护区，用单独设计的符号描绘，并在其区域范围内加表面注记。

（二）其他独立地物的制图综合

独立地物用独立符号表示，它包括发电厂、变电所、粮仓、科学观测站、体育场、电视发射塔、纪念碑、庙宇、教堂等。

选取这些地物根据其重要性而定，这取决于其质量特征、功能、方位意义及密度等。

在大比例尺地图上有些独立地物可以以依比例尺的平面图形表示，如学校、医院等，当地图比例尺缩小后不再能依比例表示时，可以改用独立符号表示。

§12.6 专题制图数据的制图实践

专题制图数据指任何可以作为专题内容表示在专题地图上的数据。它的面非常宽，可以说是无穷无尽的。

专题制图数据也可以区分为位置、线性、面积和体积数据这样四种类型。它们包含各种量表系统，可以用不同的图形要素来表达，制图中改变量表和数据类型都可以看成是制图综合问题。

一、位置数据制图

客观世界中存在于特定位置上的数据集称为位置数据。它有四种量表形式：定名、顺序、间隔、比率。

位置数据是零维的、表示在一个点上的数据集，可以有一种以上的属性特征，例如它们通常都具有定名属性并以此来表达点的类型，还会有另外的一种或几种属性，如高度、等级。随着地图比例尺的缩小，原来的面积数据（例如大比例尺地图上的居民地轮廓图形）可能会变成零维的位置数据。

位置数据可以用点状符号表示。正如前面所讨论的，它可能包含所有的四种量表形式，可以分别用基本图形变量中的某些图形要素来表达。

1. 用点状符号表示定名位置数据

表示定名量表的位置数据可以用色相、形状、方向和密度这四种图形要素，但其中最重要的是色相和形状。

色相主要的职能是表达要素的类型，例如同样形状的电厂符号，红色的代表火电，蓝色的就可以代表水电；同样的线，蓝色的代表水系，棕色的代表地貌，黑色的代表道路等。

在图形设计中研究得最多的是形状。形状要素表示的点状符号可以分为象形符号、组合符号和几何符号，这在专题地图的表示法中已经详细讨论过了。

方向和密度也可以用来表示定名位置数据，它们都可以作为改变形状的辅助因素，所以使用得不很普遍。

点状符号表示定名位置数据，基本上都是表示物体的分布。图12-46是某地区主要名特产品的分布。

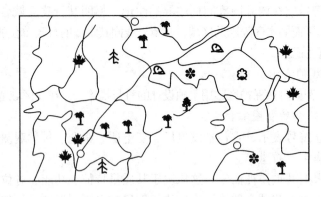

图 12-46　用点状符号表示定名位置数据

2．顺序位置数据的描绘

可以用图形要素中的尺寸和亮度来表示顺序位置要素。对于重要性不同的事物采用不同大小的符号来表示它们的顺序是最常见的。不同的亮度可以给读者的视觉产生不同的刺激，从而产生顺序感。制图者可以运用着色技巧使读者感觉到越暗越重要，也可以越亮越重要。

图 12-47 是用符号的大小、亮度和二者的组合来表示顺序位置数据的实例，虽然它们都能产生顺序感，但用符号的组合表示得更加明确。

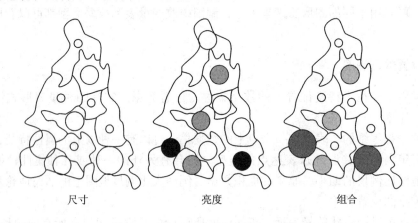

尺寸　　　　　　　亮度　　　　　　　组合

图 12-47　用符号的尺寸和亮度表示顺序位置数据

3．间隔和比率量表数据的描绘

在表示位置数据的数量时，虽然也可以用尺寸和亮度，但尺寸比亮度有效得多，如果没有特殊的说明，读者感觉到的尺寸和亮度差别仅仅是顺序的概念。为使符号具有一定的数量概念，进行尺寸设计时可以采用一系列特定的方法，这些方法包括绝对连续比率、条件连续比率、绝对分级比率、条件分级比率。

根据制图对象的数据分布情况选择适当的符号。当制图区域中各单元的数据相差不大时，可以采用柱状符号。为了视觉上的需要，柱状符号可以有一定的宽度，但是在一般情况下，被用于标定数据的只有高度。当各区域的数据相差较大时，可以采用两种补救方法：其一是使用宽度不等的符号，令它们单位长度相对应的数量不同；其二是将柱子分段，其下部单位长度相对应的数值小，上部则可以使相对应的数值增大。图 12-48 是几种常用的柱状符号。

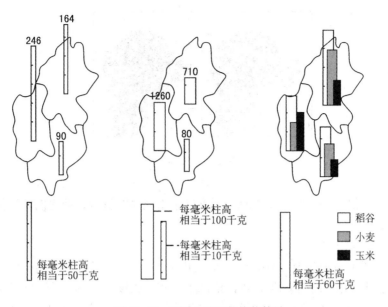

图 12-48 地图上选用的柱状符号

当被描绘现象的数值相差很大时，选用面积符号。由于它们的数量比用面积比来表述，减小了符号间的差别。图 12-49 是某地图的图例，其中（a）为连续比率符号，（b）是分级比率符号。

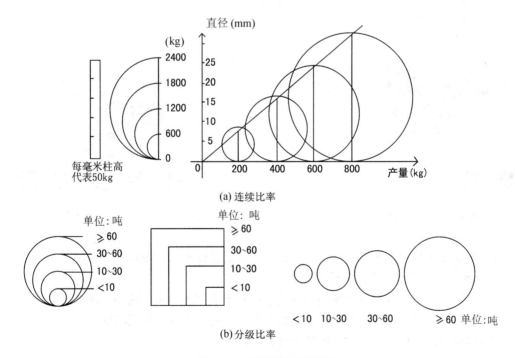

图 12-49 面积符号的使用

当符号不得不相互压盖时，若采用全饱和色表示符号，则采用以小压大的方法；若符号只有边线是饱和色，内部是具有"透明度"的颜色，则可以任其自然（如图 12-50）。

263

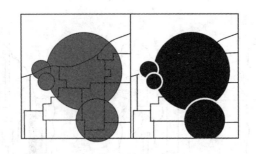

图 12-50　符号的压盖

当数列中的数值进一步拉大差距时，还可以采用立体的符号，即它们的数值比用体积比来表示。

4．扇形符号和结构圆

在同一个位置上表示若干种数据时，可采用由圆衍生出来的扇形或结构圆的符号。

在同一个位置上表示若干扇形，可以借助于色相和密度的差别表达不同类型的数据，它们的数量主要由半径的尺寸确定，其尺度可以是线性的，也可以是条件的（如图12-51）。

当表示的定量数据是同一类事物的各组成部分时，如作物总产量和各种作物的产量，采用结构圆的符号（如图12-52），总产量用绝对值，并由它确定圆的大小，各种作物的产量用相对值，确定各种作物所占的百分比，用这些值来分割圆，而作物品种则用颜色来区分。

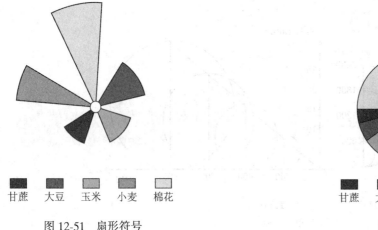

■ 甘蔗　■ 大豆　■ 玉米　■ 小麦　□ 棉花

图 12-51　扇形符号

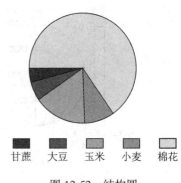

■ 甘蔗　■ 大豆　■ 玉米　■ 小麦　□ 棉花

图 12-52　结构圆

进一步演绎可以产生圆环、正方形、正十边形和其他形状的图形。

5．表示方向和时序的点状符号

表示方向的点状符号是风玫瑰图，它表示该点上全年各种风向的频率或大风天数。

表示时序的符号可以用不同时间的数据嵌套在一起，表示其发展状况。

用点状符号还可以表示线性、面积和体积数据。

二、线性数据制图

定位在线状图形上的信息称为线性信息，也叫线性数据。

地图上的线性数据包括轮廓线、海岸线、河流、道路、政区界和其他境界、经纬网线等。

线性数据大多以定名量表和顺序量表的形式存在，有时也有比率量表的形式，在实际表达时也常常把比率量表数据归纳调整为分级（间隔）量表的形式。

线性数据如果用统计图表的形式表达，也可以使用点状符号。但线性数据最重要的表现形式还是线状符号。

线状符号是通过某些图形变量表示的。对于定名线性数据，主要依靠色相和形状来表达，密度和方向有时也起作用；对于其他的量表形式，主要的表达手段是尺寸，其次是亮度，有时色相差别也可以起辅助作用。

1. 用线状符号描绘线性数据集

线性数据所代表的现象有时是有实体的，例如道路、河流等，有时是没有实体的，如两个地区的分界线。

地图上用线的粗细、结构要素中线段的长短、点线的组合、辅助线及颜色的区别来设计线状符号。

用不同颜色、不同形状和不同结构的线表示线性数据的性质差别，是定名数据的线状符号。

用不同尺寸、不同结构的符号表示同类线性数据的等级差别，是顺序数据的线状符号。

如果线状符号中线的宽度同它所代表的数量间成线性或其他函数形式的比例关系，它表达的就是比率量表数据，这样的符号称为比率数据的线状符号，如运动线符号。

如果把比率数据集归纳为几组，用一定粗细的线代表一组数据，这样的符号就是间隔数据的线状符号。

2. 线状符号制图

从制图的角度看，线状符号不仅仅用于表示线性数据，还可以用来表示位置和体积的比率数据；另外，与面积有关的间隔或比率数据也可以用线状符号来表达。

位置比率数据指从这一地点向另一地点的物质流动；体积比率数据指沿线状符号流动的物质的量，如货运量。与面积有关的数量是以比率量表形式出现的，有时也把它处理成间隔量表形式，如人口密度可以用伪等值线表示。

归纳起来，线状符号制图有三类：

（1）通过线状符号的形状和色相进行的定名描绘；

（2）通过线的宽度变化及亮度、密度差异进行的运动线描绘；

（3）用线状符号表示比率量表面积或体积。

3. 线状符号制图中的图形要素

图形要素中的形状、尺寸、色相和亮度可以用于构成线状符号，其他两个要素（方向和密度）则不便于使用。

（1）用线状符号表示定名量表数据

表示定名量表的线性数据，如海岸线、行进路线，主要用形状来反映其特征。

制图时为了反映形状特征可以选择各种不同的线（如图 12-53），用它们反映定名量表数据中的不同类，也可以从外形上显示其视觉上的相对重要性，例如实线的河流比起虚线的小路重要。由于二者是不同类的，这种重要性的感觉不是顺序量表特征。

影响线状符号外形的因素主要有以下几类：

尺寸：线状符号的尺寸变化有两个结果，一是对同样颜色和结构的两条线，读者自然会认为粗的重要，这就隐含了顺序等级感，二是沿同一条线改变尺寸产生方向感，这在河流的

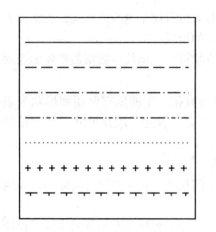

图 12-53　表示定名量表数据的线状符号

表示中被广泛使用。

连续性：线状符号可以是实线，也可以是间断线或点线，如果这些点线有足够的接近度，可以产生连续的感觉，但其连续性同实线是有区别的。制图中倾向于把重要的、实际存在的（视觉上看得见的）线状物体用连续性好的实线表示，次要的、看不见的线状物体用虚线表示。

亮度：使用亮度变量产生的亮度对比也可以影响读者的感受，这种感受产生重要性不同的顺序等级感。在表示线状定名量表数据时一般不使用亮度变量。

视觉闭锁：读者靠视觉闭锁来判断标记的同类性。一连串接近的点可以产生闭锁效应。当然，符号的闭锁度越大，其视觉效果越明显。

复杂度：线状符号有不同的结构，在同样尺寸（粗细）的条件下，复杂度越大，视觉上也就越明显。

紧密度：它指符号的整齐性。较紧密的线状符号具有较大的视觉重量，实线的紧密度最大。

运用这些因素组成表示定名量表线性数据的线状符号，这些符号可以具有相同的视觉重要性，也可以构成一种与制图对象相符合的视觉重要性的层次。

（2）用线状符号表示顺序量表的线性数据

用线状符号表示顺序量表的线性数据主要是通过尺寸和亮度这两个图形要素，当然，紧密度、视觉闭锁度也有辅助作用。

前面已经讲过，同类线中以粗的被认为重要，这就是表示顺序量表数据的基础。

在亮度变量中，人们认为越暗的（黑度大的）符号重要性越高。

（3）用线状符号表示流动现象

用线状符号表示间隔和比率量表数据的主要方法是描绘沿线路的流动，这包括铁路、公路、河流的货运、客运或其他类型的物质流动。

表达这类现象时根据要求的精度采用不同的处理方法。仅仅示意性地、粗略地表示其流动数量时，其线状符号的粗细也是示意性的，只具有相对的意义。在处理保密数据或缺少精确数据时都可以使用这种方法（如图 12-54）。如果线的宽度同数据成比例关系，它通常是简单的线性比，也可以是其他较复杂的比例关系，这时表示的就是比率量表的数据（如图12-55）。这些线路的宽度如果是分级比率，它表示的就是间隔量表数据（如图12-56）。

三、面积数据和体积数据制图

与面积有关的地理数据同样有四种量表形式。当数据集用定名量表度量时，把它称为面积数据。当数据集用顺序、间隔、比率量表度量时，把它们称为体积数据。量表数据是可转换的，同时又是不可逆的，即比率量表形式可转换为间隔、顺序、定名量表形式，间隔量表可转换为顺序量表和定名量表形式，顺序量表则只能转换为定名量表形式。

除了面状符号外，还可以用点状符号和线状符号来表达体积（广义上的面积）数据。

在地图符号中没有单独一类的体积符号，在点状符号中有一些符号可以建立起立体的视

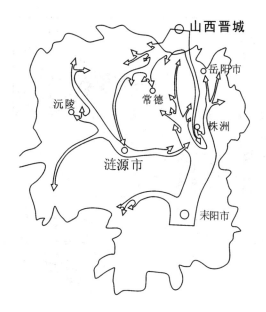

图 12-54　湖南省工业用煤炭流向

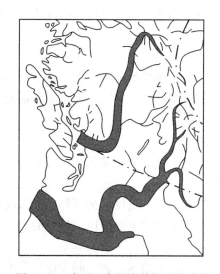

图 12-55　表示比率量表数据的流动线

觉效果,如立方体、球体,但它们仍然是点状符号。

定名量表的面积数据主要用来表示物质或现象的分布,例如土壤分布、土地利用、水陆分布、土地规划、各种分区等都是定名量表的面积数据集。

表示数量的面积数据(体积数据)存在的基本形式是比率量表,例如与面积相关的人口统计、家庭收入、工业品产量、社会产值等,但在制图中最有效的形式却是间隔量表形式,有时也用顺序量表形式来表示。所以,比率量表形式的数据就常常被处理成间隔或顺序量表形式。

在表达与面积有关的数据时,虽然可以用点状和线状符号,但无疑面状符号是最重要

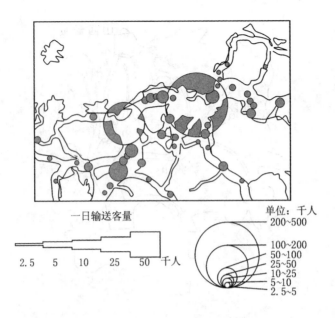

图 12-56　表示间隔量表数据的人口流动量

的,所以我们还是先讨论面状符号制图,然后再讨论用点状或线状符号。进行面(体)积数据制图的问题。

(一) 用面状符号表示面积

地图上用质底法或范围法表示某现象的分布范围,即表示面积的定名属性。用按顺序排队的梯度表来表示顺序量表数据;用分级统计图来表示间隔量表数据;用无级等值区域图来表示比率量表数据。

1. 面状符号制图中的基本图形要素

对定名量表的数据集,表示各区域的类别常采用色相或排列、方向不同的图案来区别。这种地图一般称为定性分布图。

对定量数据最常用的是亮度和图案的密度。亮度和密度都具有明显的顺序感,对它们的恰当运用就可以表示各区域在数据集中代表的顺序、相应的等级或数量。

2. 用面状符号表示定性分布

对于一个类别独占一个区域的定名数据,表示起来比较简单,只是用色相和图案区分各个区域,使读者理解现象的地理分布就可以了,根据其分布特征选择质底法或区域法。

当一个区域有几种类别的现象存在时,用色相表示有些困难,这时多采用彩色网线图案表示,因为它们便于交叉渗透。

采用图案表示时,对于有些现象,例如地质图上的岩性数据,具有规定的图案符号,制图时是必须采用的。用颜色表示时,有些图也有规定的颜色或习惯使用的规则,制图时也是应当遵守的。

3. 等值区域制图

等值区域制图是用符号(色相、图案)表示出现在单位面积边界线内的统计量。它的特征是把一个区域作为整体,表示的量值是反映同其他区域的差别,而不能区分区域内部的差别。

我们上面所提到的顺序、间隔、比率量表数据相应的区域顺序地图、分级统计地图和无级等值区域图都称为等值区域图。

(二) 分级统计地图

它是等值区域制图中使用最广泛的一种形式。它的原始数据是比率量表的形式，为了某种需要把它处理成间隔量表的形式。

1. 分级数目

分级数目主要取决于读者阅读能力能够辨认的等级数。单色地图3~5级，多色地图7~9级我们选择分级数时，还要看区域单元的数量和数据的分布特征，一般不要超过上述分级数。如果供区分的单元数比较少，数据分布比较集中，就不需要区分出那么多的等级。

2. 分级方法

分级方法归纳起来可分为三大类：等梯度系列，分级间隔有系统地向高端或低端放大或缩小，不规则的分级界限，详细方法将在第十四章讨论。

(三) 用线状符号表示体积数据

用线状符号表示体积数据的方法主要有两类：第一类是运动线法，在前面已经讨论过，在此不再赘述；第二类是等值线法，是这里讨论的重点。

等值线是水平面同统计面相交的迹线。等值线表示制图区域上第三维的值 Z，可分为四类：

1. 存在于各点上的实际值

这一类值如高度、深度、温度、降水量、积温等，可以存在于各点上，只有观测误差（包含 x, y, z 三方面）才影响样本值的有效性。

2. 存在于各点上的推导值

存在于各点上的推导值有两种：一种是均值和离差以及由某点上一个观测时序推导出来的其他统计量，例如月平均气温、商品平均利润率等，尽管它可以作为上述各点处数值大小的代表，但就其本质而言，它们不是每时每刻都存在；第二种推导值是点上某数值的比率，例如某点晴天和雨天的比率，这种值也不是每时每刻都存在，但它却代表着被推导处的量值。第二类的数值会比第一类实际值包含较多的误差。

3. 不可能在某点上存在的推导值

这一类值包括如每平方千米面积上的人口数，作物同总耕地的比率等，它是单位面积上推导出的平均值。由于一个单位面积是由 (x_i, y_i) 构成的点群，并没有任何一个单点具有这个平均值，地图上绘制等值线时仅仅是规定某个点（例如中心点）具有这个推导值。

4. 不是在点上而是在面上存在的实际值

这类值如小行政单元的人口、各乡级单位的粮食产量等。它们的量值受面积支配，用这类值不能有效地建立统计面，除非限定单元的面积。

等值线制图的问题包括控制点的位置和数量、等值线内插、等值线误差等，同地貌等高线一致。

参 考 文 献

1. 祝国瑞等. 地图设计与编绘. 武汉：武汉大学出版社，2001
2. ［美］ＡＨ罗宾逊等著，李道义等译. 地图学原理. 北京：测绘出版社，1989

3．祝国瑞等．普通地图编制（上、下册）．北京：测绘出版社，1982，1983
4．张克权等．专题地图编制．第2版．北京：测绘出版社，1993
5．齐清文等．GIS环境下面向地理特征的制图概括的理论和方法．地理学报，1998（4）
6．Ю.С.Билич，A.C.Васмут．Проектирование И Составление Карт. Моск．，Непра，1994

思 考 题

1．什么是制图综合？为什么要进行制图综合？
2．制图选取用什么方法？它们各自有什么优缺点？如何联合运用？
3．对制图物体进行形状概括时使用什么方法？
4．什么是制图物体的数量特征概括？什么是制图物体的质量特征概括？
5．为什么要研究地图符号的定位优先级？点状符号、线状符号的优先级是如何确定的？
6．编图时如何处理符号的争位矛盾？
7．影响制图综合的基本因素有哪些？这些因素是如何影响制图综合的？
8．试述地图上图形的最小尺寸。
9．什么是地图载负量、面积载负量、数值载负量、极限载负量、适宜载负量？
10．制图物体选取结果应符合哪些选取规律？
11．制图物体概括结果应表现出哪些基本规律？
12．制图综合会引起哪些误差？
13．海岸由哪几部分组成？
14．地图上把海岸分为哪些类型？它们各自有什么特点？
15．在综合海岸线图形时如何保持海陆面积的正确对比？
16．岛屿如何选取？
17．如何选取海底的水深点？
18．河流选取为什么要规定临界标准？河流选取结果应符合哪些基本规律？
19．为什么要研究河流弯曲的基本形状？它对河流的图形概括有什么作用？
20．如何保持河流图形不会过分缩短？
21．如何对湖泊进行选取？
22．什么是城镇居民地的内部结构和外部轮廓？
23．在选取居民地内部的街道时应优先选取哪些街道？
24．如何保持街道密度与街区面积大小对比，建筑面积与非建筑面积的对比？
25．城镇式居民地概括应遵循的一般程序是什么？为什么要采用这样的顺序描绘图形？
26．农村式居民地分为几种类型？各有什么特点？
27．用圈形符号表示居民地时，圈形符号设计有哪些基本规则？从平面图形到圈形符号的概括过程中如何对圈形符号进行定位？圈形符号同线状符号的关系如何处理？
28．试述居民地选取的基本规律和选取的基本原则。
29．我国地图上道路网如何分类和分级？
30．地形图上哪些道路应优先选取？
31．概括道路的平面图形时采用什么方法？

32. 海洋航线如何分类？如何描绘？
33. 地形图上的等高距是如何确定的？
34. 地图上等高线图形化简的基本原则是什么？
35. 编绘地貌等高线时，哪些情况下需要对其进行移位处理？
36. 编图时等高线谷地选取使用什么指标？
37. 编绘地貌时地貌符号如何选取？
38. 用等高线表示地貌时高程注记起什么作用？如何对高程注记进行选取？
39. 如何区别山脉名称和山峰名称？
40. 试述地图上表示境界线的一般方法。
41. 地图上专题制图数据如何分类？
42. 位置数据如何分类？各采用什么样的图形要素进行表示？
43. 如何用线状符号描绘线性数据集？
44. 线状符号制图分为哪几类？如何用线状符号表示定名量表数据、顺序量表数据及流动现象？
45. 什么叫等值区域图？

第十三章 地图制图数学模型

§13.1 概 述

地图制图数学模型是数学模型与地图制图模型相结合的一门边缘学科。它用数学方法模拟制图物体的分布规律，建立制图物体分布的数学模型及地图要素（现象）的分类分级数学模型，为数字环境下的地图制图综合、地图设计和地理信息系统中地理数据分析处理并输出地图奠定基础。

在地图制图学中，很早就使用了数学方法。公元前 3 世纪地图上开始使用地图投影，这使地图具有了严密的数学基础，从而具有可量测性。但是两千多年来，数学方法的应用仅局限于地图的数学基础方面。20 世纪 40 年代，地图学家利用图解计算法、数理统计方法研究地图要素的选取。1957 年前苏联保查罗夫（M.K.Боцалов）等人发表了《制图作业中的数理统计方法》专著，运用数理统计方法研究了地图要素的分布规律和某些要素的制图综合指标。1962 年德国的特普费尔（F.Töpfor）提出开方根规律选取模型，并于 1972 年发表了《制图综合》专著，将开方根规律选取模型系统化。

在我国，20 世纪 60 年代初曾用图解计算法和数理统计方法研究居民地和河流选取指标的数学模型。70 年代不少人利用回归分析方法研究居民地和河流选取指标的数学模型。这些模型的应用，使我国普通地图的编绘水平得到了很大的提高。80 年代地图学者应用模糊数学和图论来研究选取哪些物体的问题，即"结构选取数学模型"。

地图制图数学模型不仅用于进行制图综合的研究，在专题地图制图数据处理中的应用也很广泛，主要体现在要素分级数据处理和多维统计数据的聚类分析诸方面。

一、地图制图数学模型的应用范围

虽然地图制图数学模型的研究起步较晚，但已显示出它的应用前景。其主要应用范围概述如下：

1. 用于研究制图综合的数学模型

随着数字制图技术的发展，地图制图综合算法的模型化已成为必然趋势。地图制图综合的数学模型主要可分为以下几种：

（1）确定选取指标的数学模型

通过数学模型确定新编地图上制图物体选取数量或选取标准。

（2）结构选取的数学模型

根据物体的结构关系，从地图的地物中分离出更重要的一部分物体，即从地物的层次关系（等级关系）和拓扑关系（邻接、关联和包含）等方面来解决"选取哪些物体"的问题。

（3）图形化简的数学模型

建立图形化简的数学模型。这是制图综合中难度最大的问题。目前已提出了一些探讨性方法。

由于篇幅有限，这里只讨论选取数学模型。

2．用于研究地图要素分级的数学模型

分级表示法在地图制图中有着广泛的应用，已逐渐发展成为专题制图的主要表示方法。分级数学模型主要解决分级数的确定和分级界线的确定，其中分级界线的确定被认为是分级问题的核心，它对分级表示能否保持地图要素分布特征起决定作用。

3．用于研究地图制图中多维变量分类的数学模型

对呈地域分布的地图要素现象，能相应地编制出类型图和区划图。

二、建立地图制图数学模型的过程和方法

1．数据采集

数据采集是建立制图数学模型的基础，一般通过三种途径获得数据：地图量测、实际观测和统计。

2．数据处理

为了正确选择和设计数学模型，要进行数据规范化整理，如数据特征的分析，不同数据类型的处理和变量数据的规格化处理。

3．数学模型的选择和设计

根据数据特征选择数学模型，模拟其规律；根据地图制图模型的目的和任务设计数学模型。

4．制图模型的设计和建立

选择和设计适当的表示方法，将数学模型处理结果转换成地图，构成制图模型。

§13.2 地图制图回归模型

回归模型就是从一组地图制图要素的数据出发，确定这些要素之间的定量表述形式。在回归模型中，被回归的变量用 y 表示，称为因变量；影响 y 的其他变量用 x_1，x_2，…，x_m 表示，称为自变量。如果只有一个自变量就是一元回归模型。

一、一元回归模型

一元回归模型用于处理两个变量 x 与 y 之间的相关关系。

1．一元线性回归模型

两个变量 x 与 y 之间是线性关系，叫一元线性回归。设变量 x 与 y 间存在着某种线性关系，通过观察和试验得到两个变量 x 与 y 的若干数据 x_i 与 y_i（$i=1$，2，…，n），称点 (x_i, y_i) 为样品点。则有：

$$\hat{y} = a + bx \tag{13-1}$$

式中，a，b 是待定的参数。对于每一个 x_i 值所对应的观测值 y_i 与根据（13-1）式所确定的

$$\hat{y}_i = a + bx_i$$

之间有误差（如图 13-1）：

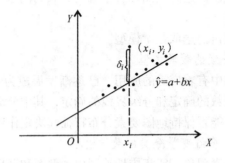

图 13-1 样点分布

$$\delta_i = y_i - \hat{y}_i$$

根据"最小二乘"原理,对于与 n 个观察点 (x_i, y_i) 所逼近的无数多直线中,以使误差的平方和达到最小值的直线为"最佳"的直线。

令误差平方和为 Q,则有:

$$Q = \sum_{i=1}^{n} \delta_i^2 = \sum_{i=1}^{n}(y_i - \hat{y}_i)^2 = \sum_{i=1}^{n}(y_i - a - bx_i)^2$$

其中 x_i 与 y_i 为已知,故 Q 是参数 a,b 的二元函数。要使 Q 为最小,由微积分中求极值的原理可知,只要将 Q 分别对 a,b 求偏导数,然后令偏导数为 0,得到:

$$b = \frac{\sum_{i=1}^{n}[(x_i - \bar{x})(y_i - \bar{y})]}{\sum_{i=1}^{n}(x_i - \bar{x})^2} \tag{13-2}$$

$$a = \bar{y} - b\bar{x} \tag{13-3}$$

式中,$\bar{x} = \frac{1}{n}\sum_{i=1}^{n} x_i$,$\bar{y} = \frac{1}{n}\sum_{i=1}^{n} y_i$

求出 a,b 后,便可得到 x 与 y 之间的关系。(13-1) 式称为 y 对 x 的回归方程。

对任何一组样品点 (x_i, y_i) 均可按最小二乘原理配一条直线。如果变量 x 与 y 不是线性关系,这样做的结果与实际情况不符,就无意义。因此,要对回归方程的显著性进行检验,一般采用相关系数检验法。相关系数

$$r = \frac{\sum_{i=1}^{n}[(x_i - \bar{x})(y_i - \bar{y})]}{\sqrt{\sum_{i=1}^{n}(x_i - \bar{x})\sum_{i=1}^{n}(y_i - \bar{y})}} \tag{13-4}$$

根据观测数据先求出相应的相关系数 r,再对给定的信度 α(一般 $\alpha = 0.05$,精度要求高的模型 $\alpha = 0.01$,要求低的 $\alpha = 0.10$),自由度 $n-2$,查相关系数表得到 r_α。若 $r \geq r_\alpha$ 则认为回归方程相关显著,有实际意义;否则,认为回归方程无意义,不能用。

2. 一元非线性回归模型

如果 x 与 y 之间的关系表现为非线性的,我们可通过简单的数学变换,使其化为线性的,这样就可以利用线性回归的方法来解决非线性回归的问题。

当变量 x 与 y 之间存在幂函数关系(如图 13-2):

$$\hat{y} = ax^b$$

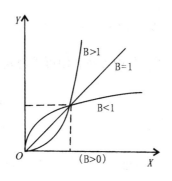 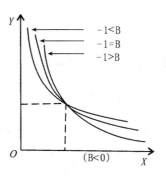

图 13-2 幂函数

只要对上式两边取对数得:

$$\ln\hat{y} = \ln a + b\ln x$$

令 $y' = \ln\hat{y}$, $a' = \ln a$, $x' = \ln x$

则有:

$$y' = a' + bx'$$

根据 (13-2), (13-3) 两式得:

$$b = \frac{\sum_{i=1}^{n}[(x'_i - \bar{x}')(y'_i - \bar{y}')]}{\sqrt{\sum_{i=1}^{n}(x'_i - \bar{x}')\sum_{i=1}^{n}(y'_i - \bar{y}')^2}} \tag{13-5}$$

$$\left.\begin{array}{l} a' = \bar{y}' - b\bar{x}' \\ a = e^{a'} \end{array}\right\} \tag{13-6}$$

从而求得回归方程为:

$$\hat{y} = ax^b$$

对非线性回归方程的显著性进行检验,要采用相关指数检验法。

$$R = \sqrt{1 - \frac{Q}{L_{yy}}} \tag{13-7}$$

式中, $Q = \sum_{i=1}^{n}(y_i - \hat{y}_i)^2$, $L_{yy} = \sum_{i=1}^{n}(y_i - \bar{y}_i)^2$。求出相关指数 R, 对于给定的信度 α, 自由度 $n-2$, 查相关系数表得 R_α。若 $R \geqslant R_\alpha$ 则认为非线性回归方程相关显著,方程可用; 否则, 认为该回归方程无实际意义。

二、多元回归模型

在实际中,影响因变量的因素往往有许多,这就需要采用多元回归模型。

1. 多元线性回归模型

设有 p 个自变量 $x_1, x_2, \cdots, x_p$ 与因变量 y, 它们有如下的关系式:

$$\hat{y} = b_0 + b_1 x_1 + b_2 x_2 + \cdots + b_p x_p$$

对变量 $x_1, x_2, \cdots, x_p, y$ 作 n 次观测, 其中第 k 次观测数据为:

$$x_{k1}, x_{k2}, \cdots, x_{kp}, y_k,$$

则有：
$$\hat{y}_k = b_0 + b_1 x_{k1} + b_2 x_{k2} + \cdots + b_p x_{kp}$$

要使 $Q = \sum_{k=1}^{n}(y_k - \hat{y}_k)^2$ 最小，根据微积分中求极值的方法，便可求得 $b_0, b_1, b_2, \cdots, b_p$。

$$Q = \sum_{k=1}^{n}(y_k - \hat{y}_k)^2 = \sum_{k=1}^{n}(y_k - b_0 - b_1 x_{k1} - b_2 x_{k2} - \cdots - b_p x_{kp})^2$$

将 Q 分别对 $b_0, b_1, \cdots, b_p$ 求偏导数，得：

$$\begin{cases} \dfrac{\partial Q}{\partial b_0} = 2\sum_{k=1}^{n}(y_k - b_0 - b_1 x_{k1} - b_2 x_{k2} - \cdots - b_p x_{kp})(-1) = 0 \\ \dfrac{\partial Q}{\partial b_1} = 2\sum_{k=1}^{n}(y_k - b_0 - b_1 x_{k1} - b_2 x_{k2} - \cdots - b_p x_{kp})(-x_{k1}) = 0 \\ \vdots \\ \dfrac{\partial Q}{\partial b_j} = 2\sum_{k=1}^{n}(y_k - b_0 - b_1 x_{k1} - b_2 x_{k2} - \cdots - b_p x_{kp})(-x_{kp}) = 0 \\ \vdots \\ \dfrac{\partial Q}{\partial b_p} = 2\sum_{k=1}^{n}(y_k - b_0 - b_1 x_{k1} - b_2 x_{k2} - \cdots - b_p x_{kp})(-x_{kp}) = 0 \end{cases}$$

将这个方程组整理得：
$$b_0 = \bar{y} - b_1 \bar{x}_1 - b_2 \bar{x}_2 - \cdots - b_p \bar{x}_p$$

$$\begin{cases} L_{11} b_1 + L_{12} b_2 + \cdots + L_{1p} b_p = L_{1y} \\ L_{21} b_1 + L_{22} b_2 + \cdots + L_{2p} b_p = L_{2y} \\ \vdots \\ L_{p1} b_1 + L_{p2} b_2 + \cdots + L_{pp} b_p = L_{py} \end{cases}$$

式中：
$$L_{ii} = \sum_{k=1}^{n}(x_{ki} - \bar{x}_i)^2, i = 1, 2, \cdots, p$$

$$L_{ij} = \sum_{k=1}^{n}[(x_{ki} - \bar{x}_i)(x_{kj} - \bar{x}_j)], i = 1, 2, \cdots, p; j = 1, 2, \cdots, p$$

$$L_{iy} = \sum_{k=1}^{n}[(x_{ki} - \bar{x}_i)(y_k - \bar{y})], i = 1, 2, \cdots, p$$

从方程组中解出 $b_1, b_2, \cdots, b_p$，于是 b_0 可得，从而求得回归方程

$$\hat{y} = b_0 + b_1 x_1 + b_2 x_2 + \cdots + b_p x_p$$

如果 $p = 2$，则有：

$$\left. \begin{aligned} b_1 &= \frac{L_{1y} L_{22} - L_{2y} L_{12}}{L_{11} L_{22} - L_{12}^2} \\ b_2 &= \frac{L_{2y} L_{11} - L_{1y} L_{21}}{L_{11} L_{22} - L_{12}^2} \\ b_0 &= \bar{y} - b_1 \bar{x}_1 - b_2 \bar{x}_2 \end{aligned} \right\} \quad (13\text{-}8)$$

可用复相关系数 $r_复$ 对回归方程进行检验。

$$r_复 = \sqrt{1 - \frac{Q}{L_{yy}}} \tag{13-9}$$

式中，$Q = \sum_{k=1}^{n}(y_k - \hat{y}_k)^2, L_{yy} = \sum_{k=1}^{n}(y_k - \bar{y})^2$。

对于给定的信度 α，根据自由度 $n-p-1$，查相关系数表得 r_α，若 $r_复 > r_\alpha$，回归方程显著，有实用价值；否则，回归方程无意义。

多元回归分析一般用 F 检验法，

$$F = \frac{(n-p-1)(L_{yy} - Q)}{pQ} \tag{13-10}$$

对于给定的信度 α，根据自由度 $(p, n-p-1)$ 查 F 表得到 F_α，当 $F > F_\alpha$，则认为回归方程显著；否则，回归方程无意义。

2. 多元非线性回归模型

如果 $x_1, x_2, \cdots, x_p$ 与 y 之间的关系为非线性，可通过数学变换，使其化为线性，再利用线性回归的方法来解非线性回归。

假设变量 $x_1, x_2, \cdots, x_p$ 与 y 之间存在如下函数关系：

$$\hat{y} = b_0 x_1^{b_1} x_2^{b_2} \cdots x_p^{b_p}$$

两边取对数得：

$$\ln\hat{y} = \ln b_0 + b_1 \ln x_1 + b_2 \ln x_2 + \cdots + b_p \ln x_p$$

令　　$y' = \ln\hat{y}$, $b_0' = \ln b_0$, $x_1' = \ln x_1$, $x_2' = \ln x_2$, $\cdots$, $x_p' = \ln x_p$

则有：

$$y' = b_0' + b_1 x_1' + b_2 x_2' + \cdots + b_p x_p'$$

利用线性回归的方法可求得 $b_0', b_1, b_2, \cdots, b_p$。

因 $b_0 = e^{b_0'}$，从而求得非线性回归方程：

$$\hat{y} = b_0 x_1^{b_1} x_2^{b_2} \cdots x_p^{b_p}$$

可用复相关指数

$$R_复 = \sqrt{1 - \frac{Q}{L_{yy}}} \tag{13-11}$$

对回归方程进行检验，式中，$Q = \sum_{k=1}^{n}(y_k - \hat{y}_k)^2, L_{yy} = \sum_{k=1}^{n}(y_k - \bar{y})^2$。若 $R_复 > R_\alpha$，回归方程显著。

一般用 F 检验法，

$$F = \frac{(n-p-1)(L_{yy} - Q)}{pQ} \tag{13-12}$$

对回归方程进行检验，如果 $F > F_\alpha$，回归方程显著；否则，认为回归方程无意义。

三、地图制图中的一元回归模型

地图制图中的一元回归模型，是指图上选取数量或选取百分比（选取程度）的值随实地（或资料图上）某一指标的变化而变化，有时是指地图上某一现象随另一种现象变化而变化。

1. 确定居民地选取指标的一元回归模型

根据制图综合原理,资料图上居民地密度越大,新编地图上居民地选取程度越低。居民地选取程度同居民地密度之间存在着相关关系,依据这种相关关系,可建立二者之间的回归模型。

例如表 13-1 是四幅 1:20 万地图范围内量取的 20 块样品的量测数据。其中 x 为实地密度,n 为 1:20 万地图上的居民地选取个数,y 为选取程度。

表 13-1

编 号	1	2	3	4	5	6	7	8	9	10
x(实地密度)	20	29	41	41	48	48	53	54	56	57
n(选取个数)	20	27	28	33	28	29	31	26	29	26
y(选取程度)	1.0	0.93	0.68	0.81	0.58	0.60	0.59	0.48	0.52	0.46
编 号	11	12	13	14	15	16	17	18	19	20
x(实地密度)	60	63	67	71	75	80	83	88	100	101
n(选取个数)	25	38	24	39	30	37	40	33	41	37
y(选取程度)	0.42	0.60	0.36	0.55	0.40	0.46	0.48	0.38	0.41	0.37

把表 13-1 的数据点绘到坐标纸上,发现 y 与 x 的相关关系可用幂函数来表示(如图 13-3):

$$y = ax^b$$

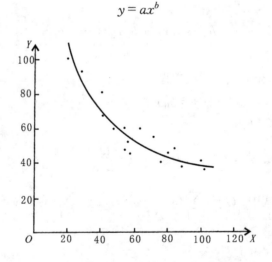

图 13-3 居民地实地密度和选取程度的相关

根据(13-5),(13-6)式可得

$$a = 7.48, \quad b = -0.65, \quad R = 0.951\,8$$

查相关强度系数表得:

$$R_{\alpha=0.01} = 0.561\,4$$

$R > R_\alpha$,回归方程高度显著,模型可用。

1:20 万地形图确定居民地选取程度模型为：
$$y = 7.48x^{-0.65}$$

按同样的方法，在全国范围内对已制成的 1:10 万，1:20 万地形图作了大量的实际观测，建立下列选取模型。

对于 1:10 万地形图：
$$y = 71.78x^{-0.94}$$

对于 1:20 万地形图：
$$y = 6.06x^{-0.75} \quad \text{（适用于大中型居民地）}$$
$$y = 5.25x^{-0.74} \quad \text{（适用于中小型居民地）}$$

2. 确定河流密度的一元回归模型

河网密度是确定河流选取标准的基本依据。河网密度系数为：
$$K = \frac{L}{p}$$

式中，L 是河流总长度，p 是河流流域面积。

L 比较难量测，p 相对而言较容易获取。一般来说，单位面积内河流条数 n_0（$n_0 = \frac{n}{p}$）多的地区，河网密度 K 较大。利用河网密度 K 和单位面积内的河流条数 n_0 的相关关系，可建立河网密度 K 的数学模型。这样，只要知道河流条数 n 和流域面积 p，即可求出河网密度 K。

采用实际量测的方法在某省范围内用 1:5 万比例尺地形图量测 40 个小河系的河流条数 n，长度 L 和流域面积 p，数据列于表 13-2。

表 13-2

编　号	1	2	3	4	5	6	7	8	9	10	11	12	13
n	8	3	4	3	6	18	6	10	14	12	16	9	29
p (cm^2)	360	100	100	60	110	300	100	160	222	177	210	90	270
L (cm)	70.4	26.1	30.0	15.9	29.4	124.2	33.6	52.0	63.0	76.8	88.0	41.4	103.1
编　号	14	15	16	17	18	19	20	21	22	23	24	25	26
n	6	5	4	3	9	4	7	11	15	28	40	9	10
p (cm^2)	47	35	28	19	41	16	28	30	38	57	70	11	11
L (cm)	23.4	15.5	15.2	9.3	27.0	14.8	20.3	33.0	45.0	67.2	96.0	16.2	19.0
编　号	27	28	29	30	31	32	33	34	35	36	37	38	39	40
n	15	29	24	21	14	12	13	7	12	71	35	17	17	27
p (cm^2)	14	25	19	16	9	7	8	4	6	33	15	7	7	10
L (cm)	17.0	40.6	36.0	33.6	15.4	9.6	15.6	6.3	12.0	85.2	31.5	13.6	13.6	21.6

根据表 13-3，在坐标纸上绘出相应点的位置，按照图 13-4 的点分布规律，可用幂函数建立河网密度系数 K 的数学模型：

根据 (13-5)、(13-6) 两式可得：

$$K = an_0^b$$

$$a = 1.47$$
$$b = 0.52$$
$$R = 0.972$$

表 13-3

编号	K (cm/cm²)	n_0	编号	K (cm/cm²)	n_0
1	0.196	0.022 2	21	1.100	0.366 7
2	0.261	0.030 0	22	1.184	0.394 7
3	0.300	0.040 0	23	1.179	0.491 2
4	0.265	0.050 0	24	1.371	0.571 4
5	0.267	0.054 5	25	1.473	0.818 2
6	0.414	0.060 0	26	1.727	0.909 1
7	0.336	0.060 0	27	1.214	1.071 4
8	0.325	0.062 5	28	1.624	1.160 0
9	0.284	0.063 1	29	1.895	1.263 2
10	0.434	0.067 8	30	2.100	1.312 5
11	0.419	0.076 2	31	1.711	1.555 6
12	0.460	0.100 0	32	1.371	1.714 3
13	0.382	0.107 4	33	1.950	1.625 0
14	0.498	0.127 7	34	1.575	1.750 0
15	0.443	0.142 9	35	2.000	2.000 0
16	0.543	0.142 9	36	2.582	2.151 5
17	0.489	0.157 9	37	2.100	2.333 3
18	0.659	0.219 5	38	1.943	2.428 6
19	0.925	0.250 0	39	1.943	2.428 6
20	0.725	0.250 0	40	2.160	2.700 0

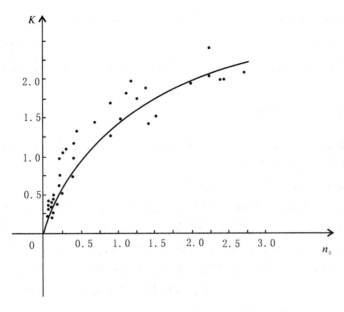

图 13-4 K 和 n_0 的相关散点图

查表 $R_{\alpha=0.01}=0.408\,2$，$R>R_\alpha$，回归方程高度显著，模型有实际意义。

确定河网密度的模型为：

$$K = 1.47(\frac{n}{p})^{0.52} \tag{13-13}$$

经过多年的编图实践，我国对不同密度的地区河流的选取形成了一套惯用的标准（见表 13-4）。

表 13-4

河网密度系数 K （km/km²）	<0.1	0.1~0.3	0.3~0.5	0.5~0.7	0.7~1.0	1.0~2.0	>2.0
河流选取标准 l_A （cm）	全选	1.4	1.2	1.0	0.8	0.6	0.5

例：四个不同河网密度的地区，其河流条数 n，流域面积 p 的测量数据以及按(13-13)式计算的河网密度系数 K 如表 13-5 所示。

表 13-5

项目＼地区	Ⅰ	Ⅱ	Ⅲ	Ⅳ
n	567	178	29	11
p （km²）	480	595	310	824
K （km/km²）	1.60	0.78	0.43	0.16

依据表 13-4 可得各区的河流选取标准（见表 13-6）。

表 13-6

地　　区	Ⅰ	Ⅱ	Ⅲ	Ⅳ
选取标准 l_A (cm)	0.6	0.8	1.2	1.4

四、地图制图中的多元回归模型

多元回归模型是指因变量 y 随多个自变量 x_1，x_2，$\cdots$，x_m 的变化而变化。在制图综合数学模型中，一般用到两个自变量。

1. 确定居民地选取指标的多元回归模型

编图时，影响居民地选取指标的因素很多，诸如居民地的实地（或资料图）密度，人口密度、地形、水系、交通等，分析上述一些因素可知，地形、水系、交通及其他因素的影响，或多或少地都可以在居民地密度和人口密度这两个标志上得到反映。因此，确定居民地选取指标的多元回归模型采用居民地密度、人口密度和选取程度（或选取数量）三个因子之间的相关，进行多元回归分析，可寻找选取规律和实施选取的最佳模型。

对居民地的选取程度 y 有下列关系式：

$$y = b_0 x_1^{b_1} \cdot x_2^{b_2} \tag{13-14}$$

式中：x_1——居民地密度（实地密度为个/100km²，资料图上密度为个/dm²）；

x_2——人口密度（人/km²）；

b_0，b_1，b_2——待定参数。

设单位面积内居民地选取个数为 y_1，则有：

$$y = \frac{y_1}{x_1}$$

得：

$$y_1 = x_1 y = b_0 x_1^{1+b_1} x_2^{b_2} \tag{13-15}$$

对（13-14）式两边取对数有：

$$\ln y = \ln b_0 + b_1 \ln x_1 + b_2 \ln x_2$$

令 $y' = \ln y$，$b_0' = \ln b_0$，$x_1' = \ln x_1$，$x_2' = \ln x_2$，

得到：

$$y' = b_0' + b_1 x_1' + b_2 x_2'$$

依据 (13-8) 式可求得 b_0'，b_1，b_2 的值。由于 $b_0 = e^{b_0'}$，从而建立多元回归模型：

$$y = b_0 x_1^{b_1} x_2^{b_2}$$

这里给出一个实例，研究范围是我国东南部中小型居民地分布的区域，统计量测对象是该地区的 1:5 万，1:10 万，1:20 万，1:100 万，1:150 万，1:200 万和 1:250 万地图（1:50 万地形图由于质量太差，无法据此得出正确的结论）。为了研究方便，将这些比例尺地图划分为两类。对于基本比例尺地图，单位样品的范围是 $\Delta\lambda = 15'$，$\Delta\varphi = 10'$，即 1:5 万地形图 1 幅。对于小比例尺普通地理图，单位样品范围为 $1°\times 1°$。前者共布置样品 805 块，后者为 68 块，并以 1:5 万地形图上得到的居民地密度作为实地密度（严格地讲，分散式居民地区域在 1:5 万地形图上也舍去了一些居民地）。

人口密度统计是按行政区域进行的，为了得到样品范围的人口密度，采用以各不同行政

区域的面积为权的加权平均值的方法进行计算获得。

将各种比例尺量测的数据输入回归模型计算程序里，可建立起以下相应居民地选取模型：

$$\left.\begin{array}{ll} 1:10 \text{万} & y=2.93x_1^{-0.88}x_2^{0.05} \\ 1:20 \text{万} & y=2.79x_1^{-0.69}x_2^{0.07} \\ 1:100 \text{万} & y=0.36x_1^{-0.90}x_2^{0.18} \\ 1:150 \text{万} & y=0.24x_1^{-0.97}x_2^{0.18} \\ 1:200 \text{万} & y=0.08x_1^{-1.00}x_2^{0.22} \\ 1:250 \text{万} & y=0.05x_1^{-1.03}x_2^{0.22} \end{array}\right\} \quad (13\text{-}16)$$

经过 F 检验，这些回归方程都在 $x=0.01$ 的水平上相关显著。

上列各式中，x_1 都是以居民地的实地密度为因子输入的，它可用于数字制图中选取居民地。但是，在实际地图制图中，并不都以实地居民地密度为依据，制图资料也并不以 1:5 万地形图为编图资料。例如，编制 1:20 万地形图时，常使用的基本资料是 1:10 万地形图。此时，应以 1:10 万地形图上的居民地密度 x_1 为输入因子，单位是个/dm^2，这样可得 1:10 万地形图编 1:20 万地形图的居民地选取模型：

$$y=2.15x_1^{-0.60}x_2^{0.08}$$

同理可得以下各比例尺的居民地选取模型：

$$\begin{array}{ll} 1:10 \text{万} \rightarrow 1:100 \text{万} & y=0.34x_1^{-0.90}x_2^{0.20} \\ 1:20 \text{万} \rightarrow 1:100 \text{万} & y=1.06x_1^{-0.85}x_2^{0.21} \\ 1:100 \text{万} \rightarrow 1:150 \text{万} & y=10.16x_1^{-0.76}x_2^{0.15} \\ 1:100 \text{万} \rightarrow 1:200 \text{万} & y=14.13x_1^{-1.17}x_2^{0.26} \\ 1:100 \text{万} \rightarrow 1:250 \text{万} & y=3.48x_1^{-0.92}x_2^{0.18} \end{array}$$

这些模型都经过 F 检验，在 $x=0.01$ 的水平上相关显著。

在进行如前所述实例研究时，1:25 万地形图还没有编出来，1:50 万地形图没有较好的已成图来模拟选取规律，因此，缺 1:25 万和 1:50 万地形图居民地选取模型。但这两种模型可利用下面建立的通用选取模型来求得。

从（13-16）式的一组模型中可以看出 b_0，b_1，b_2 随比例尺（$1:M$）变化而变化。它们同地图比例尺有相关关系。虽然这种相关的确切数学表达式我们不知道，但可以用一个多项式在一个比较小的领域内来逼近它，即

$$b=a_0+a_1M+a_2M^2+a_3M^3$$

这里 M 是地图比例尺的分母。为了得到最佳回归模型，又选用其他的数学模型进行回归分析比较（具体步骤略），最后得到的结果为：

$$\left.\begin{array}{l} b_0=3.60-0.06M+0.000\,3M^2-0.000\,001M^3 \\ b_1=-1.01+6.42/M \\ b_2=0.024+0.002M-0.000\,012M^2+0.000\,000\,021M^3 \end{array}\right\} \quad (13\text{-}17)$$

例如，要求 1:25 万地形图的居民地选取模型，把 $M=25$ 代入（13-17）式中得：

$$b_0 = 3.60 - 0.06 \times 25 + 0.000\ 3 \times 25^2 - 0.000\ 001 \times 25^3 = 2.39$$

$$b_1 = -1.01 + \frac{6.42}{25} = -0.76$$

$$b_2 = 0.024 + 0.002 \times 25 - 0.000\ 012 \times 25^2 + 0.000\ 000\ 021 \times 25^3 = 0.079$$

从而得到 1:25 万地形图上居民地选取模型：

$$y = 2.39 x_1^{-0.76} x_2^{0.079}$$

同理可获得 1:50 万地形图或其他任意比例尺地形图选取居民地的模型。

2. 确定河流选取指标的多元回归模型

以往确定河流的选取标准时，通常是根据该地区的河网密度 K 确定基本的选取标准。事实上，河流的选取不但与单位面积河流长度（河网密度 K）有关，还与单位面积河流的条数有关。

对河流选取的程度 y 有如下关系式：

$$y = b_0 x_1^{b_1} x_2^{b_2} \tag{13-18}$$

式中，x_1 为资料图上单位面积内河流条数，x_2 为资料图（或实地）上单位面积内河流长度，b_0，b_1，b_2 为待定参数。

设单位面积内河流选取条数为 y_1，有：

$$y = y_1 / x_1$$

所以：

$$y_1 = b_0 x_1^{1+b_1} x_2^{b_2} \tag{13-19}$$

例如，在某省范围内选取 28 块样品，相应量测出每块样品中 1:5 万，1:10 万，1:20 万，1:50 万和 1:100 万地形图上河流的条数和长度，就可建立相应比例尺的河流选取程度的多元回归模型。

如以 1:10 万地形图作为资料图编 1:20 万地形图，样本量测数据列于表 13-7。

表 13-7　　　　　　　　　　　　　　　　　　　　　　　　　　　单位：mm

编号	1	2	3	4	5	6	7	8	9	10	11	12	13	14
$n_{(p_{01})}$	47	37	100	60	133	47	75	31	19	12	59	39	65	42
$n_{(p_0)}$	53	68	329	78	191	72	111	41	20	21	258	74	262	333
$L_{(p_0)}$	1 553	2 313	5 502	2 191	5 235	2 576	2 890	1 528	1 174	781	5 698	2 447	7 504	5 042
编号	15	16	17	18	19	20	21	22	23	24	25	26	27	28
$n_{(p_{01})}$	65	90	41	51	51	46	10	28	35	48	54	53	15	31
$n_{(p_0)}$	202	164	109	153	78	67	11	126	87	95	104	89	23	66
$L_{(p_0)}$	3 126	4 437	4 037	3 876	2 706	2 317	789	3 259	1 716	2 792	2 961	2 572	511	1 500

注：$n_{(p_{01})}$——新编图上某区域范围内河流选取条数

　　$n_{(p_0)}$——资料图上某区域范围内河流条数

　　$L_{(p_0)}$——资料图上某区域范围内河流长度

按（13-8）式可求得：

$$b'_0 = -0.587\ 9,\quad b_1 = -0.681\ 2,\quad b_2 = 0.371\ 7$$
$$b_0 = e^{b'_0} = e^{-0.587\ 9} = 0.555\ 5$$

最后得 1:20 万地形图的河流选取程度模型：
$$y = 0.555\ 5 x_1^{-0.681\ 2} x_2^{0.371\ 7}$$

按（13-12）式，得：
$$F = 31.31$$

对给定的置信水平 $\alpha = 0.05$，从 F 分布表中查得 $F_{\alpha=0.05}(2, 25) = 3.39$。因为 $F > F_\alpha$，所以回归方程相关显著，有实际意义。

同理，可建立其他几种比例尺地形图的河流选取模型：

$$1:5\ \text{万} \to 1:10\ \text{万} \qquad y = 0.36 x_1^{-0.4} x_2^{0.3}$$
$$1:20\ \text{万} \to 1:50\ \text{万} \qquad y = 0.18 x_1^{-0.7} x_2^{0.42}$$
$$1:50\ \text{万} \to 1:100\ \text{万} \qquad y = 0.106 x_1^{-0.9} x_2^{0.76}$$

§13.3 地图制图中的方根模型

方根模型是探讨新编图（派生图）与资料图上某类制图物体数量规律的一种方法。因为新编图与资料图上某类制图物体数量之比同两种地图比例尺分母之比的开方根有着密切的关系，故称方根模型。

一、方根选取规律的基本模型

在测量及制图实践中，人们发现等高距 Z 可用测图比例尺的分母 M 来表示，即
$$Z = k\sqrt{M}$$

式中，k 是与航测仪器及成图方法有关的常数。比较 $1:M_A$ 和 $1:M_F$ 的两种比例尺地图的等高距，有：
$$Z_F = Z_A \sqrt{\frac{M_F}{M_A}}$$

写成一般形式：
$$N_F = N_A \sqrt{\frac{M_F}{M_A}} \tag{13-20}$$

该式称为实地尺度规律。

地图制图中通常采用的是地图尺度，由于地图比例尺已经确定了地图尺度和对应的实地尺度之间的关系，所以很容易得到地图尺度规律。

设 s 是地图上某种符号的长度等线状指标，S 是相应的实地尺度，则有：
$$S_F = s_F M_F$$
$$S_A = s_A M_A$$

按（13-20）式，则有：
$$S_F = S_A \sqrt{\frac{M_F}{M_A}}$$

即

$$s_F M_F = s_A M_A \sqrt{\frac{M_F}{M_A}}$$

$$s_F = s_A \frac{M_A}{M_F} \sqrt{\frac{M_F}{M_A}}$$

$$s_F = s_A \sqrt{\frac{M_A}{M_F}} \tag{13-21}$$

该式称为线状物体的地图尺度规律。

同理可得面状制图物体的地图尺度规律：

$$f_F = f_A \frac{M_A}{M_F} \tag{13-22}$$

现在来研究单个独立物体的情况，例如斜坡上通过等高线的条数。假设在同一斜坡地段上等高距和等高线水平距离相等，相同的实地距离 L 表现在地图上为：

$$L = l_A M_A = l_F M_F = n_A d_A M_A = n_F d_F M_F$$

式中：n——地图上物体的数量；

d——地图上物体的间隔；

l——地图上相应于 L 的距离。

变换上式得：

$$n_F = n_A \frac{d_A M_A}{d_F M_F}$$

据（13-20）式，有：

$$D_F = D_A \sqrt{\frac{M_F}{M_A}}$$

式中，D 为物体的实际间隔。

显然，

$$D_A = d_A M_A$$
$$D_F = d_F M_F$$

因而

$$\frac{d_A M_A}{d_F M_F} = \frac{D_A}{D_F} = \frac{D_A}{D_A \sqrt{\frac{M_F}{M_A}}} = \sqrt{\frac{M_A}{M_F}}$$

所以

$$n_F = n_A \sqrt{\frac{M_A}{M_F}} \tag{13-23}$$

式中：n_A——资料图上物体数量；

n_F——新编图上选取物体数量；

M_A——资料图比例尺分母；

M_F——新编图比例尺分母。

（13-23）式称为基本选取模型。它的意义在于，新编图上选取的物体个数，可由资料图上的物体个数乘以资料图与新编图比例尺分母之比的平方根来确定。

二、方根选取规律的通用模型

在制图综合中,物体的选取数量不完全符合上述基本选取规律。因为新编图与资料图的符号尺度并不都是严格按方根规律进行设计的,此外物体的重要性不同也会影响物体的选取数量。为了解决这些问题,又在基本选取模型中增加符号尺度系数和物体重要性系数,即

$$n_F = n_A C_Z C_B \sqrt{\frac{M_A}{M_F}} \tag{13-24}$$

式中,C_Z 为符号尺度系数,C_B 为物体重要性系数。

(13-24)式称为通用选取模型。下面分别研究通用选取模型中的两个系数。

1. 符号尺度系数 C_Z 的确定

(1)当符号尺度符合方根规律时,地图符号按比例尺分母的比率缩小,选取时不需要考虑符号的尺度,此时

$$C_Z = 1 \tag{13-25}$$

在实施制图综合时,有些物体符号虽然不符合尺度规律,但符号尺度对选取没有明显的影响。例如河流的选取,等高线弯曲的选取(概括)和数量不多的独立物体的选取,也可以不考虑地图符号的尺度。

(2)符号尺度不符合方根规律,又不相等时,要分线状和面状两种情况来考虑。

①线状物体的尺度系数:符号尺寸符合方根规律时,根据(13-21)式有:

$$\frac{s_A}{s_F}\sqrt{\frac{M_A}{M_F}} = 1$$

即

$$C_Z = \frac{s_A}{s_F}\sqrt{\frac{M_A}{M_F}} = 1$$

显然,不符合方根规律时,

$$C_Z = \frac{s_A}{s_F}\sqrt{\frac{M_A}{M_F}} \tag{13-26}$$

②面状物体的尺度系数:同理,根据(13-22)式,可得面状物体的尺度系数:

$$C_Z = \frac{f_A}{f_F}\sqrt{\left(\frac{M_A}{M_F}\right)^2} \tag{13-27}$$

(3)新编图和资料图上符号尺度相等时也分两种情况来考虑。

①线状物体尺度系数:在(13-26)式中,因为 $s_A = s_F$,所以有:

$$C_Z = \sqrt{\frac{M_A}{M_F}} \tag{13-28}$$

②面状物体尺度系数:在(13-27)式中,因为 $f_A = f_F$,所以有:

$$C_Z = \sqrt{\left(\frac{M_A}{M_F}\right)^2} \tag{13-29}$$

2. 物体的重要性系数

设物体重要性系数

$$C_B = \sqrt{\left(\frac{M_F}{M_A}\right)^x} \tag{13-30}$$

物体的重要性也影响选取数量。现有地图上物体的重要性一般来说分三级已经够用了。

(1) 重要物体的重要性系数

在（13-30）式中，令 $x=1$，得：

$$C_B = \sqrt{\frac{M_F}{M_A}} \tag{13-31}$$

重要物体的重要性系数大于1。

(2) 一般物体的重要性系数

在（13-30）式中，令 $x=0$，得

$$C_B = 1 \tag{13-32}$$

一般物体选取时，可以不考虑重要性系数。

(3) 次要物体的重要性系数

在（13-30）式中，令 $x=-1$，得

$$C_B = \sqrt{\frac{M_A}{M_F}} \tag{13-33}$$

次要物体的重要性系数小于1。此类物体选取时，舍去多一些。

在尺度系数和重要性系数同时考虑的情况下，可得出一系列的实用公式，见表13-8。

表 13-8

C_Z \ C_B		$C_B = \sqrt{\frac{M_F}{M_A}}$（重要）	$C_B = 1$（一般）	$C_B = \sqrt{\frac{M_A}{M_F}}$（次要）
符号尺寸符合开方根规律 $C_Z = 1$		$n_F = n_A$	$n_F = n_A \sqrt{\frac{M_A}{M_F}}$	$n_F = n_A \sqrt{\left(\frac{M_A}{M_F}\right)^2}$
符号尺寸不符合开方根规律，但尺寸相同	线状 $C_Z = \sqrt{\frac{M_A}{M_F}}$	$n_F = n_A \sqrt{\frac{M_A}{M_F}}$	$n_F = n_A \sqrt{\left(\frac{M_A}{M_F}\right)^2}$	$n_F = n_A \sqrt{\left(\frac{M_A}{M_F}\right)^3}$
	面状 $C_Z = \sqrt{\left(\frac{M_A}{M_F}\right)^2}$	$n_F = n_A \sqrt{\left(\frac{M_A}{M_F}\right)^2}$	$n_F = n_A \sqrt{\left(\frac{M_A}{M_F}\right)^3}$	$n_F = n_A \sqrt{\left(\frac{M_A}{M_F}\right)^4}$
符号尺寸不符合开方根规律、尺寸也不相同	线状 $C_Z = \frac{s_A}{s_F}\sqrt{\frac{M_A}{M_F}}$	$n_F = n_A \frac{s_A}{s_F}\sqrt{\frac{M_A}{M_F}}$	$n_F = n_A \frac{s_A}{s_F}\sqrt{\left(\frac{M_A}{M_F}\right)^2}$	$n_F = n_A \frac{s_A}{s_F}\sqrt{\left(\frac{M_A}{M_F}\right)^3}$
	面状 $C_Z = \frac{f_A}{f_F}\sqrt{\left(\frac{M_A}{M_F}\right)^2}$	$n_F = n_A \frac{f_A}{f_F}\sqrt{\left(\frac{M_A}{M_F}\right)^2}$	$n_F = n_A \frac{f_A}{f_F}\sqrt{\left(\frac{M_A}{M_F}\right)^3}$	$n_F = n_A \frac{f_A}{f_F}\sqrt{\left(\frac{M_A}{M_F}\right)^4}$

三、选取系数和选取级

在（13-24）式中，令 $k = C_Z C_B \sqrt{\dfrac{M_A}{M_F}}$，则有：

$$n_F = k n_A \tag{13-34}$$

式中，k 称为选取系数。显然，影响 k 的大小有三个因素：地图比例尺（M），物体的重要性（C_B）和符号尺度（C_Z）。因此，选取系数 k 可表示为：

$$k = \sqrt{\left(\dfrac{M_A}{M_F}\right)^x} \tag{13-35}$$

或

$$\left.\begin{aligned}\text{线状物体：} k &= \dfrac{s_A}{s_F}\sqrt{\left(\dfrac{M_A}{M_F}\right)^x} \\ \text{面状物体：} k &= \dfrac{f_A}{f_F}\sqrt{\left(\dfrac{M_A}{M_F}\right)^x}\end{aligned}\right\} \tag{13-36}$$

在符号尺度符合方根规律或符号尺度相等的情况下，用（13-35）式可确定选取系数 k，k 的区别仅在于指数 x，x 称为选取级。其余情况需分别确定 s 和 f 的值，才能得到 k。一般来说，$0 \leqslant x \leqslant 4$，$x$ 可分别取 0，1，2，3，4 等数值。

例如，用 1∶10 万比例尺地形图作为资料，编制 1∶25 万比例尺地形图，符号尺度不符合方根规律又不相等。

根据通用选取规律模型：

$$n_F = n_A C_Z C_B \sqrt{\dfrac{M_A}{M_F}}$$

（1）对于独立地物：

$$C_Z = 1$$

重要独立地物：

$$C_B = \sqrt{\dfrac{M_F}{M_A}}, \quad k = C_Z C_B \sqrt{\dfrac{M_A}{M_F}} = 1, \quad x = 0, \quad n_F = n_A$$

一般独立地物：

$$C_B = 1, \quad k = C_Z C_B \sqrt{\dfrac{M_A}{M_F}} = \sqrt{\dfrac{M_A}{M_F}} = \sqrt{\dfrac{10}{25}} = 0.632, \quad x = 1, \quad n_F = 0.632 n_A$$

次要独立地物：

$$C_B = \sqrt{\dfrac{M_A}{M_F}}, \quad k = \sqrt{\left(\dfrac{M_A}{M_F}\right)^2} = \sqrt{\left(\dfrac{10}{25}\right)^2} = 0.4, \quad x = 2, \quad n_F = 0.4 n_A$$

（2）对于线状物体：

$$C_Z = \dfrac{s_A}{s_F}\sqrt{\dfrac{M_A}{M_F}}$$

重要线状物体：

$$C_B = \sqrt{\dfrac{M_F}{M_A}}, \quad k = C_Z C_B \sqrt{\dfrac{M_A}{M_F}} = \dfrac{s_A}{s_F}\sqrt{\dfrac{M_A}{M_F}} = 0.632 \dfrac{s_A}{s_F}, \quad x = 1, \quad n_F = 0.632 \dfrac{s_A}{s_F} n_A$$

同理可得，一般线状物体：

$$k = 0.4 \frac{s_A}{s_F}, \quad x = 2, \quad n_F = 0.4 \frac{s_A}{s_F} n_A$$

次要线状物体：

$$k = 0.253 \frac{s_A}{s_F}, \quad x = 3, \quad n_F = 0.253 \frac{s_A}{s_F} n_A$$

(3) 对于面状物体：

$$C_Z = \frac{f_A}{f_F} \sqrt{\left(\frac{M_A}{M_F}\right)^2}$$

重要面状物体：

$$C_B = \sqrt{\frac{M_F}{M_A}}, k = C_Z C_B \sqrt{\frac{M_A}{M_F}} = \frac{f_A}{f_F} \sqrt{\left(\frac{M_A}{M_F}\right)^2} = 0.4 \frac{f_A}{f_F}, x = 2, n_F = 0.4 \frac{f_A}{f_F} n_A$$

一般面状物体：

$$k = 0.253 \frac{f_A}{f_F}, x = 3, n_F = 0.253 \frac{f_A}{f_F} n_A$$

次要面状物体：

$$k = 0.16 \frac{f_A}{f_F}, x = 4, n_F = 0.16 \frac{f_A}{f_F} n_A$$

除了地图比例尺因素外，地图的不同用途，不同的物体种类以及物体所处的地理环境的差别，都会影响到物体的选取级。

四、开方根模型在地图制图中的应用

开方根模型为制图综合提供较为客观而简单易行的数字标准。开方根模型的适应性非常强，可以用于地图各要素的制图综合，这里只举几个类型的例子。

1. 独立地物的选取

例如，选择面积为 100km^2 的相应地区的 1:5 万和 1:10 万地形图进行量测试验，量测结果见表 13-9。

表 13-9

编 号	地物名称	1:5 万地形图上的数量	1:10 万地形图上	
			实有数量	计算值
1	导线点	1	1	1
2	有烟囱的工厂	1	1	1
3	牌坊	2	2	2
4	土堆、砖瓦窑	7	4	5
5	坟地	15	10	11
6	采掘场	10	6	7
7	有方位意义的树林	3	1	1
8	独立树	5	2	2
9	灌木丛	5	2	2
10	土地庙	10	4	5

根据通用选取模型

$$n_F = n_A C_Z C_B \sqrt{\frac{M_A}{M_F}}$$

对于独立地物有：

$$C_Z = 1$$

重要独立地物（本例中编号为 1, 2, 3）：

$$C_B = \sqrt{\frac{M_F}{M_A}}, \quad k = C_Z C_B \sqrt{\frac{M_A}{M_F}} = 1$$

故 $n_F = n_A$。

一般独立地物（本例中编号为 4, 5, 6）：

$$C_B = 1, \quad k = C_Z C_B \sqrt{\frac{M_A}{M_F}} = \sqrt{\frac{M_A}{M_F}} = \sqrt{\frac{5}{10}} = 0.707$$

故 $n_F = 0.707 n_A$。

次要独立地物（本例中编号为 7, 8, 9, 10）：

$$C_B = \sqrt{\frac{M_A}{M_F}}, \quad k = C_Z C_B \sqrt{\frac{M_A}{M_F}} = \sqrt{\left(\frac{M_A}{M_F}\right)^2} = \sqrt{\left(\frac{5}{10}\right)^2} = 0.5$$

故 $n_F = 0.5 n_A$。

用上述模型进行计算所得的结果列于表 13-9。从表中可以看出，量测值和计算值十分接近。

2. 河流的选取

河流是用变线状符号表示的，难以确定其尺度比，此外，河流的重要性等级不易划分，因此可将选取通用模型（13-24）式变为：

$$n_F = n_A \sqrt{\left(\frac{M_A}{M_F}\right)^x} \tag{13-37}$$

式中，x 包含了 C_Z 和 C_B 的综合影响。

而 n_F 和 n_A 可用试验办法来确定，从而求出 x，建立河流选取模型，方法如下：

（1）评价已成图或制作编绘样图，量取 n_F 和 n_A

选出若干块同新编图比例尺相同的但质量较好的已成图，如果选不出合适的已成图，可组织编绘若干块样图。在样图（或已成图）和相应的资料图范围内，量取所研究的物体的数量 n_F 和 n_A。

（2）求选取级 x

将（13-37）式两边平方，并取对数得：

$$2\ln n_F = 2\ln n_A + x\ln(M_A/M_F)$$

整理得：

$$x = \frac{2\ln(n_F/n_A)}{\ln(M_A/M_F)} \tag{13-38}$$

例如，为了确定 1:10 万~1:100 万地形图上河流的选取级，我们选了四块样图做试验。河流密度 K（km/km^2）分别为 >1.0, 0.7~1.0, 0.5~0.7, 0.3~0.5，编图资料为 1:5 万地形图，依次编绘 1:10 万, 1:20 万, 1:50 万和 1:100 万地形图。图 13-5 是其中的一块样图，位于某省的西部，河网密度系数 K（km/km^2）大于 1.0。

样品的样图和相应的资料图上的河流条数 n_F 和 n_A 的量测数据如表 13-10 所示。

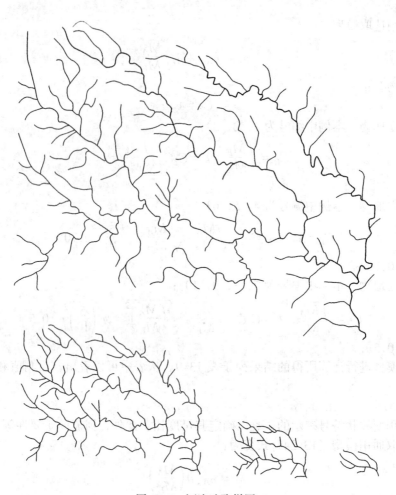

图 13-5 河流选取样图

表 13-10

地区	数据指标	1:5万~1:10万	1:10万~1:20万	1:20万~1:50万	1:50万~1:100万
Ⅰ	n_A	140	101	72	27
	n_F	101	72	27	5
Ⅱ	n_A	96	69	49	8
	n_F	69	49	18	3
Ⅲ	n_A	101	73	52	20
	n_F	73	52	20	4
Ⅳ	n_A	70	50	36	14
	n_F	50	36	14	2

根据（13-38）式，可求出 x 值，列于表 13-11，从而建立了相应比例尺河流选取模型。

例如，对于 1:5 万~1:10 万地形图，河流选取模型为：

$$n_F = n_A\sqrt{\left(\frac{M_A}{M_F}\right)^x} = n_A\sqrt{\left(\frac{5}{10}\right)^{0.95}} = 0.72n_A$$

即新编图上应选取资料图上72%的河流。

表 13-11

x \ 比例尺 \ 地区	1:5万~1:10万	1:10万~1:20万	1:20万~1:50万	1:50万~1:100万
Ⅰ	0.94	0.98	2.14	4.87
Ⅱ	0.95	0.99	2.19	5.17
Ⅲ	0.94	0.98	2.09	4.64
Ⅳ	0.97	0.95	2.06	5.62
平 均	0.95	0.98	2.12	5.08

图13-6是丹江河系的图形，其中（a）图为1:150万资料图，用于新编1:400万科学参考图、教学地图和专题地图地理底图三种新地图。

分别采用选取级 $x=2$，$x=3$，$x=5$ 进行选取，计算结果见表13-12。按表13-12的计算结果进行选取，选取结果如图13-6（b）、（c）、（d）所示，（b）图是新编1:400万科学参考图，（c）图为新编1:400万教学地图，（d）图为新编1:400万专题地图地理底图。从图中可以看出，按方根模型对河流进行选取，不但反映出河流的类型特点，而且反映出河网各部分的密度对比，同时又能满足地图用途的需要。

表 13-12

比 例 尺	河流条数	按三个部分计算		
		淅 川	北 岸	南 岸
1:150万	139	35	56	48
1:400万	52	13	21	18
1:400万	32	8	13	11
1:400万	12	3	5	4

3. 居民地的选取

由于实地居民地的数量相差很大，地图上居民地不可能按照一个固定的选取系数进行选取。当居民地很稀疏时，必须全部选取，$k=1$，$x=0$；当居民地密度非常大时，达到最高容量，取 $x=4$，即

$$k = \sqrt{\left(\frac{M_A}{M_F}\right)^4}$$

因此，居民地选取系数 k 应在 $1 \sim \sqrt{\left(\frac{M_A}{M_F}\right)^4}$ 之间。

按照地图制图综合的一般规律，综合后的地图上既要保持各区域的密度有差别，又要使

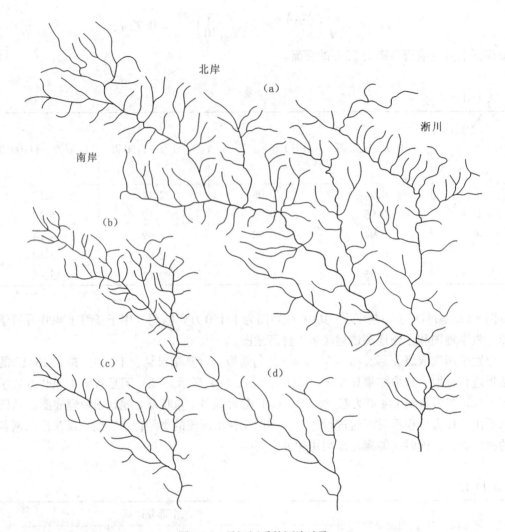

图 13-6　丹江河系的河流选取

稀疏区能尽可能多表示一些，即前面的级差大一些，后面的级差小一些。取对数分级就可以做到这一点。

例如，用 1∶50 万地形图作为资料，编绘 1∶100 万地形图，居民地密度分为 6 级，

$$k=\sqrt{\left(\frac{M_A}{M_F}\right)^4}=\sqrt{\left(\frac{50}{100}\right)^4}=0.25$$

选取系数范围在 1~0.25 之间。

对选取系数 k 取常用对数，

$$\lg 1=0, \qquad \lg 0.25=-0.6$$

即 0~−0.6，分为 6 级：

$$0\sim-0.12\sim-0.24\sim-0.36\sim-0.48\sim-0.6$$

求反对数可得各级选取系数 k 为：

1~0.76，0.76~0.58，0.58~0.44，0.44~0.33，0.33~0.25，≤0.25

从以上的分级结果可以看出，分级的级差前面大，越到后面越小，符合制图综合原理。

孙达曾对居民地的选取系数进行了大量的分析和研究，用样图试验和分析已成图的办法获得选取系数的分级界限。表 13-13 列出了用 1∶50 万地形图作为资料，编绘 1∶100 万地形图时的系数分级的研究成果。

表 13-13　　　　　　　　　　　　　　　　　　　　　　　　　　　　　　　单位：个/100cm²

密度系数	0～15	15～35	35～60	60～110	110～200	>200
选取系数	1～0.7	0.7～0.5	0.5～0.4	0.4～0.32	0.32～0.27	0.27
选取个数	0～42	42～70	70～96	96～141	141～216	>216

从表中可以看出二者的差别不大，都在制图允许的误差范围之内，但前面一种方法获得选取系数的分级界限比后面一种方法要简单得多。

§13.4　地图制图分级模型

在地图制图中，对要素空间分布的统计数据进行分析后建立分级模型，采用等值线法或分级统计图法编制成地图，用于反映要素在空间分布的规律性和一定的定性质量差异。要素数据的分级主要包括两个方面，即分级数的确定和分级界限的确定。从统计学的角度讲分级数越多，对数据的综合程度就越小，由分级所产生的数值估计误差也越小。从心理物理学的角度讲，人们在地图上能辨别的等级差别是非常有限的。对地图制图人员来说，一方面为了尽可能保持数据原貌，必须增加分级数，以满足对统计精度的要求；另一方面为了增强地图的易读性，又必须限制分级数，以满足对地图阅读的要求。分级界限的确定是一个比较复杂的问题，一般认为，应以保持数据分布特征为主，其次还要考虑到图解效果。

一、等差分级模型

等差分级模型有两种：一种是相邻分级界限相差一个常数 k，称为界限等差分级模型；另一种是相邻分级间隔之间递增一个常数 k，称为间隔递增等差分级模型。

1. 界限等差分级模型

设有一组数据 $x_1, x_2, \cdots, x_n$

$$A_i = L + ik = L + i\frac{H-L}{m} \tag{13-39}$$

式中，$L \leqslant \min(x_1, x_2, \cdots, x_n)$，为一适当整数，作为分级的总区间左端点 A_0；$H \geqslant \max(x_1, x_2, \cdots, x_n)$，为另一适当整数，作为分级总区间的右端点 A_m；A_i 为第 i 级分级间隔的右端点；m 为分级数。分级结果为 $A_0, A_1, A_2, \cdots, A_m$。

例如，$L=0$，$H=600$，$m=6$，按 (13-39) 式可得分级结果为 0～100，100～200，200～300，300～400，400～500，500～600。

2. 间隔递增等差分级模型

$$A_i = L + \frac{i}{m}(H-L) + \frac{i(i-m)}{2}k \tag{13-40}$$

式中，L，H，A_i，m 的意义与 (13-39) 式中的一致，k 为公差。

由于

$$A_1 = L + \frac{H-L}{m} + \frac{1-m}{2}k > L$$

解不等式得：

$$k < \frac{2(H-L)}{m(m-1)} \tag{13-41}$$

例如，$L=0$，$H=600$，$m=6$，按（13-41）式得：

$$k < \frac{2(600-0)}{6(6-1)} = 40$$

取 $k=30$，按（13-40）式得分级间隔为 0～25，25～80，80～165，165～280，280～425，425～600。

二、等比分级模型

等比分级模型也分两种，即界限等比分级模型和间隔等比分级模型。

1. 界限等比分级模型

$$A_i = L \cdot \left(\frac{H}{L}\right)^{\frac{i}{m}} \tag{13-42}$$

式中，A_i，H，m 含义与（13-39）式中的一致，L 取值不能为零。一般分两种情况求得分级间隔。

（1）分级不从零开始

如用前述数据，假设 $L=100$，即 $A_0=100$，$m=6$，按（13-42）式求得公比

$$q = \left(\frac{H}{L}\right)^{\frac{1}{m}} = \left(\frac{600}{100}\right)^{\frac{1}{6}} = 1.348$$

再利用公比 q 可求得分级界限值 A_i，最后得分级间隔为 0～100，100～135，135～182，182～245，245～331，331～446，446～600。

（2）分级从零开始

令 $A_0=0$，$A_1=L$，例如假设 $A_1=L=100$，$H=600$，$m=6$，公比

$$q = \left(\frac{H}{L}\right)^{\frac{1}{m-1}} = \left(\frac{600}{100}\right)^{\frac{1}{5}} = 1.431$$

按（13-42）式可求得 A_i 值，最后得分级间隔为 0～100，100～143，143～205，205～293，293～419，419～600。

2. 间隔等比分级模型

$$A_i = L + \frac{1-q^i}{1-q^m}(H-L) \tag{13-43}$$

式中，A_i，L，H，m 的含义与（13-39）式中的一致。q 为相邻两级间隔之比，需事先给定。我们对 q 的取值范围及其对分级的影响讨论如下：

（1）当 $q=0$ 时，$A_1 = L + H - L = H$，无意义，所以 $q \neq 0$。

（2）当 $0 < q < 1$ 时，按（13-43）式计算得分级间隔会出现 A_0～A_1 间隔很大，向高值越接近，间隔值越小的情况。

（3）当 $q=1$ 时，根据（13-43）式有：

$$A_i = L + \frac{1+q+q^2+\cdots+q^{i-1}}{1+q+q^2+\cdots+q^{m-1}}(H-L) = L + \frac{i}{m}(H-L)$$

即为（13-39）式，因此界限等差分级又可以看成间隔等比分级的特例。

(4) 当 $q>1$ 时，向高值越接近间隔值越大，同时 q 的取值越大，则间隔之间的差异越大，一般 q 不宜取得过大。

例如，$L=0$，$H=600$，$m=6$，取 $q=2$ 按（13-43）式可得分级结果为 $0\sim10$，$10\sim29$，$29\sim67$，$67\sim143$，$143\sim295$，$295\sim600$。

以上等差分级模型和等比分级模型的分级结果，根据制图实际需要应进行适当调整和凑整。

等差分级模型和等比分级模型的优点是分级界限严格按照数学法则确定，但它不能很好地反映数据的分布特征。

三、统计分级模型

在统计分级模型中，分级界限的确定是以一些统计量为基础。这类分级模型确定的分级界限能较好地反映数据的分布特征。

1. 面积相等分级模型

此模型的特点是，各个等级在图上占有相等的面积。先作面积对统计值的累加频率曲线，对代表面积百分数的纵轴进行等分，横轴上相应点即为分级界限。此法适用于统计单元全部与面积有关的情况，它的前提是各统计单元的面积必须已知。

2. 正态分布分级模型

在地图上表示与区域面积分布有关的现象要素分级时，往往最大和最小数据值的级别所占面积较小，而越向中间级别靠近数据所占面积越大，基本上具有正态分布函数的特征。现结合一具体实例来叙述正态分布分级模型的设计方法。

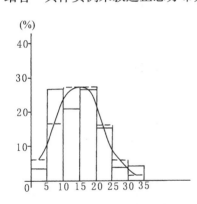

图 13-7 各间隔面积比直方图
（数据等间隔）

设某制图地区共有 92 个区域，统计出各区域耕地占全部土地比重的数据，要求分为 7 级，共布有 748 个面积单位。92 个区域按数据大小排列后，先用界限等差分级模型分为 7 级，各级所占面积单位为 $0\sim5\%$（26.5），$5\%\sim10\%$（200.7），$10\%\sim15\%$（157.1），$15\%\sim20\%$（196.3），$20\%\sim25\%$（112.4），$25\%\sim30\%$（25.8），$>30\%$（29.2）；$n=748$。在分布的直方图（如图 13-7）上明显反映出观测值和理论值的差异（图上虚线表示理论值，实线表示观测值），并根据这种分级结果编制成图（如图 13-8）。

上述结果表明，各级所占图面面积很不合理，如 $5\%\sim10\%$ 这一级占的比重太大，不能反映要素空间分布特征，需要重新进行分级设计。

根据本例实际情况，把耕地比重最高与最低的两级作为已知分级，其中 $0\sim5\%$ 共有 4 个区域；大于 30% 的共有 5 个区域，分别占常态面积的比重

$$w_1 = \frac{26.5}{748} = 0.0354$$

$$w_p = \frac{29.2}{748} = 0.0390$$

为了计算方便，假设纵轴 $\Phi(u)$ 位于正态分布曲线的中央，其左右常态面积为 ± 0.5，两边除去 w_1 和 w_p 后，常态面积分别为：

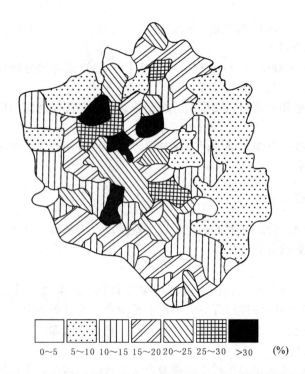

图 13-8 耕地占全部土地比重分级统计地图（等间隔分级）

$$S_1 = -0.5 - w_1 = -0.5 - (-0.035\ 4) = -0.464\ 6$$
$$S_p = 0.5 - w_p = 0.5 - 0.039\ 0 = 0.461\ 0$$

查表得 $u_1 = -1.806\ 8$，$u_p = 1.762\ 4$。

假定设计共分为 7 级，除已定两级外，中间尚需分 5 级，每级间隔

$$\Delta u_k = \frac{u_p - u_1}{5} = 0.713\ 84$$

从而求得各分级间隔的 u_k 值，如：

$$u_2 = u_1 + \Delta u_k = -1.806\ 8 + 0.713\ 84 = -1.093\ 0$$

又如 $u_3 = u_2 + \Delta u_k = -1.093\ 0 + 0.713\ 84 = -0.379\ 2$

根据 u_k 查表可得面积 S_k，然后得到相应的 w_k：

$$w_1 = S_1 - S_0 = -0.464\ 6 - (-0.5) = 0.035\ 4$$
$$w_2 = S_2 - S_1 = -0.362\ 8 - (-0.464\ 6) = 0.101\ 8$$
$$\vdots$$

最后计算 f_k'

$$f_k' = w_k \times n$$
$$f_1 = w_1 \times n = 0.035\ 4 \times 748 = 26.5$$
$$f_2 = w_2 \times n = 0.101\ 8 \times 748 = 76.1$$
$$\vdots$$

根据理论值 f'，按 92 个区域原始数据排队，逐步划分级别，要求设计值 f 和理论值 f' 最接近，即误差达到最小，得到新的设计分级方案见表 13-14。

表 13-14

u_i	$-\infty$	-1.806 8	-1.093 0	-0.379 1	0.334 7	1.048 6	1.762 4	$+\infty$
常态面积（查表）	-0.500 0	-0.464 6	-0.362 8	-0.147 7	0.131 1	0.352 8	0.461 0	0.500 0
w_i	0.035 4	0.101 8	0.215 1	0.278 8	0.221 7	0.108 2	0.039 0	1.000 0
理论值 f'	26.5	76.1	160.9	208.5	165.8	80.9	29.2	747.9
设计值 f	26.5	86.4	164.9	203.1	158.2	79.7	29.2	748.0
分级间隔	0~5	5~8	8~12.5	12.5~18	18~23	23~30	>30	

分级间隔的实际情况和假设情况的直方图见图 13-9。根据分级结果编制的地图（图 13-10)反映出各级图面面积呈正态分布。

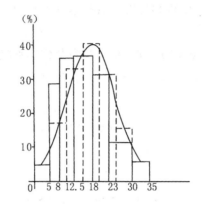

图 13-9　各间隔面积比直方图（面积成正态分布）

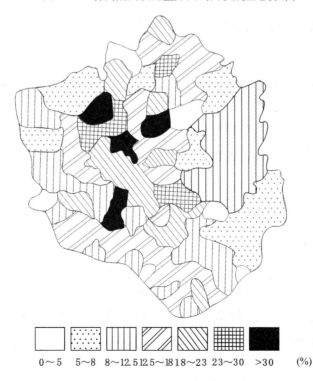

图 13-10　耕地占全部土地比重分级统计地图（面积成正态分布）

§13.5 地图制图分类模型

在地图制图中,经常遇到多维变量的分类问题,一般采用聚类分析方法。聚类分析又称群分析,是研究样本或变量指标分类问题的一种多元统计分析方法。首先认为所研究的样本或指标(变量)之间存在着不同程度的相似性,根据各样本的多个观测指标具体找出一些能够度量样本或指标之间相似程度的统计量,作为划分类型的依据,将相似程度较大的样本(或指标)聚合为类。对呈地域分布的地理现象,能相应地编制出类型图或区划图。

为了对样本或变量进行分类,需要研究样本或变量之间的关系,样本或变量间的关系的定量描述可以用距离和相似系数等统计量。

根据分类对象的不同有 Q 型聚类分析(对样本分类)和 R 型聚类分析(对变量分类)两种类型。

设有 n 个样本,每个样本测得 m 项指标。将每个样本看成 m 维空间中的一个向量:

$$X_i = [x_{1i}, x_{2i}, \cdots, x_{mi}], i = 1, 2, \cdots, m$$

变量数据矩阵为:

$$x = \begin{bmatrix} x_{11} & x_{12} & \cdots & x_{1n} \\ x_{21} & x_{22} & \cdots & x_{2n} \\ \vdots & \vdots & & \vdots \\ x_{m1} & x_{m2} & \cdots & x_{mn} \end{bmatrix}$$

下面就 Q 型聚类分析和 R 型聚类分析分别列举分类的统计量。

一、Q 型聚类分析常用的统计量

1. 距离系数

对样本进行分类时,个体之间的相似性程度往往用"距离"来度量。样本距离近的点归为一类,距离远的点归于不同的类。

地图制图数据处理中常用的距离是:

(1) 马氏距离(马哈劳林比斯距离)

$$d_{ij}^2 = (X_i - X_j)'S^{-1}(X_i - X_j) \tag{13-44}$$

$$X_i = \begin{bmatrix} x_{i1} \\ x_{i2} \\ \vdots \\ x_{im} \end{bmatrix}, X_j = \begin{bmatrix} x_{j1} \\ x_{j2} \\ \vdots \\ x_{jm} \end{bmatrix}$$

S^{-1} 为 X_i,X_j 两个向量的协方差矩阵的逆矩阵。

马氏距离可以克服各指标之间的相关性,考虑了分布的影响,并与变量的量纲无关,但计算复杂,且夸大了变化较小的变量的作用。

(2) 欧氏距离

如果规格化变量互不相关,采用欧氏距离

$$d_{ij} = \sqrt{\sum_{k=1}^{m}(x_{ik}-x_{jk})^2} \tag{13-45}$$

把任何两两样本的距离都算出后，得距离系数矩阵

$$D = \begin{bmatrix} d_{11} & d_{12} & \cdots & d_{1n} \\ d_{21} & d_{22} & \cdots & d_{2n} \\ \vdots & \vdots & & \vdots \\ d_{n1} & d_{n2} & \cdots & d_{nn} \end{bmatrix}$$

其中，$d_{11} = d_{22} = \cdots = d_{nn} = 0$。

它是一个实对称矩阵，只需计算出上三角形或下三角形部分即可。根据 D 可以对 n 个点进行分类，距离近的点归为一类，距离远的点归于不同的类。

2．相似系数

为了对样本进行分类，可以用某些数值的相似性变量来表示样本之间的相互关系。相似系数是表示样本间关系的常用方法。相似系数一般有夹角余弦和相关系数。

（1）夹角余弦

$$\cos\theta_{ij} = \frac{\sum_{k=1}^{m} x_{ik} x_{jk}}{\sqrt{\sum_{k=1}^{m} x_{ik}^2 \sum_{k=1}^{m} x_{jk}^2}} \tag{13-46}$$

所以两两样品的相似系数 $\cos\theta_{ij}$（$i, j = 1, 2, \cdots, n$）构成一个相似系数矩阵

$$\cos\theta = \begin{bmatrix} \cos\theta_{11} & \cos\theta_{12} & \cdots & \cos\theta_{1n} \\ \cos\theta_{21} & \cos\theta_{22} & \cdots & \cos\theta_{2n} \\ \vdots & \vdots & & \vdots \\ \cos\theta_{n1} & \cos\theta_{n2} & \cdots & \cos\theta_{nn} \end{bmatrix}$$

其中，$\cos\theta_{11} = \cos\theta_{22} = \cdots = \cos\theta_{nn} = 1$。

它也是一个实对称矩阵，根据 $\cos\theta$ 可对 n 个样本进行分类，把比较相似的样本归为一类，不太相似的归为不同的类。

（2）相关系数

$$r_{ij} = \frac{\sum_{k=1}^{m}(x_{ik}-\bar{x}_i)(x_{jk}-\bar{x}_j)}{\sqrt{[\sum_{k=1}^{m}(x_{ik}-\bar{x}_i)^2][\sum_{k=1}^{m}(x_{jk}-\bar{x}_j)^2]}} \tag{13-47}$$

式中，$\bar{x}_i = \frac{1}{m}\sum_{k=1}^{m} x_{ik}$，$\bar{x}_j = \frac{1}{m}\sum_{k=1}^{m} x_{jk}$。

计算出两两样本的相关系数 r_{ij} 后，排成一个相关系数矩阵

$$R = \begin{bmatrix} r_{11} & r_{12} & \cdots & r_{1n} \\ r_{21} & r_{22} & \cdots & r_{2n} \\ \vdots & \vdots & & \vdots \\ r_{n1} & r_{n2} & \cdots & r_{nn} \end{bmatrix}$$

式中，$r_{11} = r_{22} = \cdots = r_{nn} = 1$。

相关系数矩阵也是一个实对称矩阵。根据相关系数矩阵也可对样本进行分类。

二、R 型聚类分析常用的统计量

1．距离系数

$$d_{ij} = \sqrt{\sum_{k=1}^{n}(x_{ki} - x_{kj})^2} \tag{13-48}$$

距离系数矩阵为：

$$D = \begin{bmatrix} d_{11} & d_{12} & \cdots & d_{1m} \\ d_{21} & d_{22} & \cdots & d_{2m} \\ \vdots & \vdots & & \vdots \\ d_{m1} & d_{m2} & \cdots & d_{mm} \end{bmatrix}$$

2．相似系数

（1）夹角余弦

$$\cos\theta_{ij} = \frac{\sum_{k=1}^{n} x_{ik} \cdot x_{jk}}{\sqrt{\sum_{k=1}^{n} x_{ik}^2 \cdot \sum_{k=1}^{n} x_{jk}^2}} \tag{13-49}$$

相似系数矩阵

$$\cos\theta = \begin{bmatrix} \cos\theta_{11} & \cos\theta_{12} & \cdots & \cos\theta_{1m} \\ \cos\theta_{21} & \cos\theta_{22} & \cdots & \cos\theta_{2m} \\ \vdots & \vdots & & \vdots \\ \cos\theta_{m1} & \cos\theta_{m2} & \cdots & \cos\theta_{mm} \end{bmatrix}$$

（2）相关系数

$$r_{ij} = \frac{\sum_{k=1}^{n}(x_{ik} - \bar{x}_i)(x_{jk} - \bar{x}_j)}{\sqrt{\sum_{k=1}^{n}(x_{ik} - \bar{x}_i)^2 \sum_{k=1}^{n}(x_{jk} - \bar{x}_j)^2}} \tag{13-50}$$

式中，$\bar{x}_i = \frac{1}{n}\sum_{k=1}^{n} x_{ik}, \bar{x}_j = \frac{1}{n}\sum_{k=1}^{n} x_{jk}$。

相关系数矩阵为：

$$R = \begin{bmatrix} r_{11} & r_{12} & \cdots & r_{1m} \\ r_{21} & r_{22} & \cdots & r_{2m} \\ \vdots & \vdots & & \vdots \\ r_{m1} & r_{m2} & \cdots & r_{mm} \end{bmatrix}$$

根据这些统计量即可进行具体分类，最常用的分类统计量是距离系数。

三、地图制图数据类型划分的系统聚类模型

1．基本原理

系统聚类法是应用得最多的一种聚类方法。这种方法的基本思想是：先将 n 个样本（或指标）各自归为一类，计算它们之间的距离，选择距离最小的两个样本归为一个新类；

计算新类和其他样本的距离,选择距离最小的两个样本和新类归为另一个新类,每次合并缩小一个类,直到所有样本划为所需分类的数目为止。

2. 聚类方法

类与类之间距离可以有许多定义方法,广泛应用的计算方法是最短距离法。

(1) 最短距离法

用 d_{ij} 表示样本之间的距离,定义两类间最近样本的距离为两类之间的距离。用 g_1, g_2, …, g_n 表示类。类 g_p 和类 g_q 最短的距离用 d_{pq} 表示,则有

$$d_{pq} = \min_{i \in g_p, j \in g_q} \{d_{ij}\} \tag{13-51}$$

用最短距离法分类的步骤如下:

①计算样本之间的距离。建立各样本间两两相互距离的矩阵表,记作 $D(0)$。

②选择 $D(0)$ 的最小元素并以 d_{pq} 表示,则将 g_p 和 g_q 合并成一个新类,记为 g_r, $g_r = \{g_p, g_q\}$。

③计算新类 g_r 与其他类的距离。如计算新类 g_r 与类 g_k 的距离

$$d_{rk} = \min_{i \in g_r, j \in g_k}\{d_{ij}\} = \min\{\min_{i \in g_p, j \in g_k} d_{ij}, \min_{i \in g_q, j \in g_k} d_{ij}\} = \min\{d_{pk}, d_{qk}\} \tag{13-52}$$

由于 g_p 和 g_q 已合并为一类,故将 $D(0)$ 中 p,q 的行和列都删去,加上第 r 行和第 r 列,得新矩阵,记作 $D(1)$。

④对 $D(1)$ 重复 $D(0)$ 的步骤得 $D(2)$,依此类推,计算 $D(3)$ 直至所有的区域分成所需类数为止。

(2) 最长距离法

两类之间的距离用两类间最远样本的距离表示,即

$$d_{pq} = \max_{i \in g_p, j \in g_q}\{d_{ij}\} \tag{13-53}$$

并类原则和最短距离法一样,选取最小距离。g_p, g_q 两类距离最小,合并为一个新类 g_r,g_r 与各类的距离由最长距离确定。即

$$d_{rk} = \max\{d_{pk}, d_{qk}\} \tag{13-54}$$

(3) 重心法

从物理角度来看,两类之间的距离以重心代表比较合理,如果 g_p, g_q 类的重心分别为 x_p^*, x_q^*,则 g_p 与 g_q 类之间的距离是:

$$d_{pq} = dx_p^* x_q^* \tag{13-55}$$

如果 g_p 和 g_q 两类最近,可以合并成一个新类 g_r,则 g_r 与 g_k 类的距离为:

$$d_{rk}^2 = \frac{n_p}{n_r}d_{kp}^2 + \frac{n_q}{n_r}d_{kq}^2 - \frac{n_p}{n_r} \cdot \frac{n_q}{n_r}d_{pq}^2 \tag{13-56}$$

式中,n_p, n_q 代表 p 类、q 类的样本数,$n_r = n_p + n_q$。并类的方法和步骤与最短距离法一致。

(4) 离差平方和法

该方法是将方差分析用到聚类中来,要求同类样品的离差平方和最小,类与类之间的离差平方和最大。离差平方和法的递推公式为:

$$d_{rk}^2 = \frac{n_k + n_p}{n_r + n_k}d_{rk}^2 + \frac{n_k + n_q}{n_r + n_k}d_{qk}^2 - \frac{n_k}{n_r + n_k}d_{pq}^2 \tag{13-57}$$

聚类方法与最短距离法相同。

3. 应用举例

以最短距离法为例来说明聚类的具体步骤。

(1) 原始数据矩阵

设 $n = 17, m = 7$,见表 13-15。

表 13-15

变量 单元	X_1	X_2	X_3	X_4	X_5	X_6	X_7
1	230.90	323.50	500.00	479.50	1 997.00	1 629.00	1 563.00
2	232.00	300.70	445.80	423.10	1 006.00	1 650.00	1 587.00
3	237.00	309.00	464.50	471.00	1 015.00	1 650.00	1 608.00
4	235.00	324.00	476.00	466.00	990.00	1 650.00	1 590.00
5	230.00	328.00	456.00	456.00	1 001.00	1 638.00	1 566.00
6	236.30	295.60	429.80	452.60	1 026.00	1 647.00	1 614.00
7	234.30	302.90	457.10	471.60	1 013.00	1 641.00	1 596.00
8	239.00	300.30	461.60	436.20	1 007.00	1 638.00	1 599.00
9	236.20	300.40	433.70	452.70	1 007.00	1 623.00	1 608.00
10	231.00	343.50	494.40	473.10	990.00	1 623.00	1 545.00
11	231.80	318.80	462.00	453.40	995.00	1 638.00	1 569.00
12	230.00	302.20	465.70	448.90	974.00	1 626.00	1 527.00
13	235.20	279.00	442.20	418.70	1 017.00	1 644.00	1 581.00
14	235.00	326.50	473.10	470.10	1 015.00	1 650.00	1 599.00
15	234.00	293.10	460.30	462.10	1 009.00	1 650.00	1 587.00
16	234.00	277.20	425.00	398.90	1 021.00	1 653.00	1 578.00
17	237.00	286.80	437.20	430.20	1 021.00	1 623.00	1 572.00

(2) 数据规格化

① 计算各变量的平均值

$$\bar{x}_j = \frac{1}{n} \sum_{i=1}^{n} x_{ij}$$

② 计算各变量的标准差

$$S_j = \sqrt{\frac{\sum_{i=1}^{n}(x_{ij} - \bar{x}_j)}{n-1}}$$

③ 计算规格化指标

$$x'_{ij} = \frac{x_{ij} - \bar{x}_j}{S_j}$$

计算结果见表 13-16。

表 13-16　　　　　　　　　规格化指标

原始指标	X_1	X_2	X_3	X_4	X_5	X_6	X_7
$\overline{X}$	234.06	306.56	457.91	450.83	1 006.12	1 639.59	1 581.71
S	2.587	17.865	20.418	21.782	13.186	10.650	22.439
单元＼指标	X_1^1	X_2^1	X_3^1	X_4^1	X_5^1	X_6^1	X_7^1
1	-1.221	0.948	2.062	1.316	-0.691	-0.994	-0.834
2	-0.796	-0.328	-0.593	-1.273	-0.009	0.978	0.236
3	1.137	0.137	0.323	0.926	0.674	0.978	1.172
4	0.364	0.976	0.886	0.696	-1.222	0.978	0.370
5	-1.569	1.200	-0.093	0.237	-0.388	-0.149	-0.700
6	0.866	-0.613	-1.377	0.081	1.508	0.696	1.439
7	0.093	-0.205	-0.039	0.954	0.522	0.133	0.637
8	1.910	-0.350	0.181	-0.672	0.067	-0.149	0.771
9	0.828	-0.345	-1.186	0.086	0.067	-1.558	1.172
10	-1.183	2.068	1.787	1.022	-1.222	-1.558	-1.636
11	-0.873	0.685	0.201	0.118	-0.843	-0.149	-0.566
12	-1.453	-0.244	0.382	-0.089	-2.436	-1.276	-2.438
13	0.441	-1.543	-0.769	-1.475	0.825	0.414	-0.031
14	0.364	1.116	0.744	0.885	0.674	0.978	0.771
15	-0.023	-0.753	0.117	0.517	0.219	0.978	0.236
16	-0.023	-1.643	-1.612	-2.384	1.129	1.259	-0.165
17	1.137	-1.106	-1.014	-0.947	-1.129	-1.558	-0.433
Σ	-0.001	0.000	0.000	-0.002	+0.003	+0.001	+0.001

(3) 距离系数

根据规格化数据,按欧氏距离公式进行距离系数计算,建立距离系数矩阵 $D(0)$,见表 13-17。

表 13-17　　　　　　　　距离系数矩阵 $D(0)$

j\i	1	2	3	4	5	6	7	8	9	10	11	12	13	14	15	16	17
1	0.00	4.59	4.38	3.15	2.61	5.74	3.54	4.78	4.78	1.63	2.43	3.46	5.45	3.58	3.82	6.65	5.31
2	4.59	0.00	3.31	3.26	2.78	3.02	2.69	3.14	3.48	5.31	2.49	4.57	2.04	3.26	2.13	2.48	3.58
3	4.38	3.31	0.00	2.43	3.87	2.25	1.54	2.28	3.18	5.40	3.41	5.97	3.47	1.38	1.85	4.61	4.01
4	3.15	3.26	2.43	0.00	2.84	4.12	2.49	3.10	3.92	3.87	2.17	4.48	4.30	1.96	2.42	5.35	4.88
5	2.61	2.78	3.87	2.84	0.00	4.45	2.82	4.22	3.88	2.93	1.04	3.30	4.15	3.07	2.97	4.92	4.39
6	5.74	3.02	2.25	4.12	4.45	0.00	2.29	2.72	2.71	6.65	4.18	6.57	2.56	3.10	2.53	3.32	3.20
7	3.54	2.69	1.54	2.49	2.82	2.29	0.00	2.51	2.44	4.60	2.42	4.88	2.99	1.79	1.22	4.24	3.29
8	4.78	3.14	2.28	3.10	4.22	2.72	2.51	0.00	2.40	5.50	3.47	5.43	2.58	2.99	2.63	3.94	2.69
9	4.78	3.48	3.18	3.92	3.88	2.71	2.44	2.40	0.00	5.40	3.42	5.20	3.18	3.70	3.18	4.42	2.34
10	1.63	5.31	5.40	3.87	2.93	6.65	4.60	5.50	5.40	0.00	2.94	3.29	6.25	4.50	4.94	7.34	5.84
11	2.43	2.49	3.41	2.17	1.04	4.18	2.42	3.47	3.42	2.94	0.00	2.93	3.68	2.82	2.45	4.66	3.97

续表

i \ j	1	2	3	4	5	6	7	8	9	10	11	12	13	14	15	16	17
12	3.46	4.57	5.97	4.48	3.30	6.57	4.88	5.43	5.20	3.29	2.93	0.00	5.27	5.59	4.69	6.13	5.19
13	5.45	2.04	3.47	4.30	4.15	2.56	2.99	2.58	3.18	6.25	3.68	5.27	0.00	3.99	2.52	1.61	2.27
14	3.58	3.26	1.38	1.96	3.07	3.10	1.79	2.99	3.70	4.50	2.82	5.59	3.99	0.00	2.16	5.02	4.48
15	3.82	2.13	1.85	2.42	2.97	2.53	1.22	2.63	3.18	4.94	2.45	4.69	2.52	2.16	0.00	3.64	3.55
16	6.65	2.48	4.61	5.35	4.92	3.32	4.24	3.94	4.42	7.34	4.66	6.13	1.61	5.02	3.64	0.00	3.47
17	5.31	3.58	4.01	4.88	4.39	3.20	3.29	2.69	2.34	5.84	3.97	5.19	2.27	4.48	3.55	3.47	0.00

（4）最短距离分类

在实际分类中，每次可以限定一个合并的定值 t，每一步 $D(k)$（合并）中可以对两个以上样本同时进行合并。假设需要把 17 个单元分为四类，方法如下：

首先选择最短距离。取值 $t_1 = 2.000$，其对应距离 $d_{pq} \leqslant t_1$ 的单元间距离是：$d_{1 \cdot 10}$，$d_{3 \cdot 7}$，$d_{3 \cdot 14}$，$d_{3 \cdot 15}$，$d_{4 \cdot 14}$，$d_{5 \cdot 11}$，$d_{7 \cdot 14}$，$d_{7 \cdot 15}$，$d_{13 \cdot 16}$。将 g_1，g_{10} 合并成新类 g_{18}；将 g_4，g_7，g_{14}，g_{15} 合并成 g_{19}；g_5 和 g_{11} 合并成 g_{20}；g_{13} 和 g_{16} 合并成 g_{21}。

利用（13-52）式计算新类与其他类，新类与新类之间的距离。

例如：

$d_{2 \cdot 18} = \min \{d_{2 \cdot 1}, d_{2 \cdot 10}\} = \min \{4.59, 5.31\} = 4.59$

$d_{18 \cdot 20} = \min \{d_{1 \cdot 5}, d_{1 \cdot 11}, d_{10 \cdot 5}, d_{10 \cdot 11}\} = \{2.61, 2.43, 2.93, 2.94\} = 2.43$

同理可得其余的距离，分类结果 $D(1)$ 列于表 13-18 中。

表 13-18　　　　　　　　$t_1 = 2.000$ 的分类结果 $D(1)$

$D(1)$	g_2	g_6	g_8	g_9	g_{12}	g_{17}	g_{18}	g_{19}	g_{20}	g_{21}
g_2	0									
g_6	3.02	0								
g_8	3.14	2.72	0							
g_9	3.48	2.71	2.40	0						
g_{12}	4.57	6.57	5.43	5.20	0					
g_{17}	3.58	3.20	2.69	2.34	5.19	0				
g_{18}	4.59	5.74	4.78	4.78	3.29	5.31	0			
g_{19}	2.13	2.25	2.28	2.44	4.48	3.29	3.15	0		
g_{20}	4.49	4.45	3.47	3.42	2.93	3.97	2.43	2.17	0	
g_{21}	2.04	2.56	2.58	3.18	5.27	2.27	5.45	2.52	3.68	0

再在 $D(1)$ 中选择最短距离。取 $d_{pq} \leqslant t_2$（$t_2 = 2.30$）的单元，它们是：$d_{2 \cdot 19}$，$d_{2 \cdot 21}$，$d_{6 \cdot 19}$，$d_{8 \cdot 19}$，$d_{17 \cdot 21}$，$d_{19 \cdot 20}$，即把 g_2，g_6，g_8，g_{17}，g_{19}，g_{20}，g_{21} 合并为 g_{22}。至此，已分出了 g_9，g_{12}，g_{18}，g_{22} 四类。

最后分类结果是：

Ⅰ——1，10（g_{18}）；

Ⅱ——2，3，4，5，6，7，8，11，13，14，15，16，17（g_{22}）；

Ⅲ——9；

Ⅳ——12。

根据距离系数矩阵制作聚类图（如图 13-11）。

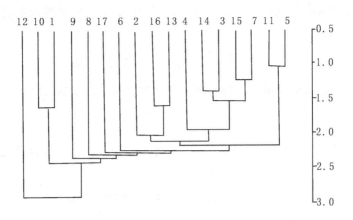

图 13-11　聚类图

根据分类结果制作了一幅区域分布图（如图 13-12）。从图上看，这四个类型的地区分布是比较明显的，足以证明分类结果是符合客观现实的。

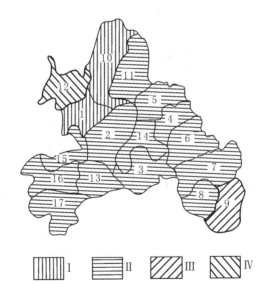

图 13-12　分类区域的分布略图

四、变量平均值逐步替代模型（贝利模型）

该模型同样是根据某种相似性统计量进行分类，例如以距离系数对样品进行分类。该模型的特点是，在每合并一次后，需要根据合并样图各指标的平均值重新计算新的距离系数，此时距离系数矩阵为 $[(n-1) \times (n-1)]$，再在新的距离系数矩阵中进行聚类。如此逐步计算和合并，直至达到所需要分类的数目。

例如，设有样本单元为 A，B，C，$D\cdots$ 各单位的指标为 X_1，X_2，$\cdots$，X_m，变量为 x_{ij}（$i=A$，B，C，$D\cdots$；$j=1, 2, 3, \cdots, m$）。经数据规格化并计算距离系数后得：

$$D(0) = [d_{ik}], \quad i = A, B, C, D\cdots; k = A, B, C, D\cdots$$

假如 $D(0)$ 中 d_{AB} 最小，则 A、B 合并为一类，合并后把 A 和 B 样品的各指标相应计算其平均值，得：

$$x_{AB \cdot j} = \frac{x_{Aj} + x_{Bj}}{2}, \quad j = 1, 2, \cdots, m$$

依此类推，计算新的距离系数矩阵 $D(1)$，再进行分类合并。如果第二次合并 C、D，则计算

$$x_{CD \cdot j} = \frac{x_{Cj} + x_{Dj}}{2}$$

再计算距离系数矩阵；假如第二次是 $d_{AB \cdot C}$ 为最小，则 A，B，C 应合并为一类，新的指标应为：

$$x_{ABC \cdot j} = \frac{x_{Aj} + x_{Bj} + x_{Cj}}{3} = \frac{2x_{AB \cdot j} + x_{Cj}}{3}$$

据此计算距离系数矩阵 $D(2)$ 进行分类合并。直至得到所需分类数目为止。

应用表 13-15，表 13-16 数据，按逐步替代模型所得分类结果为：

Ⅰ——1，5，10，11；
Ⅱ——2，13，16；
Ⅲ——3，4，6，7，8，9，14，15，17；
Ⅳ——12。

其相应的聚类图和区域分布图见图 13-13 和图 13-14。

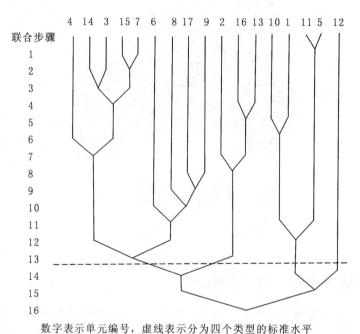

数字表示单元编号，虚线表示分为四个类型的标准水平

图 13-13 聚类图

这个分类结果和区域分布图是在最短距离模型的基础上进一步深化的结果。

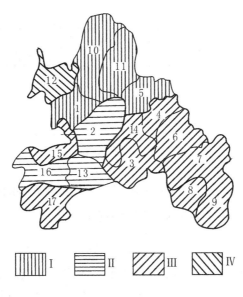

图 13-14 分类区域分布略图

五、树状图表分类模型

根据距离系数矩阵的数据，建立各样本单元相互联系的树状图表，在此图表上按选定的距离作为分类标准，把各单元划分为几类，即为树状图表分类模型。建立分类的树状图表的基本原理是图论的数学方法。

现以前面引用的实例来叙述树状图表建立的方法。根据距离系数（见表 13-17），先在第一行中取最小距离（$d=0$ 除外）$d_{1\cdot10}=1.63$，按规定的图表比例关系表示在略图上，得 1，10 两点，同时删去与此对称的距离 $d_{10\cdot1}$（以后各列均应删去最小距离 d_{ji}，以下同）；在第二行中取最小距离 $d_{2\cdot13}=2.04$，同样用另一分支表示在图表适当的位置；第三行中取 $d_{3\cdot14}=1.38$，表示出第三分支；在第四行中取 $d_{4\cdot14}=1.96$，在 3～14 的延长线上按比例表示出 4 点，即连接 3，14 和 4 三个点；在第五行中取 $d_{5\cdot11}=1.04$，建立第四分支；在第六行中取 $d_{6\cdot3}=2.25$，由 3 点延长至 6 点；在第七行中取 $d_{7\cdot15}=1.22$，建立第五分支；在第八行中取 $d_{8\cdot3}=2.28$，由 3 点从另一方向延长至 8 点；在第九行中取 $d_{9\cdot17}=2.34$，建立第六分支；在第十行中取 $d_{10\cdot5}=2.93$，连接第一和第四分支；在第十一行中取 $d_{11\cdot4}=2.17$，连接第三和第四分支；在第十二行中取 $d_{12\cdot11}=2.93$，由 11 点的另一方向延长至 12 点；在第十三行中取 $d_{13\cdot16}=1.61$，由 13 点延长至 16 点；在第十四行中取 $d_{14\cdot7}=1.79$，连接第三分支和第五分支；在第十五行中取 $d_{15\cdot2}=2.13$，连接第二分支和第五分支；此时全部点已表示在图表上，仅需选取一个距离将两大分支（即第六分支与第一、第二、第三、第四、第五等 5 个分支组成的新分支）连接。在第十六行和第十七行中选取最短距离 $d_{17\cdot13}=2.27$，把整个图表连接在一起，至此树状图表建立完毕（如图 13-15）。

在图表上按距离最大的顺序划分，可得所需分类。

本例取 $t=2.300$，可分成四类，结果与运用最短距离模型所得的分类结果一致。

六、典型样品单元模型

典型样品单元模型的分类方法是按距离系数矩阵确定典型样品单元，一般来说分类数目

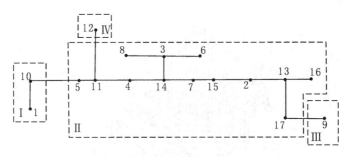

图 13-15 树状图表

与典型样本单元个数相等。与这些典型单元接近的单元组成同种的区域（样本）单元类型。

首先，计算各单元规格化指标组成的指标综合体，即

$$V_i = \sum_{j=1}^{m} |x'_{ij}| \tag{13-58}$$

如果 $V_i \approx 0$，表示该单元在 m 维空间中近似位于坐标原点附近，处于各单元的中央位置。因此，取 V_i 值最小的单元为假设起始单元，作为计算典型单元的"起算点"，用 g_m 表示。随后从矩阵 $D(0)$ 中选择与假设起始单元相应的距离系数列；在其中找出与 g_m 相距最大的距离系数，这个与假设起始单元距离最远的单元，就是它与全部研究地区平均值（相应于多维空间坐标原点）的最大差异的单元，将其作为第一典型单元（g_{c1}），第二典型单元应与全地区平均值和第一典型单元的指标值均有最大的差别，这就需要在累加假设起始单元与各单元的距离值和第一典型单元与各单元相应的距离值之和中，选择距离累加值最大的单元作为第二个典型单元（g_{c2}）；然后是三个距离值累加取最大值，确定第三个典型单元（g_{c3}）。依此类推，直至典型单元数目与所求分类数目相同为止。其他未选入典型样品的单元，均与各典型样品单元比较，按分类距离系数的最短性分别归入各典型单元之中。

应用表 13-15，表 13-16 的数据和表 13-17 的距离系数矩阵 $D(0)$，按典型样品单元模型分类计算，计算结果见表 13-19。

表 13-19 典型样品单元计算表

单元	V_i	d_{i7}	d_{i12}	$\sum_1$	d_{i16}	$\sum_2$	d_{i10}	$\sum_3$	d_{i6}
1	8.066	3.54	3.46	7.00	6.65	13.65	1.63	15.28	5.74
2	4.213	2.69	4.57	7.26	2.48	9.72	5.31	15.05	3.02
3	5.347	1.54	5.97	7.51	4.61	12.12	5.40	17.52	2.25
4	5.492	2.49	4.48	6.97	5.35	12.32	3.87	16.19	4.12
5	4.336	2.82	3.30	6.12	4.92	11.04	2.93	13.97	4.45
6	6.580	2.29	6.57	8.86	3.32	12.18	6.65	18.84g_{c4}	0.00
7	2.583g_m	0	4.88		4.24		4.60		2.29
8	4.100	2.51	5.43	7.94	3.94	11.88	5.50	17.38	2.72
9	5.242	2.44	5.20	7.64	3.42	12.06	5.40	17.46	2.71
10	10.476	4.60	3.29	7.89	7.34	15.23g_{c3}	0		
11	3.435	2.42	2.93	5.35	4.66	10.01	2.94	12.95	4.18
12	8.318	4.88g_{c1}	0						
13	5.498	2.99	5.27	8.26	1.61	9.87	6.25	16.12	2.56
14	5.532	1.79	5.59	7.38	5.02	12.40	4.50	16.90	3.10
15	2.843	1.22	4.69	5.91	3.64	9.55	4.94	14.49	2.53
16	8.215	4.24	6.13	10.37g_{c2}	0				
17	7.324	3.29	5.19	8.48	3.47	11.95	5.84	17.79	3.20

其分类结果为：

Ⅰ——1，4，5，10（10）；

Ⅱ——2，13，16（16）；

Ⅲ——3，6，7，8，9，14，15，17（6）；

Ⅳ——11，12（12）。

单元10，16，6，12分别是第Ⅰ，Ⅱ，Ⅲ，Ⅳ类的典型单元。典型单元法能比较直观地反映出各类的典型样品，有利于显示专业化分类（分区）的典型区域。

七、模糊聚类模型

用模糊聚类方法对多维变量统计指标进行分类，能使分类更切合实际。运用这种方法首先计算相似矩阵，当然也可以是距离矩阵，然后将原矩阵的元素均压缩到0~1之间，同时要使矩阵具有传递性。为了使矩阵满足传递性，还必须用求传递闭包的方法将模糊关系矩阵改造成为模糊等价矩阵。对于模糊等价关系矩阵，任意的λ[0，1]所截得的λ-截矩阵也是模糊等价关系矩阵，即决定一个λ水平的分类。这就是说，有了模糊等价关系矩阵，取不同的λ水平（标准），就得到不同的聚类结果。

1．计算相似性统计量

如果 X 为规格化的数据，可建立相似矩阵 R'（也可以建立距离矩阵 D）：

$$R' = \begin{bmatrix} r'_{11} & r'_{12} & \cdots & r'_{1n} \\ r'_{21} & r'_{22} & \cdots & r'_{2n} \\ \vdots & \vdots & & \vdots \\ r'_{n1} & r'_{n2} & \cdots & r'_{nn} \end{bmatrix}$$

上式需进行改造。

2．变换相似系数矩阵 R'

可以把 r'_{ij} 变换为 r_{ij}，使 $0 \leqslant r_{ij} \leqslant 1$，建立模糊矩阵 $\underset{\sim}{R}$：

$$\underset{\sim}{R} = \begin{bmatrix} r_{11} & r_{12} & \cdots & r_{1n} \\ r_{21} & r_{22} & \cdots & r_{2n} \\ \vdots & \vdots & & \vdots \\ r_{n1} & r_{n2} & \cdots & r_{nn} \end{bmatrix}$$

3．改造模糊关系矩阵 $\underset{\sim}{R}$

上述模糊关系矩阵 $\underset{\sim}{R}$，一般来说只满足自反性和对称性，不满足传递性。$\underset{\sim}{R}$ 不是模糊等价关系矩阵，需要将 $\underset{\sim}{R}$ 改造成为模糊等价关系矩阵。一般通过褶积将模糊关系矩阵 $\underset{\sim}{R}$ 改造为模糊等价矩阵。矩阵的褶积，即求模糊等价关系，与矩阵乘法类似，只不过将数的运算加与乘改为模糊运算的并与交，这里采用查德模糊算子（也可以采用其他模糊算子）。

①并：记为 ∨，$a \vee b = \max[a, b]$

②交：记为 ∧，$a \wedge b = \min[a, b]$

所以有：

$$r_{ij} = \bigvee_{k=1}^{n} [r_{ik} \wedge r_{jk}] = (r_{i1} \wedge r_{1j}) \vee (r_{i2} \wedge r_{2j}) \vee \cdots \vee (r_{in} \wedge r_{nj})$$
$$i, j = 1, 2, \cdots, n$$

(13-59)

这样计算 $\underset{\sim}{R}^2 = \underset{\sim}{R} \cdot \underset{\sim}{R}$，$\underset{\sim}{R}^4 = \underset{\sim}{R}^2 \cdot \underset{\sim}{R}^2$，…，$\underset{\sim}{R}^{2h} = \underset{\sim}{R}^h$，此时模糊矩阵 $\underset{\sim}{R}^h$ 满足模糊等价关系，具有传递性，矩阵 $\underset{\sim}{R}^h$ 记为 C_R。

4．进行聚类分析

将 $C_{r_{ij}}$ 依大小次序排列，沿着 $C_{r_{ij}}$ 自大到小依次取 λ 值，定义

$$C_{r_{ij}} = \begin{cases} 1 & C_{r_{ij}} \geqslant \lambda \\ 0 & C_{r_{ij}} < \lambda \end{cases}$$

其中 $C_{r_{ij}} = 1$ 表示这两个样品单元划为一类，直到能得到所需的分类数为止。

5．应用实例

为了便于比较，仍引用表 13-15，表 13-16 的数据。

(1) 由规格化数据计算距离系数矩阵 $D(0)$（见表 13-17）。

(2) 建立模糊关系矩阵 $\underset{\sim}{R}$。对距离系数矩阵进行变换，变换式为 $r_{ij} = 1.0 - \dfrac{d_{ij}}{7.5}$，得表 13-20。

表 13-20

$\underset{\sim}{R}$	1	2	3	4	5	6	7	8	9	10	11	12	13	14	15	16	17
1	1.00	0.39	0.42	0.58	0.65	0.24	0.53	0.36	0.36	0.78	0.68	0.54	0.27	0.52	0.49	0.11	0.29
2		1.00	0.56	0.57	0.63	0.60	0.64	0.58	0.54	0.29	0.67	0.37	0.73	0.57	0.72	0.67	0.52
3			1.00	0.68	0.48	0.70	0.79	0.70	0.58	0.28	0.55	0.20	0.54	0.82	0.75	0.39	0.47
4				1.00	0.62	0.45	0.67	0.59	0.48	0.48	0.71	0.40	0.43	0.74	0.68	0.29	0.35
5					1.00	0.41	0.62	0.44	0.48	0.61	0.86	0.56	0.45	0.59	0.60	0.34	0.41
6						1.00	0.69	0.64	0.64	0.11	0.44	0.12	0.66	0.59	0.66	0.56	0.57
7							1.00	0.67	0.67	0.39	0.68	0.35	0.60	0.76	0.84	0.43	0.56
8								1.00	0.68	0.27	0.54	0.28	0.66	0.60	0.65	0.47	0.64
9									1.00	0.28	0.54	0.31	0.58	0.51	0.58	0.41	0.69
10										1.00	0.61	0.56	0.17	0.40	0.34	0.02	0.22
11											1.00	0.61	0.51	0.62	0.67	0.38	0.47
12												1.00	0.30	0.25	0.37	0.18	0.31
13													1.00	0.47	0.66	0.79	0.70
14														1.00	0.71	0.33	0.40
15															1.00	0.51	0.53
16																1.00	0.54
17																	1.00

(3) 建立模糊等价矩阵。用（13-59）式计算 $\underset{\sim}{R}^2$。例如，

$r_{12} = (1.00 \wedge 0.39) \vee (0.39 \wedge 1.00) \vee (0.42 \wedge 0.56) \vee (0.58 \wedge 0.57) \vee (0.65 \wedge 0.63) \vee (0.24 \wedge 0.60) \vee (0.53 \wedge 0.64) \vee (0.36 \wedge 0.58) \vee (0.36 \wedge 0.54) \vee (0.78 \wedge 0.29) \vee (0.68 \wedge 0.67) \vee (0.54 \wedge 0.37) \vee (0.27 \wedge 0.73) \vee (0.52 \wedge 0.57) \vee (0.49 \wedge 0.72) \vee (0.11 \wedge 0.67) \vee (0.29 \wedge 0.52) = 0.67$

这样可以得到 $\underset{\sim}{R}^2$，$\underset{\sim}{R}^4$，$\underset{\sim}{R}^8$，$\underset{\sim}{R}^{16}$，并且有 $\underset{\sim}{R}^{16} = \underset{\sim}{R}^8$，这就得到等价模糊矩阵 $\underset{\sim}{R}^8$（见

表 13-21)。

表 13-21

$\underset{\sim}{R}{}^{8}$	1	2	3	4	5	6	7	8	9	10	11	12	13	14	15	16	17
1	1.00	0.68	0.68	0.68	0.68	0.68	0.68	0.68	0.68	0.78	0.68	0.61	0.68	0.68	0.68	0.68	0.68
2		1.00	0.72	0.72	0.71	0.70	0.72	0.70	0.69	0.68	0.71	0.61	0.73	0.72	0.72	0.73	0.70
3			1.00	0.74	0.71	0.70	0.79	0.70	0.69	0.68	0.71	0.61	0.72	0.82	0.79	0.72	0.70
4				1.00	0.71	0.70	0.74	0.70	0.69	0.68	0.71	0.61	0.72	0.74	0.74	0.72	0.70
5					1.00	0.70	0.71	0.70	0.69	0.68	0.86	0.61	0.71	0.71	0.71	0.71	0.70
6						1.00	0.70	0.70	0.69	0.68	0.70	0.61	0.70	0.70	0.70	0.70	0.70
7							1.00	0.70	0.69	0.68	0.71	0.61	0.72	0.79	0.84	0.72	0.70
8								1.00	0.69	0.68	0.70	0.61	0.70	0.70	0.70	0.70	0.70
9									1.00	0.68	0.69	0.61	0.69	0.69	0.69	0.69	0.69
10										1.00	0.68	0.61	0.68	0.68	0.68	0.68	0.68
11											1.00	0.61	0.71	0.71	0.71	0.71	0.70
12												1.00	0.61	0.61	0.61	0.61	0.61
13													1.00	0.72	0.72	0.79	0.70
14														1.00	0.79	0.72	0.70
15															1.00	0.72	0.70
16																1.00	0.70
17																	1.00

(4) 聚类分析。

按 C_{rij} 大小排列有:

$1>0.86>0.84>0.82>0.79>0.78>0.74>0.73>0.72>0.71>0.70>0.69>0.68>0.61>\cdots$

当 $\lambda=0.86$ 时，只有 5 和 11 单元的关系元素 $C_{r5\cdot 11}=1$，5 和 11 可以合并为一类，其余 C_{rij} 值均为 0。λ 依次取 0.84, 0.82…直至 $\lambda=0.7$ 时，得:

$$C_{r0.70}=\begin{bmatrix} 1 & 0 & 0 & 0 & 0 & 0 & 0 & 0 & 1 & 0 & 0 & 0 & 0 & 0 & 0 \\ & 1 & 1 & 1 & 1 & 1 & 1 & 0 & 0 & 1 & 0 & 1 & 1 & 1 & 1 \\ & & 1 & 1 & 1 & 1 & 1 & 0 & 0 & 1 & 0 & 1 & 1 & 1 & 1 \\ & & & 1 & 1 & 1 & 1 & 0 & 0 & 1 & 0 & 1 & 1 & 1 & 1 \\ & & & & 1 & 1 & 1 & 0 & 0 & 1 & 0 & 1 & 1 & 1 & 1 \\ & & & & & 1 & 1 & 0 & 0 & 1 & 0 & 1 & 1 & 1 & 1 \\ & & & & & & 1 & 0 & 0 & 1 & 0 & 1 & 1 & 1 & 1 \\ & & & & & & & 1 & 0 & 0 & 1 & 0 & 1 & 1 & 1 & 1 \\ & & & & & & & & 1 & 0 & 0 & 0 & 0 & 0 & 0 & 0 \\ & & & & & & & & & 1 & 0 & 0 & 0 & 0 & 0 & 0 \\ & & & & & & & & & & 1 & 0 & 1 & 1 & 1 & 1 \\ & & & & & & & & & & & 1 & 0 & 0 & 0 & 0 \\ & & & & & & & & & & & & 1 & 1 & 1 & 1 \\ & & & & & & & & & & & & & 1 & 1 & 1 \\ & & & & & & & & & & & & & & 1 & 1 \\ & & & & & & & & & & & & & & & 1 \end{bmatrix}$$

最后合并为四类：

Ⅰ——1，10；

Ⅱ——2，3，4，5，6，7，8，11，13，14，15，16，17；

Ⅲ——9；

Ⅳ——12。

这个分类结果与运用最短距离法所得结果完全一致。如果要进一步深化分类，可采用其他模糊算子。因为查德模糊算子只考虑了影响分类最大因素，其余因素一概不考虑，损失信息太多，模型较粗糙。上述分类结果的动态聚类图见图13-16。

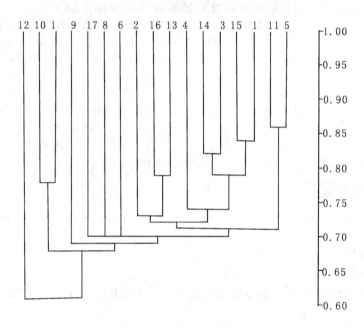

图13-16 动态聚类图

参 考 文 献

1. 何宗宜. 用多元回归分析方法建立计算居民地选取指标的数学模型. 测绘学报，1986（1）

2. 祝国瑞，徐肇忠. 普通地图制图中的数学方法. 北京：测绘出版社，1990

3. 张克权，郭仁忠. 专题地图数学模型. 北京：测绘出版社，1991

4. 张尧庭，方开泰. 多元统计分析引论. 北京：科学出版社，1982

思 考 题

1. 试述建立一元回归地图制图数学模型的方法和步骤。

2. 试述相关指数与相关系数的异同点。

3. 试述建立多元回归地图制图数学模型的方法和步骤。

4. 确定居民地选取指标的一元回归数学模型在中小比例尺地图上为什么要对不同居民

地类型建立不同的选取模型?

5. 河网密度系数在河流选取中起什么作用?
6. 为什么要用多元回归数学模型确定地图要素的选取指标?
7. 试述建立河流选取的方根模型的方法和步骤。
8. 试述建立居民地选取的方根模型的方法和步骤。
9. 地图制图中对要素分级有哪三种方法？它们各适用于什么情况?
10. 如何按正态分布原理设计要素分级?
11. 试述地图要素分类的方法和步骤。
12. 试述模糊聚类的基本原理与方法。

第十四章　地图的编辑与编绘

§14.1　地图编辑与设计

地图生产是一项复杂的任务。为了提高成图质量、降低成本、缩短成图周期，常常需要按生产的不同阶段和参加人员的不同能力进行专业分工，这样有利于发挥不同层次人员的专长。为了使所有的参加者按照统一的目标充分协调地工作，就产生了对地图生产的规划与组织问题，这些工作称为地图编辑。从事这项工作的专业工作者称为地图编辑（员）。

地图编辑（员）是地图的主要创作者，他们应当具有丰富的地图专业知识，对地图图理有深刻的理解，了解国家的相关政策及相关学科的知识。

一、编辑工作的基本任务

在地图设计阶段，编辑是工作的主体。他应该亲自研究地图生产的任务，确立地图的用途，进行地图投影、内容、表示方法、综合原则、整饰规格及制图工艺的设计，最后完成地图设计文件的编写。

在地图生产过程中，地图编辑应指导作业员学习编辑文件，指导他们做各项准备工作，解答他们在编图生产中遇到的问题，并检查他们的工作质量。最后还要领导对地图原图的检查验收。

当地图原图（或分色胶片）送到印刷厂以后，地图编辑要协助工艺员制定印刷工艺。

地图出版以后，地图编辑应收集读者对该图的意见，编写科学技术总结，从而达到积累经验、不断改进工作的目的。

总之，地图编辑工作是贯穿整个地图生产过程的核心工作。

二、地图编辑工作的组织形式

地图编辑工作采用集中和分工相结合的形式。

集中指的是国家测绘的业务主管部门根据国家建设的需要和地图的保障情况，确立编制各类地图的总方针，提出改进工艺、提高地图质量的方向，引导各单位的地图编辑员发挥创造精神，以保证不断创造出高质量的地图作品。在编制国家基本比例尺地图时，只有实行高度的集中领导，例如制定统一的规范、图式，才能保证地图综合质量和整饰规格的统一。各单位的制图工作都必须在这个集中的领导下进行。

分工是按业务性质或成图地区划分任务，由不同的制图机构负责相应的地图编辑工作。

在一个制图机构内部，由总编辑或总工程师负责总的技术领导工作，编辑室负责本单位地图生产中的设计和施工中的技术领导工作。

在编制地图集或系列的大型地图作品时，可以单独成立编辑部,设主编、副主编、编辑等。

为了有效地进行编辑领导，制图企业必须有长期的和年度的计划，总编根据年度计划给每个编辑员分配年度、季度和逐月的工作任务。

承担某项具体制图任务的编辑员称为该地图的责任编辑。

三、编辑文件

根据制图任务的类型差别，编辑文件有所差别，概括起来为图 14-1 中所列举的情况。

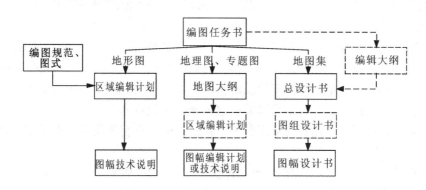

图 14-1 编辑文件的种类和相互关系

地形图指国家基本比例尺地图。对于这一类地图，国家测绘主管部门以国家标准的形式发布了各种比例尺地图的编图规范和图式等一系列标准化的编辑文件。每一个具体的制图单位在接到制图任务书后，根据规范、图式的规定并结合制图区域的地理情况，编写区域编辑计划。针对每一个具体图幅，则要在区域编辑计划的基础上，结合本图幅的具体情况编写图幅技术说明。

普通地理图和大部分的专题地图，由于没有规范和图式（少量全国性的专题地图，如地质图也具有规范和图式），通常要编写地图大纲，再根据具体任务编写（当区域不大时不编写）区域编辑计划。对于每一个具体图幅，编写图幅编辑计划或技术说明。

地图集的编制要复杂一些。如果编图任务书的内容很详细，可以直接根据任务书的要求设计和编写地图集总设计书，否则，要先编写一个编辑大纲提供给编委会讨论，认可后再编写总设计书。对于每个图组，由于其类型、内容都相差甚远，要编写图组设计书。每一幅图又有不同的类型，还要编写图幅设计书（相当于图幅编辑计划或技术说明）。

编图任务书是由上级主管部门或委托单位提供的，其内容包括：地图名称、主题、区域范围、地图用途、地图比例尺，有时还指出所采用的地图投影、对地图的基本要求、制图资料的保障情况以及成图周期和投入的资金等项目。

编辑员在接受制图任务后，经过一系列的设计，编写相应的编辑文件。

§14.2 地图设计

地图设计的任务是根据编图任务书的要求，确定地图生产的规划和组织，根据地图的用途选择地图内容，设计地图上各种内容的表示方法，设计地图符号，设计地图数学基础，研究制图区域的地理情况，收集、分析、选择地图的制图资料，确立制图综合原则和指标，进行地图的图面设计和整饰设计，配置制图硬、软件，设计数据输入、输出方法等。

地图设计是根据制图科学技术的一般原理，结合所编地图的具体特点来实现的。一般原理指的是制图理论原则，国家颁布的规范、图式及制图工艺方法等；具体特点指所设计地图的用途、比例尺和制图区域等因素。将一般原理同具体特点结合起来，就可以制作出既符合一般规则，又具有不同个性的高质量地图。

一、地图设计的基本程序

承担地图设计任务的编辑员在接受制图任务以后，按下面的程序开展工作：

1. 确定地图的用途和对地图的基本要求

确定地图的用途是设计地图的起点，是确定地图类型的依据。横向制图任务通常在委托书中并不具有对地图在专业技术方面的要求，为此，承担任务的编辑，在接受制图任务后首先是要同有关方面充分接触，从确立地图的使用方式、使用对象、使用范围入手，就地图的内容、表示方法、出版方式、价格等同委托单位充分交换意见。

对于地形图，地图的用途和对地图的要求在规范中都有明确规定，不需要上述过程。

2. 分析已成图

为了使设计工作有所借鉴，在接受任务之后，往往先要收集一些同所编地图性质上相类似的地图加以分析，明确其优点和不足，作为设计新编地图的参考。

3. 研究制图资料

没有高质量的资料，就不可能生产出高质量的地图。地图生产中的资料工作包括收集、整理、分析评价、选择制图资料等多个环节，首先是收集和整理制图资料，在经过初步分析后就要研究制图区域的地理情况，在掌握了制图区域的特点以后再反过来分析、评价和选择制图资料。

4. 研究制图区域的地理情况

制图区域是地图描绘的对象，要想确切地描述它，必须先深刻地认识它。研究制图区域就是要认识制图区域的地理规律，这对以后的多项设计都有意义。

5. 设计地图的数学基础

包括设计或选择一个适合于新编地图的地图投影（确定变形性质、标准纬线或中央经线的位置、经纬线密度、范围等），确定地图比例尺和地图的定向等。

6. 地图的分幅和图面设计

当地图需要分幅时进行分幅设计。图面设计则是对主区位置、图名、图廓、图例、附图等的设计。

国家基本比例尺地形图不需要进行分幅和图面设计。

7. 地图内容及表示方法设计

根据地图用途、制图资料及制图区域特点，选择地图内容，它们的分类、分级，应表达的指标体系及表示方法，针对上述要求设计图式符号并建立符号库。

8. 各要素制图综合指标的确定

制图综合指标决定表达在新编地图上的地物的数量及复杂程度，是地图创作的主要环节。

9. 制图工艺设计

在常规制图条件下，成图工艺方案较多，需根据地图类型、人员、设备、资料情况选择不同的工艺过程。

在计算机制图条件下，制图过程是相对稳定的，在制图硬件、软件及输入、输出方法选定后，基本上不需要进行过程设计。

10．样图试验

以上各项设计是否可行，其结果是否可以达到预期目的，常常要选择个别典型的区域做样图试验。

在上述各项工作的基础上，编辑员积累了大量的数据、文件、图形和样图等，这时就可以着手编写地图的设计文件了。

二、地图设计文件

（一）地图大纲

在没有统一的规范、图式的条件下，对于普通地理图和大部分专题地图，编辑员应编写地图大纲。

1．普通地图的地图大纲

（1）概述

包括地图名称、类型、比例尺、制图区域范围及行政归属、图幅数量、对地图的基本要求等内容。

（2）地图的数学基础

包括地图投影的种类及变形性质、标准线的位置、投影区域范围、经纬网密度、投影变形分布、地图定向要求等内容。

（3）分幅和图面设计

分幅设计包括地图分幅方法、图幅范围、拼接方式等内容；图面设计包括确定图名的位置、字体和字大，图廓的形式和配置方法，图例、附图的位置、大小等。

（4）制图区域地理说明

简要说明制图区域的位置、范围，在全国自然和经济区划中的位置，各要素的分布情况及具体的地理特点。

（5）制图资料

主要说明制图资料的种类，基本资料、补充资料和参考资料的情况。对于基本资料要详细介绍其精确性、内容的完备性、现势性及地理适应性，指出其缺陷及用什么资料来补充和修正；对于补充和参考资料，则重点介绍使用该资料的哪个部分，用于解决什么问题。

（6）制图工艺方案

包括使用的设备、软件，制图基本过程及每一步的工作内容和结果等。

（7）地图内容的选择和图式、图例设计

包括地图上表示的内容，它们的分类、分级、表示方法，符号设计的原则，图例的编排原则和方法等内容。

（8）各要素的制图综合

分要素说明适应该区域地理特点的选取指标和选取方法，概括的原则和概括程度，典型特征的表达，特殊符号的使用，注记的选取、定名、字体、字大及配置原则，如何使用补充资料，各要素之间的协调等。

（9）检查验收的规定

主要说明检查验收的程序。

（10）地图出版

说明分色片的数量和对分色片的要求、印刷要求等。

（11）附件

包括符号表，色标，投影成果表，图面配置略图，资料配置略图，制图综合指标图，典型地区样图，各种统计表格，成本、材料预算等。附件内容根据不同图种可有增减。

2．专题地图的地图大纲

同普通地图相比，专题地图本身具有一些特点，这些特点包括：

（1）有一个或一组明确的主题；

（2）专题要素是由普通地理要素承载的，因此要先有地理底图；

（3）色彩成为地图的重要表示手段。

从这些特点出发，我们可以把专题地图的地图大纲归结为：

（1）概述

包括地图名称、比例尺、主题，制图区域范围及行政归属，图幅数量，地图用途，对地图的基本要求，图面尺寸等内容。

（2）制图资料

说明制图资料的分类，资料可靠程度和使用方法，制图数据的加工方法和要求等。

（3）地理基础底图

说明地理基础底图的地图投影、比例尺，内容选择和表示方法、表示的详细程度等。

（4）专题内容及表示方法

包括专题内容的分类、分级原则，选取指标和表示的精度，地图的图型和表示方法，各种方法配合使用的可能性，地图的符号和图例设计等内容。

（5）彩色设计

包括使用的色标、选择颜色的编号、选色原则、用色规定、主色调、色层数等内容。

（6）原图编绘

说明编绘程序及最后成果的形式。

（7）检查验收的规定

说明检查验收的程序。

（8）地图出版

说明分色胶片数量及要求、印刷要求等。

（9）附件

专题地图的地图大纲也同样需有一些同普通地图差不多的附件。

（二）编绘规范

国家基本比例尺地图及部分需布满全国的专题地图，为了保证全国范围内由不同单位制作的相同种类的地图其内容、综合程度、表现形式的统一，通常都需要采用两级设计的办法，即由国家测绘主管部门拟定对地图各方面统一要求的总大纲——编绘规范，在规范的指导下，对于不同地区的制图工作，由承担制图作业的制图机构来设计针对局部区域地图的局部大纲——编辑计划。

编绘规范的内容应具有相对的稳定性，它应包含上述地图大纲中那些不针对具体地区就可预先固定下来的项目，通常包括以下几部分：

1.总则

包括地图用途、对地图的要求、地图的数学基础、地图的基本内容等。

2.编辑工作

包括对制图资料收集、整理、分析、评价、选择以及对制图区域地理情况研究的要求，编辑领导的方法和程序，编辑计划的编写方法等。

3.编图方法和程序

包括地图数学基础的建立，图形资料数字化的方法和要求，地图内容编绘（数据处理）的程序，接边、合幅和数据库裁切的要求，用色规定，图外整饰及检查验收规定等内容。

4.各要素的编绘

包括各要素的表示方法、综合原则、选取指标及注记的规定等。

5.附录

包括整饰规格、综合样图、图式等。

地图规范是制图业务的立法文件，是编绘该类型地图时必须遵守的。

（三）编辑计划

在地图大纲中，一些相对固定的项目用规范的形式，而那些需要同具体的地理范围相联系的内容，由制图机构的责任编辑拟定编辑计划。针对一个区域（若干图幅）的编辑计划称为区域编辑计划；只针对某个具体图幅的编辑计划，称为图幅编辑计划或图幅技术说明。

编辑计划不应当重复上一级编辑文件的一般原则，应着重将一般原则结合区域的具体情况加以具体化。通常包括以下内容：

1.任务说明

包括区域位置，图幅数量，建立数学基础的方法，应遵循的规范、图式及上一级的编辑文件，完成作业的期限等内容。

2.制图区域的地理说明

说明同地图内容有关的区域类型特征和典型地理特点。

3.制图资料

区分基本资料、补充资料和参考资料，说明每种资料的使用方法和使用程度。

4.作业方案

说明使用的设备、软件及工作程序。

5.各要素综合的指标

结合制图区域和制图资料的特点，使规范、大纲中的原则具体化，为本区域确定具体的选取指标和制图概括的方法。

6.附录

包括有关的样图或略图。

各种类型的地图，其编辑计划的形式会有差别，对于专题地图，还要增加关于地理底图及制图资料加工、处理等方面的说明。

（四）地图集的编辑文件

地图集的设计较为复杂，其编辑文件常分为总设计书、图组设计书和图幅设计书三个部分。

地图集的总设计书通常包括以下几部分：

1.总则

总则的内容包括：地图集的性质、用途、读者对象；地图集的开本、幅面大小、页数及出版形式；地图集内容的选题、图组划分、编排原则及目录；图面配置的原则和基本版式；编辑工作的程序、组织，各级编辑的任务、期限、预算；对各图组编辑工作的具体要求。

2．地理底图

包括地理底图的种类、比例尺（系列），地图投影的性质、标准线的位置、经纬线密度及变形分布，不同底图应表示的内容、表示方法、符号及制图综合指标，地理底图所用的资料及编图方法等内容。

3．图型和表示法设计

这一部分是针对专题内容的，应包括：地图集中的地图分组、每幅图的图名及内容；根据地图内容选定各图组的基本图型和可能使用的表示方法，各种表示方法配合应用的可能性及注意事项；为保障地图集内容统一协调所采取的措施，如地理底图的系列化，彩色设计及整饰、装帧等环节应采用的措施。

4．地图集的彩色和装帧设计

规定地图集使用的色标、色数，每幅图的色数，各级色的层数，线划色、符号色，在一幅图内和图幅、图组之间使用颜色的对比、协调等方面的要求；确定图集的最后装订方式，封面式样，图名的字体、色彩、包封、副封、环衬、扉页的色彩和形式，对图名页和背页的利用，地图的图面装饰，图边和图组的标志，对装帧设计的基本要求。

5．地图集编绘

这一部分应包括：编图所使用的资料，各种资料的使用方法和使用程度，现势资料的截止日期；编图的工艺方案，实施该方案的技术要点；地图集中各幅地图的编绘顺序和方法；各要素的选取标准、综合原则及地名译写方面的规定等。

6．编绘成果的检查和验收

这一部分规定了每个阶段的成果形式，哪些环节必须有专门的审查，成果最后验收的程序和方法。

7．地图集出版

包括提交印刷厂的成果，印刷色彩、纸张，印刷机规格，对装订的要求等内容。

8．附录

附录的内容包括图集样本，图式和图例样张，各种指标图，资料配置图，试验工作大纲，整饰规格和图面设计略图等。

在总设计书的指导下进行图组和图幅设计，并编写图组和图幅设计书。它们类似于前面讲到的区域或图幅的编辑计划。

三、地图的图幅设计

地图的图幅设计包括地图的数学基础设计、地图的分幅设计、地图的图面设计、地图的拼接设计等内容。

（一）地图数学基础的设计

1．地图投影的选择

在第二篇中我们已研究过许多投影并了解探求新投影的方法。国家基本比例尺地图的投影是固定的，不需要选择地图投影；其他类型的地图则需要根据地图的用途，制图区域的位置、大小和形状等因素，选择一个适合的投影；有些特殊性质的地图，还可能为其探求一个全新的投影。

2. 地图比例尺的确定

地图上标明的比例尺是指投影中标准线上的比例尺，代表地面上微分线段投影到地图上缩小的倍数，称为地图主比例尺，或叫地图比例尺。

(1) 选择比例尺的条件

比例尺取决于制图区域大小、图纸规格、地图需要的精度等条件。地图需要的精度是先决条件，制图资料的保障情况也会对比例尺选择产生影响。

(2) 选择地图比例尺的套框法

在设计地图集时，图纸规格是固定的，在这个固定的图面上，各制图单元（例如省或县）要选用什么比例尺，最适合用套框法确定。

套框法的步骤如下：

①选定一幅较小比例尺的工作底图（如图14-2）。

②根据图纸规格确定内图廓（有效使用面积）的尺寸。

例如编制8开本的地图集，其展开页为4开，图纸面积为 54.6cm×39.3cm，内图廓定为 47cm×32cm。

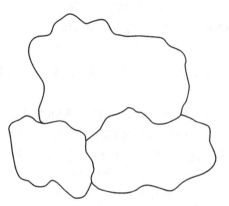

图 14-2 用套框法确定比例尺的工作底图

③把内图廓尺寸换算为工作底图上某比例尺的相应尺寸，根据下式计算：

$$\left. \begin{array}{l} a = A \cdot \dfrac{M}{m} \\ b = B \cdot \dfrac{M}{m} \end{array} \right\} \tag{14-1}$$

式中：a，b——在工作底图上相应的图廓边长；

　　　A，B——按图纸规格确定的内图廓边长；

　　　m——工作底图的比例尺分母；

　　　M——设计地图的比例尺分母。

本例中，$A=32$cm，$B=47$cm，$m=100$万，M 分别定为40万、50万、60万，从而计算出 a 的长度为 12.8cm，16cm，19.2cm，b 的长度为 18.8cm，23.5cm，28.2cm。

④根据计算的尺寸分别在透明纸上或在计算机屏幕上绘出图框（如图14-3）。

⑤套框确定各制图单元所需的比例尺。用图框去套工作底图，哪一个框能套上，就可选用哪个框所对应的比例尺。

3. 坐标网的选择

选择坐标网包括确定坐标网的种类、密度、定位和表现形式。

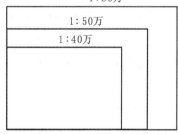

图 14-3 套框法使用的图框

(1) 种类

地图投影是通过坐标网的形式表现出来的。

地形图上的坐标网大多选用双重网的形式。大中比例尺地形图,图面多以直角坐标网为主,地理坐标网为辅(绘于内、外图廓之间);中小比例尺地形图及地理图则只选地理坐标网;不讲求几何精度(如旅游地图)或大比例尺的城市图(由于保密原因)常不选用任何坐标网。

(2) 定位

定位指确定坐标网在图纸上的相对位置。定位的依据是确定地图投影的标准线、图幅的中央经线和地图的定向。

投影标准线是投影面同地球面相切（割）的点或线，它决定了地图投影的变形分布。图幅的中央经线应是靠近图幅中间位置的整数位置的经线，它应位于图纸的中间，其余的经纬线网格以它为对称轴分列两侧。当地图用北方定向时，只需要将中央经线朝向正上方（垂直于南北图廓），用斜方位定向时，根据需要将中央经线旋转一个角度。

(3) 密度

坐标网的密度应适中。密度太小,影响量测精度;密度太大,会干扰地图其他内容的阅读。

大中比例尺地形图上直角坐标网的密度为 2～10cm，间隔应为整千米数（或其倍数）。中小比例尺地图的图面上用经纬线网，1∶50 万地图上用 30′×20′，1∶100 万地图上为 1°×1°。其他的地图可参照选择。

(4) 表现形式

坐标网的表现形式有粗细线、阴阳线、实虚线之分。

参考图上用 0.1mm 的细线，挂图、野外用图上线划可适当加粗。

一般地图上用阳线，深底色地图上可采用阴线。

一般地图上用实线，需要降低线网的视觉强度时，可用挂网方式将其变为虚线。

(二) 地图的分幅设计

地图的图纸尺寸称为地图的开幅。顾及纸张、印刷机的规格和使用方便等条件，地图的开幅应当是有限的。通常出版地图时使用的规格如表 14-1 所示。

表 14-1　　　　　　　　　　　　　　　　　　　　　　　　　　　　　　　　　单位：mm

单张图（用 787×1 092 纸张）		图册（用 787×1 092 纸张）		挂图（用 850×1 168 纸张）	
开幅	尺　寸	开本	尺　寸	开幅	尺　寸
一全张	770×1 068	四开	522×752	一全张	833×1 144
二全张	1 068×1 496	八开	373×522	二全张	1 622×1 144
三全张	1 068×2 229	十六开	258×373		
四全张	1 496×2 110	三十二开	183.5×258		
六全张	2 110×2 229	六十四开	126×183.5		
方对开	534×763	十八开	246.5×352		
长对开	385×1 068	三十六开	170×246.5		
方四开	381×534	十二开	246.5×522		
长四开	190.5×1 048	二十四开	246.5×258		

以上提供的是可能的最大尺寸，如果用色边和满版印，或用全张拼印对开以下各种规

格，由于不能利用白边作为咬口，其尺寸应略为缩小。

确定地图开幅大小的过程就叫分幅设计，它讨论如何圈定或划分图幅范围的问题。

1. 统一分幅地图的分幅设计

国家统一分幅地图是按一定规格的图廓分割制图区域所编制的地图，如地形图；世界范围的分幅地图，如1:100万航空图、1:250万地理图。

分幅地图的图廓可能是经纬线，也可能是一个适当尺寸的矩形。两种分幅方式各有优缺点，在具体使用中常采取以下的分幅设计来弥补其缺点，使之更加完善。

(1) 合幅

经纬线分幅地图中，为了解决因经线收敛导致图廓尺寸相差过大的问题，在设计每幅图的经差和纬差时，要以低纬度的图幅为基础进行计算，使最大的图幅能够在图纸上配置适当，有足够的空边布置图外整饰的内容。对于小到一定尺寸的图幅，则可采用合幅的方法，将左右两幅合为一幅。例如，国际1:100万地图在60°~76°φ区间，纬差4°、经差12°为一幅。这样，就可在一定程度上减少图幅面积的不平衡。

(2) 破图廓或设计补充图幅

当作为图廓的经线或纬线穿过重要目标时，例如分割了一个城市、矿区，就会破坏它的完整，为此常采用破图廓的方法（如图14-4）。有时涉及的范围较大，破图廓也不能很好解决，就要在分幅系统之外，单独设置一个补充图幅（如图14-5），把重要的目标区单独编成一张图，它的图廓尺寸可以不受系统分幅的限制，根据实际需要来确定。

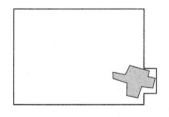

图14-4 破图廓

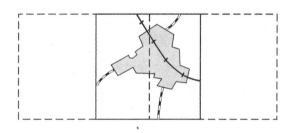

图14-5 补充图幅

(3) 设置重叠边带

经纬线分幅地图，在分图幅投影时，会产生拼接时的裂隙（例如1:100万地图）。为了解决这一问题，往往设置一个重叠边带。图14-6是1:100万世界航空图的分幅式样和重叠边带。其东、南方向将地图内容扩充至图纸边，西方向扩充至一条与南图纸边垂直的最近图廓的纵线，北方向保持原来的范围，这样拼图时就可以不必折叠，从而方便使用。

我国大于1:5 000比例尺的地图或拼幅挂图往往采用矩形分幅，这种形式的分幅设计比较简单，只需考虑图纸和印刷机规格等因素，这将在下面讲的内分幅地图的分幅设计中讨论。

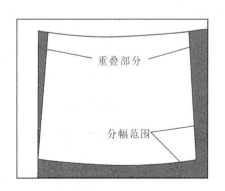

图14-6 我国1:100万世界航空图的分幅式样

2．内分幅地图的分幅设计

内分幅地图是区域性地图，特别是大型挂图的分幅形式，其外框是一个大的矩形，内部各图幅的图廓也都是矩形，沿图廓拼接起来成为一个完整的图面。

在实施分幅时，要顾及以下各因素：

(1) 纸张规格

表14-1给出的是各种纸张除去丁字线以后的有效尺寸，但是没有顾及印刷机的咬口边，欲满幅印刷时其短边尺寸还应缩小（全开缩10~18mm，对开缩9~12mm）。

(2) 印刷条件

主要指所使用的印刷机的规格，图幅的分幅设计要考虑充分利用印刷机的版面。

(3) 主区在总图廓中基本对称，同时要照顾到同周围地区的经济和交通联系

在两者有矛盾时往往会优先照顾后者。

(4) 内分幅的各图幅的印刷面积尽可能平衡

印刷面积指包括图名、图边等所有印刷要素的面积，而不单指内图廓。

(5) 其他要求

分幅时还应照顾到图面配置（图名、图例、插图的位置）和尽量不破坏重要目标的完整等。

下面以湖北省1:50万普通地理挂图的分幅设计为例说明内分幅地图分幅设计的方法（如图14-7）。

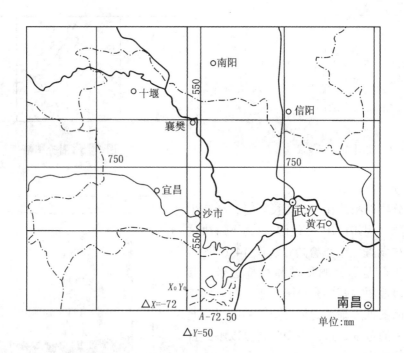

图14-7　湖北省1:50万挂图分幅设计略图

第一步，量取湖北省东西方向和南北方向的距离。

选1:150万地图作为工作底图并量取其距离 $L_{EW} = 497$mm，$L_{SN} = 312$mm。

第二步，放大到1:50万并与纸张、印刷机规格作比较。

放大到 1:50 万时 $L_{EW}=1\ 491$mm，$L_{SN}=936$mm。整饰花边 20mm（图廓边长的 1%～1.5%，内外图廓间的距离为 10mm，图名字大 70mm×100mm（图廓边长的 6%左右）。这样外图廓的范围为 1 551mm×996mm，若图名放在北图廓外，还要在南北方向加 90mm（字高 70mm，字与图廓间隔 20mm），这样，有效印刷面积需 1 551mm×1 086mm。如果一个全开印不下就需要拼幅，这又要加拼幅重叠部分的尺寸。

考虑到以上数据及表 14-1 的数据匹配，这里有两种设计可供选择：其一是用两张 850mm×1 168mm 的全开纸印刷拼幅；其二是用四张大对开纸印刷拼幅（例如 J2108A 型印刷机，印刷版面可达 650mm×920mm）。

选用第二种方案，在确保印刷质量的前提下，印刷面积可以达到 1 200mm×1 760mm，完全能满足要求。将东西方向内图廓定为 1 500mm，还有足够的空间配置花边、白边、重叠边、丁字线等。南北方向，主区范围只有 936mm，不论如何配置都有足够的位置。为了充分利用图廓内的自由空间，减少印刷面积，可以把图名放在图廓内的右上方（横排）。再考虑其他条件，南北方向内图廓定为 1 100mm，这样图廓内南方可保留全部的洞庭湖和南昌市，北方则完整显示了同河南省的交通联系。

第三步，确定同经纬线网的联系。

仅确定图廓大小是不够的，还必须给予定位，即确定每个印张上内图廓线的尺寸及其位置。

四个印张可平分内图廓，每个印张上为 550mm×750mm。该图采用双标准纬线等角圆锥投影，起始点（$E\lambda 112°$，$N\varphi 29°$）坐标为 $x_0=0$，$y_0=0$。在 1:150 万地图上量取内分幅图廓点 A 到起始点的坐标差，并乘以 3 得到 1:50 万地图上的 A 点坐标 $x_A=-72$mm，$y_A=50$mm。这样，根据图廓边长，就很容易计算出其他的内分幅图廓点的坐标了。

这样，就完成了湖北省 1:50 万地图的分幅设计。

(三) 地图的图面配置设计

图面配置设计指图名、图例、图廓、附图等的大小、位置及其形式的设计。它们要配合制图主区的形状及内容特点，考虑到视觉平衡的要求进行设计。

地形图由于有标准化规格，无须进行设计。因此，图面配置设计主要是针对挂图和单幅的矩形分幅地图（如旅游地图、单幅的专题地图等）。

1. 图名

图名应简练、明确，具有概括性。通常图名中应包含制图区域和地图主题两方面的内容，例如《中华人民共和国地质图》，但如果是人们常见的普通地理图或政区图，也可以只用其区域范围命名，如《武汉市地图》。

地形图和小比例尺的分幅地图都是选图幅内重要的居民地名称作为图名。在没有居民地时也可选择自然名称，如区域名、山峰名作为图名。

图名通常置于北图廓外的正中央，距外图廓的间隔取图名字大的 1/3。也可以放在图内的右上角或左上角主区外的空位置，可以横排，也可以竖排；可以用框线框起来，也可以不要框线，直接将图名嵌入地图内容的背景中。

分幅地图上图名一般都用较小的黑体字。挂图、旅游地图等常用宋变体、黑变体（长体、扁体、空心体等）及其他艺术字体。其字大一般不应超过图廓边长的 6%。

2. 图廓

图廓分为内图廓和外图廓。内图廓通常是一条细线（地形图上附以分度带）。外图廓的形式较多，地形图上是一条粗线，挂图则多以花边图案装饰。花边的宽度视其黑度取图廓边长的1%～1.5%。当图面上有坐标网时，其网格注记多标注在内外图廓之间，因此内外图廓之间要有充分的间隔；当图面上没有坐标网时，内外图廓的间距就很小，通常为图廓边长的0.2%～1.0%。

3. 图例

每幅地图的图面上都应放置图例，供读者读图时使用。

图例是带有含义说明的地图上所使用符号的一览表。图例设计是地图设计的一个重要环节，应符合以下原则：

（1）完备性

图例中应包含本幅地图上所使用的全部的符号和标记。读者根据图例应能完整地阅读地图，理解地图内容的含义。

（2）一致性

图例中使用的图形和符号的形状、尺寸、颜色都应与地图中使用的完全一致。

点状符号是不依比例尺的符号，在图例中其形状、尺寸、颜色应同图内完全一致。线状和面状符号，在图内其形状是位置的函数，图例中只要求保证线素的尺寸和颜色同图内一致，形状则可根据视觉需要进行设计。

对于专题地图，通常并不把其地理底图的内容列入图例中，只根据专题内容的读图需要设置图例。对于统计图表，要求图例和地图内容中的图表具有同类性，其形状、颜色应当一致，由于它们有数量含义，其图例应当标明不同尺度相应的数值，并严格区分间隔量表和比率量表不同的标注方法。

（3）对标志说明的明确性

对图例中所有的符号和标志都应进行说明。说明应简单、明确、肯定，对每个符号只能有一种解释，对不同的符号不能有相同的解释。说明使用的字体、字号应同图例整体协调。

（4）编排的逻辑性

符号的编排上首先要分类，每一类冠以小标题。排列顺序要有逻辑性，每一类中和类间的排序都应体现其重要性，通常是把重要的符号排在前面。

对于自然地图，通常是把自然要素排在前面，在自然要素中又是把对其他要素有制约作用的排在前面，例如水文、地貌、植被。人文地图则先排居民地、道路网、境界等。

图例和图式是两个不同的概念。图式是供地图编图时使用的，它还应当包括符号各部位的尺寸说明，并且要包含该图所有可能使用的符号。计算机制图中的地图符号库是图式而不是图例。

4. 附图、图表和文字说明

（1）附图

地图的附图通常包括位置图、重点区域扩大图、行政区划略图、某要素的专题地图、嵌入图等。

位置图：说明本图的制图区域在更大区域范围中的位置的附图，例如湖北省在全国的位置。接图表也是一种位置图（如图14-8），它说明本图幅同周围相邻图幅的联系。

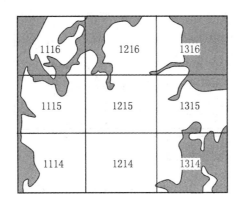

图 14-8 位置图（接图表）

重点区域扩大图：图幅中某个重要的局部区域需要用较大的比例尺详细表示，这包括重要城市的街道图，风景区、工矿区、灌区等重点地区放大描绘的地图。

行政区划略图：在小比例尺地图上，由于包含的行政区划较多，每个区域的图上面积较小，无法配置图面注记，这时往往单独制作一个说明该制图区域行政区划的略图，专门说明其行政区划情况。

某要素的专题地图：以附图的形式专门描述某一在主图上没有表示出来的要素，作为对主图的补充，例如在行政区划图上作一个简略的地势图作为插图，交通图上把航空路线图作为附图等。

嵌入图：由于制图区域的形状、位置、地图投影、纸张和印刷机规格等多方面的因素，需要把本来是制图区域一部分的某个局部区域用移图的办法移动到图廓内，嵌入图廓内较空的位置（如图 14-9），以达到节约版面的目的，例如《中华人民共和国地图》上把我国的南海诸岛移入主图的图廓内。这种移图可以不改变投影和比例尺，仅仅是为了节约图面而移动到区域的其他位置，也可以改变其投影和比例尺移入。

(2) 图表

地图上常常配置一些图表作为主图的补充。它们可能是作为量图工具用的，如坡度尺、坐标尺、图解比例尺等，也可能是用整个制图区域总的指标制作而成的图表，例如在某省分县的粮食作物播种面积构成的地图上作一个全省的粮食作物播种面积构成的图表。

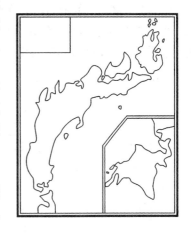

图 14-9 嵌入图示例

(3) 文字说明

为了读图方便，地图上常常需要对其编图所使用的资料、成图时间、坐标系、高程系、编绘和出版单位等做一些文字说明。

附图、图表、文字说明的数量不应太多，以免充塞图面。其配置应注意图面的视觉平衡。图 14-10 是可供选择的配置附图、图表、文字说明等的位置示例。

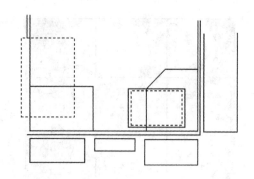

图 14-10 附图、图表及文字说明的配置

(四) 地图的拼接设计

地图既然需要分幅表示，在使用时就必然会有拼接的问题。设计时有以下两种形式的拼接：

1. 图廓拼接

每幅图都有完整的内图廓，使用时沿图廓拼接起来。矩形分幅地图可以方便地实施图廓拼接；经纬线分幅的地图由于分带、分块投影的影响，图幅拼接时会有困难，可采用设置重叠边带的方法解决该问题。

2. 重叠拼接

多幅印刷的挂图，拼接时需要将其中的某一个边裁掉，然后将相邻图幅粘贴起来。为避免裁切不准导致的露白或切掉地图内容，在两幅相邻的地图之间设置一个重叠带（通常为1cm左右），即这一条带的内容在两幅相邻地图上是重复绘制的。左右拼幅时裁切线绘在左幅，地图内容要绘出裁切线 1~2mm，在右幅的相应位置绘出拼接线。裁切线和拼接线都只在图廓外显示，裁切后按重叠部分的地图内容吻合后进行粘贴（如图 14-11）。

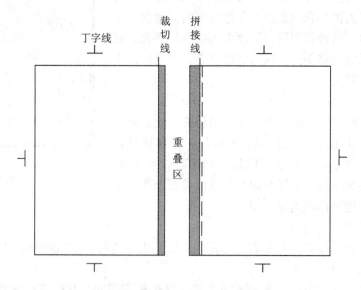

图 14-11 矩形分幅地图的重叠拼接

§14.3 数字地图的原图编绘

数字地图是一种以数字形式存储的抽象地图。它用属性、坐标与关系来描述对象，是面向地形地物的，没有规定用什么符号系统来具体表示，因而又是独立于表示方法的。它把地形物体的信息存储与它们在图形介质上的符号表示分离开来，提高了数据检索与图形表示的灵活性，随时可以形成满足特殊需要的分层地图，可为不同部门导出其所需要的信息子集，并可根据该部门所选定的符号系统生成专用的地图。

随着计算机技术的飞速发展，数字地图日益受到广大地图制图工作者和地图用户的欢迎和重视。其优越性可归纳如下：

(1) 数字地图可以方便地应用于计算机读取、分析和计算、统计等方面。
(2) 数字地图易于校正、编辑和复制、更新。
(3) 数字地图的容量大，它只受计算机存储容量的限制，因此可以包含比一般模拟地图更多的地理信息。
(4) 数字地图易于存储，并在保存过程中不变形。
(5) 数字地图成图速度快，品种多，便于远程传输和共享等。

一、数字地图原图编绘的基本过程

数字地图的原图编绘过程同使用的设备和软件、数据源的类型及输出的目的性等条件有关。一般分为数据采集、数学基础建立、数据处理、比例尺变换、数据组织、地图符号库的建立和地图输出等步骤。

二、地图数据采集

地图数据的来源是多方面的，来源不同，采集的方法各异。下面分别介绍图形数据和属性数据的采集方法。

(一) 图形数据的采集

图形数据采用矢量数据或栅格数据的格式来描述。

1. 矢量数据的采集

矢量数据的采集方法有以下四种：

(1) 外业测量现场采集

外业测量是通过测量角边来确定地物的空间位置。由于电子技术的发展，现在的地形测量越来越多地利用自动记录装置来记录测量结果，如各种电子速测仪。使用该类仪器测量时，其测量结果被自动地记录在磁带上，称为电子手簿。计算机可对这些数据进行处理并制图。

(2) 由栅格形式的数据转换而成

栅格数据是以平行扫描线段或矩阵形式表示的数据。卫星测地、扫描数字化仪扫描航摄像片或地图图形均可获得此类数据。可以利用栅格数据矢量化的方法，把栅格数据转换成矢量数据。

(3) 通过对现有地图数字化跟踪的方法采集

数字化就是通过图数转换装置将现有的地图图形离散化为数据，常采用手扶跟踪数字化仪对现有地图数字化。用手扶跟踪数字化仪跟踪地图图形时，主要有两种数据记录方式：点方式和连续方式。

点方式是将数字化仪的标示器十字丝交点对准原图上欲数字化的点，按动按键记录下该点的 (x, y) 坐标。连续方式是按给定条件由数字化仪自动记录一连串的点坐标 (x_i, y_i)，又分为时间方式和增量方式。时间方式是按一定的时间间隔（按需要设置每秒记录 1~20个点坐标）自动记录；增量方式是每隔一定的坐标增量 Δx 或 Δy（在 0.02~0.99cm 之间选择）自动记录一个点坐标。

(4) 屏幕跟踪数字化

通过扫描仪把地图资料和图像资料扫描输入到计算机中，以像素信息进行存储表示。

扫描时，须预先设置好分辨率、扫描模式、扫描范围及其他扫描参数等。

①分辨率设置：常用的分辨率在 300~1 000dpi 之间。对于简单的图像，选择较低的分辨率；而对于较复杂的图像，则宜选用较高的分辨率，对一般的地形图，采用 300dpi 即可。

②扫描模式设置：扫描模式通常分为二值、灰度和彩色三种，可根据需要设置。

③范围及其他诸如亮度、对比度等参数的设置。

扫描获得的是栅格形式的数据，可通过某些支持矢量化的软件（如 CorelDRAW 等）的处理在屏幕上用鼠标跟踪进行矢量化。这种方法采集数据的速度快，越来越受到人们的重视。随着计算机技术的提高和矢量化软件的不断完善，这种采集数据的方法已逐步成为图形数据输入的主流。

2. 栅格数据的采集

采集栅格数据的方法可分为两大类。

一类是对实地通过遥感技术手段或数字摄影技术（如数码相机）获取数字图像，该数字图像实质上就是一种栅格数据。它是遥感传感器或数码相机在某个特定的时间，对某一地区地面景观的辐射和反射能量进行扫描式或阵列式抽样，按不同光谱段分光量化，以数字形式记录下来的像元亮度值，并以特定的格式保存在某种存储介质中，以便在计算机中进行后续处理。

另一类采集栅格数据的方法是通过对现有的资料进行处理来获取，又可分为：

(1) 通过对矢量数据转换获取

利用矢量数据向栅格数据转换的运算方法，可以将矢量数据转换成栅格数据。

(2) 通过扫描仪获取

对现有的图形资料（如地形图）或图像资料（如像片）进行扫描，即可获得相应的栅格数据。

(3) 通过平面上行距、列距固定的点内插或抽样获取。

如果将一个行距、列距固定的矩形网格覆盖在地形图上（如图 14-12），并将每个网格线交点处的高程值通过内插方法读出来，按不同的高程值逐行逐列进行编码，就能得到一个阵列式的栅格数据

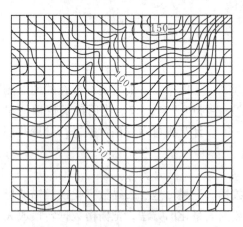

图 14-12 在地形图上内插网格点

（这就是人们常用的数字高程模型 DEM）。

也可将一个行距、列距固定的矩形网格覆盖在一幅由多边形所组成的专题图上进行抽样

编码，进而得到栅格数据。

（二）属性数据的采集

属性数据是地图要素的重要特征数据之一。地图要素是根据各自的位置和属性进行编码的，仅有描述空间位置的图形数据是不够的，还必须有描述它们的属性说明，而属性说明通常是以特征码形式来表现的，故属性数据的采集实际上主要就是特征码的获取。下面讨论特征码及其获取方法。

（1）特征码

特征码是用来描述地图要素类别、级别等分类特征和其他质量特征的数字编码，它是地图要素属性数据的主要部分。其作用是反映地图要素的分类分级系统，同时也便于按特定的内容提取、合并和更新。因此，在编制特征码时，应根据原图内容和新编图的要求设计。

特征码一般由若干位十进制数组成。以国土基础信息为例，其编码可分为9大类，并依次再分为小类、一级和二级等。分类码由6位数字组成，其结构如下：

$$\underset{\substack{大\\类\\码}}{\times}\underset{\substack{小\\类\\码}}{\times}\underset{\substack{一\\级\\代\\码}}{\times}\underset{\substack{二\\级\\代\\码}}{\times}\underset{\substack{识\\别\\码}}{\times}$$

其中大类码、小类码、一级代码和二级代码分别用数字排列；为便于扩充，识别码一般先设为0，以后可由用户自行定义。

表14-2是地图要素分类编码举例。

表14-2

分类编码	要素名称
5	地形与土质
51000	等高线
51010	实测等高线
51020	草绘等高线
52000	高程
52010	高程点
52020	特殊高程点
52021	最大洪水位高程点
52022	最大潮位高程点
⋮	⋮

在对地图要素进行分类编码时，一般应遵循如下原则：

科学性和系统性：在便于计算机数据库处理的条件下，按地图要素的属性或特征进行严格的科学分类，形成系统的分类体系。

稳定性：分类体系以各地图要素最稳定的属性或特征为基础，能在较长时间里不发生重大变更。

完整性和可扩充性：要素的分类既要反映其属性，又要反映其互相联系，具有完整性。代码结构应留有适当的可扩充的余地，具有可扩充性。

与国家已颁布的有关规范和标准一致：直接引用或参照相关的国家规范和标准（如地形

图图式等)。

(2) 特征码的获取

特征码可以由键码法或清单技术来获取,分别介绍如下:

①键码法:键码法就是在数字化地图要素的过程中,直接用计算机键盘将预先设计好的特征码输入计算机。具体做法是,用人机对话方式借助于键盘输入某个要素的特征码,并用数字化仪获取它的图形信息。这种方法操作简单,但要频繁地中断数字化过程,分散了作业员的注意力,而且要求作业员熟悉各要素的特征码,否则会影响输入的速度。

②清单技术。用清单技术获取特征码的方法已得到广泛应用。它通过安放在数字化台面上适当位置的"图例符号种类区"对地图要素进行特征编码。该区域又叫特征码清单,它实际上是地图要素和地图符号的编码表,常常被设置成手扶跟踪数字化仪台面上的一个组成部分。该区域(特征码清单)被等分成许多网格,每格表示一类独立的要素,一旦该区域被设定,则每格的范围就会被惟一地确定。它有相对独立的坐标系统,不同编号对应不同地图要素在这个坐标系中占有的固定位置(清单网格)。表 14-3 是某特征码清单的一角。在数字化某一类要素时,只要作业员将标示器在与该要素对应的清单网格内读取一个点,计算机就会按设计好的软件根据存储在计算机内的清单——代码对照表译成该要素的特征码,并与紧随其后获取的图形数据一同存入数据库中。

表 14-3

1110 三角点	1120 堆三角点	1210 小三角点	1220 堆小三角点	⋯
2130 消失河段	2140 地下河段	2200 运河、渠道	2220 主要渠道	⋯
⋮	⋮	⋮	⋮	⋮

利用特征码清单技术获取特征码是一种较简便的方法,但仅仅是在地图要素种类有限的情况下才最为有效。若编码类型很多,则可将常用的设置在清单内,剩余的辅以键码法输入。

需进一步说明的是,特征码不仅可区分地图要素的类型和级别,还可以反映点、线、面之间的拓扑关系。例如反映多边形内点、顶点、相邻多边形公共边,以及公共边两侧多边形区域属性之间关系的编码等。

地图要素的属性数据内容,有时直接记录在矢量或栅格数据文件中,有时则单独输入数据库存储为属性文件,通过标识码与图形数据相联系。

地图要素的属性数据除了特征码外还有统计数据(如人口普查数据、工业产值等)以及自然数据(如温度、降水量等)。在专题图的制作中,这些数据是必不可少的信息,通常可用表格形式来存储。

三、数学基础的建立

通常地图是以投影坐标为其数学基础的,数字地图也不例外,有关投影的详细内容本书前面已有介绍,这里主要讨论在数字地图原图编绘过程中涉及的三种坐标系。

1. 用户坐标系

用户坐标系包括地形图上的高斯-克吕格投影坐标、小比例尺地图中采用的各种特定的投影坐标以及某些没有经纬网控制的地区图幅的局部坐标等。

用户坐标系一般由用户自己选定，通常为直角坐标系，与机器设备无关。图形输入时所依据的就是这种坐标系，图形输出时应当仍然用用户坐标系。用户坐标系空间一般为实数，理论上是连续的、无限的。

2．规格化坐标系

地图数据拥有大量的图形坐标点，要占用相当可观的存储空间。用实型数存储与用整型数存储，消耗的存储空间是大不相同的，在数字地图中可用2个字节的整型数来表示图形坐标，这种整型数的值域是 $-32\,768 \sim +32\,767$，即在两个坐标轴方向上均有 65 536 个单位，当要求的数值精度为图上 0.1mm 时，这个值域可存储一幅 $6.5\text{m} \times 6.5\text{m}$ 的地图内容。这就是说用2个字节的整型数来存储图形具有足够的图解精度，而与实型数比较，所用存储空间节省一半，所以在数字地图中通常把2个字节整型数的值域作为规格化坐标。

3．设备坐标系

设备坐标系即物理设备的 I/O 空间。各种图形设备的坐标系都不尽相同。如一般数字化仪和绘图机的坐标原点在其面板的左下角，而显示器的坐标原点在左上角。

上述三种坐标系可以相互变换，其间关系如图 14-13 所示。

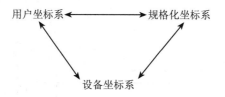

图 14-13　三种坐标系之间的关系

在数字化仪上对地图图形数字化时，由于数字化仪给出的是设备台面坐标，而不是该图所依据的投影坐标，因此，在一般情况下要进行从设备坐标系到用户坐标系的变换，使得一幅图的数据，特别是多幅有关联的图幅的数据位于一个统一的理论参考系中。其变换过程如图 14-14 所示，图中 xoy 坐标系为数字化仪坐标系，而 XOY 则为用户（理论）坐标系。

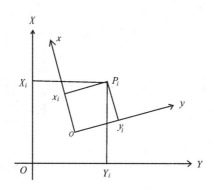

图 14-14　数字化仪坐标系到用户坐标系变换示意

当要在屏幕上显示图形或在绘图机上绘图时，往往要作用户坐标系到设备坐标系的变换

（如图 14-15）。

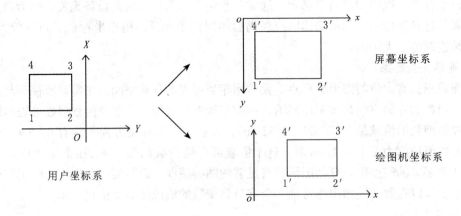

图 14-15　用户坐标系到设备坐标系变换示意

用户坐标系与规格化坐标系的变换以及规格化坐标系与设备坐标系的变换可分别参考图 14-16 及图 14-17。

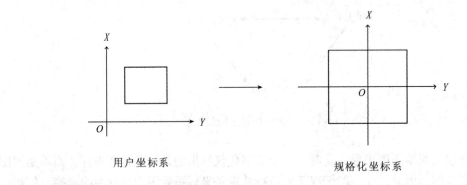

图 14-16　用户坐标系与规格化坐标系变换示意

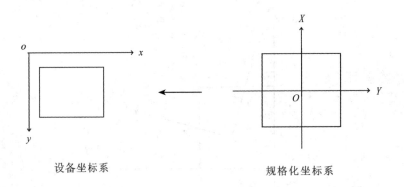

图 14-17　设备坐标系与规格化坐标系变换示意

四、数据处理

数据处理是数字地图制图过程中的一个重要环节,包括对制图数据的存储、选取、分析、加工、输出等操作,以完成地图制作过程中的几何改正、比例尺和投影变换、要素的制图综合、数据的符号化等。这里讨论的数据处理指从采集数据到绘图或显示之前的数据操作,按数据格式的不同通常可分为矢量数据处理和栅格数据处理两大类,分别介绍如下:

(一) 矢量数据处理

1. 矢量数据处理的方式及基本操作

矢量数据处理既能按人机交互方式进行,也能按批处理方式进行,有时还可将这两种方式结合起来。

人机交互方式是在联机情况下,用户通过键盘或鼠标向计算机发出命令或询问,计算机通过屏幕向用户报告信息,从而完成各种处理的方式。该方式常用于数据的改错、对源数据进行更新等。人机交互方式能进行实时数字化编辑、图形编辑和显示或绘图。

批处理方式又叫程序处理方式,是利用程序进行数据处理的方式,它把输入的数据或编图作业中相同或类似的项目集中在一起,用同一个程序一次运行处理完毕。该处理方式常用于对全部原有数据为某种编图目的进行再加工,如坐标变换。它只需在程序运行前给定具体参数,之后无须对计算机做任何操作,因此可节省时间和减轻人员的劳动强度,提高数据处理的效率。

矢量数据处理过程通常可分为八种基本运算操作:存取、插入、删除、搜索、分类、复制、归并、分隔。其中,存取是指与读/写有关的操作;插入和删除主要是在编辑过程中用来修改和更新地图的内容;搜索用于寻找某地图要素数据,如某一级道路数据等;分类是重新组织数据,使之便于处理和标出对地图用户具有特定意义的某些分布的分级排列;复制使得数据能被传输;归并能把低层次的数据集合到地区或国家这些高层次的范畴上来;分隔则可以获得较小的数据集(如开窗),以便对原有数据进行更详细的处理。

2. 数据编辑

数据编辑是指对地图资料数字化后的数据进行编辑加工,一般按以下步骤进行:

(1) 显示数据

在屏幕上显示或绘图显示,以便与原图进行比较检查,找出数字化过程的差错。

(2) 数字化定位

它是为了一旦发现所显示的图像上的错误,可找到数据库中相应的数字化数据。原则上数字检测的方法主要依据坐标、特征码和序列号,检测的方法与数字化数据结构和资料本身有关。

(3) 编辑修改

对数字化数据中的错误作编辑修改是通过向计算机发布编辑命令来完成的。编辑命令有很多,可概括为删除数据和增加数据两种指令类型。常用到的命令有"变更"、"移动"、"删除"、"加入"、"截去"、"延长"、"分割"、"合并"等。另外,数据编辑还应得到检索和图形多级放大等功能的支持。

3. 数据预处理

数据的预处理是指对数据进行加工、变换,以使它更适合于存储、管理及进一步的分析和应用。预处理主要包括几何改正、数据压缩和数据匹配等。

(1) 几何改正

在数据编辑处理的过程中,一般只能消除或减少在数字化过程中因操作产生的局部误差或明显差错,但因图纸变形和数字化过程的随机误差所产生的影响,必须经过几何改正才能消除。几何改正的方法有很多,下面仅以常用的仿射变换方法为例进行介绍。

仿射变换是一种比较简单而实用的一次变换,是一种常用的实施地图内容转换的多项式拟合方法,其表达式为

$$\left.\begin{array}{l}x' = a_1x + a_2y + a_3 \\ y' = b_1x + b_2y + b_3\end{array}\right\} \quad (14\text{-}2)$$

式中,x,y 为变换前的坐标,x',y' 为变换后的坐标,a,b 是待定系数。理论上只要知道数字化原图上不在同一直线上 3 个点的坐标及其相应的理论值,便可算出系数 a 和 b,从而建立起变换方程,完成几何改正的任务,即对数字化地图的所有几何数据进行改正。实际应用时,可取多于 3 个点及其理论值,并用最小二乘法求解变换系,以提高变换精度。所选点的分布应能控制全图(常用四个图角点)。

仿射变换具有如下特点:

①直线变换后仍为直线;

②平行线变换后仍为平行线,并保持简单的长度比;

③不同方向上的长度比发生变化。

仿射变换主要适用于原图有线性变形的情况。

对于原图有较为复杂变形的情况,可使用分块仿射变换。该变换可把任意指定的四边形一对一地连续变换到另一任意指定的四边形。实现的过程是由两个仿射变换,即 $\triangle A_1A_2A_3 \rightarrow \triangle A'_1A'_2A'_3$ 和 $\triangle A_1A_3A_4 \rightarrow \triangle A'_1A'_3A'_4$ 所组成(如图 14-18)。该方法的特点是:每一个三角形的仿射变换都只利用三角形三顶点的坐标条件,故两邻接三角形公共边界上的点,其变换的映象是惟一的。当区域较大时,若将区域划分成若干个较小的四边形,每个四边形分别用上述方法变换,各四边形邻边上变换的映象也是惟一的,所以各四边形区域中的全部图形都能拓扑地变换到相应的区域。故利用分块仿射变换能以小区域内简单变换解决大区域内复杂图形的变换问题。

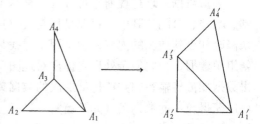

图 14-18 分块仿射变换示意

(2) 数据压缩

数据压缩的目的是删除冗余数据,减少数据的存储量,节省存储空间,加快后续处理速度。

在数字地图的制图过程中,数据压缩的主要对象是线状要素的中轴线和面状要素的边界数据。数据压缩的方法有多种。

①间隔取点法:间隔取点法又可细分为两种:第一种是以曲线坐标串序列号为主,规定每隔 K 个点取一点;第二种则以规定距离为间隔的临界值,舍去那些离已选点比规定距离更近的点。间隔取点法可大量压缩数字化仪用连续方法获取的点串中的点,但不一定能恰当地保留方向上曲率显著变化的点。还需注意的是,在数据压缩的过程中,由于首末点在数字制图中有着重要的特殊意义,故一定要设法保留。

②垂距法:该方法是按垂距的限差选取符合或超过限差的点。在图 14-19 中,设 i 点为

当前点，$i+1$，$i+2$ 点分别为顺序相邻的点，过 $i+1$ 点作点 i 与点 $i+2$ 连线的垂线得到相应的垂距。若该垂距小于规定的限差，则说明从 i 到 $i+2$ 点的连线可取代 i 到 $i+1$ 再到 $i+2$ 点的折线，因此点 $i+1$ 被舍去；反之，若该垂距大于所规定的限差，则点 $i+1$ 应保留。

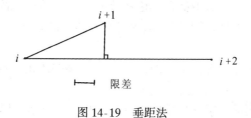

图 14-19 垂距法

③偏角法。该方法是以偏角的大小为选取条件，按偏角的限差选取符合或超过限差的点。如图 14-20 所示，i 点为当前点，分别作 i 与 $i+1$ 点连线和 i 与 $i+2$ 点的连线，求出相应的夹角 α。若该夹角大于或等于规定的限差，则点 $i+1$ 应保留；否则，点 $i+1$ 应舍去。

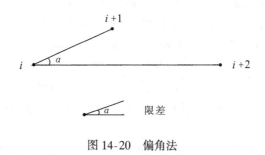

图 14-20 偏角法

④道格拉斯-普克法。该方法试图保持整条曲线的走向，并允许制图人员规定合理的限差。其数据压缩的基本方法为：首先，在一条曲线的首末两点间连一条直线，求出曲线上其余各点到该直线的距离，选其最大者与规定的限差作比较，若大于或等于限差，则保留离直线距离最大的点，否则将直线两端间各点全部舍去。图 14-21 为该数据压缩方法的示意。显然，图中点号为 4 的点应该保留。然后，将已知点列分成两部分处理。计算 2，3 点到 1，4

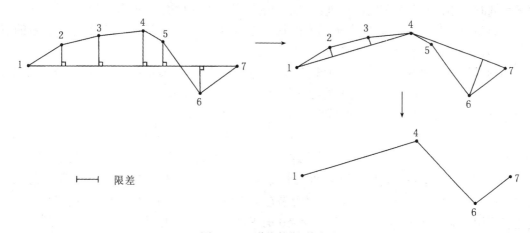

图 14-21 道格拉斯-普克法

点连线的距离，选距离大者与限差比较，结果2，3点均应舍去。再计算点5、点6到4，7点连线的距离，经比较，点6应保留。依此类推，最后保留下来的点在原数据中的编号为1，4，6，7点。当然也将压缩后的数据重新排序为点列1，2，3，4。

在上述的几种方法中，一般情况下，道格拉斯-普克法的压缩效果最好，其次是垂距法、间隔取点法和偏角法。但道格拉斯-普克法须对整条曲线同时进行处理，其计算工作量较大。

(3) 数据匹配

数据匹配是数据处理的一个重要方面，主要用于误差纠正。数据匹配涉及的内容较多，这里仅介绍有关节点匹配和数字接边的问题。

①节点匹配：在地图的数字化过程中，在数字化一些以多边形或网结构图形表示的要素时，同一点（如几个边相交的点）可能被数字化好几次，即使在数字化时仔细地将标示器的十字丝交点对准它，由于仪器本身的精度和操作上的问题，也不能保证几次数字化都获得同样的坐标值。因此，在数据处理时，应将它们的坐标重新配置，这就是所谓的节点匹配。

节点匹配的方法采用匹配程序对多边形文件进行处理，即让程序按规定搜索位于一定范围内的点，求其坐标的平均值，并以这个平均值取代原来点的坐标。经处理后，在多边形生成时，若还发现有少数顶点不匹配，也可辅以交互编辑的方法进行处理。

②数字接边：在对地图进行数字化时，一般是一幅一幅地进行。由于纸张的伸缩或操作误差，相邻图幅公共图廓线两侧本应相互连接的地图要素会发生错位。另外，受数字化仪幅面的限制，有时一幅图还需分块进行数字化，这样分块线两侧本应相互连接的地图要素也可能发生错位。因此，在合幅或拼幅时均须对这些分幅数字地图在公共边上进行相同地图要素的匹配，这就是数字接边。

在数字地图更新时，数字接边也是非常重要的，尤其是在局部区域内的数据需全部更新时，新旧资料拼接线上的要素必须做接边处理。

4. 数据变换

数据变换的内容较多，包括数据结构变换、数据格式变换、矢栅变换、投影变换及图形的几何变换等。这里仅介绍几何变换中二维图形的线性变换。

几何变换是数字地图制作中的基本技术之一，它可节省图形数据的准备时间，可利用一些简单的图形组合成相当复杂的图形，还可用一些平面图反映出立体形态，在交互处理过程中还可随时对用户所需处理的图形进行一系列的变换，以满足用户的要求。

二维图形的几何变换就是将原图形的每一个点 (x, y) 经过某些变换后产生新的点 (x', y')，从而完成整个图形的变换。

图形中任意点的变换可以用变换矩阵算子来实现。每一个点相对于一个局部坐标系来说都是一个位置矢量，可用一个矩阵来表示。

二维线性变换一般形式的代数式为：

$$\left.\begin{array}{l} x' = a_1 x + b_1 y + c_1 \\ y' = a_2 x + b_2 y + c_2 \end{array}\right\} \quad (14\text{-}3)$$

为了便于矩阵运算，我们将原来的二维矢量 (x, y) 变成一个第三维为常数1的三维矢量 $(x \ y \ 1)$，其几何意义可以理解为是在第三维为常数的平面上的一个点。在三维直角坐标系中，矢量 $(x \ y \ 0)$ 是位于 $Z=0$ 的平面上的点，而矢量 $(x \ y \ 1)$ 则是位于 $Z=1$ 的平面上的点。这对平面图形来说，没有什么实质性的影响，但却给后面使用矩阵算子进行二维图形变换带来很多方便。

这种用三维矢量表示二维矢量的方法称为齐次坐标表示法。由于引入了齐次坐标表示方法，可以把二维线性变换的一般形式以矩阵方式表示为：

$$(x' \quad y' \quad 1) = (x \quad y \quad 1) \begin{bmatrix} a_1 & a_2 & 0 \\ b_1 & b_2 & 0 \\ c_1 & c_2 & 1 \end{bmatrix} \tag{14-4}$$

式中，$\begin{bmatrix} a_1 & a_2 & 0 \\ b_1 & b_2 & 0 \\ c_1 & c_2 & 1 \end{bmatrix}$ 称为二维线性变换的矩阵算子。

设原始点矢量 $X(i)$ 和变换后点矢量 $X'(i)$ 分别以下式表示：

$$\left. \begin{array}{l} X(i) = (x_i \quad y_i \quad 1) \\ X'(i) = (x'_i \quad y'_i \quad 1) \end{array} \right\} \tag{14-5}$$

则二维图形变换的矩阵形式为：

$$X'(i) = X(i) T \tag{14-6}$$

式中，T 为二维线性变换矩阵算子。

数字地图中常用的几种二维图形变换矩阵算子介绍如下：

①平移变换：平移变换算子为：

$$T_t = \begin{bmatrix} 1 & 0 & 0 \\ 0 & 1 & 0 \\ x_p & y_p & 1 \end{bmatrix} \tag{14-7}$$

式中，常数 x_p 和 y_p 是点 (x, y) 沿 x 轴和 y 轴方向平移的两个分量。

变换结果为：

$$(x' \quad y' \quad 1) = (x \quad y \quad 1) \begin{bmatrix} 1 & 0 & 0 \\ 0 & 1 & 0 \\ x_p & y_p & 1 \end{bmatrix} = (x + x_p \quad y + y_p \quad 1) \tag{14-8}$$

即变换后的坐标分别在 x 方向和 y 方向增加了一个增量 x_p 和 y_p，使得

$$\left. \begin{array}{l} x' = x + x_p \\ y' = y + y_p \end{array} \right\} \tag{14-9}$$

②比例变换：比例变换算子为：

$$T_s = \begin{bmatrix} s_1 & 0 & 0 \\ 0 & s_1 & 0 \\ 0 & 0 & 1 \end{bmatrix} \tag{14-10}$$

式中，s_1 和 s_2 分别为 x 方向和 y 方向上的缩放因子。

当 $s_1 \neq 0$，$s_2 \neq 0$ 时，变换结果为：

$$(x' \quad y' \quad 1) = (x \quad y \quad 1) \begin{bmatrix} s_1 & 0 & 0 \\ 0 & s_2 & 0 \\ 0 & 0 & 1 \end{bmatrix} = (s_1 x \quad s_2 y \quad 1) \tag{14-11}$$

即

$$\left. \begin{array}{l} x' = s_1 x \\ y' = s_2 y \end{array} \right\} \tag{14-12}$$

可以看出，缩放因子 s_1 和 s_2 的不同取值直接影响图形的缩放效果，讨论如下：

当 $s_1 = s_2 \neq 1$ 时，为相似变换；

当 $s_1 = 1$，$s_2 \neq 1$ 时，为 y 方向比例变化；

当 $s_1 \neq 1$，$s_2 = 1$ 时，为 x 方向比例变化；

当 $s_1 \neq s_2 \neq 1$ 时，为 x 方向和 y 方向都有比例变化，且不相等。

在上述变换中，当缩放因子小于 1 且大于 0 时，为压缩；而当缩放因子大于 1 时，则为放大。

特殊地，当 $s_1 = 1$，$s_2 = -1$ 时，为 x 轴的对称变换，此时有：

$$\left.\begin{array}{l} x' = x \\ y' = -y \end{array}\right\} \quad (14\text{-}13)$$

故图形变换后对 x 轴对称。

当 $s_1 = -1$，$s_2 = 1$ 时，为 y 轴的对称变换，此时有：

$$\left.\begin{array}{l} x' = -x \\ y' = y \end{array}\right\} \quad (14\text{-}14)$$

图形变换后对 y 轴对称。

③旋转变换：旋转变换算子为：

$$T_r = \begin{bmatrix} \cos\theta & \sin\theta & 0 \\ -\sin\theta & \cos\theta & 0 \\ 0 & 0 & 1 \end{bmatrix} \quad (14\text{-}15)$$

式中，θ 为旋转的角度，规定从 x 轴正向起算，逆时针方向旋转时，角度为正值，顺时针方向旋转时，角度为负值。

变换结果为：

$$(x'\ y'\ 1) = (x\ y\ 1)\begin{bmatrix} \cos\theta & \sin\theta & 0 \\ -\sin\theta & \cos\theta & 0 \\ 0 & 0 & 1 \end{bmatrix} = (x\cos\theta - y\sin\theta\ \ x\sin\theta + y\cos\theta\ \ 1)$$

$$(14\text{-}16)$$

即

$$\left.\begin{array}{l} x' = x\cos\theta - y\sin\theta \\ y' = x\sin\theta + y\cos\theta \end{array}\right\} \quad (14\text{-}17)$$

④错切变换：错切变换算子为：

$$T_m = \begin{bmatrix} 1 & m_1 & 0 \\ m_2 & 1 & 0 \\ 0 & 0 & 1 \end{bmatrix} \quad (14\text{-}18)$$

式中，错切因子 m_1，m_2 不同时为 0。

变换结果为：

$$(x'\ y'\ 1) = (x\ y\ 1)\begin{bmatrix} 1 & m_1 & 0 \\ m_2 & 1 & 0 \\ 0 & 0 & 1 \end{bmatrix} = (x + m_2 y\ \ m_1 x + y\ \ 1) \quad (14\text{-}19)$$

即

$$\left.\begin{array}{l} x' = x + m_2 y \\ y' = m_1 x + y \end{array}\right\} \tag{14-20}$$

当 $m_1=0$ 时，向 x 方向错切，图形变换后 x' 的坐标值是在原值的基础上增加了一个增量 $m_2 y$，而 y 方向的坐标值不变；当 $m_2=0$ 时，向 y 方向错切，图形变换后 y' 的坐标值是在原值的基础上增加了一个增量 $m_1 x$，而 x 方向的坐标值不变。

在数字地图中，若将组成矢量符号图形的坐标串用一个 $n \times 3$ 的矩阵表示，其中 n 是 n 个离散点坐标矩阵的行数，每行的第三个元素规定为 1，则该矩阵与变换算子乘积的结果也是一个 $n \times 3$ 的矩阵，其中每行第一列和第二列元素为变换后的新坐标。

此外，上述几种二维图形变换矩阵算子可彼此相乘，进而产生多种变换的矩阵变换算子，以实施连续的变换。但要特别注意的是，由于矩阵乘法不具备交换律，因此算子排列的先后顺序是至关重要的。

5. 开窗显示

在实际绘图工作中，经常碰到要处理图形的局部选择问题。在整个图形中选取需要处理的部分，称为图形的开窗。

数字地图包括的区域可能是很大的，有时用户只对其中的某一部分产生兴趣，这时需要选择一个特定区域来观察，这个区域称为窗口。当人们希望利用指定的有效空间或存储介质，对某个局部区域进行图形数据的显示或转存时，往往要使用开窗技术。例如在图形终端显示器上对局部图形进行放大显示，或在绘图机上绘制局部图形时，都可用开窗的方式解决。

窗口通常是矩形的。其轮廓点坐标可由键盘输入，也可将全图显示在屏幕上用光标确定。一般只需输入或标定左下角和右上角的坐标即可（如图 14-22）。

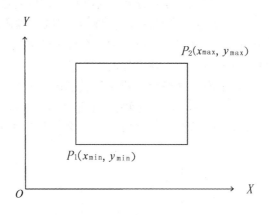

图 14-22 窗口定义

窗口确定后，还需考虑如何裁掉窗口以外的图形，只显示窗口以内的内容，这一过程称为剪辑。不同的图形元素要采取不同的剪辑技术。下面分点、线、面三种图形元素讨论其剪辑方法。

（1）点的剪辑

若窗口左下角和右上角坐标已知，点的剪辑实际上就是判断该点是否在窗口内，在窗口内就选取，否则就舍去。

设窗口左下角和右上角坐标分别为 ($x_{\min}$, $y_{\min}$) 和 ($x_{\max}$, $y_{\max}$), 只要 P 点的坐标 (x_P, y_P) 满足条件 $x_{\min} < x_P < x_{\max}$ 且 $y_{\min} < y_P < y_{\max}$, P 点就在窗口内, 反之则在窗口外。

(2) 线状要素的剪辑

因为线状要素是由有序线段组成的折线来逼近的，故对线状要素的剪辑只需讨论线段的剪辑即可，剪辑过程一般分两步进行：

①对线段进行检验：判断其是否在窗口内，是全部在窗口内还是部分在窗口内（与窗口相交），或是完全在窗口外。

②对上述情况分别处理：如果线段全在窗口内，则显示该线段；如线段全在窗口外，则不显示；如线段与窗口相交，则须找出交点位置，显示窗口内部分，舍去窗口外部分。

有关线段剪辑的方法有许多，这里介绍一种常用的分区编码法。

为了判断线段与窗口的位置关系，可将矩形窗口的四条边界线延长，于是平面被划分成 9 个区域（如图 14-23）。中间部位是窗口，其余 8 个区域都在窗口外，各分区的编码采用四位二进制数（四比特串）。每一位表示相对于一条边界线的位置关系，线段端点与各边界线的位置关系可按如下约定：如果点在窗口上边线之上，则第一位记 1，否则记 0；如果点在窗口下边线之下，则第二位记 1，否则记 0；如果点在窗口右边线之右，则第三位记 1，否则记 0；如果点在窗口左边线之左，则第四位记 1，否则记 0。采用这种编码方法，每个点所在区域都有一个惟一的四比特串与之对应。例如左下角的点对应的区域编码一定是 0101。

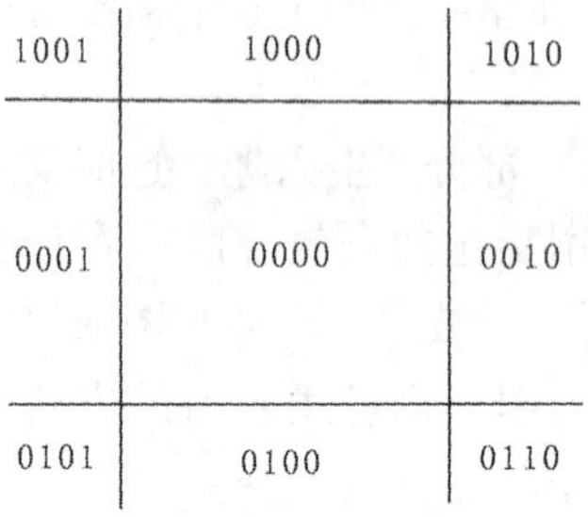

图 14-23 分区编码

根据线段起点和终点所处的区域，可以求出它们的区位编码。为了确定该线段是在窗口内还是在窗口外，可为该线段建立一个新的编码——复合编码，即该线段两个端点的区位编码的四个二进制数的逻辑"与"。根据复合编码是否为 0，可将线段与窗口的关系分为两类进行处理：

如果复合编码不为 0，则该线段位于窗口外而不予显示。

如果复合编码为 0，则可能有三种情况：若两端点的区位码均为 0，则该线段全部位于窗口内而被显示；若其中有一个区位码为 0 而另一个不为 0，则该线段与窗口有一个交点；若两个端点的区位码均不为 0，则该线段与窗口有两个交点或无交点（如图 14-24）。

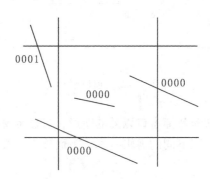

图 14-24 复合编码

在上述的判断过程中，对于那些有可能与窗口相交的线段，应求出其交点，以便显示窗口内部分，去掉窗口外部分。求交点的方法通常是用线性方程表示线段和窗口边界线，建立4个联立方程组，分别对它们求解即可，但这些交点是否就是线段与窗口边界线的交点，还须进一步判断，如果下列条件：

$$(x-x_{\min})(x-x_{\max}) \leqslant 0 \text{ 且 } (y-y_{\min})(y-y_{\max}) \leqslant 0$$

和

$$(x-x_1)(x-x_2) \leqslant 0 \text{ 或 } (y-y_1)(y-y_2) \leqslant 0$$

成立，则说明点（x，y）落在线段和窗口边界线上。这里（x，y）是所求交点之一的坐标，（$x_{\min}$，$y_{\min}$）是窗口左下角点的坐标，（$x_{\max}$，$y_{\max}$）是窗口右上角点的坐标，（x_1，y_1）及（x_2，y_2）为线段的两个端点坐标。上式中，若$|x_2-x_1|>|y_2-y_1|$，则采用$(x-x_1)(x-x_2) \leqslant 0$ 判别式；否则采用$(y-y_1)(y-y_2) \leqslant 0$ 判别式。

(3) 面状要素的剪辑

面状要素的边界线是由一条有序线段组成的封闭折线。因此剪辑方法基本上与线状要素的处理相同，但在显示时应把窗口边界线上的有关线段加入显示部分，以形成一个封闭的图形（如图14-25）。

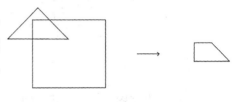

图 14-25 面状要素剪辑

(二) 栅格数据处理

栅格形式的数据在数字地图制图中的应用起着越来越重要的作用。栅格数据的处理方法多种多样，这里主要介绍其中的基本运算以及在数字地图制图中常用的宏运算。

1．栅格数据的基本运算

(1) 灰度值变换

栅格数据中像元的原始灰度值往往需要按某种特定方式进行变换，从而得到较好的图形质量或分析效果。其变换方式通常用"传递函数"来描述。其中原始灰度值与新灰度值之间的关系正如函数中自变量与因变量之间的关系。

传递函数在直角坐标系中可用图解曲线来表示。图 14-26 表示了几种典型传递函数的图

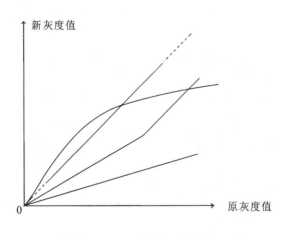

图 14-26 几种传递函数曲线

解曲线。其中，线性、分段线性和非线性变换关系可直接用数学上的线性、分段线性和非线性函数来描述。临界值操作是指凡低于（或高于）某一个临界值的灰度值都被置成一种新灰度值（例如0），其余的可置为另一种不同的灰度值（例如1）。分割型传递函数的目的是把

一定范围内（如100～200之间）的原始灰度值原封不动地保留，而把其余所有的原始灰度值均变换为零。

(2) 栅格数据的平移

平移是栅格数据处理中简单而重要的运算。它是指将原始的栅格图形数据按事先给定的方向平移一个确定的像元数。这里，方向是指栅格像元八向邻域中的任何方向。图14-27显示了原始图形向右平移一个像元的情况。

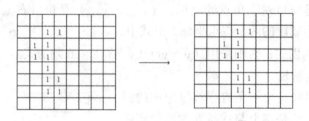

图14-27 栅格数据平移示意

(3) 两个栅格图形数据的算术组合及逻辑组合

这里，算术组合是指将两个栅格图形数据互相叠置，使它们对应像元的灰度值相加、相减、相乘等（如图14-28的(a)，(b)，(a)+(b)）。

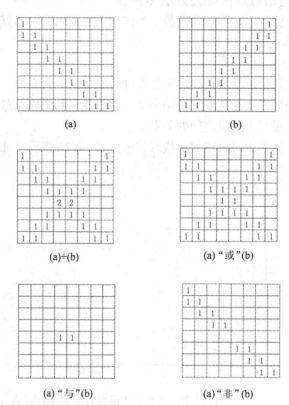

图14-28 栅格数据的算术组合及逻辑组合

逻辑组合则是利用逻辑算子"或"、"异或"、"与"和"非"，对两个栅格图形中相应像元进行逻辑组合（如图 14-28 中的 (a) "或" (b)、(a) "与" (b)、(a) "非" (b)）。

另外，还有许多常见的基本运算，如将栅格数据中所有灰度值置成一个常数（如 0）；把所有灰度值加上或乘以一个常数；求所有元素灰度值之和；找出灰度值为最大的元素等。

2．栅格数据的宏运算

在数字制图中，常用到下列一些宏运算：

(1) 扩张

该算法中，同一属性的所有物体将按事先给定的像元数目和指定方向进行扩张。例如，向右扩张一个像元的过程如图 14-29 所示。

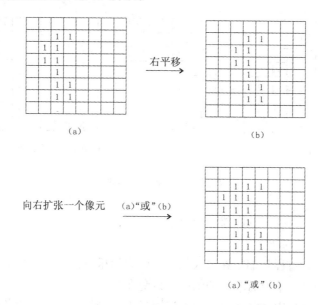

图 14-29　向右扩张像元示意

(2) 侵蚀

该算法中，同一属性的所有物体将在指定的方向上按事先给定的像元数目受到背景像元的侵蚀，也就是背景像元在这个方向上的扩张。图 14-30 表示原图左侧被蚀去一列的情况。

图 14-30　侵蚀算法示意

(3) 加粗

在这种算法中，同一种属性的所有物体将按事先给定的像元数加粗。图 14-31 表示出了一条线被加粗一个像元的过程。该过程是按四个主方向进行了平移（均从原图出发），故又被称为四向邻域加粗。从中还可以看出，这种加粗的宏运算要多次应用平移与逻辑组合两种基

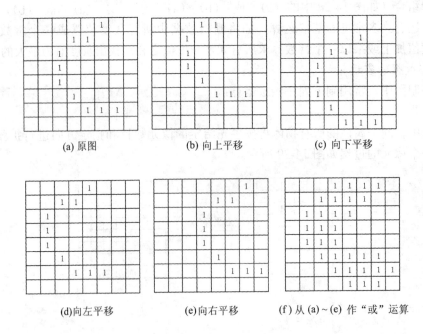

图 14-31　四向邻域加粗

本运算。与此类似，还可推出八向邻域加粗的运算过程。

（4）减细

减细算法的原理和过程与加粗算法很相似，因为加粗背景像元就是减细物体像元。必须指出的是，在减细的过程中应有必要的限制，以免要素消失。

在数字地图制作过程中，常综合运用上述宏运算。例如，原图为两条相交公路符号的中轴线栅格图形，利用加粗、减细宏运算，可制作多重线划的公路符号。具体运算中，先对公路轴线作两次加粗，第一次加粗至公路符号的内宽，第二次加粗至其外宽；两种加粗后的栅格图形数据通过逻辑算子作"异或"运算，其结果即为双线公路符号图形；更进一步，如果把原始公路轴线用逻辑算子"或"与上述双线公路符号图形作逻辑组合，则可产生三线公路符号。

（5）填充

所谓填充即在给定的区域范围内，让其中一些单个像元（填充胚）通过某种算法蔓延，进而把这些区域全部充满。填充的算法有多种，常用的有蔓延法和逐行填充法。

①蔓延法：设某指定的区域范围线上的像元灰度值为"1"，而"2"为填充胚（又称种子），如图14-32所示。首先测试原图填充胚的上、下、左、右四邻，凡是不属于范围线上的像元，均置成与填充胚同样的灰度值"2"，让它们成为新的填充胚，并将其放入一个栈。其次，从栈中弹出一个填充胚，测试它的四邻，只要不属于范围线上的像元，均被置成"2"，并作为新填充胚记入栈，这样反复进行下去，直到栈空为止。

②逐行法填充：该方法也是将填充胚放入一个栈，在弹出一个填充胚后，便以此为起点向左右两边尽可能将其所在行用同一灰度值"2"填满，直至左右两端均受到范围线"1"像元的阻挡。然后，在新近被填充的行的上下两侧，搜索新的填充胚位置。对于同一行中互相连通的"0"像元，只要在栈中放入一个填充胚就够了。完成对两侧新填充胚的搜索和存放

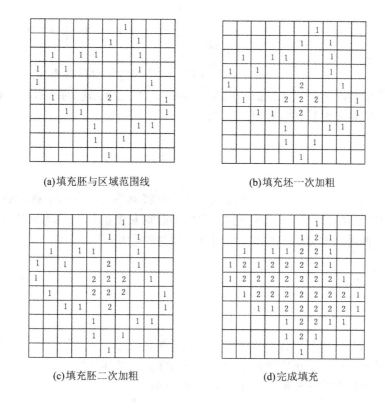

(a)填充胚与区域范围线　　(b)填充坯一次加粗

(c)填充胚二次加粗　　(d)完成填充

图 14-32　蔓延法填充

后,对该行的处理才算结束。然后,从栈中弹出一个新的填充胚,重复行填充和上下搜索新填充胚位置的过程,直至栈空为止。该法所需的栈空间较少。

(6) 滤波

滤波是对以周期振动为特征的一种现象在一定频率范围内予以减弱或抑制。该方法最先应用于电信技术中。在对栅格数据处理时,也可以引用振动的概念:在栅格图形上随着抽样点位置的逐渐变化而呈现变化的不同灰度值。因此可以将在电信技术中使用的滤波公式转用于栅格数据处理。下面介绍一种重要的滤波算法,即褶积滤波。

在褶积滤波中,每个像元的原始灰度值 $G_{y,x}$ 被其邻域 U 中灰度值 $G_{y+k,x+l}$ 的加权平均值所取代。该邻域的大小可以为 $n \times n$ 个像元(n 为奇数)。在该邻域内,每个像元被赋予一个权数 $W_{i,j}$:

$$权矩阵\ U = \begin{bmatrix} W_{11} & W_{12} & \cdots & W_{1n} \\ W_{21} & W_{22} & \cdots & W_{2n} \\ \vdots & \vdots & & \vdots \\ W_{n1} & W_{n2} & \cdots & W_{nn} \end{bmatrix} \quad (14\text{-}21)$$

把该邻域的每一像元灰度值乘以其权矩阵中对应的分量 $W_{i,j}$,然后算出在此邻域内的加权平均灰度值 $G'_{y,x}$,放入结果矩阵中,取代原始灰度值 $G_{y,x}$:

$$G'_{y,x} = \frac{1}{\sum_{i=1}^{n}\sum_{j=1}^{n}W_{i,j}} \sum_{k=-\frac{n-1}{2}}^{\frac{n-1}{2}} \sum_{l=-\frac{n-1}{2}}^{\frac{n-1}{2}} G_{y+k,x+l} \cdot W_{k+\frac{n+1}{2}, l+\frac{n+1}{2}} \qquad (14-22)$$

(对于除"图边"以外所有 y, x)

在某些特定的情况下，上述褶积公式的计算可以用前面介绍过的基本运算来代替（仅略去用权数之和去除各分量）。例如，对于权矩阵形如

$$U = \begin{bmatrix} 0 & 1 & 0 \\ 1 & 1 & 1 \\ 0 & 1 & 0 \end{bmatrix} \qquad (14-23)$$

的情况，可将原图向四方向各平移一个像元，然后再将原图与四方向平移的结果相加即可。由此所产生的是低通滤波。经过低通滤波，原栅格数据灰度值分布的高频率部分被滤掉了。在数字地图中，低通滤波可用于制图综合时破碎地物的合并。

对于形如

$$U = \begin{bmatrix} 0 & -1 & 0 \\ -1 & 4 & -1 \\ 0 & -1 & 0 \end{bmatrix} \qquad (14-24)$$

的特殊权矩阵，因其周边部分含有负的权数，故可实施高通滤波。其实施方法为：先将原图向四方向各平移一个像元，再将原图乘以 4 后减去四方向平移的结果。在数字制图中，高通滤波可用于面状物体的边缘提取及区域范围、面积的确定。

（7）几何变换

当需要消除扫描原图的变形或改变投影类型时，栅格数据地图往往需按位置进行几何变换。根据变换过程的不同，可分为两种变换方案：

①直接变换法：该方法从原始栅格地图阵列出发，依次对其中每一个像元中心点 p (x, y)（x, y 所位于的栅格行、列号分别为 i, j），通过变换公式求其在新栅格地图中的位置 $P(X, Y)$，同时把点 $p(x, y)$ 所在栅格的灰度值送到 $P(X, Y)$ 上去。其变换公式形式一般为：

$$\left.\begin{array}{l} X = F_x(x, y) \\ Y = F_y(x, y) \end{array}\right\} \qquad (14-25)$$

式中，(x, y) 为某像元中心点在原始栅格图形中的坐标；(X, Y) 为同名像元中心点在变换后栅格图形中的坐标；F_x, F_y 为几何变换函数。

②间接变换法：该法是从变换后的栅格阵列出发，依次计算其中每个像元中心点 P (X, Y)（X, Y 所位于的栅格行、列号分别为 I, J）于变换前在原始栅格图形中的位置 $p(x, y)$，求出点 $p(x, y)$ 应有的灰度值后，将此位置上的灰度值返送给点 $P(X, Y)$ 所在的栅格像元，其变换公式形式一般为：

$$\left.\begin{array}{l} x = G_x(X, Y) \\ y = G_y(X, Y) \end{array}\right\} \qquad (14-26)$$

式中，G_x, G_y 为间接法的几何变换函数，是 F_x, F_y 函数的逆运算。

五、比例尺变换

为了充分利用地图数字化数据，使用同样的一些数字化资料编制不同比例尺的多种地图

作品，往往要进行比例尺变换。

对于一般的图形而言，其比例大小的变换很简单，只需乘上适当的比例变换因子即可。但是地图的比例尺变换不仅是简单的图形尺寸缩放，而是伴随着各个地图要素的细节及要素的数量的增减，以及各要素间相互关系的处理，这实际上是自动综合的问题。因此地图比例尺变换是一项很困难的工作，是数字地图编制的难点，还有待于进一步研究。这里介绍一种使用变焦数据来进行比例尺变换的方法。虽然它还不是真正意义上的自动制图综合，却可在某些特定的比例尺之间进行变换。

变焦数据的核心问题是要建立数据的多层存储结构，以适应多种比例尺间的变换（如图14-33）。基本方法是：

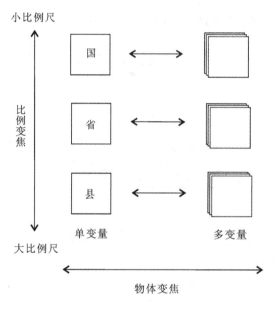

图 14-33　变焦方法示意

1．要素细节的分层存储

可用图形曲线综合算法把线段分为树结构，下一层包含着为坐标所反映的更多细节，这些细节的坐标是树的更高层内容的中间点（如图 14-34）。为了在多种比例尺之间进行快速变换，需把地图数据分层存储，每层包含更高层的中间坐标点，如果一个数据库包含着按这种方式划分的曲线，则只需要按图形输出的比例尺来确定相应的存储级别。

2．地图数据的多级变焦

为了给不同的比例尺提供所需的不同详细程度的地图数据，需配备必要的机制，即在存储最详细内容的基础上建立二维参考索引。

在二维参考索引中存放各地图要素不同综合级别的数据库地址，即该矩阵的每一个节点都有一个空间数据库存在（如图 14-35）。该方法把线性数据以坐标树的形式进行存储，使得图形的详细程度或综合程度是可变的。树的各层以不同的记录分离存储，当按属性码检索时，只需要根据所选比例尺存储足以表示该要素的那些坐标点。

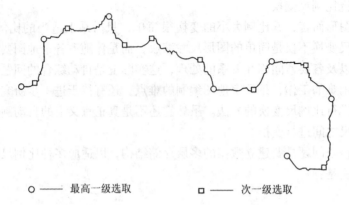

○ —— 最高一级选取　　　□ —— 次一级选取

图 14-34　曲线特征点的逐级筛选

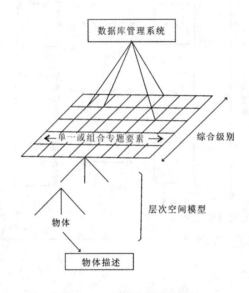

图 14-35　变焦数据系统结构

六、数据组织

为了使计算机更有效地处理地图数据，必须对这些数据进行良好的组织管理，因此有必要对地图数据特征、结构及相应的组织管理方法进行研究。

（一）地图数据的基本特征及其表示

1. 地图数据的基本特征

地图数据是以点、线、面等方式采用编码技术对空间物体进行特征描述及在物体间建立相互联系的数据集。

地图数据有三个特征描述，即定位信息（图形数据）、非定位信息（属性数据）和伴随的时间信息。

物体之间的相互联系主要指空间关系（如方向、距离、拓扑关系等）。其中，拓扑关系是指在网结构（如交通网、境界线网等）元素中节点、弧段、面域之间的邻接、关联、包含等关系。这些关系的空间逻辑意义更重于其几何意义，它能从质的方面反映出空间实体之间的结构关系。

2．地图上的拓扑关系及其表示

（1）地图上的拓扑关系

拓扑学研究的是图形在保持连续状态下变形时的那些不变的性质。在拓扑空间中对距离和方向参数不予考虑。由于地图上两点间的距离或方向会随地图投影的不同而发生变化，因此仅用距离和方向参数还不可能确切地表示它们之间的空间关系。如果引用拓扑关系表示，则不论投影如何变化，其邻接、关联和包含等关系都不会改变。拓扑关系能从质的方面反映地理实体的空间结构关系。

从几何方面看，地图要素可概括为点、线、面三类，这种概括正适合于建立拓扑关系，并与拓扑关系中的网结构元素点、弧段和面域相对应。

地图上的点要素（如三角点、高程点等）附近没有其他要素与之联系时，表示该要素的零维图形称为独立点（P）。如果在某个有一定意义的零维图形附近还存在另外有意义的零维图形与其联系，则称这个零维图形为节点（N），如道路交叉点等。

联结两节点的有一定意义的一维图形称为弧段（E），如两个居民地之间的道路。

由一些弧段围成的有一定意义的闭合区域称为面域（A）。

拓扑邻接和拓扑关联是网结构元素之间的两类二元关系。拓扑邻接关系存在于同类型元素之间，如每条弧段的端点偶对集合形成节点邻接关系，每条弧段的两侧面域偶对集合形成面域邻接关系（如图14-36）。

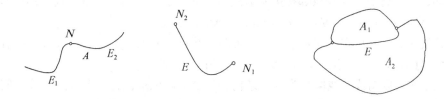

(a) N 两端 E_1 与 E_2 的邻接关系　　(b) E 两端 N_1 与 N_2 的邻接关系　　(c) E 两端 A_1 与 A_2 的邻接关系

图 14-36　拓扑邻接

关联关系存在于同一图上的不同类型之间。如节点与相交于该点的各弧段的关联关系，面域与环绕着它的各弧段间的关联关系（如图14-37）。

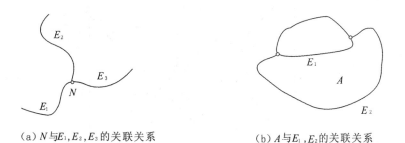

(a) N 与 E_1, E_2, E_3 的关联关系　　　　(b) A 与 E_1, E_2 的关联关系

图 14-37　拓扑关联

拓扑包含关系指面域同包含于其中的点、弧段、面域的对应关系。当面域和其他元素交

织在一起（如行政单元中包含或穿过其他地理要素），则存在拓扑包含关系。

如果将地图数据中图形的节点、弧段、面域按上述拓扑关系建立联系，那么采用一定的算法推导，能解决很多用户关心的问题，例如：

①通过某交通中心的道路有哪些？
②某道路沿线有哪些站点？
③两站点间最适宜的交通线是哪条？
④某河流有哪些支流？
⑤某区域的边界线是哪些？
⑥某区域的相邻区域是哪些？

(2) 地图上拓扑关系的表示

地图上的拓扑关系可以分为显式表式和隐式表示。如果将网结构元素（节点、弧段、面域）间的拓扑关系数据化，并作为地图数据的一部分予以存储，即为拓扑关系的显式表示；如果不能直接存储拓扑关系，而是由几何数据临时推导生成所需的拓扑关系，即为拓扑关系的隐式表示。

用显式表示的拓扑关系可以直接查询各种拓扑信息，但数据管理起来较复杂且占用存储空间大；而隐式表示的拓扑关系能节约空间，但不能直接查询各种拓扑信息，须通过运算导出所需的拓扑关系。通常将计算导出过程复杂的那部分拓扑关系（如面邻接关系）用显式表示，其余的用隐式表示。

例如，一种将面邻接和点邻接关系显式表示的方法是美国人口统计局采用的双重独立地图编码（Dual Independent Map Encoding，DIME）系统。

该系统中，DIME 文件的基本元素是由两个端点（节点）定义的线段（线段有两个节点标识符）、伴有这两个节点的坐标及线段两侧的区域代码。

DIME 文件以街段（线段）为基本结构，每个街段记录包含两个节点及节点间街道两侧的街区编码。通过对每条线段和节点的惟一标识以及它们的地理关系，便可作出精确的地理表达。

图 14-38 表示了一个以线段为基本结构的地图网络编码。

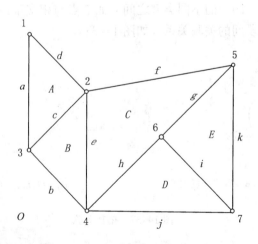

图 14-38　一个 DIME 文件地图网络编码

按 DIME 结构对地图进行编码及拓扑关系（面域邻接、节点邻接）表示的示意图如表 14-4 所示。表中节点号与线段号分别是节点标识符和线段标识符。

表 14-4 拓扑结构文件

线段号	始点	终点	左多边形	右多边形
a	3	1	O	A
b	4	3	O	B
c	3	2	A	B
d	1	2	O	A
e	4	2	B	C
f	2	5	O	C
g	5	6	E	C
h	6	4	D	C
i	7	6	D	E
j	7	4	O	D
k	5	7	O	E

（二）地图的数据结构及组织管理

早期数字制图使用的数据结构及有关的组织管理主要用于图形显示，大多属于表面数据结构及单个的文件组织，缺乏空间数据间的联系，不能进一步提供数据分析和评价，而真正有效的数据结构和组织应能在不同程度上采用某种方法满足地理实体空间关系的表达。

1. 地图数据结构的基本逻辑单元

面状要素由轮廓线及其内部面域信息组成。轮廓内任意一点与轮廓的环绕包含关系等同于面域与其轮廓的环绕包围关系，故可用轮廓内任意一点（通常称为"内点"）抽象地代表整个面域，并把相应面域信息赋给内点。这样可将地图要素概括为点、线两类。其中，点包括点状要素和区域"内点"（均称为孤立点）、线状要素的端点及线状要素间的节点；线是代表以某一个点为起点并以另一个点为终点的一条边（edge），或称弧段，弧段坐标串的坐标记录顺序代表该边的走向。

如果把孤立点看做长度为零的边以及端点和节点的坐标都包含在边的坐标记录中（起点和终点），可将地图要素的几何表示转化为仅仅是边的集合。通常将这种边作为地图数据结构的基本逻辑单元，也称为目标。目标与地理要素不同，它是地理要素的数据表示。线状要素往往被节点分割成若干目标，而点状要素则与目标一一对应。

用目标作为地图数据结构的基本逻辑单元有如下优点：

①多种要素的地理实体抽象概括为一类，使数据记录能以统一的逻辑结构进行存储和组织管理；

②能较好地体现地理分布的空间联系，易于导出多种关系信息；

③能减少冗余存储，同一条边如有多种属性也只需存储一次。

2. 目标内部的信息结构

一个目标是一条线段或一个点，它代表某个地理要素的全部或一部分。一个目标的内部信息主要包括定位信息、非定位信息及关系信息。

(1) 定位信息

定位信息由目标特征符、几何坐标串组成。其中目标特征符用于区分目标的图形特征，如一般点、有向点、多边形内点、线段等。

(2) 非定位信息

①类型表示：用特征码（也叫标题）表示地图要素类别，一般以特征码的高位数代表大类，低位数表示等级和性质等。

②数量与质量特征：数量（如高程、面积等）特征及质量（如品种、材料等）特征一般用副标题对表示。前一个数为副标题，表示数量或质量特征的类别，后一个数表示与副标题码对应的数量指标或性质说明。副标题对从属于某个特征码，在某个特征码下可能有多个副标题对。

③名称及说明注记：在目标数据中，地图注记用文字（或数字）和注记基线点坐标表示，注记位置与走向由通过基线点构成的基线确定。

(3) 关系信息

关系信息大多隐含在几何数据和属性数据中，通过运算推导可产生所需的关系信息，并可将该信息组织存储，即将隐含的关系信息转化为显式表示。有时为了减少复杂的运算推导过程，部分关系信息（如面邻接关系）采用人工输入方式直接建立。

3. 数据的组织管理

对地图数据的组织管理是通过数据库技术实现的。地图数据库在数字地图制作的各个环节都起着重要作用。

(1) 在数据获取过程中，地图数据库用于存储和管理地图信息；

(2) 在数据处理过程中，地图数据库既是资料的提供者，也是处理结果的归宿；

(3) 在图形的检索与输出中，地图数据库是形成绘图文件的数据源。

图14-39显示了在数字地图编制系统中地图数据库的地位和作用。

七、符号库

数字地图中的几何数据和属性说明须转换成各种地图符号，才能完成由数据向图形的转换（即可视化）。空间数据的检索功能只有与地图符号库有机地结合起来，才能使空间数据符号化。

(一) 地图符号库设计的一般原则

通常以信息块为地图符号库中的基本单位，每个信息块中包含着一个与符号有关的信息（如图形信息、颜色码等）。地图符号库的一般设计原则可归纳如下：

1. 应尽量参照现有的地图图式

在国家基本比例尺地图符号库中，符号信息块表示的图形、颜色、含义及适用的比例尺等，应与国家规定的地图图式一致。个别不适合计算机绘制的符号图形，在经主管部门同意后可作适当修改。

2. 在新设计地图符号时应遵循图案化、精确性、对比性、统一性、象征性及自动绘制适应性等一般原则

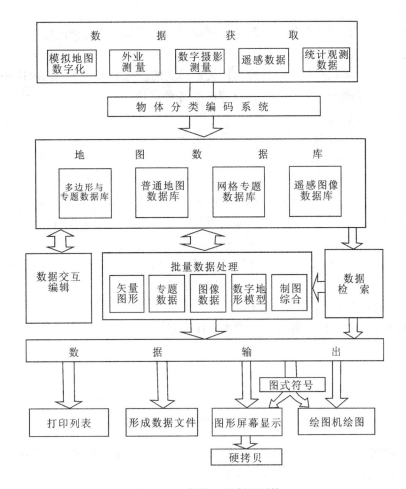

图 14-39 数字地图制图系统

3．选择适当的符号信息块结构

构成符号信息块的主要方法有直接信息法和间接信息法两种。

(1) 直接信息法

直接表示符号图形的各个细部，在信息块中直接存储符号图形的矢量数据（图形特征点坐标）或栅格数据（点阵数据）。这种方法信息块占用存储空间较大，但因为该方法只面向图形点，而与符号图形的结构无关，当修改信息块内容时，不必改动绘图程序。也就是用同一绘图程序能绘出不同信息块所表示的各符号图形，因此有可能使绘图程序统一算法，从而大大减少编程工作量。

(2) 间接信息法

该法的信息块中不直接存储符号图形数据，而只存储符号图形的几何参数（如长、宽、夹角、半径等），绘图时所需的符号图形数据由计算机按相应绘图程序的算法解算出来。该法信息块所占空间较小，但程序量大，图形差异大的符号都需各自编写绘图程序。

上述两种方法各有优缺点。一般而言，在普通地图制图时，采用直接信息法的较多；在专题地图制图或绘制比较特殊的符号时，可采用间接信息法。

4. 符号库的可扩充性

即应允许用户自由增加新设计的符号,删除过时的符号,或能修改任意一种符号图形。

(二) 矢量符号库

大多数点、线、面状符号都比较容易用矢量形式的坐标表示,由平面内这些点的坐标和绘图机抬落笔动作编码组合的有序集合便能产生各种点状符号、线状符号和面状符号。

下面以直接信息法为例,按点、线、面三类分别介绍矢量符号库中信息块的结构。

1. 点状符号信息块

点状符号信息块中记录图形的颜色码、图形特征点坐标及绘图机抬落笔编码。通常,信息块采用以符号定位点为原点的局部坐标系。以图 14-40 为例,这是一个亭子符号的放大表示,可按图中点号顺序在信息块中记录 (p_i, x_i, y_i),其中 $i = 1, 2, \cdots, 9$,p_i 为点 i 的抬落笔编码,(x_i, y_i) 为点在局部坐标系中的坐标值。

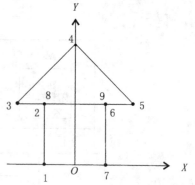

图 14-40 点状符号示例

一般点状符号信息块的结构形式如图 14-41 所示。

图元点数 n	(p1, x1, y1)	...	(pn, xn, yn)

图 14-41 点状符号信息块示意

当需要绘图时,读出信息块,按图上指定位置和方向对信息块中坐标数据先后进行旋转和平移,然后调用基本绘图语句直接连线绘出。

2. 线状符号信息块

地图上各种线状符号通常可由某一图元(即线状符号的基本单元)沿线状要素的中轴线串接而成。图元坐标系的 x 轴与线状要素中轴线重合,在转弯处也随着弯曲变形。图元坐标系的原点在图元的首端。图 14-42 是地形图中栏栅符号图元放大表示的例子。

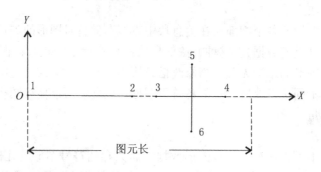

图 14-42 线状符号图元

线状符号信息块的一般结构如图 14-43 所示。

图元点数 n	图元长	(p1, x1, y1)	...	(pn, xn, yn)

图 14-43　线状符号信息块示意

3．面状符号信息块

地图上面状符号通常由填充符号在面域内按一定方式配置组合而成。多数情况下，填充符号在面域内是按一定方向、间隔逐行配置的。晕线是面状符号形式之一。其他以呈一定规律分布的个体符号形式表现的面状符号也可像计算晕线端点那样事先算出各行与轮廓边的交点，然后在每对交点间配置相应的填充符号，其过程相当于在每对交点间的连线上绘制线状符号。

在面状符号信息块中，存储的是填充符号的图元信息。其结构类似于线状符号信息块，但还应增加行距、行向倾角及排列方式三种信息。这里，行向倾角指行方向与 x 轴的夹角，有单向和双向之分（如两组相交的晕线）。排列方式常用的有井字形、品字形及散列式等，可在信息块中用不同代码表示。图 14-44 显示了面状符号信息块的结构。

图元点数 n	图元长	排列方式	倾角 1	倾角 2	行距	(p1, x1, y1)	...	(pn, xn, yn)

图 14-44　面状符号信息块示意

如果填充符号是单向排列的，只需记录行向倾角 1，倾角 2 空缺。当有多种填充符号混合表示时，应按先主后次的顺序填绘各类符号，这时有关的算法应能避免符号的重叠。

（三）栅格符号库

栅格符号库用于栅格方式的图形输出，也可按点、线、面三类建库。其中点状符号信息块和线状符号信息块可由矢量符号信息块转换得到，或对符号的标准样式直接扫描获得。在栅格符号库中，点状、线状两种信息块内栅格坐标系的确定应便于符号的定位。

栅格符号库中面状信息块的构成不同于矢量符号库中的面状信息块。地图上规则分布的面状符号，在平面上总可以划分成等大的图案块，每个图案块的图形相同。因此面状符号可由这样的图案块在区域内拼接而成，在轮廓边处要裁去超出轮廓的部分。一个图案块的点阵数据就组成面状符号的一个信息块。图 14-45 是用点阵表示符号图案块的示意图，在面状符号信息块中记录相应的栅格数据。

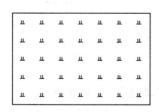 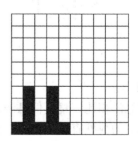

图 14-45　面状符号图案块示意

八、自动输出

图形自动输出的一般过程是：从地图数据库中检索出地图要素的特征码以及定位信息，再从数据库与符号库接口对照文件中查得相应符号信息块地址和子程序入口，然后在符号库中读取信息块，转至子程序入口调用相关的绘图子程序完成绘图。

（一）地图数据库与符号库的接口

地图数据库与符号库在建库时可分别进行设计。它们之间可通过一个对照文件形成接口。该接口文件的格式如图 14-46 所示。其中，特征码与符号信息块地址的对照关系是在建立符号信息块的同时确定并记入对照文件的。子程序入口是指该子程序的调用语句所在程序行的标号（或函数）。算法相同的各信息块调用同一绘图子程序。

数据库中要素的特征码	绘图子程序入口	符号信息块在符号库中的地址
HID1	SP1	SB1
HID2	SP2	SB2
⋮	⋮	⋮

图 14-46 地图数据库与符号库的接口

（二）调用符号信息块绘制符号的过程

根据符号信息块结构上的不同，由符号信息块绘制符号的方法分为间接信息法与直接信息法两种。

1. 间接信息法

用间接信息法建立的符号信息块，存储的图案数据主要是一组表示符号形状的几何参数。在绘图时，需用相应的绘图程序将它们转换为矢量数据（包括图案特征点坐标和抬落笔信息）或栅格数据，然后按给定顺序连接各特征点或输出点阵，绘成符号。

间接信息法绘图的一般过程如图 14-47 所示。

图 14-47 间接信息法绘图过程

2. 直接信息法

与间接信息法相比，直接信息法省略了由几何参数到矢量数据或栅格数据的转换过程，其绘制符号图形的数据直接从符号信息块中获取。直接信息法的算法比较统一，绘图程序通用性强，能尽可能独立于符号图形。

（1）由矢量符号信息块绘制符号

用矢量符号信息块绘制符号的过程实质上是将图元坐标系中的特征点坐标 (x, y) 变换成地图坐标系中的（X，Y），并按给定顺序连线的过程。该过程如图 14-48 所示。

图 14-48 直接信息法绘图过程

就一般点状符号而言，上述坐标变换就是一个平移变换，而对于有方向性的点状符号则需先旋转再平移。

线状符号的绘制相对要复杂一些。图元要在线状要素中轴线上分段串接并在拐弯处作变形处理。当中轴线为曲线时，经光滑插值给出的仍可看做是由许多短直线组成的折线。图元坐标系的 X 轴与中轴线重合且指向画线方向，按图元长度在中轴线上分段截取，若图元超出前方拐弯点，则将图元截去超出部分，截去部分转至下一折线段内处理。在拐弯处图元要作变形处理，使图元随中轴线弯曲，不出现裂隙或交叠现象。

绘制线状符号的过程可进一步阐明如下：

以双线路符号为例，可用 1，2，3，4 四点坐标及抬落笔编码表示其图元形状，图元长 L 为一正数，为减少串接一般应尽量使 L 大一些。绘制双线路符号的过程示意如图 14-49 所示。

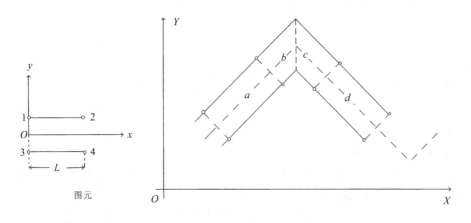

图 14-49 双线路符号绘制过程示意

在图 14-49 中，a 是完整的图元，没有变形；在中轴线拐弯的地方，图元被分割；b 是分割后图元的前段；c 是该图元的后段；b 和 c 在拐弯处都要作变形处理，使之能正确衔接；d 也是完整的图元。重复上述过程，便可将图元串接至终点。

由于线状符号绘制过程的算法是直接面向各图形特征点，因此绘制过程便是图元点的变换和连线过程。

可将线状符号绘制中图元点的变换算法进一步说明如下：

设线状要素中轴线为 i-j-k-l（如图 14-50），地图坐标系 XOY，图元所在局部坐标系 xoy（局部坐标系原点 o 与节点 j 重合），图元范围为 $abcd$。因图元长超出前方节点 k，故将图元切成两段：$abfe$ 和 $cdef$。断面线 ef 通过 k 且垂直于 jk。两条角平分线和断面线将图元划分成三个点集，需作不同处理：

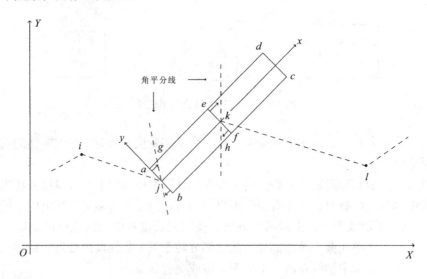

图 14-50　线状符号图元点的变换

①在局部坐标系 xoy 中，若图元点 $p(x_p, y_p)$ 满足 $0<x_p<x_k$，且 p 点在两角平分线之间，则该图元点不作移位处理，只按一般方法从局部坐标系变换至地图坐标系即可。

②在局部坐标系 xoy 中，若图元点 $p(x_p, y_p)$ 满足
$$x_p = 0$$
或　　$x_p = x_k$

或　　$0<x_p<x_k$ 且 p 点不在两角平分线之间

则将该图元点沿 x 轴方向（正方向或反方向）平移至附近的角平分线上，然后变换成地图坐标系。属于这种情况的有图 14-50 中△ajg，△fkh 内的点和线段 bj，ek 上的点。

③图元超出前方节点 k 的部分，即四边形 $cdef$ 内的图元点 $p(x_p, y_p)$，若 p 点在局部坐标系中满足 $x_p \geq x_k$，则将其转至中轴线的下节处理，在节点 k 处建立新的局部坐标系，处理方法同上。这段处理完后，便再串接一个完整的图元，仍以上述方法进行判别和处理，如此反复进行串接，直至该线状符号全部绘出。

应注意的是，在线状符号中有些图形元素是不能变形的，在转弯处只能变向而不能改变形状（如境界符号中的圆点等）。这时，需要调整图元长度，以便在中轴线上均匀分布图元段，且使线状要素端点或节点处保持实部。为此，在绘图程序中应作相应的判别并给出有关的算法。

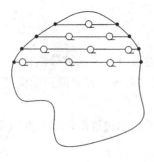

图 14-51　面状符号绘制过程

绘制面状符号时首先要计算晕线端点（如图 14-51），然后逐行配置填充符号。其算法和线状符号绘制的算法相似，不需作弯曲移位处理，但需考虑填充符号的排列方式，并合理确定各行起点对应图元的位置。

(2) 由栅格符号信息块绘制符号

用栅格符号信息块绘制符号的算法较为简单。一般点状符号的绘制用平移即可，对于有向点状符号也是先旋转后平移至指定位置输出。绘制面状符号时，首先对轮廓内进行填充，

然后将填充后的区域分块与图元点阵进行逻辑"与"运算,结果便能在轮廓内形成规则配置的面状符号。

线状符号绘制时要对信息块作逐列处理,这是因线状符号走向多变,故不便对信息块进行整体操作。"轮移法"是一种产生线状符号的常用方法,简介如下:

首先从符号库中读出所需信息块的像元矩阵,接着从左至右逐列取出点阵信息,按中轴线走向进行旋转变换(列向与中轴线垂直),然后平移至指定位置输出。位于图元中轴上的像元应与线状要素中轴线重合,各列像元在中轴线上的配置间隔在直线段处为一个像元,在转弯处为了不产生裂隙,需缩小间隔,这可由绘图程序自动计算,随曲率变化而调节。图14-52是境界的栅格图元及逐列输出结果的放大图形。

另外,在地图的自动输出中,各种要素除用线划、符号表示外,还需用文字和数字来注记各要素的名称、种类及数量等。因此需建立包括文字和数字等信息的地图注记字库。

图 14-52　"轮移法"产生线状符号原理示意

地图注记字库分栅格字库与矢量字库两类。通常,计算机系统的汉字库用于屏幕显示和栅格输出,大多数属于栅格字库(或称点阵字库),也可由矢量字库转换为点阵输出。采用矢量绘图机输出时,则需要具有矢量字库,或由栅格字库转换成矢量后输出。

§14.4　计算机地图制图生产工艺

随着计算机技术在地图制图学科领域中应用的不断深入,地图学理论、地图生产工艺和应用方式都发生了变化。近几年来,各测绘部门的地图生产行业大部分已从传统的手工制图生产方式转向以计算机技术为主的数字制图生产方式,整个行业经历了一场前所未有的技术革命。回顾地图生产的历史不难发现,传统地图生产的过程——地图设计、原图编绘、出版准备、地图印刷基本上都以手工方式完成,从总体设计、资料收集、原图编绘、地图清绘,到照相、翻版、分涂、制版、制作分色参考图和印刷,每道工序都离不开作业人员的参与,这必然导致传统工艺生产周期长、地图现势性差、地图更新复杂的弊端。计算机制图生产新工艺从根本上解决了这些问题。

一、传统工艺与新工艺的比较

1. 传统地图生产工艺

传统地图生产过程包括地图设计、原图编绘、出版准备、地图制印四个阶段。

(1) 地图设计

地图设计是对新编地图的规划,它的主要任务包括:确定地图生产的规划与组织,根据使用地图的要求确定地图内容、各种地理现象和物体在地图上的表示方法和符号设计,制图资料的选择、分析和加工,制图数据的处理,制图综合原则和指标的确定,地图的数学基础设计,图面设计和整饰设计等。它的最终成果是地图设计书。

(2) 原图编绘

原图编绘是指依据地图设计书的有关规定制作地图的编绘原图的过程。地图的编绘原图分为线划编绘原图和彩色编绘原图。普通地图和专题地图中大多数自然地图通常只作线划编绘原图，它们的色彩已在规范中作为标准规定下来。大部分的专题地图则应制作彩色编绘原图。以往较常用的普通地图的原图编绘工艺是照相转绘法的三种方案：蓝图拼贴法、大版拼贴法和过渡版法。

(3) 出版准备

地图的出版准备是由于编绘原图的图解质量差，又是多色的，不能满足印刷的要求，因此，在原图编绘和印刷之间产生了一个过渡性的工序，称之为地图的出版准备。其主要任务是依据编绘原图清绘或刻绘出供印刷用的出版原图，以及制作与出版有关的分色参考图、半色调原图及试印样图。

(4) 地图制印

地图制印包括出版原图的照相、翻版、分涂、制版和印刷成图。

2. 计算机制图生产工艺

计算机制图生产工艺过程包括地图设计、数据输入、数据处理和图形输出四个阶段。

当前广泛应用的彩色地图桌面出版系统主要完成地图生产的出版准备和分色制版，与地图设计、地图综合等智能性过程联系不大，因此传统工艺中地图设计工作必不可少，仍是后面其他工序的基础，并形成地图设计文件。

计算机制图条件下不再有原图编绘和出版准备的严格界限，两个过程合二为一。从传统意义上讲，数据输入、处理阶段的成果图既是编绘原图也是出版原图。

普通地图的地图编辑中，制图综合仍需手工完成，手工编稿图输入计算机进行矢量化。对于小区域大比例尺较简单的图幅可在屏幕上以人机交互的方式完成。专题地图的地图编辑中，地理底图的编辑方法同普通地图，专题要素可以人机交互的方式进行编绘。

为了将地图交付印刷，必须对编绘地图的数据进行印前处理，主要包括数据格式的转换、光栅化处理（RIP）、拼版、打样等。地图出版系统中处理的文件可分为矢量图形文件和光栅图像文件，无论何种文件在输入到激光照排机前都要转换为印刷业的桌面排版标准文件格式 PS（Post Script）或 EPS（Encapsulated Postscript），再由激光照排机经 RIP 处理后形成分色胶片。

地图印刷包括制版和印刷成图。

二、彩色地图桌面出版技术（DTMP）简介

彩色地图桌面出版技术是桌面出版系统（DTP）与地图生产过程相结合产生的地图生产新技术。彩色地图桌面出版系统是利用计算机技术，结合色彩学、色度学、图像处理等相关技术开发的地图印前处理系统，它是一个开放性较强的设计制版系统，可以胜任地图色彩设计、符号设计、注记标准化、图表生成、地图整饰、组版、分色和挂网等工作。这一新技术的应用大大缩短了地图的生产周期，将过去需要在印刷厂完成的多个工序在计算机上一次性集成处理完成，而且具有极强的人机交互性，在地图编辑或印前处理中，可对地图图形或图像进行编辑、缩放、旋转、组合、艺术造型，且修改方便。地图的数字化存储也为地图的再版和更新提供了基础数据。

彩色地图桌面出版系统在地图的艺术设计方面具有传统纸上设计无法比拟的优势。系统提供了丰富的符号、图表、线型设计工具，提供了多级变化的多种配色方案，可实现如图形

的立体透视、色彩的混合过渡、自然色的模拟等多种特殊的艺术效果；可对图形目标进行交互式图形筛选，对目标进行集成化处理以及根据统计数据自动生成图表。

DTMP 的系统结构如图 14-53 所示。

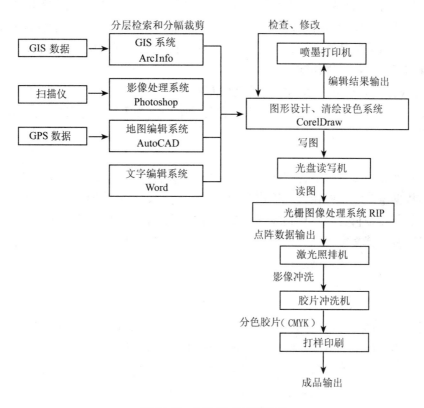

图 14-53　DTMP 的系统结构

三、几种常用出版软件介绍

出版软件是彩色地图桌面出版系统的重要组成部分，主要有图形编辑软件、图像处理软件、电子分色软件等。一些大型的地图生产系统如美国的 Intergraph 系统和比利时的 Mercator 系统，由于价格昂贵，对硬件要求较高，没有在地图生产单位得到广泛的应用；而一些商品化的图形软件，如 CorelDraw、FreeHand、Illustrator 和国产制图软件 MapCAD 地图缩编系统和方正智绘等在地图生产行业中得到了广泛的应用。

Intergraph 系统和 Mercator 系统必须运行在工作站上，它主要由图形编辑软件、图像编辑软件、绘图输出软件、地图出版软件和 GIS 软件构成，外部设备可配数字化仪、扫描仪、彩色喷墨打印机和激光照排机等。MapCAD 地图缩编系统是由中国地质大学开发的国产绘图软件，可运行在 PC 机上，软件系统包括地图数据获取、图形编辑、符号设计、地图输出等功能模块，并有简单的地图数据库管理功能。方正智绘系统是具有数字制图、数据采集、数据管理和查询模块的软件系统，能够用于地形图和专题地图的生产和出版。该系统在林业、石油、煤炭、水利水电部门应用较多。

CorelDraw 是加拿大 Corel 公司推出的集矢量图形绘制、印刷排版和文字编辑处理于一体的图形软件,由于其功能完善、操作简便易用、图形数据量小,深受广大美术设计者和平面设计人员的喜爱。默认文件格式.CDR。

FreeHand 是美国 Macromedia 公司推出的矢量绘图软件,由于其功能强大,易学易用,广泛应用于广告设计、书籍装帧、插图绘制和统计图表设计等领域。默认文件格式.FH。

Illustrator 是美国著名的 Adobe 公司的矢量绘图软件,其图形设计功能强大且方便易用,可以设计出任意效果的特殊文字,并具有网页图形制作功能。其用户包括广告设计师、图形专家及网页制作者。默认文件格式.AI。

CorelDraw、FreeHand、Illustrator 都是功能强大的矢量图形软件,它们完全可以满足地图制作的要求,与其他功能软件一起构成彩色地图桌面出版系统。它们都采用面向对象的编辑环境,用户界面友好,提供了常用数据格式转换接口,可与其他系统方便地进行数据交换。

这三种软件在地图制作上各有优势。CorelDraw 具有立体化工具,制作立体图形较为方便,且图形数据量较小,但在印前输出分色胶片或转换数据格式时易出错;FreeHand 具有方便的路径和节点编辑工具,更适宜于编辑线划要素较多的地图;Illustrator 具有强大直观的色彩编辑工具,其文字特殊效果处理功能强大,有些统计图表可自动生成,并可直接生成 EPS 文件,避免了转换数据格式过程中可能出现的错误。

下面介绍 CorelDraw 编辑地图的基本功能。

1. 基本术语

矢量图形:又称为向量图形,是按数学方法由 PostScript 代码定义的线条和曲线组成的图像,其特点为文件小、可以无级缩放和可以采用高分辨率印刷。

栅格图像:也叫位图图像,是由排列在一起的小方形栅格组成,每个栅格代表一个像素点,每个像素点只能显示一种颜色。其缺点为文件所占空间大、放大到一定倍率会出现锯齿;其优点为色调丰富、色彩表现力强。

色彩模式:指同一属性下不同颜色的集合,它使用户在使用各种颜色进行显示、印刷和打印文档时不必进行颜色重新调配而直接进行转换和应用。常用的色彩模式有:CMYK 模式,为 4 色印刷模式,该模式下的图像是由青色(C)、品红(M)、黄色(Y)、黑色(K)4 种颜色叠加而成,主要用于彩色印刷;RGB 模式,为光色模式,是由红(R)、绿(G)、蓝(B)三种颜色叠加而成,大多数显示器采用此模式;Lab 模式,为标准色模式,是 Photoshop 的标准颜色模式,也是 RGB 模式转换为 CMYK 模式的中间模式,它的特点是在使用不同的显示器或打印设备时,它所显示的颜色都是相同的。

2. 文件操作

新建文件:【文件】/【新建】,新建一个文件。

打开文件:【文件】/【打开】,打开一个已有的文件。

导入文件:【文件】/【导入】,导入【打开】文件命令所不能打开的图像文件(如 JPG 格式和 BMP 格式的图像)到绘图窗口中。

保存文件:【文件】/【保存】,按原文件名保存文件,修改后的图形将自动覆盖已保存过的文件。

另存文件:【文件】/【另存为】,选择路径和文件名,可将修改后的图形以新文件名保存,而不覆盖原文件。

3.图层操作

在 CorelDraw 中使用对象管理器可实现对对象、图层的操作。

新建图层：【工具】/【对象管理器】，键入图层名。

在【对象管理器】面板中有每个对象对应的小图标，并有该对象的说明与介绍。对图层可进行可视/不可视、可编辑/不可编辑、可打印/不可打印，以及调整图层顺序等操作。操作【跨图层操作】按钮，可在不同图层之间编辑对象，否则只能在一个图层中编辑对象。用【删除图层】按钮可删除当前选中的图层。在地图编辑中，图层操作使用频率高，对图层操作的熟练程度关系到工作的效率和编辑质量。

4.使用工具箱

【挑选】工具可用于选取图形、图像，并对所选的对象进行移动、复制、缩放、旋转和扭曲变形。每次进入 CorelDraw 软件系统后，系统默认选取的按钮就是【挑选】。

基本绘图工具：【矩形】、【椭圆形】、【多边形】、【螺旋形】、【网格纸】工具可用于在绘图窗口中绘制矩形、椭圆等多种图形。【手绘】工具可用于绘制线段和直线性质的图形。【自然笔】工具可用于绘制各种具有艺术效果的图形，或对已有曲线进行艺术处理。【贝塞尔】工具可用于在绘图窗口中绘制具有曲线性质的图形，地图上的各种线划主要利用此工具绘制。注意在使用【贝塞尔】工具时，每创建一个节点并拖动鼠标时，鼠标拖动的方向与距离要考虑下一个节点的位置与该节点处连线曲线的曲率。当接着一段已有的曲线绘制连续曲线时，必须先激活已有曲线的连接点，否则绘出的曲线尽管在视觉上是连续的，但在实质上与已有曲线是断开的。绘制封闭曲线时，绘制到最后一个节点时，将鼠标移动到第一个节点上，当鼠标改变为十字形状时，单击鼠标，曲线将自动封闭。

【缩放】工具。利用该工具可对图形进行全屏放大或拉框局部放大。利用【手形】工具可在绘图窗口内任意移动图形。

【形状】工具即节点编辑工具。若对矩形、椭圆、多边形等进行节点编辑，必须首先将其转化为曲线：【安排】/【转换为曲线】，对曲线性质的图形可直接进行节点编辑。节点编辑主要有增加/删除节点、连接两个节点、打断曲线、对齐节点等多种功能。这些功能在地图编辑时经常使用。连接两个节点：【选择】连接的两个目标/【安排】/【组合】/【形状】拉框选中要连接的两个节点/【连接】。打断曲线：【选择】要打断的目标/【形状】选中断开处节点/【打断】/【安排】/【打散】，若断开处无节点则需先增加节点；打断曲线也可用【选择】要打断的目标/【形状】/【刻刀】点击断开处/【安排】/【打散】。分割或裁切多边形：可用【选择】要打断的目标/【形状】/【刻刀】点击分割线的起点和终点。当用一个物体分割另一个物体时可用【安排】/【造形】/【修剪】命令。

【填充】工具。利用该工具可对选择的图形填充单一的颜色、渐变的颜色或图案纹理等，所填色彩属性可根据不同的色彩模式自定义，也可直接从色彩样板中选取。

【轮廓】工具主要用于对图形的外部轮廓进行编辑和修改，可以定义线型、线粗和线的颜色，也可去掉轮廓。在【轮廓笔】面板中，可针对地图的需要对系统已有的线型进行编辑、修改并增加到线型库中。

5.文字处理

在 CorelDraw 软件系统中，文本有两种类型：美术文本和段落文本。美术文本适合于编辑文字应用较少的文件或需要对文字制作特殊效果的文件；段落文本适合于编辑文本应用较多的文件。利用工具箱中的【文字】工具在要输入文字的地方单击鼠标左键，即可输入文字。文字属性既可在属性栏中定义，也可在【文字】/【文字格式】下定义，文字属性包括字大、字体、字色、排列方式等。另外也可在【文字】/【编辑文字】下的文字编辑器中编辑文字。

6．对对象的其他操作

对目标进行移位、旋转、缩放、尺寸定义和倾斜操作：【排列】/【变换】/【位置】等。对多个目标对齐或在一定间隔内均匀分布：【排列】/【对齐与分布】/【对齐】或【分布】。

在工作区绘制了多个图形，图形与图形之间就会有前后顺序关系，当图形重叠时后绘制的图形将压盖先绘制的图形。不同图层上的图形重叠时，可通过图层操作，调整图层顺序改变图形间的压盖关系；当同一图层上的图形重叠时，可通过【排列】/【顺序】命令调整图形间的压盖关系。

当对多个图形进行相同的操作时，如移动、改变属性等，尤其是在图形分布不集中的情况下，逐个选择图形很浪费时间，使用【排列】/【群组】命令可将两个或两个以上的图形组成一个单元，当对群组的图形进行其他操作时，群组的每个图形都会发生改变，但是群组内的每一个图形之间的空间关系不会发生变化。当不需要将图形群组时，可用【排列】/【取消群组】命令将群组图形解散群组。

CorelDraw 的其他功能请参阅相关书目。

四、地图生产工艺流程

正确的生产工艺的制定是保证成图质量、优化地图生产的技术保障。地图的类型、用于编图的资料、内容的复杂程度、制图人员的作业水平及生产设备条件等的不同，都会影响到地图生产工艺的制定。

由于普通地图和专题地图的数据源、内容、表达方式等的差异，使二者的生产工艺不同，下面给出的工艺流程图是通常情况下使用的工艺（以 CorelDraw 编辑环境为例）。

1．普通地图生产工艺与专题地图生产工艺

普通地图的生产工艺和专题地图的生产工艺有所不同，图 14-54 是普通地图的生产工艺流程图，图 14-55 是专题地图的生产工艺流程图。

2．主要作业过程（如图 14-56）

(1) 数据录入；

(2) 地图符号、色彩、整饰设计；

(3) 屏幕矢量化，符号、注记的生成，要素关系处理；

(4) 图面组版；

(5) 分色胶片输出。

五、数据来源与数据采集

1．纸质地图扫描数字化

纸质地图目前仍是基于 DTMP 生产地图的主要数据来源。纸质原图在普通扫描仪下扫描后，生成图像栅格文件，在图形软件下进行屏幕矢量化、符号生成、色彩设计、图表生成等，生成矢量图形文件。这种数据采集方式对扫描仪分辨率要求不高，通常情况下扫描分辨率在 100～200dpi 即可。

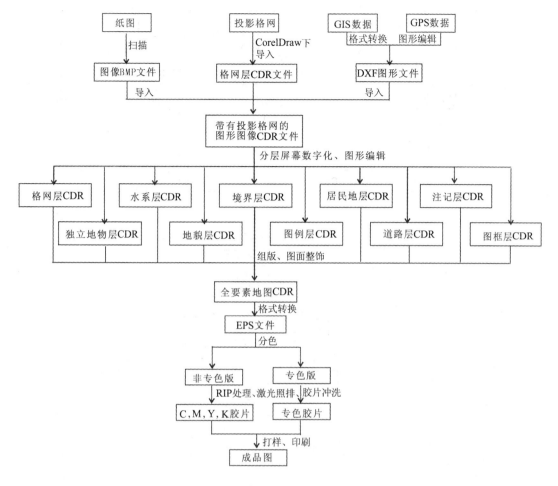

图 14-54 普通地图生产工艺流程图

2．接收 GIS 数据库中的数据

通常可接收的 GIS 数据库中的数据分为图形数据、影像数据和统计数据。

图形数据可看做是大幅面不分幅地图的存储，可通过格式转换进入彩色地图桌面出版系统，通常 GIS 数据库中存储地理要素的地理数据结构，需在出版系统中进行艺术处理。在数据转换前，借助 GIS 的功能实施数据的分层检索和开窗分幅裁剪，以便于后期在出版系统中的处理，提高工作效率。

影像数据库中的影像数据可用于编制影像地图、专题地图及修编中小比例尺普通地图。影像数据可直接导入出版系统，根据制图要求在图像处理软件下进行色相、亮度和对比度处理，有时在导入出版系统前还要进行投影变换。

GIS 中的统计数据多存在于关系数据库中，这些统计数据在出版系统中通常用于生成统计图表，因此，GIS 中的统计数据可通过打印输出统计表格，供编图使用。

3．接收 GPS 数据

GPS 接收机接收的卫星数据中，其点位坐标数据经处理后可直接用于制图。通常将 GPS 数据纳入 AutoCAD 下，生成修饰简单的图形数据，再导入出版系统中进行图形编辑和

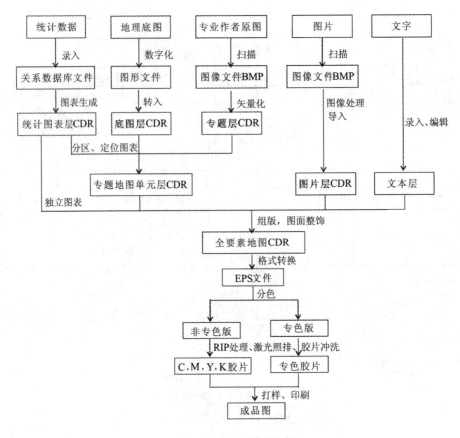

图 14-55 专题地图生产工艺流程图

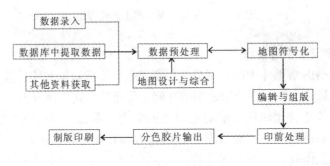

图 14-56 作业流程图

地图整饰。

六、数据编辑与处理（分层）

1. 地图数据在出版系统中的存储格式

出版系统中的数据格式通常可分为矢量格式和栅格格式两种。不同的系统有各自不同的矢量图形数据格式，但图形存储的原理结构相似。

典型的矢量数据格式有：

CorelDraw——CDR;
FreeHand——FH;
Illustrator——AI;
AutoCAD——DXF;
Macintosh PICT——PCT;
Computer Graphics Metafile——CGM;
Windows Metafile——WMF。

典型的栅格数据格式有：
Windows Bitmap——BMP;
OS/2 Bitmap——BMP;
Paintbrush——PCX;
Macintosh——TIFF;
JPEG Bitmaps——JPG;
Photoshop——PSD。

矢量数据与栅格数据之间可以进行转换，RIP处理便是矢量文件栅格化的过程。扫描图像的屏幕跟踪就是栅格文件矢量化的过程。桌面排版的标准文件有PS（Post Script）和EPS（Encapsulated Postscript），PS/EPS是矢量图形和栅格图像的混合存储文件，为一种编码语言，用ASCII码记录，结构复杂，是可以被激光照排机接受的惟一格式，能很好地确保彩色或单色图像在各种平台和媒体之间的一致性传输。

矢量图形文件以编码语言表达地图，可保证地图的精度、真实性与艺术性，因此，矢量图形文件是彩色地图桌面出版系统广泛采用的数据存储方式，而且，它数据量小，便于转换。

2. 出版系统中图形要素的分层

基于地物要素的分类、出版分色、平面组版的要求，地图图形在出版系统中是分层存储的，通常将具有某些共同特征的地物图形放置在同一个图层中。

图层的划分依据以下原则：

（1）地图要素类的划分

在地图上，同类要素的表示方法、符号、用色都相同或类似，不同类的要素分别放在不同的图层中，即不同形态、颜色的符号分图层存储，这与集成化处理和出版要求相一致。同时，按要素类别分层体现了地图上要素的层次结构，如在专题地图上，要素分层从下到上依次可为地理底图层、面积色层（分级底色、质别底色、背景色）、图表与符号层等。这与GIS中地理目标的分层原则类似。

（2）地图要素级别的划分

在地图上往往需要表示同一类要素的不同级别，有时不同级别的要素使用不同的符号或颜色，因此，需要把同类不同级别的要素分别放置于不同的图层，如水系用蓝色表示，线状水系又分单线河和双线河，为了便于处理不同图层之间的压盖关系，单线河和双线河应放在不同的图层中。

（3）图形要素间的依存性

当两类要素图形相互依存，一方的变化将会引起另一方的改变，放在同一图层可保持两者间的协调和相对关系正确，避免跨图层操作。如在地图上用街区表示居民内部结构时，街区的轮廓线同时又是街道的边线，这时，居民地应与街道放在同一图层，而不能只顾及它们是不同类要素，从而放在不同的图层中。

(4) 图形间的压盖顺序

地图具有层次结构，通过压盖，色彩亮度、饱和度的变化表现地图的这种立体结构。专题的、主要表达的图形放在第一层面，辅助性的要素显示在第二、第三层面。出版系统中对数据的分层也应顾及这一特点，使数据分层与图面层次相对应，不同图层之间的逻辑关系与图形之间的压盖关系相对应。

(5) 图形单元的整体性

一幅地图可由若干个图形单元、图表、段落文本、图例等组成。当进行图面组版时，要求操作对象具有整体性，同一单元的整体操作尽量避免跨图层。

(6) 操作响应时间

在进行地图编辑时，高分辨率的扫描图像或大数据量的图形应单独存放在不同的图层中。大数据量操作、读图、CPU 处理及屏幕显示都需要较长时间，将编辑量较少、数据量大的图形放在一个图层中，在编辑其他图层时将该图层设置为不显示、不可编辑状态，以便于提高计算机对操作的响应速度，从而提高工作效率。

(7) 地图再版更新特点

在分层设计时，应充分考虑地图的更新再版，把变化较快、较大的要素与相对稳定的要素分别放在不同的图层中，以便于修改时只操作个别图层而不改变其他图层，同时也便于同类要素符号的批处理，减少差错率。

以上的数据分层原则中有些原则是相一致的，有些是相矛盾的，在实践中应根据具体情况灵活运用。总之，分层应尽量详细，以便于操作，减少运算时间。

七、印前处理与输出

数字制图的印前处理主要包括数据格式转换、符号压印的透明化处理、拼版、成品线与出血线的添加等工作。

通常情况下，CorelDraw 下的 CDR 文件在出片前要转换为 EPS 文件。

通常的输出形式有彩色喷墨打印输出、彩色激光打印输出、数码打样输出、分色胶片输出、分色版输出和数字印刷等。

彩色喷墨打印输出和彩色激光打印输出通常用于作业过程中的检查修改。数码打样输出可获得较少份数的成品或最终结果检查。分色胶片输出用于制作印刷版，上机印刷。分色版输出可直接得到印刷版，上机印刷。数字印刷可由数据直接生成印刷品，省去了出片和制版工序。

参 考 文 献

1. 祝国瑞等. 地图设计与编绘. 武汉：武汉大学出版社，2001
2. 徐庆荣等. 计算机地图制图原理. 武汉：武汉测绘科技大学出版社，1992

3. 蔡孟裔等. 新编地图学教程. 北京：高等教育出版社，2000
4. 毋河海. 地图数据库系统. 北京：测绘出版社，1996
5. 艾廷华. 彩色地图桌面出版技术. 武汉：武汉测绘科技大学教材，1997
6. 史瑞芝等. 数字地图制图与地理信息工程. 北京：解放军出版社，2000
7. 郭万军等. CorelDraw 基础培训教程. 北京：人民邮电出版社，2002
8. 郭仁忠. 空间分析. 武汉：武汉测绘科技大学出版社，1997
9. 陆润民等. 计算机绘图. 北京：高等教育出版社，1999
10. 王家耀等. 地理信息系统与电子地图技术的进展. 长沙：湖南地图出版社，1999

思 考 题

1. 地图编辑工作的基本任务是什么？
2. 地图编辑文件有哪几类？它们之间的关系如何？
3. 试述地图设计的基本程序。
4. 试述普通地图地图大纲的基本内容。
5. 专题地图的地图大纲有什么特点？
6. 地图集的总设计书包括哪些内容？
7. 选择地图比例尺的套框分幅法是如何进行的？
8. 如何选择地图上的坐标网？
9. 什么叫分幅设计？矩形分幅和经纬线分幅方法各有什么优、缺点，如何弥补其缺点？
10. 内分幅地图的分幅设计应考虑的基本条件是什么？
11. 图例和图式有什么区别？地图的图例设计应符合哪些原则？
12. 数字地图有哪些优越性？
13. 矢量格式数据有哪些采集方法？
14. 试述栅格数据的采集方法。
15. 表达属性数据的特征码是如何构造的？
16. 对地图要素进行分类编码应遵循哪些一般原则？
17. 特征码的获取方法有哪些？
18. 设备坐标系、用户坐标系与规格化坐标系之间是如何转换的？
19. 矢量格式的地图数据处理有几种方式？它们的基本操作是怎样的？
20. 矢量数据的数据压缩有哪几种方法？
21. 什么叫图形开窗？如何实施图形开窗？
22. 栅格数据处理包括哪些基本运算？
23. 栅格数据的宏运算有哪些？如何实施栅格数据的宏运算？
24. 如何用变焦方法处理数据？
25. 地图数据有哪些拓扑关系？如何表示这些拓扑关系？
26. 一个目标内部包括哪几类信息？
27. 地图数据库在数字制图过程中的作用如何？

28. 试述地图符号库设计的基本原则。
29. 构成符号信息块有哪些主要方法？
30. 试述矢量符号库中信息块的结构。
31. 如何构建栅格面状符号？
32. 试述地图输出时调用符号信息块绘制地图符号的方法和过程。
33. 什么是彩色地图桌面出版系统？
34. 常用的地图出版软件有哪些？它们各自有什么特点？
35. 试述普通地图的制图工艺流程。
36. 试述专题地图的制图工艺流程。
37. 试述数字制图生产的主要步骤。
38. 试述地图要素分层的基本原则。

第十五章 地图集的编制

§15.1 概　　述

为了统一的用途和服务对象，依据统一的编制原则而系统汇集的一组地图，编制成册（或活页汇集），称为地图集。

地图集绝不是各幅地图的机械集合，它是在统一的编制思想指导下，有着共同的、协调而完整的表示方法；表示不同内容的各类地图的比重、各图间的相互协调配合，都符合逻辑性和系统性；图幅的配置和图例的表示有着一致的规格和原则；各地图内容的取舍、制图综合的要求有着统一的规定；地图集内各地图的投影和比例尺都经过详细研究，选择使用；各地图的编排次序有一定的逻辑关系。因此，地图集是一部完整而统一的科学作品。

§15.2 地图集的类型

地图集通常可根据下列三种指标进行分类，即包括的制图区域范围、内容特征、用途。

一、按其包括的制图区域范围分类

可分为世界地图集，各洲地图或几个国家组合的地图集，各个国家的地图集，国家各部分区域的地图集（如各省、州、市等区域范围的地图集）。

二、按其内容特征分类

1. 普通地图集

其中主要是以显示水系、地貌、居民地、交通网、境界和某些土质植被要素为基本内容的较小比例尺普通地图。同时往往还包括全区域一览性总图、大区一览图、城市地图和重要地区的较大比例尺的扩大图。

2. 专题地图集

其种类是多种多样的，它们可分为：

（1）自然地图集：包括各种反映自然地理状况的地图集，如地质图集、气候图集、水文图集、土壤图集、海岸带图集等，还有以各种自然现象为内容的综合性自然地图集。

（2）人文地图集：包括各种反映政治、人文、经济状况的地图集，如政区图集、人口图集、历史图集和经济图集（可再分为工业图集、农业图集）等。

3. 综合性地图集

是指图集中既有普通地图，又有自然地图、人文地图的综合性制图作品。

三、按其用途分类

1. 教学用地图集

指各种中、小学用的地图集，它们是按照各相应年级的教学内容而编制的，其内容并不多，但图面简单醒目，色彩鲜明，内容的科学性强。

2. 参考用地图集

按照参考对象的不同，可分为一般性参考用地图集、经济建设和科研参考用地图集、军事参考用和其他参考用地图集。

(1) 一般参考用地图集是供广大人民群众在学习、工作、生活中参考查阅使用的。其特点是着重表示详细的行政区划、居民地或道路网，大城市及主要城市往往以附图表示，并附有地名索引。

(2) 经济建设和科研参考用地图集是为经济建设和科学研究服务的。各种专门性自然地图集及大型的综合性地图集都属此类。

(3) 军事参考用地图集是为国防建设和某些统帅部门参考用的。这类图集从军事角度出发，详细介绍区域地理状况及有关国防建设的专门内容，并安排较多的战争历史地图图幅。

(4) 其他参考用地图集。较常见的是旅游地图集，它着重于地名及交通路线，地貌常用晕渲法表示，并加强对风景区和名胜古迹的表示。此外，供商品贸易活动使用的商用地图集也属此类。

§15.3 地图集的设计

在地图集的编纂工作中，最重要的工作是地图集中的一系列设计工作，它包括：设计地图集的开本以确定图幅幅面；地图集内容目录的设计与确定；确定各图幅的分幅；确定地图比例尺；确定地图集各图幅的编排次序；设计各图幅的地图类型并进行具体图幅内容表达的设计；地图集的图面配置设计；设计和选择地图投影；图式图例设计；地图集整饰设计等。对专题地图集而言，还包括底图的内容设计。

一、地图集的开本设计

地图集开本的设计主要取决于地图集的用途和在某特定条件下的方便使用。一般来说，国家级的地图集用四开开本，省（区）级权威性地图集用八开开本，大城市的地图集也可用八开开本。旅行用的地图集为携带方便，常设计为狭长的二十四开。根据开本及其展开幅的尺寸，就可以确定各图集中基本图幅的幅面大小。

二、地图集的内容设计

地图集内容目录的设计取决于地图集的性质与用途。如果是普通地图集，则一般可分为三大部分，即总图部分、分区图部分和地名索引部分。总图是指反映全区总貌的政区、区位、地势、人口、交通等图，视图集用途不同，总图中所反映自然及人文状况图的数量也不一样。分区图是这类图集的主体。地名索引则视需要与可能进行编制，不一定属必备部分。如果是由普通地图与专题地图两大图种组成的地图集，则属综合性地图集，由序图组、普通地图组及若干专题图组组成，具体图组内容视图集的性质与用途而定。每个图组根据用途,确定其中包括哪些内容的图幅,可详可简。

可见,一本地图集包括了若干个图组,各个图组又包括了若干幅地图,根据用途及区域特点的不同,所设计的基本图幅也不一样,在共性中必须突出区域的个性。

三、地图集中各图幅的分幅设计

地图集中各图幅的分幅,就是指确定每幅地图应包括的制图区域范围,同时还应确定各区域占有的幅面大小,如是展开幅面、单页幅面,还是 1/2 单页幅面乃至 1/4 单页幅面。对于普通地图而言,制图区域应是一个完整的自然区划、经济区域或一个行政单位(省、市、县等),应充分利用地图集开本给予的幅面大小,将所要表达的制图区域完整地安排于一个展开幅面内,但由于地图集比例尺系列的要求,也可以安排在一个单页幅面内。专题图则不一样,应视表达主题而定。如果某主题可以将所有内容表示于一幅图中(如地质地层图、地貌类型图),则应与普通地图一样处理,尽可能将这幅图安排于一个展开幅面或至少是一个单页幅面内;如果某主题的内容需要用多幅地图分别予以表示,则视需要与可能,将其安排在一个或几个幅面内,这时各幅地图不可能固定地被要求占据多大的幅面,而应视图面布局设计而定。

四、地图集中各图幅的比例尺设计

地图集中各分幅图的比例尺是根据开本所规定的图幅幅面大小和制图区域的范围大小来确定。但地图集中的地图比例尺应该有统一的系统。总图与各分区图,各分区图与某些扩大图以及各分区图间比例尺都应保持某些简单的倍率关系。专题图中按内容表达的详简,可设计保持同样是简单倍率关系的系列比例尺。

五、地图集的编排设计

地图集中包含了众多的地图,这些地图的编排次序绝不是随意的,而应符合一定的逻辑次序。在编排时,先按图组排序,如同一部著作中的"篇"、"章",然后再在每一个图组内按图幅的内容安排次序,如同一部著作中的"节"。在普通地图集中,总图安排在前,分区图安排在后。如果是世界地图集,分区图中应以本国所在的大洲开头,然后是本国及周边邻国按顺时针或逆时针方向逐一表现,以后也同样按一定顺序表示其他大洲及其国家。如果是本国地图集,则应以首都为中心,按某一方向(顺时针或逆时针),逐步地按序表现各个行政区。在专题地图集中,则以序图组开始,总结性的图组殿后,中间按该专题的学科特点有序地安排。譬如经济地图集,除序图组和发展规划组外,多数把自然资源图组放在前,然后按第一、第二、第三产业的次序安排各自的地图。在自然资源图组中,通常是按内力到外力,无机到有机的顺序安排各类自然地图。经济图中按条件图到生产分布图的次序编排。

六、图型和表示法设计

图幅类型及图幅内容表达的设计是地图集设计工作中的重点之一,它的任务是设计什么样的图型和用什么样的表示方法去表达所规定的内容。普通地图的图型比较单一,表示方法比较固定。而专题地图则因表达内容的广泛和特殊,图型较多,有分布图、等值线图、类型图、区划图、动线图和统计图等多种,按其对内容表达的综合程度,又可分为解析型、合成型和复合型等三类,表示方法更有十种之多。

地图集中各幅地图的设计正是根据用途要求、所反映现象的性质和分布形式，合理地确定图型，合理地选择单一的或多种的表示方法的配合以及整饰手段，对地图的表达形式进行全面设计的过程。专题图集中各幅地图表达的主题不同，但根据表达主题指标的多少，可以用一幅图表达，也可以用多幅图的组合从多个侧面去表达。

七、图面配置设计

地图集图面配置的设计主要是指各幅地图的配置设计。各幅地图的配置就是在一定的政治、技术原则下，充分利用地图的幅面，合理地摆布地图的主体、附图、附表、图名、图例、比例尺、文字说明等。

地图集内因地图主体的不同而有不同的图面配置形式。普通地图中，基本上是一个幅面安排一国、一省或一县的地图，应充分利用图幅幅面，使制图区域配置在图廓范围之内，若出现少量地图图形超出图廓的情况，可采用破图廓、斜放或移图的方法处理。在人文经济地图中，常常在一个主题下有很多项指标，要用多幅地图来表示并被安排在一个幅面内，这时必须规定图幅内各种不同比例尺地图的图名、数字比例尺的位置和图例的最佳位置，地图与图例、图表、照片、文字要依内容的主次、呼应等逻辑关系均衡、对称地安排。

八、地图集投影设计

设计地图投影的基本宗旨在于保持制图区域内的变形为最小，或者投影变形误差的分布符合设计要求，以最大的可能保证必要的地图精度和图上量测精度。

地图集中地图投影的设计应在保证统一性的前提下，允许对具体图幅设计特定的投影。地图集中地图投影设计应遵循以下原则：

1. 同类型的地图设计同一性质的投影。

2. 性质相同的分区地图采用性质相同但分带指标不同的投影，这样可最大限度地减少变形。如我国的分省地图，各省均可采用某一种性质的圆锥投影，但分带不同，这样能保证各省变形情况较为接近。

3. 个别情况可根据制图区域的大小和形状，考虑特殊的要求，选用适当的投影。这些一般是指表示全世界的、大洲的、全国的和某些特殊地区的地图。

4. 选择投影时应尽可能考虑资料使用的方便。如大于1∶100万的地图都采用高斯投影。

九、图式图例设计

地图集的图式图例设计包括三大方面：一是普通地图集或单一性专题地图集（如地质图集、土壤图集），要设计符合所表达的各不同比例尺地图的统一的图式图例；二是综合性的专题地图集中，对每幅不同主题内容的地图要设计相应的图例符号，但应符合总的符号设计原则，整部地图集应具有统一的格调；三是各种现象分类、分级的表达，在图例符号的颜色、晕纹、代号的设计上必须反映分类的系统性。

十、地图集的整饰设计

地图集的整饰设计包括：制定统一的线符粗细和颜色；统一确定各类注记的字体及大小；统一用色原则并对各图幅的色彩设计进行协调；进行图集的封面设计、内封设计；确定图集封面、封套的材料；确定装帧方法以及其他诸如图组扉页、封底设计等。

§15.4 地图集编制中的统一协调工作

一、统一协调工作的目的

地图集编制中统一协调工作主要是实现以下三个目的：
1. 正确而明显地反映地理环境各要素之间的相互联系和相互制约的客观规律；
2. 消除由于各幅地图作者观点不一致，地图资料的不平衡以及制图方法不同而产生的矛盾和分歧；
3. 对地图的表示方法和整饰进行统一设计，使各地图间便于比较和使用。

二、统一协调工作的必要性

自然界中各地区的不同地理环境不是各要素的偶然组合，而是有着统一的发生发展基础，是相互联系、相互制约、共同组成的自然综合体。它们表现为：
1. 处于同一物质循环和能量交换的统一过程中，包括相同的地质构造运动、热量与水分循环、地表物质迁移、地球化学反应、生物运动等；
2. 体现一定的地带性规律和区域特点，它们包括水平地带性和垂直地带性规律以及大、中、小范围的区域分异。

这些共同的地理环境特征能够通过地质、地貌、气候、水文、土壤、植被各图幅，强烈地表现出它们的一致性、特征性和各图幅间的相互协调性。但由于各自然图的作者不同，如果地图集的组编者不注意，或在制图方法上不进行协调，很可能这些共同特征不但没有在各相关地图中得到体现，反而会出现许多矛盾之处，这对地图集的科学性是十分有害的。

三、统一协调工作的内容

地图集的统一协调工作主要包括以下几个方面

1. 图集的总体设计要贯彻统一的整体观点

在确定地图集的若干图组后，在设计各图组包括的图幅数时，应照顾一般与特殊相结合的原则，使各图组包括的图幅数大致均衡，达到既全面又有某方面的侧重。按照幅面大小和各不同的制图区域，设计几种简单的、易于比较的比例尺系统；根据地图主题、用途和区域，选择不同种的投影；保持各图幅科学的逻辑次序等。

2. 采用统一的原则设计地图内容

针对不同的内容，设计不同的图型，如自然地图以分布图、类型图、等值线图为主，人文经济图则以分布图、统计图的图型为主。要统一确定分类、分级的单位，自然地图主要是确定相同级别的分类单位，人文经济图则主要是确定表达的行政级别单位。

3. 对同类现象采用共同的表示方法及统一规定的指标

例如在地图集中，普通地图中表示地形起伏所采用的分层设色的高度表，对同等类型的区域，用同一高度表，对不同类型的区域，用色虽然不相同，但是是由此派生的高度表。

在表示各经济部门的地图上，对同一种能力（投资、总产值）选择统一的指标。如采用职工人数为指标表示工业企业的规模时，各工业图可采用相同的分级指标，以便于比较。

在比较各经济指标的历年变化时，应选用相同的年份，以便进行各行业的横向与纵向比较。

4. 采用统一和协调的制图综合原则

这主要反映在图例的统一分类、分级和内容概括两个方面。

自然地图中各类图都有自己的、以学科分类为基础建立的多级制的制图分类系统。在地图集中各类自然图当其比例尺相同时，它所表达的分类详细性应是同等的，譬如同比例尺的地质图、地貌图、土壤图和植被图，表示其类别的等级应该是基本相同的，比如都是3～4级。不允许某些图表示的是较高的类别，图斑普遍较大；而某些图因资料详细，表示的类别较低，图斑特别小而碎。

内容概括的统一协调主要反映在对轮廓界线的制图综合上。由于同一物质循环和能量交换的环境以及体现的同一地带性、非地带性规律，同一地区的不同地图（如地质图、地貌图、土壤图、植被图、土地利用图）上会出现大致相同的类别分界轮廓线和相似的区域图谱。由于土壤与植被的关系较为密切，某些土壤的分类与土地利用分类一致（如水成土壤与水田），在这几类同一地区的不同地图上会出现分类界线一致的情况。当然，由于不同要素和现象类型的替换或变化程度不尽相同，加上人为因素的影响，也会改变某些自然要素与现象的本来面貌。从总体上说，界线相互重合或一致是不多的，多数是呈现界线部分重合、部分不重合的情况。当同样地貌条件下出现了不同的水热状况，因不同类型土壤与不同类型的植被群落的相互交叉演替，土壤形成与植被生长在一定程度上存在不同的适应性，或不同程度的变化时，在相应的地貌、土壤、植被图上出现不相一致的界线是完全可能的，这是某些区域个性的体现。在地图集编绘中，在对这些相关图幅的分类轮廓界线实施制图综合时，要注意保持相同的制图综合尺度，注意反映各相关图幅中出现的分类轮廓界线相互一致、部分一致或不一致的情况以及区域图谱一致的情况。

5. 采用统一协调的整饰方法

通过地图集的整饰设计达到整个地图集在用色风格、用色原则上的一致；达到线划、符号设计上的一致；同类现象在不同地图上出现时表达上的一致；图面配置风格上的一致等。

6. 统一协调的基础底图

地图集中由于各图幅制图区域的范围和表达的内容不同，对地理底图的投影和需具备的地理基础内容有不同的要求。地图集中的底图既要保证其统一性，又要照顾其特殊性，所以应将底图分为若干个系统。

底图的统一协调包括三个方面：一是数学基础，二是地理基础，三是底图整饰。数学基础的统一协调是指整个图集或至少图集中同类地图使用同样的投影；整个地图集的底图比例尺有统一的系统，同样重要的、内容有紧密联系的图幅用同一种比例尺。地理基础的统一协调包括以下几方面：同系统中用一种底图作为基本底图，其他底图由此派生得到；随主题和比例尺不同，地理内容作不同程度的取舍并逐渐删减；不同系统的底图要保证各相应内容的一致性和连贯性。底图整饰的统一协调是指整个底图的线划、符号大小、注记字体及图框、图例框的配置保持一致。

7. 编图按一定的先后顺序

为使相互有联系的现象在地图上保证其共同的规律性得到正确的反映，编制相关图幅时应按照严密的逻辑次序：表示现象的地图应在表示其主导因素的地图之后编；资料准确性差的地图在资料较准确的地图之后编。

参 考 文 献

1. 张克权等. 专题地图编制. 第 2 版. 北京：测绘出版社，1991
2. 祝国瑞等. 地图设计. 广州：广东地图出版社，1993

思 考 题

1. 什么是地图集？它有什么特点？
2. 如何对地图集进行分类？
3. 地图集设计包含什么内容？如何进行地图集的设计？
4. 地图集编制中的统一、协调工作主要包含哪些内容？
5. 统一、协调的制图综合原则从哪些方面体现？如何体现？

第六编 地图出版印刷及分析应用

第十六章 电子地图及地图的电子出版

§16.1 电子地图

电子地图是20世纪80年代利用数字地图制图技术而形成的地图新品种。它是以数字地图为基础，以多种媒体显示地图数据的可视化产品。电子地图可以存放在数字存储介质上，例如软盘、硬盘、MO、CD-ROM、DVD-ROM等。电子地图可以显示在计算机屏幕上，内容是动态的，可交互式地操作，也可以随时打印输出到纸张上。电子地图均带有操作界面。电子地图一般与数据库连接，能进行查询、统计和空间分析。电子地图涉及数字地图制图技术、地理信息系统、计算机图形学、多媒体技术和计算机网络技术等现代高新技术。它的图形数据往往是矢量和栅格混合使用，反映多维地理信息。

一、电子地图的特点

同纸质地图相比，电子地图明显地具有以下特点：

1. 动态性

纸质地图一旦印刷完成即固定成型，不再变化。电子地图则是使用者在不断与计算机的对话过程中动态生成的，使用者可以指定地图显示范围，自由组织地图上要素的种类和个数。因此，在使用上电子地图比纸质地图更灵活。

电子地图具有实时、动态表现空间信息的能力。电子地图的动态性表现在两个方面：①用时间维的动画地图来反映事物随时间变化的真动态过程并通过对动态过程的分析来反映事物发展变化的趋势，如植被范围的动态变化、水系的水域面积变化等；②利用闪烁、渐变、动画等虚拟动态显示技术表示没有时间维的静态现象来吸引读者，如通过符号的跳动闪烁突出反映使用者感兴趣的地物空间定位。

2. 交互性

电子地图的数据存储与数据显示相分离，地图的存储是基于一定的数据结构以数字化的形式存在的。因此，当数字化数据进行可视化显示时，地图用户可以对显示内容及显示方式进行干预，如选择地图符号和颜色，将制图过程和读图过程在交互中融为一体。不同的读者由于使用的目的不同，在同样的电子地图系统中会得到不同的结果。

3. 无级缩放

纸质地图都具有一定的比例尺，一张纸质地图的比例尺是一成不变的。电子地图可以任意无级缩放和开窗显示，以满足应用的需求。

4. 无缝拼接

电子地图能容纳一个地区可能需要的所有地图图幅，不需要进行地图分幅，所以是无缝拼接，利用漫游和平移阅读整个地区的大地图。

5. 多尺度显示

由计算机按照预先设计好的模式，动态调整好地图载负量。比例尺越小，显示地图信息越概略；比例尺越大，显示地图信息越详细。

6. 地理信息多维化表示

电子地图可以直接生成三维立体影像，并可对三维地图进行拉近、推远、三维漫游及绕 X，Y，Z 三个轴方向旋转，还能在地形三维影像上叠加遥感图像，逼真地再现地面情况。此外，运用计算机动画技术，还可产生飞行地图和演进地图。飞行地图能按一定高度和路线观测三维图像，演进地图能够连续显示事物的演变过程。

7. 超媒体集成

电子地图以地图为主体结构，将图像、图表、文字、声音、视频、动画作为主体的补充融入电子地图中，通过各种媒体的互补，地图信息的缺陷可得到弥补。电子地图除了能用地图符号反映地物的属性，还能配合外挂数据库查询地物的属性。

8. 共享性

数字化使信息容易复制、传播和共享。电子地图能够大量无损失复制，并且通过计算机网络传播。

9. 空间分析功能

用电子地图可进行路径查询分析、量算分析和统计分析等空间分析。

二、电子地图的技术基础

电子地图涉及的技术众多，其中硬件技术发展非常迅速，因此要充分利用新的硬件技术；在软件方面，综合应用数字地图制图技术、地理信息系统技术和计算机技术，以软件工程思想，实现数字地图信息在多硬件平台上的传输与显示。

1. 多维信息可视化技术

数字地图制图技术使地图的三维化和动态化成为可能。三维地图首先表现为地形的立体化，其次是符号、注记等的立体化。透视三维和视差三维是地图立体化的两种形式。前者是通过透视和光影效果来实现三维效果，如红绿镜、偏振光镜，甚至是专门的虚拟现实设备等。动态地图有时间动态和空间动态两种形式。时间动态是同一区域在时间上的动态发展表现效果；空间动态是区域上观察视点移动产生的动态效果。

2. 导航电子地图技术

导航电子地图是在普通的电子地图上增加了 GPS 信号处理、坐标变换和移动目标显示功能。导航电子地图的特点是加入了车船等交通工具这样的移动目标，使得电子地图表示要始终围绕交通工具的相关位置显示进行，关注区域、参考框架、比例尺等随着交通工具位置的移动而改变，是动态化程度较高的电子地图。

3. 多媒体电子地图技术

多媒体电子地图在以不同详细程度的可视化数字地图为用户提供空间参照的基础上，可表示空间实体的空间分布，并通过链接的方式同文字、声音、照片和视频等多媒体信息相连，从而为用户提供主体更为生动和直接的信息展现。

4. 嵌入式电子地图技术

嵌入式软件开发技术是基于 Window CE 等掌上型电脑操作系统的软件开发技术。基于该项技术可开发基于掌上计算机（个人数字助理PDA）的电子地图。嵌入式电子地图携带方便，与现代通信及网络联系密切，具有数据量小，占用资源少的特点。可将电子地图及软件存储在闪卡上，也可通过网络下载。与GPS结合，还可具有实时定位和导航的功能。

5. 网络电子地图技术

网络电子地图是地图信息的一种新的分发和传播模式。它的出现使地图能够摆脱地域和空间的限制，实现远距离的地图产品实时共享。

三、电子地图种类

通过选择适当的硬件平台及具备系列软件的支持，即可形成不同形式的电子地图产品，图16-1是电子地图的硬件和软件关系结构图。

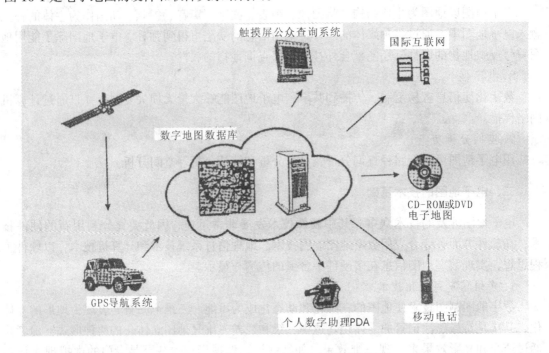

图16-1 电子地图的硬件和软件关系结构图

根据输出和用户使用的方式可将电子地图分为以下几类：

1. 单机或局域网电子地图

存储于计算机或局域网系统的电子地图，一般作为政府、城市管理、公安、交通、电力、水利、旅游等部门实施决策、规划、调度、通信、监控、应急反应等的工作平台。

2. CD-ROM或DVD-ROM电子地图

主要用于国家普通电子地图（集），省、市普通电子地图（集），城市观光购物电子地图，旅游观光电子地图，交通导航电子地图等。

3. 触摸屏电子地图

主要用于机场、火车站、码头、广场、宾馆、商场、医院等公共场所，各级政府和管理机构的办公大楼，为人们提供交通、旅游、购物和政府办公办文信息。

4. 个人数字助理（PDA）电子地图

个人数字助理（PDA）电子地图携带方便，具备GPS实时定位、导航功能和无线通信网络功能，已显示出广阔的应用前景。

5．互联网电子地图

互联网电子地图是在国际互联网上发布的电子地图，供全球网络使用者阅读、查询、下载，广泛用于发布旅游信息和数据传播。

四、电子地图的设计原则

电子地图的用途不同，所反映的地理信息也有差异；具备地图资料的差异和所使用工具的不同，也会影响电子地图的设计。但电子地图的设计仍然应遵循一些基本原则，这些基本原则是内容的科学性、界面的直观性、地图的美观性和使用的方便性。电子地图的设计既要遵循一些共同的原则，又要充分考虑自身的特点。因此，电子地图应重点从界面设计、图层显示设计、符号与注记设计和色彩设计等方面来考虑。

（一）界面设计

界面是电子地图的外表，一个专业、友好、美观的界面对电子地图是非常重要的。界面友好主要体现在其容易使用、美观和个性化的设计上。界面设计应尽可能简单明了，如果用图者在操作地图界面时感到困难或难以掌握，他就会对该图失去兴趣。可以增加操作提示以帮助用户尽快掌握地图的基本操作，也可以通过智能提示的方式把操作步骤简化。

1．界面的形式设计

用户界面主要有菜单式、命令式和表格式三种形式。菜单式界面将电子地图的功能按层次全部列于屏幕上，由用户用数字、键盘键、鼠标、光笔等选择其中某项功能执行。菜单式界面的优点是易于学习掌握，使用简单，层次清晰，不需大量地记忆，利于探索式学习使用；其缺点是比较死板，只能层层深入，无法进行批处理作业。命令式界面是以几个有意义或无意义的字符调用功能模块。其优点是灵活，可直接调用任何功能模块，可以组织成批处理文件，进行批处理作业；其缺点是不易记，不易全面掌握，给用户使用带来困难。表格式界面是将用户的选择和需要回答的问题列于屏幕，用户通过填表的方式回答。电子地图一般应采用菜单式界面。

2．界面的显示设计

对于电子地图，应尽可能多地表示地图丰富的内容，因而，地图显示区应设计得大一些，通常整个屏幕都是地图，没有其他无关信息，其界面包括工具条、查询区、地图相关位置显示等。点击图上任意一位置，则通过与之对应的其他链接地图，来显示该位置的详细信息，以地图图形的方式向读者提供信息。

3．界面的布局设计

电子地图界面布局是指界面上各功能区的排列位置。一般情况下，为方便电子地图的操作，工具条宜设在地图显示区的上方或下方。图层控制栏和查询区可以设在显示区的两侧。为了让地图有较大的显示空间，可以设计隐藏工具栏，将不常用（或暂时不需要）的工具栏隐藏起来，显示常用的、需要的工具栏，这样也可以方便读者阅读地图。

（二）图层显示设计

由于电子地图的显示区域较小，如果不进行视野显示控制和内容分层显示，读者很难得到有用的信息。所以在电子地图设计中，应针对不同用途的图层选择不同的视野显示范围，使有用信息得到突出显示。图层显示一般有图层控制、视野控制以及两者结合等方式。图层控制是在界面设计时就有此功能，让读者自己决定需要显示的图层。一般来说，重要信息先显示,次要信息后显示。视野控制是通过程序控制,使某些图层在一定的视野范围内显示,即随着比例尺的放大与缩小而自动显示或关闭某些图层,以控制图面载负量,使地图图面清晰易读。

一般来说,基础地理要素如居民地中的街道、高速公路、铁路、水系、植被中的绿地等是通过视野控制的方法来控制图面的显示内容及详细程度,专题要素通过图层控制的方法让读者自己选择需要显示的图层。

(三)符号与注记设计

地图作为客观世界和地理信息的载体,主要是由地图符号来表达。地图符号设计的成功与否,对地图表示效果起着决定性的影响。电子地图的地图显示区较小,符号设计时要充分考虑这一点。

1. 基础地理底图符号尽可能与纸质地图的符号保持一定的联系

这种联系便于电子地图符号的设计,也有利于读者进行联想。但这种联系并不否认符号设计的创造性,特别是原来就不便于数字表达和屏幕图形显示的符号,在设计时就没有必要勉强保持这种联系。如河流用蓝色的线状符号表示,单线河用渐变线状符号表示。

2. 符号设计要遵循精确、综合、清晰和形象的原则

精确指的是符号要能准确而真实地反映地面物体和现象的位置,即符号要有确切的定位点或定位线;综合指的是所设计的符号要能反映地面物体一定程度上的共性;清晰指的是符号的尺寸大小及图形的细节要能使读图者在屏幕要求的距离范围内清晰地辨认出图形;形象指的是所设计的符号要尽可能与实地物体的外围轮廓相似,或在色彩上有一定的联系,如医院用"十"字符号表示,火力发电站用红色符号表示,水力发电站用蓝色符号表示。

3. 符号与注记的设计要体现逻辑性与协调性

逻辑性体现在同类或相关物体的符号在形状和色彩上有一定的联系,如学校用同一形状的符号表示,用不同的颜色区分大专院校与中小学校;协调性体现在注记与符号的设色尽可能一致或协调,尽量不用对比色,可用近似色,以利于将注记与符号看成一个整体。

4. 符号的尺寸设计要考虑视距和屏幕分辨率因素

由于电子地图的显示区较小,符号尺寸不宜过大,否则会压盖其他要素,增加地图载负量。但如果尺寸过小,在一定的视距范围内看不清符号的细节或形状,符号的差别也就体现不出来。点状符号尺寸应保持固定,一般不随着地图比例尺的变化而改变大小。

5. 合理利用敏感符号和敏感注记

敏感(鼠标跟踪显示法)符号与敏感注记的使用可以减少图面载负量。敏感符号和敏感注记一般用于专题要素注记,但有些重要的点状符号不要使用敏感符号和敏感注记,这样可以突出该要素。

6. 用闪烁符号来强调重点要素

闪烁的符号易于吸引注意力,特别重要的要素可以使用闪烁符号,但一幅图上不宜设计太多的闪烁符号,否则将适得其反。

另外,注记大小应保持固定,一般不随着地图比例尺的变化而改变大小。路名注记往往沿街道方向配置,如果表示了行政区,一般还要有行政区表面注记,通常用较浅的色彩表示,字体要大一些。

(四)色彩设计

地图给读者的第一感觉是色彩视觉效果。电子地图的色彩设计主要要考虑色彩的整体协

调性。

1．利用色彩属性来表示要素的数量和质量特征

不同类要素可采用不同的色相表示，但一幅电子地图所用的色相数一般不应该超过 5~6 种；用同一色相的饱和度和亮度来表示同类不同级别的要素，一般来说等级数不应超过 6~8 级。

2．符号的设色应尽量参照习惯用色

这些习惯色主要有：用蓝色表示水系，绿色表示植被、绿地，棕色表示山地；红色表示暖流，蓝色表示寒流。

3．界面设色

电子地图的界面占据屏幕的相当一部分面积，其色彩设计要体现电子地图的整体风格。地图内容的设色以浅淡为主时，界面的设色则应采用较暗的颜色，以突出地图显示区；反之，界面的设色应采用浅淡的颜色。界面中大面积设色不宜用饱和度高的色彩，小面积设色可以选用饱和度和亮度高一些的色彩，使整个界面生动起来。

4．面状符号或背景色的设色

面状符号或背景色的设色是电子地图设色的关键，因为面状符号占据地图显示空间的大部分面积，面状符号色彩设计成功与否直接影响到整幅电子地图的总体效果。

电子地图面状符号主要包括绿地、面状水系、居民地、行政区、空地和地图背景色。绿地的用色一般都是绿色，但亮度和饱和度可以不一样。面状水系用蓝色，亮度和饱和度可以不一样，有时还用蓝紫色。居民地和行政区的面积较大，色彩好坏对电子地图影响很大。用空地设色或加上地图背景的方法可使电子地图更加生动。

5．点状符号和线状符号设色

点状符号和线状符号必须以较强烈的色彩表示，使它们与面状符号或背景色有清晰的对比。点状符号之间、线状符号之间的差别主要用色相的变化来表示。

6．注记设色

注记色彩应与符号色彩有一定的联系，可以用同一色相或类似色，尽量避免对比色。敏感注记的设色可以与整幅电子地图统一。在深色背景下注记的设色可浅亮一些，而在浅色背景下注记的设色要深一些，以使注记与背景有足够的反差；若在深色背景下注记的设色用深色时，可以利用注记加上白边，以突出注记。

电子地图设色有两种不同的风格：一种是设色比较浅，清淡素雅；另一种是设色浓艳，具有很强的视觉冲击力。

§16.2 彩色地图电子出版技术

彩色地图电子出版技术是 20 世纪 90 年代随着计算机和激光技术的进步而产生的新技术。地图电子出版技术以数字原图为主要信息源，以电子出版系统为平台，使地图制图与地图印刷结合更加紧密；它将地图编绘、地图清绘和印前准备（包括复照、翻版、分涂）融为一体，给地图生产带来了革命性变化。

一、地图电子出版技术的特点

地图电子出版技术具有如下特点：

1. 地图印刷前各工序的界限变得模糊

在过去手工制图过程中,许多工作需要受过专门训练的专业技术人员分别处理,如地图设计、地图编制、地图清绘、复照、翻版、分涂,而在地图电子出版系统中,这些工作可由同一个人来完成,并且各种操作可以交叉进行。

2. 缩短了成图周期

利用地图电子出版技术生产地图取消了传统手工制图和地图印刷工艺中的许多复杂的工艺步骤,大大地缩短了成图周期。把地图编绘、地图清绘、复照、翻版、分涂等工艺合并在计算机上完成。对急需的少量地图,可用彩色喷绘方法获得。

3. 降低了地图制作成本

(1) 由于地图制作的印刷前各工艺步骤的操作全部在计算机上进行,减少了操作差错,降低了返工率。

(2) 工艺步骤的简化,节省了材料、化学药品消耗。

(3) 地图设计、制作一体化,减少了人力耗费。

(4) 基本采用四色印刷,降低了印刷费用。

4. 提高了地图制作质量

(1) 手工制图的复照、翻版、分涂等每道工序都会使地图的线划、注记、符号发肥、变形。

(2) 地图手工清绘的线划发毛、不实在,线划粗细不均匀,注记剪贴不平行、不垂直南北图廓,手工绘制的符号也不精致。

(3) 数字地图制作可以通过系统硬件解决套准、定位问题,消除手工制图中因胶片拷贝导致的套准不精确问题。

5. 丰富了地图设计者的创作手法

(1) 地图色彩设计

过去制作地图彩色样张,由于靠手工制作,只能设计有限几个样张。现在可在计算机上制作地图彩色样张,即使制作多个样张也很容易实现;地图集的设色采用色彩数据控制,能确保颜色的统一协调。

(2) 图面配置

手工制图条件下不得不将做好的地图、照片、文字在图版上来回搬动;地图电子出版系统中进行图面配置时可在计算机上直接排版。

(3) 三维制作和特殊效果

通过手工制图生产出来的地图立体符号很少,主要是因为手工制作立体符号较困难;现在计算机图形软件有立体符号制作功能,制作立体符号非常方便,立体符号、立体地形逐渐多了起来,光影、毛边、渐变色等特殊艺术效果在地图(集)中经常出现。

6. 网络化结构

(1) 采用计算机网络技术可以实现地图信息的远程传输。

(2) 实现了地图产品先分发,后印刷的设想。

传统的地图是先印刷,后分发。数码印刷可以通过通信、网络技术先将地图数据直接传输给用户,然后再传输到印刷厂印刷。

7. 改变了传统地图出版的含义

地图电子出版系统的出现,扩大了地图出版领域,使出版物不再局限于地图印刷品,多媒体出版、Internet 出版将是今后出版的重要方式。

8. 地图容易更新和再版

为了充分发挥地图在国民经济建设中的作用，需要经常更新地图内容，再版新地图，保持地图现势性。这对于在计算机上操作来说，是一件轻而易举的事情。

二、地图电子出版系统的硬件构成

地图电子出版系统是以通用硬件和软件为基础构成的一种开放式系统（如图 16-2）。它以工作站或微机为核心，可以和各种输入、输出设备连接，加上相应的软件，集成满足地图电子出版要求的系统。

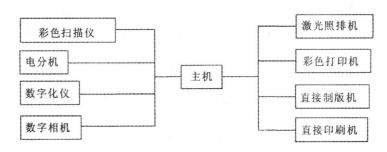

图 16-2　地图电子出版系统的硬件配置

（一）主机

主机是地图电子出版系统的核心。地图电子出版对主机要求较高，主要表现在处理速度、存储容量、输入输出速度等方面。主机外部的存储媒体主要有磁性媒体（包括软盘和硬盘）、光学媒体（最常见的是 CD-ROM）和磁光媒体（最常见的是 MO）。

（二）输入设备

输入设备是指将文字、图形、图像信息输入计算机的设备。信息存储介质和存储方式不同，它们所需的输入设备也不同。存储在纸张或胶片上的地图原稿、照片、反转片，需要的输入设备是扫描仪，对于线划图形，可以用数字化仪。存储于光盘、软盘、硬盘上的数据信息，需要相应的驱动设备，如光盘驱动器、软盘驱动器。此外，数字相机也是一种图像输入设备。

1. 扫描仪

（1）扫描仪的分类

扫描仪的分类方式有多种：按原稿放置方式分有平板式扫描仪和滚筒式（PMT）扫描仪（如图 16-3），按扫描仪幅面分有 A0、A1、A2、A3、A4 幅面扫描仪。

（2）扫描仪的性能指标

扫描仪的性能指标主要有分辨率、色彩位数、扫描密度等。常见扫描仪及其主要特性见表 16-1。

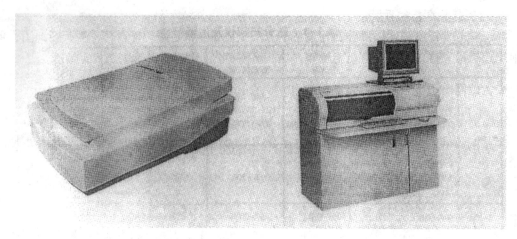

（a）平板式扫描仪　　　　　　　　（b）滚筒式扫描仪

图 16-3　扫描仪类型

表 16-1　部分扫描仪及主要特性

厂家	型号	原稿及尺寸	扫描方式及光源	分辨率(DPI)及缩放倍率	色彩位数及扫描密度	接口	硬件软件	其他
Screen	DT-S1030AI	反射 A4 透射负片 10″×12″	PMT 35W 卤素灯 200～6～1 200rpm	100～5 200 150～300DPI 时 33%～1 733%	10bit＞3.0	SCSI RGB24 CMYK32	MAC 机 32MRAM Photoshop	(AI)设置
Screen	DFS-1015(AI)	透射 5.9″×6″ 反射 5.9″×6″	PMT 35W 卤素灯 1 200rpm	100～200	10bit＞3.0	SCSI RGB24 CMYK32		自动设置(AI)
Scanview	scanmate 5 000	反射透射、负片 8.75″×1.2″	PMT 卤素灯 1 000～1 600 rpm	50～5 000	12bit 4.0	SCSI RGB CMYK	PC, MAC Color Qurter Photoshop	
Leaf systems Inc.	LeafScan 45(35)	透射 4″×5″ 透射 35″	6 000 点 CCD 三次扫描 高品质荧光灯	最高 4 000	16bit 3.7	SCSI GBIB RGB	PC, MAC	自动校正
Sciex	Smart scanner ps	反射、透射 200mm×25mm	CCD			RGB CMYK	PC, MAC	

续表

厂家	型号	原稿及尺寸	扫描方式及光源	分辨率(DPI)及缩放倍率	色彩位数及扫描密度	接口	硬件软件	其他
Agfa	Horizon	反射 273mm×420mm 透射 200mm×300mm 厚度不限	1 500 点 CCD 400W 卤素灯	20～2 400 连续电子缩放	12bit 3.0	SCSI-2 RGB	PC, MAC	
Agfa	Arcus	反射 203mm×300mm 透射 152mm×228mm	CCD 8W 日光灯	光学 600×1 200 插值 1 200×1 200	10bit (透射 2.8)	SCSI-2 RGB	PC, MAC	
Linotype Hell	TOPAZ	反射 305mm×457mm 透射 210mm×457mm	3 组彩色 CCD 3×6 000 像素	最高 8 150 20%～2 000%	16bit 3.7	SCSI	Lioncolor	
Linotype Hell	S3300	17.72″×20.08″	PMT	1 000 (光学分辨率)	12bit	SCSI	Lioncolor	

2. 数字化仪

数字化仪是一种高精度的图形输入设备，是地图输入的主要设备。根据其自动化程度的不同，有全自动跟踪式数字化仪、半自动跟踪式数字化仪和手扶跟踪式数字化仪等（如图 16-4）。手扶跟踪式数字化仪主要由数字化仪面板和定标两部分组成。数据输入时，先将地图贴在图形输入板上，利用定标器在数字化板表面上移动，可将地图图形坐标逐点、逐线数字化输入计算机。

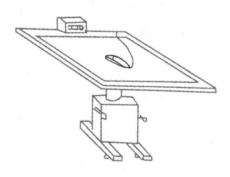

图 16-4　手扶跟踪式数字化仪示意图

数字化仪的主要性能指标如下：
（1）精度
目前中档数字化仪的精度为 0.254mm 左右。
（2）分辨率
指数字化仪面板每英寸内能够辨认的线数。

(3) 幅面

目前有 A00（1 118mm×1 524mm），A0（914mm×1 219mm），A1，A2，A3，A4 等规格。

(三) 输出设备

输出设备主要有打印机、激光照排机、直接制版机和数字式直接印刷机。

1. 打印机

按打印原理打印机可分为喷墨式、激光式和热感应式等几种。

(1) 彩色喷墨打印机

彩色喷墨打印机是经济型的非击打打印机。最新彩色喷墨打印机的分辨率高达 1 440dpi，精度已达到激光打印机水平。新式彩色喷墨打印机有四个独立的打印头，分别打印 C，M，Y，K 四色。老式彩色喷墨打印机有两个独立的打印头，一个打印 C，M，Y 三色，一个打印 K 一色。

(2) 彩色激光打印机

彩色激光打印机采用的是电子照相技术，利用激光束扫描感光鼓，使感光鼓吸与不吸墨粉，感光鼓再把吸附的墨粉转印到纸上。彩色激光打印机要用 4 个感光鼓完成打印过程，其图像印刷过程是：曝光、显影、转印、定影。

(3) 热转印式彩色打印机

热转印式彩色打印机是利用打印头的发热元件加热，使色带上的固态油墨转到打印媒体上，有四个与纸同样大小的色带，分别为 C，M，Y，K。热转印式彩色打印机打印质量高，速度快。

2. 激光照排机

激光照排机的功能是将图文合一的数据通过激光记录到感光胶片上，输出分色胶片。激光照排机主要有外鼓式和内鼓式两种。

(1) 外鼓式激光照排机

外鼓式激光照排机中，胶片吸附在滚筒外面，滚筒带动胶片转动，记录头水平移动，一圈圈进行曝光。记录头由丝杆控制移动。

(2) 内鼓式激光照排机

内鼓式激光照排机中，胶片吸附在滚筒内壁上，滚筒中间有一个转镜（如图 16-5），激光通过转镜反射到胶片上。记录时，转镜转动，同时移动，胶片静止不动。内鼓式激光照排机精度高，容易控制。如 Linotype-Hell 公司的大力神 Herkules PRO、辉洒（QUASAR）都是高级的全功能图文输出设备。

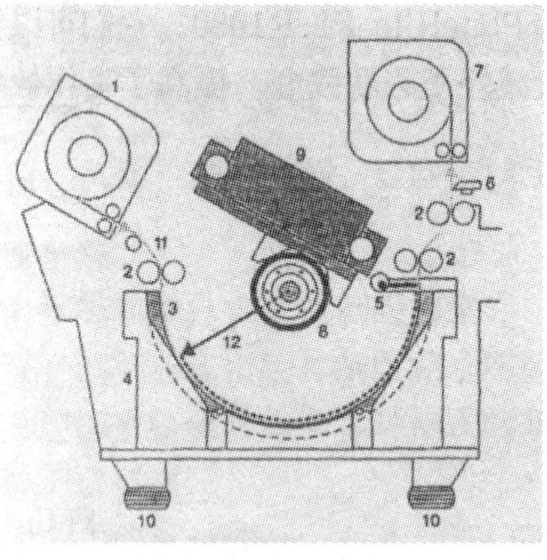

图 16-6 是大力神 Herkules PRO 内鼓式激光照排机，其中（a）是该机外观，（b）是它的"笑脸"用户界面。

图 16-5　辉洒的内鼓构造

3. 数字式直接制版机

数字式直接制版是指用电子的方法直接把地图数据传送到一定介质上制成可以直接上机印刷的印刷版的过程（Computer-to-Plate，CTP）。直接制版省去了胶片输出步骤，节约了成

 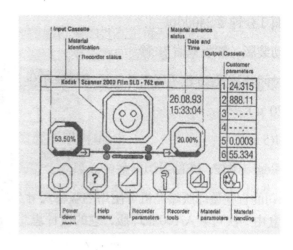

(a) 外观　　　　　　　　　　　　　　（b) 用户界面

图 16-6　大力神 Herkules PRO 内鼓式激光照排机

本,缩短了成图周期,提高了地图产品质量。图 16-7 为 PlateRite PI-R1080 直接制版机的外观。

数字式直接制版机的印版曝光装置基本与版材处理装置形成一体化,所以采用不同的版材,其制版设备结构也大不一样。具有代表性的设备是 Agfa 公司的 Creo 激光制版机,Creo3244 激光制版机的技术指标如下:

版材尺寸:最大 787mm×1 184mm,
　　　　　最小 432mm×559mm;
影像面积:787mm×1 184mm;
版材厚度:0.15～0.4mm;
解像力:3 200～1 200dpi;
输出速度:全幅面 3 分钟;
换版时间:全自动装版、卸版,需要 30 秒。

图 16-7　PlateRite PI-R1080 直接制版机

数字式直接制版机的颜色校正和数据变换是比较难解决的问题,另外其成本也比较高。

4. 数字式直接印刷机

数字式直接印刷是指用电子的方法直接把地图数据转换成印刷品的一种印刷复制过程,又称数字印刷（Digital Printing）。根据印刷工艺和机器性能不同,主要有无压印刷和有压印刷两种方式。

E-print 1000 是 Indigo 公司的产品（如图 16-8）,其中,(a) 是该机外观,(b) 是直接印刷结构原理图。

(1) 成像及印刷原理

E-print 1000 数字式直接印刷机采用静电成像方式,4～6 色印刷只需一组滚筒即可完成双面印刷。地图数据送至激光头,它将给印版滚筒上的电子印版充电,接着电子油墨被喷射

(a) 外观

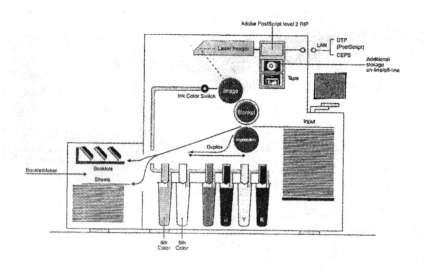

(b) 结构原理图

图 16-8 E-print 1000 直接印刷机

到图像滚筒上形成图像,然后转印到橡皮滚筒上;图像滚筒每转一周,图像变换一色。形成完整彩色图像后,压印滚筒和走纸部分才转动一次,将橡皮滚筒上彩色图像一次转印到纸张上,即完成一页印刷。

(2) E-print 1000 数字式直接印刷机的关键技术

E-print 1000 数字式直接印刷机的关键技术是"快速彩色油墨开关技术"和"电子油墨

技术"。前者使印刷机每转一周可以印制不同的图像,后者能使油墨经过橡皮滚筒百分之百地转移到纸上,并立即固化附着。

快霸（Quickmaster）DI46-4 数字式直接印刷机是海德堡公司的产品,为 A3 幅面四色无水胶印机,系统结构为卫星式（如图 16-9）,其中,（a）为该机外观,（b）为结构原理图。

(a) 外观

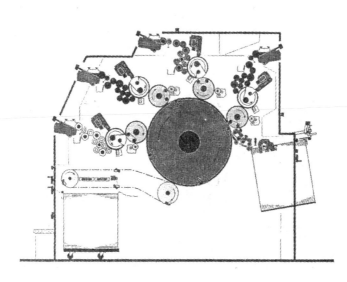

(b) 结构原理图

图 16-9 快霸 DI46-4 直接印刷机

①成像原理：在成像过程中,光束直接照射在印版上,印版由底层聚酯片基、中间层钛和顶层硅组成,光能转换成热能,熔化了底层与顶层之间的连接物,使硅层脱落,形成亲墨

的图文区,而未曝光的区域为疏墨的空白区。然后,自动清洗装置洗掉印版表面的硅屑,印版即可印刷。

②印刷过程:自动换版,自动清洗橡皮布,自动进行供墨量预设,自动给纸、印刷和收纸。该机四个色的印版是激光在机直接制成的,故不需进行套准调节。印刷速度为每小时1万张,耐印率为2万张。

数字印刷设备费用高,运行成本高,印品质量没有胶印高,还需进一步改进。

三、地图电子出版系统的软件构成

地图电子出版系统的软件除了系统控制外,主要用来进行图形图像处理、版面组版、图文输出等。

1. 字处理软件

字处理软件能够实现文本的输入和简单的页面编辑。由字处理软件产生的文件很小,能在不同的平台间传输。这类软件有 Microsoft Word,WPS 等。

2. 矢量图形处理软件

矢量图形处理软件具有图形绘制功能,能绘制直线、曲线、圆弧等;可喷涂、在封闭图形内按指定色均涂、对填充色进行半透明处理等;可编辑文稿并可将文字作为图形进行自由加工;可设计制作、编辑图表;可在色彩层次和两个图形之间自动生成连续色调;可自动矢量化跟踪;可对图形进行任意的放大、缩小、旋转、反向和变形;可以最高分辨率将图形输出到激光照排机。常用软件有 CorelDraw, FreeHand, Illustrator, Microstation, AutoCAD 等。

3. 图像处理软件

图像处理软件主要用于连续调图像的编辑和处理,包括色彩校正、图像调整、蒙版处理以及图像的几何变化等。特种技能包括设置尺寸变化、清晰化和柔化、虚阴影生成、阶调变化等。美国的 Adobe 公司的 Photoshop 是最有影响的图像编辑、加工软件,用于版面制作、彩色图像校正、修版和分色等处理。

4. 彩色排版软件

这类软件用于将字处理文件、图形、图像组合在一起,形成整页排版的页面,并能控制输出。如专业排版软件 PageMaker 有文字编辑、图形图像编辑、拼版等功能。

5. 分色软件

这类软件主要用于处理彩色图像分色,一般有确定复制阶调范围、确定灰平衡、调整层次曲线、校正颜色、强调细微层次、限制高光、去除底色等功能,如 Aldus Preprint。

四、地图电子出版工艺过程

采用地图电子出版技术,地图制图和地图印刷工艺过程发生了翻天覆地的变化。地图电子出版工艺的主要过程可归纳如图16-10。

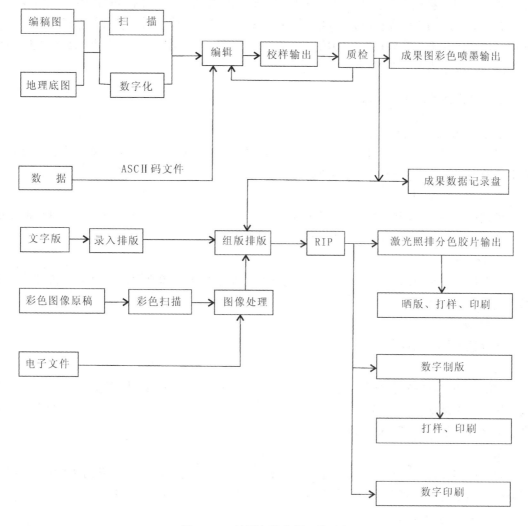

图 16-10 地图电子出版工艺过程

§16.3 地图印刷

一、地图印刷的主要方法

地图印刷采用的方法要根据地图下列特点和要求而定：
1．地图幅面一般比较大。
2．地图的精度、质量要求很高。符号、注记和线划精细，误差有一定的限度，要求套印准确。
3．地图内容复杂，容易发生错漏，要求可以在版面上修改和填补。
4．要求制印方法简便，成图迅速，成本低。

采用凸版或凹版制印地图不能同时满足上述要求，例如，凸版或凹版上的错误难以修补，对大面积的普染色难以制印等。用平版胶印的方法制印地图，由于平版上应用物理化学方法建立印刷要素和空白要素，在一定程度上，无论图幅大小和内容种类多少，都容易制作，能保证一定的质量和精度，也能在版面上修改错误和填补遗漏；使用胶印机印刷，既能保证多色套印准确，又能在短时间内印出复杂、精细的大量彩色地图。与凸版或凹版印刷地图相比，平版印刷地图成本最低。

二、地图印刷的主要过程

1. 检查出版图数据

出版图数据的好坏，直接影响印刷图质量，所以在印刷之前，对数据必须进行检查。印刷多色地图时，要检查彩色喷墨样图。彩色喷墨样图是分色印刷的参考依据。

2. 印刷工艺设计

印刷地图一般是按照地图印刷工艺方案的规定进行的。印刷工艺方案是根据地图制图的任务和要求、制印设备、技术条件等制定的。

3. 输出分色胶片

一般地图印刷输出 C，M，Y，K 四色胶片，如有特殊的印刷要求，例如彩色细线划要求特别精致，就将该线划色用专色片输出。

4. 晒版

将分色胶片晒制成印刷版，以便上机印刷。

5. 打样与审校

将晒制的印刷版在打样机上按照规定颜色、油墨打印出样图，用来检查有无错误和遗漏，用色是否准确。如错漏较多，需要修改数据，重新出片；如果是个别错误，可直接在印刷版上修补。最后，打印标准样张。

6. 印刷

以打印的样张为标准，将印刷版安置在胶印机上进行正式印刷，以获得大量印刷成品。印刷时要经常检查印刷图上的墨色和套印情况，使地图印刷品保证质量。

7. 分级、包装与装订

检查印刷成图，按质量分为正品、副品，剔除废品，然后按规定数量分级包装。印刷地图集（册）时还要装订成册。

三、地图平版制版

地图平版制版是把分色片上的图形、图像、文字，制在能供印刷的金属版材上，成为印刷版。平版制版是通过物理、化学的作用，基本上在同一平面建立具有吸附油墨性能的印刷部分和吸附水分的空白部分的印刷版。

平版制版可分为三个主要过程：一是选择或准备具有感光性能的平版版材；二是利用平版制版原理，在版面上建立亲油的印刷部分；三是建立吸附水分的空白部分。

预先涂布好感光层的 PS 版，经曝光、显影、除污、涂胶等过程，便可制成供印刷使用的印版。带有图形的胶片覆盖在 PS 版上进行曝光，其感光层发生光分解反应，露光部分胶层硬化，没有感光的部分其胶层被溶解从版面上去掉，再经腐蚀、涂显影墨等获得亲油墨的图文部分，然后清除由分色胶片或晒版过程中带来的脏点。涂布胶层后，其露光部分形成稳定的亲水空白部分（如图 16-11）。

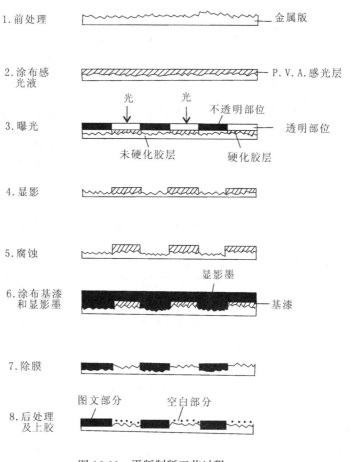

图 16-11 平版制版工艺过程

四、打样与审校

从地图数据源到制成印刷版印刷难免产生这样或那样的缺点和错误，因此，在正式印刷前，通过打样方法获得样图，进行严格的审校，可以把图上缺点、错误消灭在正式印刷之前。同时，通过样图，可检查未来的地图成品是否符合设计要求。样图还可为印刷提供颜色标准。

（一）打样机的结构

打印样图是在专门的打样机（如图 16-12）上进行的。该机有两个平整的铁台，一个是供放置印刷版用的，叫版台，另一个是供放承印物用的，叫纸台。两个铁台均能利用底部手轮进行升降。机上有压印辊筒、水辊、输墨辊、输水辊，上述部件由机座承托。机座上有牙道，使压印辊筒、水辊、输墨辊能在机器上来回运动。

（二）打样的原理与方法

打样时先向版面擦水，使空白部分吸水排油，然后向版面滚墨使图文部分吸足油墨，当压印辊筒运转与印版接触时，图形上的油墨就由印版转到橡皮布上，压印辊筒继续运转，与纸面接触，橡皮布上的图形油墨就转到纸上，这就得到了一个色的样图。对不同的要素的印刷版，分别滚上所需要的彩色油墨，然后套印在同一张纸上，即得彩色样图。

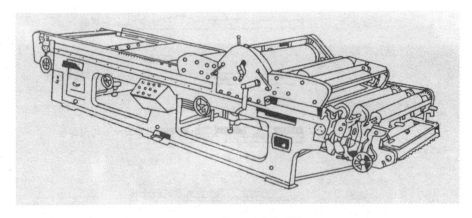

图 16-12 自动胶印打样机

（三）样图的审校

样图审校是地图印刷中的一道工序，它是利用打印出来的样图进行的，主要检查地图内容有无遗漏、套合误差等错误和缺点，地图色彩是否符合设计规定，线划质量、套印精度是否在允许的范围内等。如不符合规定要求，需要改正胶片，重新制作印刷版。

五、地图印刷

地图印刷普遍采用胶印机。胶印机有幅面大、印刷速度快、成本低等特点，能满足地图印刷要求。

（一）胶印机

胶印机主要由印刷部分（版辊筒、橡皮辊筒、压印辊筒）、输水部分、输墨部分、输纸部分、收纸部分和动力部分组成（如图 16-13）。

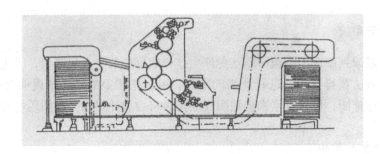

图 16-13 国产双色胶印机

1. 单色胶印机

单色胶印机（如图 16-14）的印刷部分由印版辊筒、橡皮辊筒和压印辊筒组成。该机采用连续式自动输纸。

2. 双色胶印机

双色胶印机（如图 16-15）印刷部分通常由五个辊筒组成。它比单色胶印机多了一个版辊筒和橡皮辊筒。印刷时，纸张附在压印辊筒上，先与第一色的橡皮辊筒接触，然后与第二色的橡皮辊筒接触，附在压印辊筒上的纸张便依次印上了两种颜色。

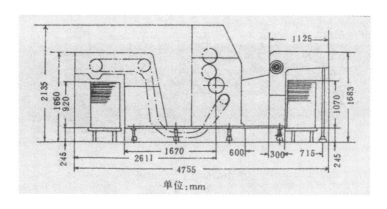

图 16-14　单色胶印机

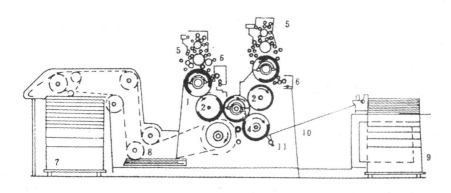

1．版辊筒　2．橡皮辊筒　3．压印辊筒　4．纸张传送辊筒　5．油墨装置　6．输水装置
7．收纸台　8．单张收纸台　9．输纸部分　10．输纸台　11．摆动臂

图 16-15　双色胶印机

3．四色胶印机

四色胶印机（如图 16-16）是将四部单色胶印机的印刷部分组合起来，共用一套输纸系统和收纸系统。印刷时，纸张附在压印辊筒上，先与第一色的橡皮辊筒接触，然后与第二色的橡皮辊筒接触，接着与第三色的橡皮辊筒接触，最后与第四色的橡皮辊筒接触，附在压印辊筒上的纸张便依次印上了四种颜色。

（二）地图胶印

胶印前，根据任务准备好纸张、油墨并调整好印刷机。根据印图任务和套色顺序，取出印刷版，检查印刷版的裁切线、规矩线和咬口位置是否齐全，印刷版上的线划、网点是否实在、光洁，空白部分有无污点。印刷版不符合要求的，应重新制版。

1．胶印机的操作工序

（1）上印刷版

将印刷版安装在印刷辊筒上。

（2）上橡皮布

在橡皮辊筒上装置橡皮布，并用汽油擦洗干净。

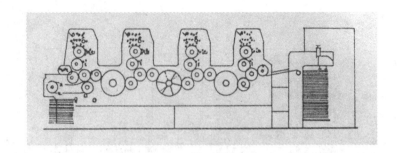

图 16-16　四色胶印机

(3) 装油墨和上水

在油墨槽中装入适量油墨,在水槽中注入适量药水,并调整均匀。

(4) 洗胶和换墨

先用湿海绵或湿布拭去印版上的胶层,再用汽油洗去印版上的油墨,然后开动印刷机,在印版上湿水和上新油墨。

(5) 放置纸张

将准备好的纸张,整齐地堆放在纸台上。

(6) 上机油

在胶印机的各部件上加机油。

(7) 开机印刷

印刷时先落下水辊,后放下墨辊,并及时输进纸张,通过印刷装置的压力,印版上的图文就转到橡皮布上,橡皮布上的图文随即转印到压印辊筒的纸上,从而获得印刷图。

2. 彩色地图套印顺序

用单色机印彩色地图,先要确定各色印刷顺序。印刷多色地图,要求套印精确,图形清晰、颜色鲜艳、主次分明。排印的一般原则是,先印线划,后印底色;先印透明性差的油墨,后印透明性好的油墨。

现在地图一般都用黄(Y)、品红(M)、青(C)、黑(K)四色压印。如用双色机印,可先印黄(Y)、品红(M),再印青(C)、黑(K)。如用四色机印,四种颜色一次即可印成。

六、地图的分级和包装

地图的分级、包装是地图印刷的最后工序,主要检查成图质量和数量,整理包装成品。

1. 地图印品分级的质量标准

(1) 图形完整,墨色均匀,线划、注记光洁实在,无双影、脏污。
(2) 各色套印准确,线划色和普染色套合误差不超过 0.3mm。
(3) 图面整洁,图纸无破口和褶皱。
(4) 墨色符合色标,深浅与开印样一致。

2. 地图印品的分级

分级是根据地图印品的质量标准,挑出废品,把正品和副品分别存放。正品地图要求内容没有错漏,精度符合要求,套印误差在规定限度内,图面整洁,墨色符合色标,深浅与开印样一致。副品地图要求内容没有错漏，精度符合要求，套印误差略超过规定限度，图面没有明显脏污。没有达到上述要求的是废品。

分级完成后，交给裁切人员裁切。裁切时将印刷图整理整齐，按图幅天头、地脚和左右应留白纸尺寸进行裁切，裁去多余的白纸边。

3．地图印品的包装

检查合格并裁切好的地图经准确点数后，包装整齐，不得捆伤和弄脏地图。一般为50张1叠，每4叠为1捆。包装完毕，应检查包装，核对数量后上交。

参 考 文 献

1．史瑞芝等．地图数字出版．北京：星球地图出版社，1999
2．丛文卓等．彩色电子出版指南．北京：星球地图出版社，1999

思 考 题

1．什么叫电子地图？它有哪些特点？
2．电子地图的制作与哪些新技术有关？
3．电子地图有哪些种类？
4．电子地图设计应注意哪些问题？
5．地图电子出版技术有哪些特点？
6．地图电子出版系统由哪些硬件构成？它们有哪些功能？
7．地图电子出版系统由哪些软件构成？它们有哪些功能？
8．试述地图电子出版的工艺流程。
9．试述地图制版的基本方法和步骤。
10．试述地图印刷的基本方法和步骤。

第十七章 地图分析与应用

§17.1 地图分析的含义

许多地图学家在制作地图的方法、技术和理论研究方面作出了很大的贡献，促使地图制图的技术、方法、理论不断得到完善。但"无论在理论上和设计上多么完善的地图，只有当它开始应用的时候，才是最完善的，否则是徒劳的"（美国地图学者 C.M. 菲利浦）。

地图记录着具体地物或现象的位置和空间关系，不仅能直观地提供各种现象分布的知识，还能从中找出分布的规律性。

菲利浦还认为，"地图极似一个五光十色的水晶球，我们仔细阅读、分析解译它，将使我们窥见过去、理解现在，从而展望未来"，"每一种、每一幅地图都会告诉你一个完整的、真实的、动人的、精彩的、充满开拓性的故事"，"地图提供给我们探索的足够线索，有新发现的起点，想像的起航点，激起你寻找答案的好奇心"。

地图的品种和数量日益增加，如何让读者充分地理解地图传递的信息，发挥地图的潜能，推动地图应用的深入和领域的扩大，对地图学科的发展及地图产业化都有极大的意义。

地图工作者最了解地图，理所当然地应担负起研究地图分析和应用的理论和方法的任务。这就是为什么要将地图应用作为地图学的组成部分的理由。

地图分析，就是把地图表象作为研究对象，对于我们感兴趣的客体，利用地图上所载负的客观实体的信息，用各种技术方法对地图表象进行分析解译，探索和揭示它们的分布、联系和演化规律，预测它们的发展前景。

一、地图分析是地图应用的核心

在有某种需要时，人们去使用地图，首先是阅读地图，接着是设法获得某些数量和质量指标，以期深入了解地图表象的结构、区域间的差异、各要素之间的联系规律、发展演化进程，对区域和环境质量作出评价或预测预报今后在特定时空中的结果，最后就是根据需要，对这些分析结果作出地理解释。

从这个过程可以看出，使用地图的过程分为地图阅读、地图分析和地图解译三个阶段。对于非常简单的任务，通过对地图的阅读、查询、对照、估算等手段来实现其使用。对于较复杂的任务，要使用各种技术方法，对地图上所载负的信息进行分析，获得各种有用的数据，研究地理现象的结构和地区间的差异，探索现象间相互联系的规律，分析现象的演化过程并预测预报未来的或我们尚不知晓的状态等，为经济建设和科学研究服务。地图解译则通常是各行业的专家们的工作，他们根据分析地图获得的结果，结合自己的业务，对其进行合理的地理解释。

综上所述，地图分析是地图应用的核心。

二、地图应用在地图学中的地位

人们将对客观现实的认识和理解通过地图的形式表现出来，读者通过对地图的阅读和理解，从地图上获得对客观现实的认识和知识，再反馈到客观现实中去验证和应用（改造客观世界），这样构成了一个地理信息的大循环。在这个循环过程中，地图作为地理信息的载体和通道，将作者理解的地理信息传递给读者。因此，地图是制图的结果，又是地图应用的目标主体，联系着制图和应用两个部分，制图过程中使用的数学的或图解的塑型方法同样也适用于地图的分析应用。

从上述循环系统中我们可以理解，制图和用图组成地图学这样一个完整学科，它们既各自相对独立，又相互交叉、渗透。

三、地图应用的发展

地图作为一种实用技术产品，其应用伴随其产生和发展一道，不断地得到发展。然而，由于古代的地图缺少精密的测绘方法，其精度和详细程度都有很大的局限性。

科学的地图分析始于18世纪。实测地形图的出现为地图编绘提供了精确可靠的资料，地图在很大程度上促进了对现象的空间分布及其联系规律的发现。学者们最初的兴趣是根据地图研究大陆和海洋的位置，计算它们的高度和深度，研究它们的形状特征和海陆系统的分布规律。科学家们根据对地图的研究，得出了一些有价值的结论。例如，法国地理学家勃尤沙于1753年研究了地球上最重要的山脉和河流的分布；俄国的测绘专家季洛于1887~1889年研究了全球地势，按纬度带计算了陆地的平均高度和海洋的平均深度，发现在南、北纬30°~40°的纬度带内，大陆的高度与海洋的深度有增加的趋势；大致在同一年代，俄国地质学家卡尔皮恩斯基得出了关于大陆的轮廓、分布和结构的正确结论，并且在地图分析的基础上预报了南极大陆的山脉结构；1891年比利时学者普里恩茨发表了《关于行星和地球地图显示出的相似性》的署名文章，1895年俄国学者阿努琴在分析了季洛于1889~1890年编制的俄罗斯欧洲部分的分层设色图的基础上，得出那里的山地结构相互制约的正确结论。

到20世纪初期，对地图的研究促进了地理地带性的发现。起初发现了"地球的气候和植物的地带性"，随后证明了"整个地理环境的地带性"。德国学者魏格纳尔从南美东海岸和非洲西海岸的轮廓拼合性，逐渐形成了大陆漂移学说并推动了地球板块学说的研究。

当代对地图的分析研究，从定性到定量，运用多种不断产生的应用数学方法和地理学知识，不断地深入揭示客观事物发生和发展的地理机理，认识它们的规律并且用数学模型来描述，用可视化的科学方法将发展过程表现出来，为各种科学决策提供支持。

四、地图分析在地学研究中的作用

地理学家将地图看做地理学的"第二语言"。地图是地理学研究的必备工具。

社会生产力的发展及社会活动的增强，人类对环境的作用强度更加突出，为了人类的可持续发展，要求地理科学对自然资源、自然环境和地域系统的演变进行定量分析，应用数学方法和计算机技术，寻求地理现象发生性质变化时的数量依据和量度，从而对地理环境的发展、变化提出预测和进行最优控制。地图分析可以最大限度地提供上述支持。

当代地理学研究包括三个方面的主题：第一，面对全球变化的空间和过程研究。全球变化包括我们面临的气候变化、环境生态变化和频繁发生的自然灾害。为了研究地理对象的空间分布、模式、成因及变化，需要使用地图及数学模型探索事物间的联系规律，为人类活动提供适当的指导。第二，面对人类可持续发展的生态环境研究。地理学不但要从宏观上研究地区间的空间差异，更重要的是要在单一而有界的地域内，进行各种地理现象间的关系研究，保护人类赖以生存的环境。第三，面对区域规划和开发的区域研究。综合研究具体区域对象的特色，同其他地域的差异和相似性，进行区域性的开发和国土整治。这三个方面的研究都离不开地图。

利用地图进行地学研究，可以解决以下各方面的问题：

1. 研究各种现象的分布规律

分布规律包含一种现象分布的一般规律和地域差异，也包含自然综合体和区域经济综合体各要素总的分布规律。例如，水系分布、结构和河网密度，居民点的类型、密度、分布特点及其与水系、地貌、交通网的联系，从土壤图和植被图上分析我国各种土壤和植被分布的地带性规律等。

2. 研究各种现象的相互联系

利用地图研究各种现象之间的联系是很有效的。例如，分析地震和地质构造图，发现强烈地震多发生在活动断裂带的曲折最突出部位、中断部位、汇而不交的部位，与大地构造体系密切相关；在一定的气候条件下形成稳定的植被和土壤类型；某种特殊的"指示植物"同某种矿藏有关等。

3. 研究各种现象的动态变化

研究地图上某种现象在不同时期的分布范围和界线、运动方向、运动途径等变量线，或者根据三维动态电子地图获得制图现象的发展变化情况。例如，通过不同时期河道、岸线位置反映水体的变动方向、距离和速率；根据地图了解诸如台风路径、动物迁移、人口流动、疾病流行、货物流通、军队行动、沟谷发育等发展过程。

4. 利用地图进行预测预报

根据现象的发生和发展规律，拟订数学模型，可以预测现象在未来的发展趋势。世事万物都有其自身的发展规律，它们可能是递增的、递减的、周期性的或者是随机的，根据在地图上采集的数据和它的变化类型，人们可以预报在某时某地将要发生的事情，如地震、天气预报，也可以预报已是客观存在但并不为人所知的事物，如石油储量。

5. 利用地图进行综合评价

根据一定的目的，对影响主体的各种因素进行综合分析，得出被评价主体的优势等级称为综合评价。利用地图可以对自然条件、生态环境、土地资源、生产力水平等作为主体进行综合评价。

6. 利用地图进行区划和规划

区划是根据现象在地域内部的一致性和外部的差异性而进行的空间地域的划分。规划则是根据人们的需要对不同地域的未来发展提出的设想或部署。区划和规划都离不开地图。

7. 利用地图进行国土资源研究

国土是我们赖以生存的物质条件，摸清国土资源情况，可以因地制宜地进行国土整治、资源开发利用，发挥地区优势，合理进行生产布局。利用地图进行国土资源研究，可以减少大量的野外考察和统计工作，可以在大范围内对国土进行总体分析和综合研究。

§17.2 地图分析的基本途径和方法

地图分析的基础是地图，它既可能是单张地图，也可能是系列地图或综合性地图集。对于这些地图，可以选择不同的方法和技术手段、不同的等级和规模进行分析，以期满足预定目标的要求。

一、地图分析的基本途径

1. 单张地图分析

所谓单张地图分析，即分析的对象是一个品种的地图，并不限于一幅地图，可能是一个制图区域中同一品种相互拼接的许多幅地图。这种地图可以是任何的比例尺、内容（主题）、幅面大小和成图时间。

面对单张地图进行分析研究时有三种途径：

（1）对原有的制图表象进行研究

根据地图上的符号和图形对客观实体进行研究。

（2）变换地图表象的研究

针对分析地图的特定目的，对原来的制图表象进行加工，使之变成适合于研究目的的形式。例如制作剖面图，或把普通地图变成地面坡度图等。

（3）地图表象的分解

地图表象分解又分为类型分解、成分分解和表面分解。类型分解是将制图表象中表达的对象按类型分成不同的组（或类），如将工业企业图按所有制分类重新组合。成分分解是将某种现象分解为多种成分进行研究，如从土壤图中专门分解出水稻土进行研究。表面分解又称趋势分解，它是把一个地理系统区分为反映现象主要特征的基本结构和基于基本结构背景上的次要碎部，从而区分出基本趋势和局部变异。制图表象图形分解的根本目的是从综合性的地图表象中分解出某种现象以便对其进行深入研究。

2. 系列地图（或地图集）的分析

系列地图一般有三种类型：纵向系列、横向系列和时间系列。纵向系列指同一地区、同一主题的不同比例尺地图，例如地形图系列、土地利用图系列；横向系列指同一地区、同一比例尺、不同主题的地图，反映地理综合体各基本要素的空间结构特征，例如由地貌、地面坡度、气候、土壤、种植制度等图幅形成的农业系列地图；时间系列指同一地区、同一比例尺、不同时间的地图表象，例如某城市不同历史时期的地图。除此之外，还有一个特殊的、本身并不是系列地图而作为系列地图使用的系列，即类似地图系列，指同一内容、不同地区的地图，例如不同地区的大地构造图。

对系列地图的分析应用有四种途径。

（1）把不同比例尺的地图放在一起研究

利用不同比例尺地图详细程度的差异，研究制图对象宏观上的类型规律和微观上的典型特点，又可以在地图上获取数量指标，成为研究区域、规划、设计的重要依据。在地图学理论研究中，地图表示法、地图载负量、选取指标、概括方法的研究都是通过不同比例尺系列地图进行的。

（2）把不同主题的地图放在一起研究

为了揭示各种现象之间的联系和制约关系，对组成地理环境的各要素进行研究，从而获得系统性的特征。例如可以研究气候和土壤、植被之间的关系，居民地分布与道路网类型的关系，国民经济产值同居民文化程度之间的关系等。

（3）把不同时间的地图放在一起研究

为了研究现象的发展动态，对同一目标在不同时间的表象进行研究，可以发现其变化的方向、变化的速率、变化的结果，从而预测将来的发展前景。

（4）把类似地图放在一起研究

利用要素之间的制约关系，将在已开发地区获得的规律，对未开发地区进行研究，例如研究石油、煤等矿物形成的地质条件，可以预测在构造地质条件相似的地区是否蕴藏有这些矿物。

二、分析地图的技术手段

地图分析所能达到的水平，主要与采用的技术手段有关。分析地图的技术手段包括：

1. 目视研究

在视力阅读的条件下，人们只能对制图对象进行查找、对照、目测，因此只能得到一些描述性的、比较模糊的结论。这是一种最初级的分析研究手段。

2. 量算研究

借助于量测和计算工具，获得地图上表达的制图对象的数量指标，如位置（坐标）、距离、面积、体积等，以及由这些指标延伸出来的像地面坡度、线状物体的曲率、物体分布的密度、形状等，它们可以为进一步地深入分析提供参考依据。

3. 半自动化辅助的研究

在地图上量测数据、整理加工、数据处理和结果输出，都使用计算机辅助来进行。

4. 自动化的研究

采用智能化的计算机技术，从数据采集、选择模型、加工处理到结果输出的全过程都能自动完成。这在 GIS 条件下已经成为可能。

三、分析地图的基本方法

分析地图的方法可以归纳为四大类。

（一）描述

描述是一种定性分析方法，又分为一般描述和精确描述。

1. 一般描述

在目视阅读的基础上，认识地理事物分布和形态的一般规律，将研究结果用描述的方法反映出来。由于目测、目估可能存在较大的误差，其结论不会是很精确的。

2. 精确描述

许多质量概念都建立在数量表达的基础上，如果获得数量指标的方法是精确的，其结论将是较为准确的，其质量描述（例如居民地密度分区、河网密度、地貌切割等）也将是准确的，能够从中分析出更深层的规律。

（二）图解法

这种方法通过作图改变原来的制图表象，使之成为适合研究目的的形式。图解法包括：

1. 剖面图法

根据等值线制作剖面图是自然地理和地貌学中常用的方法。剖面图上可直观地显示出地面起伏的状态（斜坡形状、起伏频率、山顶和谷地分布等）；将不同主题的剖面图（地形、地质、土壤、植被等）叠加起来，读者将能直观地了解这些要素之间的关系（如图17-1）；从一个点上向四周作剖面，把它们组合起来将能获得该点向周围通视的情况。

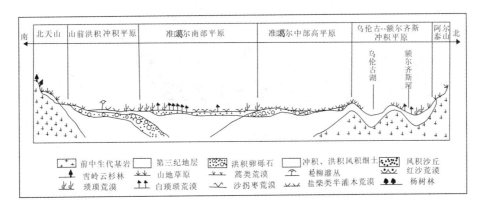

图17-1 准噶尔盆地（沿87°10′上）综合剖面（据中国自然地理图集）

2. 块状图

在二维平面上表达的三维图形（如等高线图）不直观，用图解的方法可将其制成视觉三维（有人称之为2.5维）的立体表象，称为块状图。根据其投影方法不同，将块状图分为以下两类：

（1）轴侧投影块状图

用平行光线从高空向地面投影，同样高度的物体的图像处处相等，但矩形是以平行四边形的形象出现的（如图17-2）。

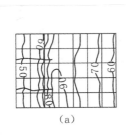
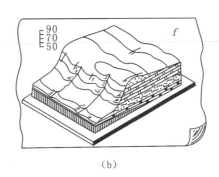

图17-2 轴侧投影块状图

（2）透视投影块状图

透视投影是有灭点的投影，又分为平行透视和成角透视两种。

平行透视是只有一个灭点的透视，组成矩形的两组平行线投影以后，一组向灭点收敛成为直线束，另一组仍然保持平行，物体的高度也只向灭点方向消失。

成角透视是有两个灭点的透视，组成矩形的两组平行线投影后都变成直线束。相同大小

409

的物体的图像保持近大远小的规则（如图17-3）。

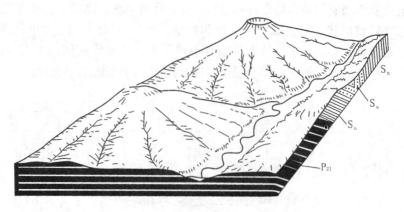

图17-3　成角透视立体块状图

3．图解加和图解减

图解加是用图解的方法将两个等值线表面叠加起来，将等值线的交点作为控制点，两个表面上的值加起来作为新的值，据此内插的等值线即为将两个面相加得到的图形。我们常可把分月的降雨量、地面积温的等值线图叠加起来成为季度的或全年的等值线图形。

图解减是用图解的方法从一个等值线的表面中减去另一个表面并获得其差值的图形，也可以用其等值线交点作为控制点，用其差值作为新值去内插等值线。

当等值线交点很少时，也可以使用在两张图上均匀布置的网点作为控制点，这时需要增加各点分别在两个面上的读数步骤，才能得到所需的结果。

用图解减的方法可以根据谷地侵蚀前后的图形相减获得被侵蚀（流失）的物质的图形并据此计算其数量（如图17-4）。同样，我们可以获得滑坡、泥石流发生后被移动的物质体积的图形，也可用于研究河口三角洲（例如黄河三角洲）泥沙沉积的数量和速度。

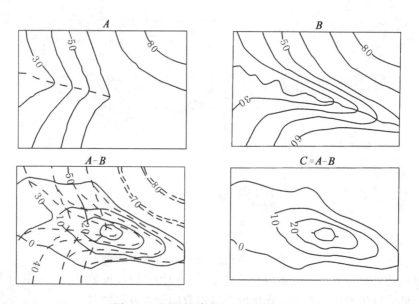

图17-4　用图解减研究谷地侵蚀的量

（三）图解解析法

图解解析法是综合运用图解（作图）和解析（计算）的方法获得分析结果的方法，分为：

1. 地图量测和形态量测

地图量测指在地图上量测数据，这些数据都是可以直接根据图形得到的，如坐标、长度、面积；形态量测则是根据量测数据经计算派生出所需的数据，如比率、坡度等。

2. 用剖面图展平或网点平均分解表面

将一个用等值线表示的面分解为趋势面和剩余面，既可以用图解法，也可以使用图解解析法和解析法。这里先讨论图解解析法分解表面的两种方法。

用剖面图展平分解表面的方法步骤如下：

（1）先在研究区域内布置网点（如图17-5）。

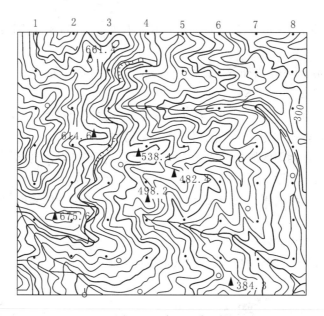

图17-5 布置网点

（2）沿每一横排网点作剖面图并将其按下面的方法展平（如图17-6）：作一组垂直于坐标横轴的等间距的平行线，它们同横轴的交点称为步距点，也就是分解表面的控制点。将这组平行线同剖面的交点编号，间隔点之间连线，即0—2—4…，1—3—5…，它们和平行线组构成新的交点 a，b，c…，再将这一组点顺势连接就构成了展平的表面。我们可以看到，在每个步距点上都可以读出两个高程，即原始面的高程 h_i，展平表面的高程 h_{b_i}，并由它们派生出高差 $\Delta h_i = h_i - h_{b_i}$。

（3）根据 h_{b_i} 这一组高程内插的等值线即为趋势面，根据 Δh_i 这一组数据内插的等值线就是剩余面。

用网点平均的方法分解表面的步骤如下：

（1）在自然表面上布置六角形网点，每个六角形都有包括中心点在内的7个点；

（2）根据等值线读出每一组7个点的高程并计算其平均值；

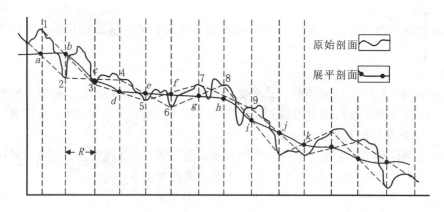

图 17-6 用光滑平均展平剖面

(3) 将这个值赋给六角形的中心点,这一组值为 h_{b_i},它们和 h_i 的差值 (Δh_i) 即为剩余;

(4) 分别根据 h_{b_i} 和 Δh_i 内插等值线即可得到趋势面和剩余面。

3. 从离散值到连续化(等值线)的变换

原来的制图表象是离散符号,如点数法中的点、定位统计图表等,将它们变为用等值线表示的趋势面,就叫做连续化。由离散到连续的步骤如下:

(1) 用基本算子将制图区域分割成若干小的区域,它们可以是规则排列的,也可以是根据需要不规则排列的,其形状可以是正方形、六边形或圆形等;

(2) 将每个算子(小区域)的中心点作为控制点,算子范围内离散值的总和赋值给中心点;

(3) 根据控制点内插等值线。

图 17-7 是由定位统计图表改变成等值线的情况。

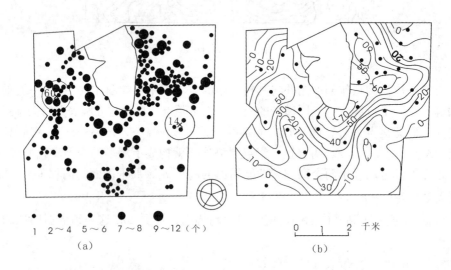

图 17-7 不规则算子的连续化变换(A.M·别尔良特,地图研究法)

4. 图解分布图

为了专门的研究目的，对面状表示的对象进行空间变换，在不改变总面积的条件下将其重新组合，称为图解分布。图17-8是按纬度带（纬差10°）重新组合的地球陆地面积。从图上可以明显看出，地球上北半球的陆地面积远远大于南半球的陆地面积，且大部分在$N\varphi 20°\sim 70°$之间。根据古地理学研究，在2亿年前地球大陆的分布在南北部是基本均衡的，其变化趋势则是向北半球偏移，造成质量差异，这也许就是地轴和北极点在地球自转时产生绕动的原因。

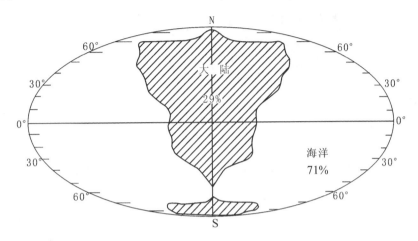

图17-8　地球陆地面积图解分布

5. 地面坡度图、地面切割深度图和地面切割密度图

地面坡度图是表达地面坡度的分级统计地图，它是根据等高距、等高线图上间隔和地面倾角的关系，在等高线图上找出坡度分级的界线，从而将地面区分出属于不同坡度等级的范围。如果是基于数字地图的，也可以先将表面分成一定大小的栅格，计算每个栅格内的最大坡度，对其进行分级统计。

地面切割深度图是一种分区域（斜坡）用切割深度等值线表示的地图。切割深度指斜坡上任意一点到沿最大倾斜方向到谷底的高差。切割深度相等的点的连线即为地面切割深度等值线。图17-9是切割深度图。在谷底线上，从等高线与谷底线的每个交点向上一条等高线作垂线，即获得同谷底为一个等高距高差的一组切割深度等值点，这些点连线即为切割深度等值线。用同样的方法获得其余各条等值线。

地面切割密度图是表达地面切割密度（单位面积内谷地的长度）的分级统计地图。首先是按自然界线或规则网格将地面划分成小的区域，计算每个区域的切割密度，然后进行分级统计，就可以制作出地面切割密度图。

（四）解析法

用数学方法分析地图时，根据在地图上提取的数据，对所研究的现象建立数学模型，从分布和联系中抽象出规律性，为地理解释提供参考依据。

分析地图的数学方法有很多种，几乎可以说任何一种应用数学方法都可以用来分析地图。这里列出若干常用的方法。

1. 用计算信息量的方法分析地图

地图信息量是用不肯定程度（熵）表示的。计算信息量通常有两种方式：

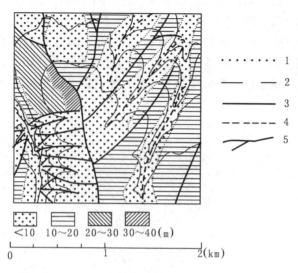

1. 等深线 2. 等高线 3. 分水线 4. 谷底线 5. 河流

图 17-9 切割深度图

$$I = -\sum_{i=1}^{n} p_i \log_2 p_i \tag{17-1}$$

$$I = \log_2(m+1) \tag{17-2}$$

在（17-1）式中，p_i 是某类目标在目标总体中所占的频率。表 17-1 是某地区居民地分级产生的语义信息量的计算，其计算结果表明，表达人口分级时每个符号包含的平均信息量为 0.83bit。

表 17-1

人口数分级（万人）	n	p_i	$-\log_2 p_i$	$-p_i \log_2 p_i$
≥100	1	0.000 49	11.004 1	0.005 4
50~100	1	0.000 49	11.004 1	0.005 4
30~50	3	0.001 46	9.419 2	0.013 8
10~30	7	0.003 41	8.196 8	0.028 0
2~10	45	0.021 91	5.512 3	0.120 8
0.5~2	320	0.155 79	2.682 3	0.417 9
<0.5	1677	0.818 46	0.292 6	0.239 4
∑	2054	1.0		0.83bit

用同样的方法可以计算地图上独立地物符号、道路网及水系分类分级、文字和数字注记、色彩及空间位置（用坐标串表达）的信息量，也可以在选取高度表时计算不同等高线组合所表达的信息量。

在用（17-1）式的概率统计法计算信息量时，影响其结果的有两个因素，一个是分类或分级（种类）的个数，另一个是每组（类）出现的频率。在设计地图时调整分类分级的界限，通过信息量的计算就可以达到优化设计的目的。

（17-2）式是用差异法计算地图信息量，地图上每一个包含独立语义的符号或基本图形都可以算做差异。当地图上无法采集分组统计数据时用差异法计算，如河网密度、道路网密度、线状符号的复杂度等，都可以用差异法获得其信息量。

2．计算两类现象间的联系程度

认识地理要素各要素之间的联系，是了解自然、改造自然、制订规划的依据。在认识多种要素的联系时，首先是要认识两种要素之间联系的紧密程度。研究这种联系的解析方法有以下几种：

（1）线性相关系数法

这种方法适用于研究地图上采集的比率量表数据（x_i，y_i）。当现象间的相关为线性时，用以下的一组数学模型去描述：

$$\left.\begin{array}{l} r = \dfrac{\dfrac{1}{n}\sum\limits_{i=1}^{n}(x_i - \bar{x})(y_i - \bar{y})}{\sigma_x \sigma_y} \\ \sigma_x = \sqrt{\dfrac{\sum x_i^2}{n} - \bar{x}^2} \\ \sigma_y = \sqrt{\dfrac{\sum y_i^2}{n} - \bar{y}^2} \end{array}\right\} \quad (17\text{-}3)$$

式中：r 为相关系数，$-1 < r < 1$。若 r 为正，称为正相关；r 为负则称为负相关。$|r| \to 1$ 时相关度增强；$|r| \to 0$ 时其相关度减弱。当 $|r| \geq 0.7$ 时，一般可认为二者之间有密切的联系。

σ_x，σ_y——x_i，y_i 数列的中误差。

$\bar{x}$，$\bar{y}$——x_i，y_i 数列的算术平均值。

n——x_i，y_i 数列的项数。

（2）等级相关系数法

当地图上采集的数据是间隔量表数据时，使用等级相关系数描述现象间的联系。这种方法适用于分级统计地图及分区统计地图的分析研究。等级相关系数的模型为：

$$r_{ab} = 1 - \dfrac{6\sum\limits_{i=1}^{n}d_i^2}{n^3 - n} \quad (17\text{-}4)$$

式中：n——评价区域的单元数。

d_i——区域内每一个单元的等级（秩）差，$d_i = |p_{a_i} - p_{b_i}|$

p_{a_i} 指该单元在 A 图上由大到小的排序，当几个单元等级相同时取顺序号的平均值。p_{b_i} 指该单元在 B 图上由大到小的排序。

r——相关系数，表示两种现象的相关程度，其含义同（17-3）式。

（3）四成分联系标志法

当评价用范围法表示的两种现象间的联系程度时，用四成分联系标志，即

$$R_\alpha = \dfrac{\alpha}{\sqrt{(\alpha + \beta)(\alpha + \gamma)}} \quad (17\text{-}5)$$

式中：α——两种现象图形重叠的范围；

β——A 现象存在、B 现象不存在的范围；

γ——A 现象不存在、B 现象存在的范围。

还有第四种成分是 A，B 都不存在的范围。根据上述范围量测面积，就可以用（17-5）式计算其相应的联系程度。R_a 是一个介于 0 和 1 之间的值，越接近于 1，其联系紧密程度越大。

（4）多类目联系标志法

当地图上用质底法表示两类区分不同类目的现象时，例如各种不同类型的土壤和不同类型的土地利用，用多类目联系标志计算其联系程度。

$$\left.\begin{array}{c} \rho = \sqrt{\dfrac{S - 1 - \dfrac{(k_A - 1)(m_B - 1)}{F}}{(k_A - 1)(m_B - 1)}} \\ S = \sum_{j=1}^{k_A}\left(\dfrac{1}{n_{A_j}}\sum_{i=1}^{m_B}\dfrac{f^2}{n_{B_i}}\right) \end{array}\right\} \tag{17-6}$$

式中：k_A——构成 A 现象的类目数；

m_B——构成 B 现象的类目数；

F——网点总数；

n_{A_j}——A 现象第 j 类目在 B 现象各类目中的频数之和；

n_{B_i}——B 现象第 i 类目在 A 现象各类目中的频数之和；

f——落在某类目中的点数。

可以用规则的网点覆盖两个区域，用落在各类目中的网点数来代表相应的面积。ρ 值也是一个介于 0 与 1 之间的值。

3. 用解析法进行面状分布现象的趋势分析

将一个地理系统区分出反映其趋势的基本结构和基于基本结构的特征两个部分，称为趋势分析。用图解法、图解解析法均可对面状分布现象进行趋势分析。但是，用解析法进行面状现象的趋势分析将更加简便而确切。

用数学模型去描述一个自然（或其他统计）表面时，描述的是它的基本趋势，而它和原始表面的差异则称为剩余。

原始表面的数学模型用 $Z = F(x, y)$ 来描述。由于原始表面往往非常复杂，其真实的模型我们并不知道，只能用一个近似的模型去逼近它，表述为 $\hat{Z} = f(x, y)$，它和真实表面的关系是：

$$\begin{aligned} Z &= \hat{Z} + \varepsilon \\ &= f(x, y) + \varepsilon \end{aligned} \tag{17-7}$$

该式表明，表面上任意一个点上的第三维坐标是平面直角坐标的函数。

当无法确切得知该函数的形式时，通常用高次多项式来代替，即

$$\hat{Z} = \sum_{r=0}^{m}\sum_{s=0}^{n} a_{rs} x^r y^s \tag{17-8}$$

上式有多种解法，其基本过程是：

(1) 在原始表面上布置采样点；

(2) 读取每个采样点的第三维坐标；

(3) 根据确定的数学表达式计算每个点上的趋势面值 $\hat{Z}_i$ 和相应的误差值 Z_{r_i}；

（4）根据上述两组值内插趋势面和剩余面；
（5）进行地理意义分析。

4．利用地图进行地理现象的预测预报

每种地图都表示空间现象在确定时间（t_i）的状态，表示为 Z_{t_i}，将其同另外一个时间的同一现象 $Z_{t_{i+j}}$ 作比较，就可以研究该现象在这段时间的变化方向、变化的平均速度和最后结果，表示为：

$$Z_{\Delta t} = Z_{t_{i+j}} - Z_{t_i} \tag{17-9}$$

研究这种规律的目的主要是预测该现象在未来某个时间的变化结果。

我们将预测预报的类型分为在时间中预报和在空间中预报两种。

（1）在时间中预报。这是一种不带具体空间位置的预报，如预测 2010 年中国的人口数、国民经济总量等。它是根据过去到现在已经发生的现象变化表现出的规律性（用数学模型描述）来推测未来某个时间上（t_{n+m}）上的状态：

$$Z_{t_{n+m}} = F(Z_{t_1}, Z_{t_2}, \cdots, Z_{t_n}) \tag{17-10}$$

（2）在空间中预报。不是对时间，而是对空间中我们尚不了解的现象的预测，又可分为按水平系统和按垂直系统预报两种方式。

● 按水平系统预报：它是对缺乏深入研究地区的预报，如石油储量的预报。它的方法是研究内容类似的地图所实现的直接外推。依据表现在地图上的不同地区地图上某些关键因素及条件的相类似，按照已研究地区表现出来的规律，对未开发地区的同类现象的成因、结构和发展进行预报。用数学语言表达为：

如果　　$(a, b, \cdots, n) \subset A, (\alpha, \beta, \cdots, m) \subset B (n = m)$，类目数相等

且存在　　　　　　　　$a \backsim \alpha, b \backsim \beta, \cdots, n \backsim m$

则　　　　　　　　　　$A \backsim B$

式中各类目因子可以是被比较地图的形态量测标志或关于现象的其他参数。

● 按垂直系统预报

这是一种依据在不同主题地图上描绘现象之间的联系进行的空间外推。

假定在不同主题的地图上出现同一地理位置上的 $B, C, \cdots, N$ 诸因素，它们的值分别为 $Z_B, Z_C, \cdots, Z_N$，并已知现象 A 受到上述诸因素的制约，其相应值 Z_A 与上述各因素的值可建立起近似的函数关系

$$\hat{Z}_A = F(Z_B, Z_C, \cdots, Z_N)$$

根据该式可以对现象 A 在给定的时间上进行区域内任意一点上的预报，并编制出现象 A 的预报地图。

§17.3　数字地图分析

数字制图给用户提供的地图已不再局限于单纯的纸质模拟地图，还可以是数字地图，这就为我们分析地图提供了许多方便。

一、从数字地图上提取量测数据

数字地图的主要特征之一是用存储在地图数据库中的坐标数据和属性数据来描述空间地

理事物。借助数字地图可以方便地得到地图量测数据：点、线坐标，两点间的距离，曲线长度，面状物体的周长和面积，物体的体积等。

1. 点、线坐标

地图上的独立地物符号只记录一个点的坐标 (x, y)，其属性是由编码标定的。根据编码可提取相应的点坐标。

线状符号是由其中心线的坐标串标定的，其属性也由编码标定。根据编码可以获得相应的坐标串 (x_i, y_i)。

2. 距离量算

距离是表示地理要素之间空间关系最基本的标志。有多种含义的距离，我们这里只讨论同空间点位相关的欧氏距离。

在 n 维空间中，欧氏距离定义为：

$$D_{ij} = \left[\sum_{i=1}^{n} (x_{k_i} - x_{k_j})^2 \right]^{1/2} \tag{17-10}$$

在数字地图中，分析对象是二维或三维地理空间中的实体，上式中 $n=2$ 或 $n=3$。

当 $n=2$ 时

$$D_{ij} = [(x_i - x_j)^2 + (y_i - y_j)^2]^{1/2} \tag{17-11}$$

这时，获得的是投影到二维平面上的距离。

当 $n=3$ 时

$$D_{ij} = [(x_i - x_j)^2 + (y_i - y_j)^2 + (z_i - z_j)^2]^{1/2} \tag{17-12}$$

这时，表达的是两个空间点之间的实际距离。

3. 曲线长度量算

在数字地图或 GIS 环境下，线状物体可以用矢量数据或栅格数据表达。

(1) 矢量方式下的长度

矢量方式下线是用坐标串记录的，曲线长度实际是由两点间连直线的折线长度逼近的，点串的折线长度为：

在二维空间
$$L = \sum_{i=1}^{n} [(x_{i+1} - x_i)^2 + (y_{i+1} - y_i)^2]^{1/2} \tag{17-13}$$

在三维空间
$$L = \sum_{i=1}^{n} [(x_{i+1} - x_i)^2 + (y_{i+1} - y_i)^2 + (z_{i+1} - z_i)^2]^{1/2} \tag{17-14}$$

上式中 n 为组成折线的线段数。

(2) 栅格方式下的曲线长度

以栅格方式存储的数据库中，线状地物存储的是图形的骨架线。以八方向连通的地物骨架线即为该地物的长度，用下式计算：

$$L = (1 + \sqrt{2}) \cdot N \cdot d \tag{17-15}$$

式中：N——骨架线包含的栅格数；

d——栅格边长。

4. 面积和周长量算

面积和周长是描述面状物体的基本元素。

(1) 面积量算

在数字地图和 GIS 中，面状物体以其边线构成的多边形来表示。边线的存储方式同线状符号一致，只是其首尾相接，即一个多边形的起点和终点是同一个点。

多边形的面积为：

$$S = \frac{1}{2}\sum_{i=1}^{n}\left[(x_{i+1}+x_i)|y_{i+1}-y_i|\right] \tag{17-16}$$

该式不限定多边形采点的方向。

（2）周长量算

周长量算方法同曲线长度的量算方法完全一致。

二、基于数字高程模型（DEM）的分析

数字地图的高程数据是用 DEM 的形式存储的，基于 DEM 可以作多方面的分析。

1．DEM 简介

DEM（Digital Elevation Models）是地表起伏变化的三维空间数据 x，y，z 的有条件的集合，借以用离散平面上的点模拟连续分布的曲面。

DEM 有两种组织方法：

（1）基于规则格网的 DEM

规则格网常用正方形格网，基于规则格网的 DEM 实际上是格网交点处地面高程（z）值构成的集合。由于格网是规则的，其交点的平面直角坐标(x,y)隐含在 z 值的矩阵中，记为：

$$\text{DEM} = \{z_{i,j}\} \quad i = 1,2,\cdots,m; j = 1,2,\cdots,n \tag{17-17}$$

（2）基于不规则三角网（TIN）的 DEM

地面上的特征点（主要是谷底线或山脊线上的倾斜变换点）作为结点连接成不规则的三角网，将地表面划分为若干个小的地面单元，这个小的单元（三角形）被看成一个斜平面。基于不规则三角网的 DEM 记录结点坐标和高程。以结点作为数据组织的实体，通过结点指针描述结点间的拓扑关系。

2．地面坡度和坡向分析

（1）根据 DEM 计算地面坡度（如图 17-10）

基于正方形格网的 DEM 中，设 Z_a，Z_b，Z_c，Z_d 为 DEM 的高程数据，d_s 为网格间距，其中心点 P 的地面坡度 S_P 可表达为：

$$S_P = \arctan\alpha(U^2+V^2)^{1/2} \tag{17-18}$$

式中：$U = \sqrt{2}\ (Z_a - Z_b)\ /2d_s$；

$V = \sqrt{2}\ (Z_c - Z_d)\ /2d_s$；

$0 \leq S_P \leq \dfrac{\pi}{2}$，单位为弧度。

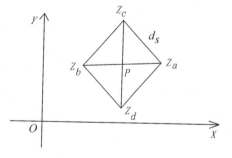

图 17-10 地面坡度的计算

在获得每个网格的坡度数据后，进行分级并划分区域，即可获得分级统计的地面坡度图。

基于不规则三角形（TIN）的 DEM 计算坡度时，其坡度为：

$$\tan\alpha = h \cdot (\sum l_i / P) \tag{17-19}$$

式中：h——地貌等高距；

$\sum l_i$——地貌基本单元（TIN）内等高线长度之和；

P——基本单元的面积。

在得到每个单元的坡度数据后,即可通过坡度分级勾绘各区边界,获得地面坡度图。

图 17-11 是基于正方形 DEM 的地面坡度图。

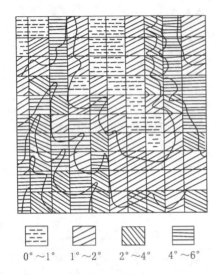

图 17-11 地面坡度图

(2) 坡向分析

坡向反映斜坡的倾斜方向,同光照、积温有密切联系。

坡向指地面法线的方向,与地面坡度一同使用,因此只用方位角表示。

地面坡向分为 9 大类:东(E)、西(W)、南(S)、北(N)、东北(EN)、西北(WN)、东南(ES)、西南(WS)、平缓地。

根据式(17-18)的计算结果分析如下:

① 当 $U<0$ 时,有

若 $V=0$,坡向东;$V<0$,坡向东北;$V>0$,坡向东南。

② 当 $U>0$ 时,有

若 $V=0$,坡向西;$V<0$,坡向西北;$V>0$,坡向西南。

③ 当 $U=0$ 时,有

若 $V=0$,为平缓地;$V<0$,坡向北;$V>0$,坡向南。

实际使用时,也常把上述 9 类归并为四类,即平缓地,阳坡(S,SE~SW),半阳坡(E,W,SE~E,SW~W,W~NW,E~NE),阴坡(N,NW~EN)。

3. 地面起伏度分析

地面起伏度又称地面粗糙度,指的是网格单元内最高点和最低点的高度差。它是景观研究中很重要的地形条件。

用正方形网格(例如每个网格的面积为 $1km^2$ 或 $10km^2$、$100km^2$,视地图比例尺而定)覆盖 DEM,可以方便地获得其最高点和最低点,计算其高差并赋值于其中心点,这样就可以知道每个网格的高差(起伏度)。

地面起伏度是通过地面起伏度地图表示的。为此,要对地面起伏度进行分级。其分级原则是在基本地貌类型的基础上,用信息测度公式通过计算熵值确定分级界线。随着地面的绝对高程增加,一般来说其坡度增大,其高差值也取的大一些。例如中国地面起伏度地图的分级方案为:0~20,20~75,75~200,200~600,>600m。该方案不但能较好地反映我国东部的几个大平原,过渡的丘陵、岗地,也能清楚地反映中、西部的高平原、盆地等。

4. 地貌类型划分与制图

中国 1:100 万地貌制图规范将地貌类型分为山地、丘陵、台地、平原四种,盆地和高原则作为基本类型的组合形态。其中山地又分为极高山、高山、中山、低山,其分类方案如表 17-2 所示。

山地的综合评价公式为:

$$\phi = 0.6[1 + (3.8 - \lg h)^4]^{-1} + 0.4[1 + (3.95 - \lg H)^2]^{-1} \qquad (17-20)$$

式中:h——相对高度;

H——绝对高度。

表 17-2　　　　　　　　　　　　　　山地地势等级

相对高度 h (m)	绝对高度 H (m)			
	$H<800$	$800 \leqslant H<3\,500$	$3\,500 \leqslant H<5\,000$	$H \geqslant 5\,000$
$h<200$	丘　　陵			
$200 \leqslant h<300$	低　　山			
$300 \leqslant h<500$	低　山	中　　山		
$500 \leqslant h<1\,000$	中　　山		高　　山	
$h>1\,000$	高　　山			极 高 山

（据裘善文，1980）

计算结果，$\varphi \geqslant 0.99$ 为极高山，$0.99 > \varphi \geqslant 0.92$ 为高山，$0.92 > \varphi \geqslant 0.66$ 为中山，$0.66 > \varphi$ 为低山。

作为分类依据的绝对高程和相对高程，都可以在 DEM 中读取。

值得指出的是相对高程指多大范围内的高差。国际地理学联合会地貌调查与制图委员会提出的局部高差指的是 $16 km^2$（$4 km \times 4 km$）内的高差。中国地貌制图研究认为，山地的相对高度主要不是切割的结果，而主要同成因（内力作用）有关。在界定其相对高度时，应以基本地貌单元为界线。

平原和台地形态与山地、丘陵不同，其坡度和坡向组合是判断成因的主要依据。根据平原和台地的平均坡度、坡向组合特点，将平原和台地进一步划分为：

平坦的：向一个方向或向中心倾斜，一般坡度小于 2°；

倾斜的：向一个方向或向中心倾斜，一般坡度大于 2°；

起伏的：有相向或背向的坡，坡度一般大于 2°。

台地和平原的差别又在于台地高度反映构造运动和侵蚀基准变化的大小，它有一个陡峭的边坡。这些又都可以从坡度图和坡向图上获得。

5. 地面切割密度和切割深度分析

这两种分析都和地貌结构线有关，所以要先研究利用 DEM 提取地貌结构线，再进行地面切割深度和切割密度的分析。

（1）地貌结构线的提取：地貌结构线中，尤以山脊线和谷底线最为重要，它们是地貌结构的骨架。

从几何上讲，山脊线是地形起伏局部高程最大值的连续轨迹，谷底线则是地形起伏局部高程极小值的连续轨迹。根据这一特点，可以方便地基于 DEM 提取山脊线和谷底线。

①谷底线的提取：首先定义 6 个一维数组 $X_{\min}$，$Y_{\min}$，$H_{\min}$，$X_{\max}$，$Y_{\max}$，$H_{\max}$，分别存储谷底线、山脊线的平面直角坐标和高程值。给定某一尺度的正方形网格，按纵、横两个方向过格网高程点内插地表的纵、横剖面线，逐线计算出高程极大值点 P_i（x_i，y_i，z_i），记入 $X_{\max}$，$Y_{\max}$，$H_{\max}$，计算出高程极小值点 P_j（x_j，y_j，z_j），记入 $X_{\min}$，$Y_{\min}$，$Z_{\min}$ 中，这些点是脊、谷线的候选点。

在提取谷底线时，首先从上述候补点组成的线段（数组 X_{min}, Y_{min}, Z_{min}）中找出一个具有最大高程值而且未被跟踪过的点作为该条谷底线的起点（上游点），从此点开始连续寻找下一个后继的特征点，直到该谷地最后一个满足下述条件之一的点为止：连接另一条山谷线（谷地交汇）；到达 DEM 的边缘；接湖泊、海洋、平原等谷地消失。此时说明该谷地已跟踪完毕，给已跟踪的特征点赋予相应的标志以免重复跟踪。按同样的方法再跟踪另一条谷地，直到数组 X_{min}, Y_{min}, H_{min} 中所有的点均跟踪完。图 17-12 是谷地跟踪示例，图中 (a) 是等高线原图，(b) 是提取的谷地特征点，(c) 是二者的套合。

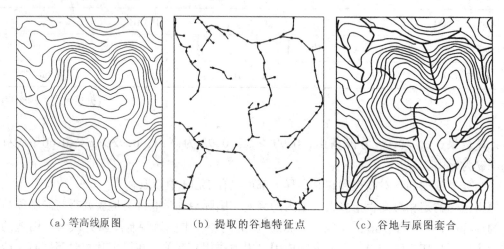

(a) 等高线原图　　　　(b) 提取的谷地特征点　　　　(c) 谷地与原图套合

图 17-12　谷地跟踪示例

②山脊线的提取：从数组 X_{max}, Y_{max}, H_{max} 中找出高程值最小的且尚未跟踪过的点作为山脊线的起始点（当前点 A）。由于山脊线上点的高度是有起伏的，不能限定仅寻找比当前点高（或低）的特征点。这时，由于当前点必位于网格的一个边上，分下述三种情况考察另外的三条边（如图 17-13）以确定下一步的跟踪情况：另三条边上仅有一个边上有极值特征点（如图 (a) 中的 B 点），检查该点同 A 点的连线是否与已生成的谷底线相交，若不相交则确定该点是山脊线上 A 点的后续点；另三条边上有 2 个或 3 个极值特征点（如图中 (b)，(c)），则说明当前山脊线已遇到山脊体系的结点，则可终止当前线段的跟踪而转向另一条山脊线；若另三条边上没有极值特征点，说明该山脊线结束。

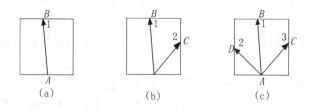

图 17-13　山脊线的跟踪

山脊线提取完成后，还要区分哪一条是主山脊，哪一条是支脊，从而生成山脊体系。其算法如图 17-14 所示。

图中有 4 条山脊线 A, B, C, D, 其中 A 的起始点 A_s 高程最小（将高程值最小的一

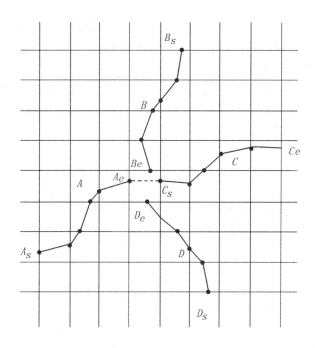

图 17-14 山脊线体系生成

端作为一条山脊线的起始点),而 A 的另一端点 A_e 所在的网格上有三条尚未连接的线段 B,C,D,找出一条平均高程最大的作为主脊,例如 C,将 A 与 C 连接,进而将 C 的另一端 C_e 作为当前点继续搜索。当没有发现可连接的线段时则当前脊线生成完毕。

在剩下的 B 和 D 中,找出其最低的端点 B_s,它的另一端 B_e 成为当前连接点。下面讨论 B_e 究竟应当同另外三点中的哪一个连接。先看 B 与 D,若 B 与 D 连接,必然同 AC 交叉,故 B 与 D 不能连接,则 B 必与 A 或 C 连接,这时比较 B 与 A 或 C 的距离,较近者为连接点,故 B 与 C 连接,形成 C 的一个支脊。对 D 也采用同样的判断方式,这样就生成了山脊体系。

(2) 地面切割密度分析

地面切割密度是单位面积内谷底线的长度,表示为:

$$D = \sum_{i=1}^{n} l_i / P \tag{17-21}$$

式中: l_i——某条谷地的长度;

P——区域面积。

根据提取的谷底线各点的坐标 (x_i, y_i),可以方便地计算各条谷地的长度并获得切割密度。通常以 $1km^2$ 为单位计算切割密度,将计算得到的数列 D_i 进行分级,制作以网格为单元的分级统计图即为地面切割密度图。

(3) 地面切割深度分析

依据 DEM 生成地面切割深度等值线的关键是在已得到谷底线和山脊线的条件下,找出谷底线与等高线的每一个交点,并从该点出发找出同上面一条等高线垂直方向的交点(最大倾斜方向),该垂距的高差为一个等高距,将高差相等点连线即为切割深度等值线。

6. 根据 DEM 作地形剖面

地形剖面在地学研究中有许多用途，如研究地形起伏频率，地面坡度特征，同地质、土壤、气候特征叠加综合分析地理景观特征等，但其关键是如何基于 DEM 生成剖面图。

下面介绍基于网格 DEM 的剖面绘制方法。

DEM 数据矩阵表示为 (17-17) 式的形式。假定 (i_s, j_s) 为剖面线的起点，(i_e, j_e) 为剖面线的终点，而且 $i_z \leqslant m$，$j_z \leqslant n$，这样就可以惟一地确定这条剖面线与 DEM 网格所有交点的平面位置及其高程。其具体方法如图 17-15 所示。

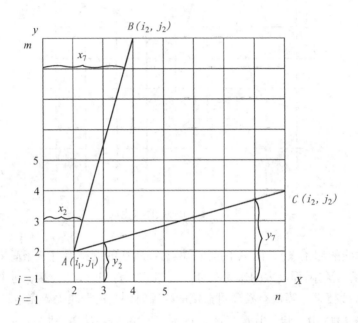

图 17-15 根据 DEM 绘制剖面线

设 $d_x = j_2 - j_1$，$d_y = i_2 - i_1$，可能有 4 种情况：

(1) 当 $dx \neq 0$，且 $|d_y/d_x| - 1 \geqslant 0$ 时（AC 的倾斜度小于 45°），应当求剖面线与网格横线的交点，这些交点在 DEM 中的位置和高程分别为：

$$\left. \begin{aligned} x_k &= j_1 + \left| \left[(y_k - i_1)/(i_2 - i_1) \right] \times (j_2 - j_1) \right| \times S_1 \\ y_k &= i_1 + (k-1) \times S_2 \\ z_k &= (x_k - i_a)(z_{i_k, i_b} - z_{i_k, i_c}) + z_{i_k, i_c} \end{aligned} \right\} \quad (17\text{-}22)$$

式中：$i_a = [x_k]$，"[ ]"表示取整；

$k = 2, 3, \cdots, i_2 - i_1$；

$i_k = [y_k]$；

$i_b = (i_a + 1) \times S_1$；

$i_c = i_b - S_1$。

S_1，S_2 为符号函数，由 d_x 和 d_y 的符号确定：$d_x > 0$，$d_y > 0$ 则 $S_1 = S_2 = 1$；$d_x < 0$，$d_y < 0$ 则 $S_1 = S_2 = -1$；$d_x > 0$，$d_y < 0$ 则 $S_1 = 1$，$S_2 = -1$；$d_x < 0$，$d_y > 0$ 则 $S_1 = -1$，$S_2 = 1$。

(2) $d_x \neq 0$，且 $|d_y/d_x| - 1 < 0$ 时，(AB 的倾斜度大于 45°)，应求剖面线与 DEM 格网纵轴的交点，它们在 DEM 坐标系中的位置及高程分别为：

$$\left.\begin{aligned} x_k &= j_1 + (k-1) \times S_1 \\ y_k &= i_1 + \left|[(x_k - j_1)/(j_2 - j_1)] \times (i_2 - i_1)\right| \times S_2 \\ z_k &= (y_k - i_a)(z_{i_b, i_k} - z_{i_c, i_k}) + z_{i_c, i_k} \end{aligned}\right\} \quad (17\text{-}23)$$

式中：$i_a = [y_k]$，"[ ]" 表示取整；

$k = 2, 3, \cdots, j_2 - j_1$；

$i_k = [x_k]$；

$i_b = (i_a + 1) \times S_2$；

$i_c = i_b - S_1$。

(3) 当 $d_x = 0$ 时，表示剖面线与 DEM 格网纵轴方向一致，剖面线与 DEM 格网交点的位置和高程分别为：

$$\left.\begin{aligned} x_k &= j_1 + (k-1) \\ y_k &= i_1 \\ z_k &= z_{i_b, i_c} \end{aligned}\right\} \quad (17\text{-}24)$$

式中：$i_b = i_1 + (k-1) \times S_1$；

$i_c = j_1$ 或 j_2；

$k = 2, 3, \cdots, |i_2 - i_1| + 1$。

(4) 当 $d_y = 0$ 时，表示剖面线与 DEM 格网的横轴方向一致，剖面线与 DEM 格网交点的位置和高程分别为：

$$\left.\begin{aligned} x_k &= j_1 \\ y_k &= i_1 + (k-1) \\ z_k &= z_{j_b, j_c} \end{aligned}\right\} \quad (17\text{-}25)$$

式中：$i_b = i_1$ 或 $i = i_2$；

$i_c = j_1 + (k-1) \times S_1$；

$k = 2, 3, \cdots, |j_2 - j_1| + 1$。

有了剖面线及特征点的位置及高程，按选定的垂直比例尺可制作剖面图。

7. 根据 DEM 制作三维立体地图

这里讲的三维立体地图实际指的是在二维平面上表达三维特征（或称 2.5 维，视觉 3 维），而非真正的三维地图。

视觉三维地图包括三维等值线图、剖面透视图、网格透视图等。尽管其表现形式不同，但其基本原理都是一致的。首先是按视点位置和三维表现形式把 DEM 的三维坐标变为平面上的二维坐标，然后进行隐藏线的消除处理。

(1) 透视三维等值线图

将 DEM 上的全部等值线按一定的视点投影到二维平面上，经隐藏线处理后获得透视三维等值线图（如图 17-16）。其制作方法和过程包括：根据选定的视点位置对 DEM 的坐标系进行旋转变换，再对通过 X 轴上同一坐标处相对应的所有投影变换后的 Y 值进行比较，若某变换线上的 Y 值大于它前面对应于 X 值的任何一条变换线上的 Y 值，则该点为可见点，否则就是隐藏点，必须消除。

图 17-16　透视三维等值线图

（2）透视立体图

透视立体图是根据透视原理，用投影变换的方法将三维空间实体转换为二维平面上的图形。根据 DEM 数据，用计算机自动绘制透视立体图的方法与过程包括以下步骤：

①透视网格计算：根据确定的视点计算在透视坐标系中地平线上的两个消失点的位置，根据制图区域中网格横线和纵线的直线方程获得透视后的网格交点。

②确定剖面高度：计算各格网点的高程值在平面透视格网坐标中的垂直高度，其影响因素是垂直比例尺及该点距左、右消失点间的距离。

③后处理及输出：如果用等值线表示，也要经过隐藏线处理。这里介绍的是经透视变换及确定若干控制点的高程位置后，通过素描处理输出的透视三维立体图（见图 17-3）。该图左上角是一个火山锥，山前为一被夷平的沉积面，有一条自北向南的河流及一条东西向的支流，河道弯曲，主要以侧向侵蚀和堆积为主。

（3）格网透视立体图

格网透视立体图又称渔网图，它沿 X 轴和 Y 轴两个方向同时构建两组剖面，计算格网交点上的透视高度，进行隐藏线处理即得（如图 17-17）。

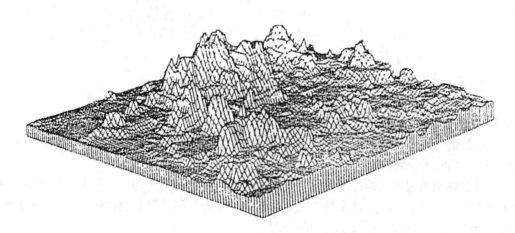

图 17-17　根据 DEM 制作的格网透视立体图

基于 DEM 制作三维立体图流程如图 17-18。

8. 基于 DEM 的三维动画制作

三维动画技术在地图学与 GIS 中已经得到广泛的应用。

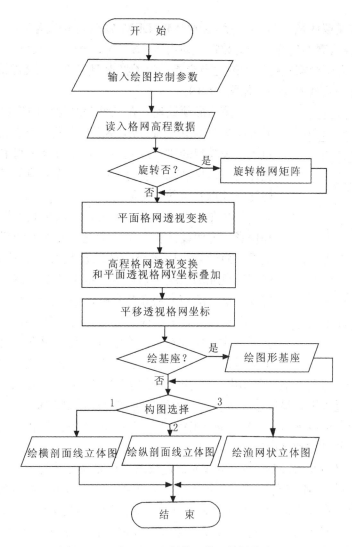

图 17-18 基于 DEM 制作三维立体图的流程

(1) 三维动画原理

计算机动画技术利用人眼视觉暂留特性，借助计算机快速处理图形、图像的方法和艺术手段，突破静态与图形显示的限制条件，通过绘制出关键帧，由计算机软件自动内插出各中间帧的画面，从而产生具有连续感和真实感的动画。

(2) 动画制作的基本技术方法

商业化的计算机三维动画软件已经很多，利用这些软件，用户可以结合自己的应用目的和专业特点制作各种三维动画。其基本方法是在 3D 编辑软件中直接构建三维物体模型，然后获取关键帧并用自动内插方法生成动画系列。其实质是通过变动物体及与之相关的灯光、摄影机等而形成动态效果。

(3) 基于 DEM 制作三维动画地图

三维动画地图与客观世界实体保持精确的几何相似关系，而且可以从多个角度观摩地表形态，从而大大提高地图的可视程度。常见的模拟飞行三维模型就是基于三维动画技术建立的。其技术关键包括：

①建立三维虚拟环境（坐标变换）：通用的 DEM 数据是真实坐标系（或称世界坐标系），需将其转换为观察坐标空间的数据，即由 $\{(X, Y, Z)\}$ 转换为 $\{(x, y, z)\}$，然后把地表景观放置于观察坐标系中的适当位置。为了将模型定位在三维虚拟空间并显示在屏幕上，必须经过一系列的变换（如图 17-19）。

②多边形预处理：在三维动画地图的生成过程中需要把图形分解为基本单元后再作栅格化处理。为了加快处理速度，在地表景观模型的建立过程中，需要对地表基本单元多边形进行优化处理，尽量减少多边形的顶点数并消除凹多边形。最好是构建三顶点共圆的三角形网。

③光照与色彩选择：地表景观的视觉效果主要取决于光源和色彩。光源设计要考虑环境光、漫射光和反射光之间的协调关系，而计算机图形显示的颜色是按照显示屏发出的红、绿、蓝三原色光的强度来描述的。根据认知心理学原理和人眼视觉感受特征，应用光照和色彩模拟增强三维动画地图的显示效果。

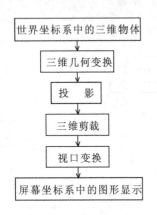

图 17-19　三维图形显示流程

④纹理和背景图像的应用：纹理对三维动画效果十分重要。实际应用中纹理有平面像素地图和遥感图像背景图。平面像素地图是依据纹理映射算法，根据严密的数学映射关系，将平面地图和矢量地物叠加到三维地形图中。遥感图像是地表形态的真实写照，信息丰富而真实。在三维地图制作过程中，将遥感图像作为地表纹理生成地表景观有极好的效果。影像与地形叠加的关键在于获取纹理坐标，即根据 DEM 网格点在 DEM 中的位置得到该网格点在影像中的相应位置，使影像和地形严密叠加起来。

⑤飞行路径确定及 DEM 分割：生成光滑连续的飞行路径是平稳地进行三维模拟飞行的前提，根据路径进行 DEM 分割能保证图形的生成速度，从而影响三维图像的效果。

路径特征点可在矢量地形图上获得，也可在三维模型上通过鼠标采点，用线条光滑法对路径进行光滑，再按步长截取内插点，这些点组成新的路径。在每个路径点上生成飞行图片参数：视点位置、视线方向、观察点高度、飞行器位置、生成指北针的角度等，随之进行 DEM 截取，得到当前路径点处三维图形所需要的 DEM 块，同时从影像中截取相应的纹理块。

⑥三维模型上注记的叠加：为了使注记浮在地形表面上，除了要确定注记在地形图上的位置 (x, y) 外，还必须根据 DEM 计算其 z 坐标，提高注记的高度。为了阅读方便，要根据实时飞行位置旋转注记的角度，使其永远面向观察者。

⑦视频生成：在视频生成之前对模型进行附加面剪裁，也可以对模型进行雾化处理或添加背景图像。在每个路径点处根据相应参数生成一张图片，对沿整个飞行路径生成的一系列图片按一定的规则命名并保存在同一个目录中，利用相关软件将图片合成为视频文件，通过播放实现三维模拟飞行。

9. 地貌晕渲图

在数字制图环境下，可以利用 DEM 实现地貌自动晕渲。其基本原理是根据 DEM 数据计算格网单元的坡度和坡向，然后将坡向数据同光源方向进行比较，面向光源的斜坡给予较浅淡的色调灰度值，光源同斜坡的夹角越小，灰度值越大，背向光源的斜坡色调灰度达到最大值。

地貌晕渲可分为直照晕渲和斜照晕渲，前者假定光源从天顶往下照，后者则为西北45°。根据坡度和坡向的不同有不同的光照反射量，再转换成连续色调的灰度值从而形成地貌晕渲图。其光照反射量按下式计算：

对直照晕渲

$$R = \frac{1}{2}(1 + p - q) \tag{17-26}$$

对斜照晕渲

$$R = \frac{1}{2}\left[1 + \frac{\sqrt{2}}{2}(p - q)\right] \tag{17-27}$$

式中：p，q 分别为 X 轴（东西）方向和 Y 轴（南北）方向的坡度值。

按反射量越大、灰度值越小的原则，获得网格单元的灰度值。

三、地图表象空间分布特征的分析

数字地图的空间特征可归结为点、线、面及其拓扑关系。

（一）点状要素的空间分布

从数字地图的角度看，点状要素是地学信息表达的抽象概念。地理实体原本是有面积的，抽象成点以后就忽略了其或大或小的面积，只表达其平面位置 (x, y)。

1. 分布类型

点状要素的分布可区分为以下几种类型：

均匀分布：点与点之间的距离大体相等。

凝聚型：团状分布，某些点成群状以极小的距离凝聚成一团，点群之间则有较大的距离。

随机分布：点间距离受其他地理要素的影响或大或小。

2. 描述分布特征的标志

描述点状要素分布特征的标志有密度、距离、分布中心、离散程度等。

(1) 密度

密度是单位面积内的点数，即

$$m = N/A \tag{17-28}$$

式中：N——点的总数；

A——区域面积。

(2) 距离

数字地图分析中，距离是最基本的概念，与其相关的有：

①欧氏距离。这是最常用的几何距离，即（17-11）式描述的距离。

②最邻近点距离。一个点群如何描述点间距离是很重要的，使用最多的是邻近点距离。每个点都有一个同本身最邻近的点，它是惟一的。

③邻近指数。为了描述点群的分布类型，利用邻近指数：

$$R = \overline{D_s}/\overline{D_r} \tag{17-29}$$

式中：R——邻近指数；

$\overline{D_s}$——各点最邻近点距离的平均值；

$\overline{D_r}$——各点之间的平均距离，$\overline{D_r} = \frac{1}{2}\sqrt{N/A}$。

用邻近指数描述分布类型时，取

$$R \leqslant 0.5 \quad \text{凝聚型分布}$$
$$0.5 < R < 1.5 \quad \text{随机分布}$$
$$R \geqslant 1.5 \quad \text{均匀分布}$$

(3) 点状要素分布中心

点状要素分布中心同城乡规划，工矿企业、商服机构的选址都有密切关系。

利用数字地图计算分布中心十分方便，只要分别计算点群的纵、横坐标的平均值即可。当每个点的点值（例如产量）不一致时，也可以取加权的平均值。

(4) 点群的离散程度

研究点群同中心点的关系是区域自然和经济分析中有效的手段。

中心城市对周围小城镇群的影响同距离相关，但并不是欧氏距离，而是受自然条件、交通条件影响的时距，即从中心点到目标点所需要的时间，用等时线表达。其他相关的如研究污染物扩散、商服中心的效益预测等，也都同离散程度有关。

(二) 线状要素的空间分布特征分析

线状要素可归结为节点和边。节点是边的交会点。

1. 线状要素的空间特征

描述线状要素的标志有长度、平均长度、密度、曲折系数等。

①长度：线的长度是坐标串中两点间直线距离的累加。

②平均长度：指同类目标（如河流）的平均长度。

③密度：指单位面积内的平均长度，是某区域线状要素的总长度除以面积所得的商数。

④曲折系数：指特征点之间曲线距离同直线距离的比值，用于描述曲线的曲折程度。

2. 网络分析

由结点和边共同构成的复杂线状图案称为网络。网络路径分析在交通运输中有实际意义。

路径关联分析是网络分析中最重要的一种。它是利用网络节点的关联矩阵计算路径的连通指数和最大路径数来分析各顶点的通达性。

除此之外，还有其他几种指标，如：

路径密度：用每平方千米（单位面积）内的线路长度表达。

路径连接度：一定范围内具有某种性质的节点数，如城市交通网的站点密度。

最短路径：在一个网络中任意两个节点之间路径"长度"最小的通道。这里讲的长度可以是最短距离，也可以是运输时间或运输费用。

最短路径分析问题可归结为：

(1) 从某一指定点（V_1）到另一个确定的点（V_2）

解决这一类问题通常用迪克斯特拉（E.W.Dijkstra）算法，其要点是在网络中找出从指定点（V_1）到另一个确定点（V_2）之间可能的通道（例如有公共交通线路）。给起点 V_1 一个固定标记（P 标记），通道上其他节点都给临时标记（T 标记），判断各通道上下一个节点 V_j 中哪一个同 V_1 最近，将其 T 标记改成 P 标记，其他点改换新的 T 标记。再从这一点出发，用 V_j 到 V_{j+1} 点的距离 $L_{j,j+1}$ 加上 V_1 到具有 P 标记的 V_j 间的距离 $L_{1,j}$ 之和判断取其最小的一个作为下一个 P 标记点，依此类推，即可获得最短路径。其计算框图如图 17-20。

(2) 网络图中任意两点间的最短距离

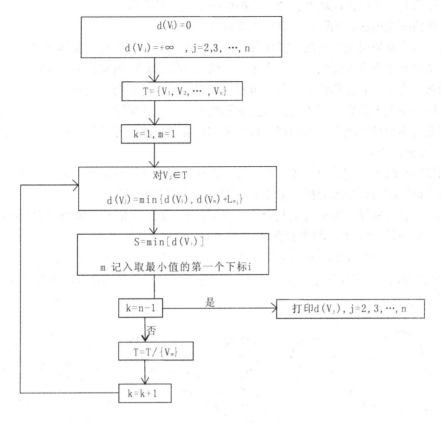

图 17-20 迪克斯特拉算法分析最短路径的程序框图

这类问题用福罗德（R.W.Floyd）提出的邻接矩阵算法解决。该算法的基本思路是：在由节点集合 V 和边集合 E 组成的网络 $G = (V, E)$ 中，从 $D^0 = [L_{ij}]$ 出发，依次构造出 n 个矩阵 $D^{(1)}$, $D^{(2)}$, $\cdots$, $D^{(n)}$，矩阵的数据项根据顶点的连接关系来确定，即如果 V_1 与 V_2 有边连接，则取其边长作为矩阵数据项，没有边连接，数据项置 $+\infty$。假设 $D^{(k-1)} = [d_{ij}^{(k-1)}]$，则第 k 个矩阵 $D^{(k)}$ 的元素定义为：

$$d_{ij}^{(k)} = \min(d_{ij}^{(k-1)}, d_{kj}^{(k-1)}) \tag{17-30}$$

$d_{ij}^{(k)}$ 表示从 V_i 到 V_j 而中间点仅属于 V_i 到 V_k 的 k 个点的所有通路中的最短路径长。

（三）面状要素空间分布特征分析

面状要素由多边形边界和面域属性表示。面状要素空间特征分析主要针对边界线和区域形态特征。

1．数字地图上闭区域的边界线

矢量形式的边界线是坐标串，有明确的位置。栅格形式的数据要先找出每块独立闭区域的边界，对其结果矢量化并进行压缩处理。

2．面状闭区域的形态特征

（1）外接矩形

多边形的外接矩形是衡量多边形紧凑度和延伸性的标志，其外接矩形越小，紧凑度越大，延伸性越小。

外接矩形是一个闭合区域四方边界数据中的最大、最小值。

(2) 栅格图像闭区域的距离变换图和骨架图

对二值图像原图反复进行减细操作并将每次减细的结果与中间结果作算术叠加运算,直到"若再减细则成为全零栅格矩阵"为止,所得到的结果是距离变换图。在距离变换图上每个像元的灰度值等于它在栅格地图上到边界(相邻地物)的距离(栅格数)。

在栅格变换图上提取具有相对最大值的那些像元组成骨架图。

栅格变换图和骨架图在图像识别、自动制图综合及数据压缩运算中都有广泛的用途。

(四) 缓冲区分析

根据数字地图上给定的点、线、面实体,自动建立其周围一定范围的缓冲区并查询该范围内的相关地物称为缓冲区分析。它在 GIS 分析中有广泛的用途。

给定一个目标物体(简单的或复合的),其邻域半径为 R 的相关邻域即为缓冲区。

给定目标物体 O_i,其邻域半径为 R 的缓冲区 B_i 定义为:

$$B_i = \{P_i \mid d(a_i, o_i) \leqslant R\}, P_i = \{(x_1, y_1), (x_2, y_2), \cdots, (x_n, y_n)\} \quad (17\text{-}31)$$

即对于目标物体 O_i,其邻域半径为 R 的缓冲区是所有与 O 的距离 d 小于或等于 R 的点的集合(如图 17-21)。

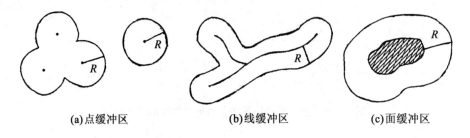

(a) 点缓冲区　　　　(b) 线缓冲区　　　　(c) 面缓冲区

图 17-21　缓冲区的基本类型

缓冲区计算中的一个基本问题是平行线的计算,对于由折线组成的线状目标,平行线是分段计算的,线段间通常采用圆弧连接。

一般说来,在矢量方式下计算缓冲区的计算量比较大,而栅格方式下其计算就容易得多,例如用栅格数据的距离变换法就很容易建立起任意复杂形态的空间物体的缓冲区。

(五) 拓扑空间分析

拓扑分析是数字地图和 GIS 分析中最重要的分析功能之一,有着广泛的用途。

1. 空间物体的基本拓扑关系

拓扑关系是一种不考虑度量和方向的物体间的空间关系。在地图数据库系统中可以将空间物体之间的拓扑关系概括为四种基本类型:相邻、相交、包含、相离(如图 17-22)。

2. 拓扑空间分析

拓扑空间分析指从地学数据库中提取与给定元素有邻接、关联、包含等拓扑关系的空间信息。在数字地图分析中,如找出某城市周围一定距离内的所有居民地、某县的所有邻县、某条路或河流经过的城市等一系列的问题,都要使用拓扑空间分析。

拓扑空间分析包括拓扑空间查询和拓扑关系计算,其中查询是最主要的,它包括以下几类:

点-点相关查询:如查询以某点为中心,一定距离范围内的所有点状物体。

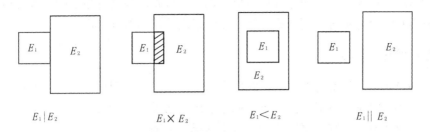

图 17-22 空间物体的四种基本拓扑关系

点-线相关查询：如查询某条河流上所有的桥梁。
点-面相关查询：如检索某城镇位于哪个行政区域范围内。
线-线相关查询：如检索出同某条铁路相交的所有公路。
线-面相关查询：如检索出某条河流流经哪些省、县。
面-面相关查询：如查询某县范围内的湖泊。

拓扑关系计算可归纳为点、线、面之间的关系计算，如点-点关系、点-线关系、点-面关系、线-线关系、线-面关系、面-面关系等，其中又有相离、相交、重叠、邻接、关联等诸多关系，都可以通过其代数方程判断。

除此之外，根据数字地图还可以进行地理现象之间的关联分析、动态分析、趋势分析、聚类分析等。

§17.4 电子地图的应用

作为信息时代的新型地图产品，电子地图不仅具备了地图的基本功能，在应用方面还有其独特之处。电子地图是和计算机系统融为一体的，因此可充分利用计算机信息处理功能，进行空间信息的分析与应用；利用计算机图形处理功能，制作电子沙盘、三维地图图像，增强电子地图的应用功能；电子地图是在数字环境下制作出来的，可以实时修改变化的信息，为读者提供最新的空间信息。

一、在导航中的应用

地图是开车行路的必备工具。一张 CD-ROM 电子地图能存储全国的道路数据，可供随时查阅。电子地图可帮助选择行车路线，制定旅行计划。电子地图能在行进中接通全球定位系统（GPS），将目前所处的位置显示在地图上，并指示前进路线和方向。

在航海中，电子地图可将船的位置实时显示在地图上，并随时提供航线和航向。船进港口时，可为船实时导航，以免船只触礁或搁浅。

在航空中，电子地图可将飞机的位置实时显示在地图上，也可随时提供航线、航向信息。

二、在规划管理中的应用

电子地图作为空间信息的载体和最有效的可视化方式，在规划管理中是必不可少的。电子地图不仅能覆盖其规划管理的区域，而且内容现势性很强，并有与使用目的相适宜的多比例尺的专题地图。可在电子地图上进行距离、面积、体积、坡度等指标的量算分析，可进行路径查询分析和统计分析等空间分析，完全能满足现代规划管理的需要。

三、在旅游交通中的应用

电子地图可将与旅游交通有关的空间信息通过网络发布给用户，也可以通过机场、火车站、码头、广场、宾馆、商场等公共场所的电子地图触摸屏，为人们提供交通、旅游、购物信息。通过多媒体电子地图可了解旅游点基本情况，帮助人们选择旅游路线，制定最佳的旅游计划，为旅游者节约时间和金钱。

四、在军事指挥中的应用

电子地图与卫星系统链接，指挥员可从屏幕上观察战局变化，指挥部队行动。电子地图系统可安装在飞机、战舰、装甲车、坦克上，随时将其所在的位置实时显示在电子地图上，供驾驶人员观察、分析和操作，同时将其所在的位置实时显示在指挥部电子地图系统中，使指挥员随时了解和掌握战况，为指挥决策服务。电子地图还可以模拟战场，为军事演习、军事训练服务。

五、在防洪救灾中的应用

防洪救灾电子地图可显示各种等级堤防分布、险段分布和交通路线分布等详细信息，为各级防汛指挥部门具体布置抗洪抢险方案，如物资调配、人员安排、分洪的群众转移、安全救护等提供科学依据。基于3S技术的防汛电子地图是集GIS，RS和GPS技术功能于一体，高度自动化、实时化和智能化的全新防洪救灾指挥信息系统，是空间信息实时采集、处理、更新及动态过程的现势性分析与提供决策辅助信息的有力手段。防汛电子地图可为各级领导和防汛指挥部门防汛指挥和抗洪抢险的决策提供科学依据，避免决策失误。同时，可对洪涝灾害造成的损失作出较为准确的评估，为救灾工作提供依据；还可以为各级防汛指挥办公室的堤防建设规划、防汛基础设施建设规划服务，更加合理规划防汛设施建设，把洪水灾害减小到最低限度。

六、在其他领域的应用

电子地图的应用领域非常广泛，各种与空间信息有关的系统中都可以应用电子地图。农业部门可用电子地图表示粮食产量、各种经济作物产量情况和各种作物播种面积分布，为各级政府决策服务；气象部门将天气预报电子地图与气象信息处理系统相链接，把气象信息处理结果可视化，向人们实时地发布天气预报和灾害性的气象信息，为国民经济建设和人们日常生活服务。

参 考 文 献

1. 祝国瑞等．地图分析．北京：测绘出版社，1994
2. 祝国瑞等．数字地图分析．武汉：武汉测绘科技大学硕士研究生教材，1999

思 考 题

1. 试述地图分析的含义及其在地图学中的地位。
2. 地图分析在地学研究中有哪些作用?
3. 地图分析的基本途径是什么?
4. 地图分析有哪些技术手段?
5. 地图分析的基本方法有哪几种?
6. 试述块状图的种类和特点。
7. 如何用剖面图展平来分解表面?
8. 试述从离散值到连续化的变换方法和步骤。
9. 什么叫地面坡度图、地面切割深度图?
10. 如何计算地图上离散的点状物体的信息量?
11. 如何计算两类现象间的联系程度?
12. 如何用解析法进行面状分布现象的趋势分析?
13. 试述利用地图进行地理现象预测预报的原理及其类型。
14. 根据数字地图可以获得哪些基本数据?
15. DEM 的两种组织方法是怎样的?
16. 如何根据 DEM 进行地面坡度和坡向分析?
17. 如何根据 DEM 进行地面切割密度和地面切割深度的分析?
18. 如何根据 DEM 制作地面坡度图?
19. 试述根据 DEM 制作三维动画的原理和方法。
20. 如何生成地貌晕渲图?
21. 试述点状地图要素空间分布的类型。
22. 试述线状要素空间分布的特征。
23. 试述最短路径分析的基本内容和方法。
24. 什么是缓冲区分析?
25. 地图要素的拓扑分析包含哪些内容?

图书在版编目(CIP)数据

地图学/祝国瑞主编．—武汉：武汉大学出版社，2004.1(2017.8 重印)
高等学校测绘工程专业核心教材
ISBN 978-7-307-04032-8

Ⅰ．地…　Ⅱ．祝…　Ⅲ．地图学　Ⅳ．P28

中国版本图书馆 CIP 数据核字(2003)第 079191 号

责任编辑：解云琳　　　责任校对：黄添生　　　版式设计：支　笛

出版发行：**武汉大学出版社**　　（430072　武昌　珞珈山）
（电子邮件：cbs22@whu.edu.cn 网址：www.wdp.com.cn）
印刷：武汉中科兴业印务有限公司
开本：787×1092　1/16　印张：27.75　字数：688 千字
版次：2004 年 1 月第 1 版　　2017 年 8 月第 19 次印刷
ISBN 978-7-307-04032-8/P·67　　定价：45.00 元

版权所有，不得翻印；凡购买我社的图书，如有问题，请与当地图书销售部门联系调换。